Chronik

des

Deutschen Forstwesens

in den Jahren 1873 bis 1875

von

August Bernhardt,

königl. preuß. Forstmeister.

❖

1876.

Springer-Verlag Berlin Heidelberg GmbH

ISBN 978-3-642-51792-1   ISBN 978-3-642-51832-4 (eBook)
DOI 10.1007/978-3-642-51832-4

Softcover reprint of the hardcover 1st edition 1876

Es ist ein nicht eben neues, aber schönes Wort, daß alle Forstmänner zusammen eine große Familie bilden, ein Wort, welches ich
nicht allein aus deutschem Munde schon manchmal gehört habe, sondern
auch einmal aus dem Munde eines französischen hochgestellten Forstmannes, dem ich im Kriege von 1870 die Mittheilung zu machen
hatte, daß er aufgehört habe, in amtlicher Eigenschaft zu stehen. Es
ist das ein schönes Wort, weil es von einem ehrenwerthen Standes-
bewußtsein Zeugniß giebt.

Wenn wir nun eine große, forstliche Familie bilden, so sollten
wir auch eine Familienchronik haben, welche Alles das sorgsam verzeichnet und der Nachwelt aufbewahrt, was hier und dort bei den
entfernteren Verwandten geschieht, was wir Alle zusammen erstreben
und erarbeiten, auch was wir noch nicht erreichen, aber als eine Aufgabe der Zukunft im Auge behalten wollen.

Es ist dem Einzelnen, der draußen in seinen Wäldern arbeitet,
doch kaum mehr möglich, dem Gange unserer Entwickelung vollständig
zu folgen. Die Literatur ist zu breit geworden, als daß man sie
noch leicht beherrschen könnte. Der Praktiker kennt auch meistens eine
weitaus zweckmäßigere Verwendung der ihm zu Gebote stehenden Geldmittel, als den Ankauf eines massenhaften Bücher-Materials; er hält
sich seine Zeitschrift und überblickt die Schicksale der forstlichen Familie
genau so weit, als der Horizont dieser Zeitschrift reicht. Was die
politischen Zeitungen über forstliche Dinge bringen, ist meist recht
dürftig. Fast alle unsere großen politischen Blätter sind lediglich
Industrie-Blätter, wenn sie den eigentlich politischen Boden verlassen.

Fabrikwesen, Handel, Eisenbahnen, Aktien, das interessirt die Welt
und schafft Abonnenten; Land= und Forstwirthschaft sind in den Augen
des Manchesterthums ohne jede allgemeinere Bedeutung. Der Forst=
mann im Walde ist sicher, daß er in seiner politischen Zeitung das
ganze Jahr hindurch so gut wie nichts über forstliche Interessen findet,
höchstens einen Bericht über die Jahresversammlung der deutschen
Forstwirthe oder über einen neuen Gesetzentwurf, der die Forstwirth=
schaft berührt.

Eine Chronik des deutschen Forstwesens in knappen Umrissen zu
schreiben, will ich versuchen. Findet der Versuch Beifall, so gedenke
ich die Chronik von Jahr zu Jahr fortzuführen. Der zukünftige
Geschichtschreiber, der Statistiker wird manches Brauchbare aufgestapelt
finden. Für die jetzt Lebenden mag das Büchlein durch seine Quellen=
Nachweise ebenfalls hier und da seine Bedeutung haben. Ich nehme
es aber auch Keinem übel, der über Bedeutung und Berechtigung der
Chronik anders denkt.

1. Unsere Todten.

Ihrer wollen wir zuerst in Verehrung und Dankbarkeit gedenken. Die Jahre 1874 u. 75 haben uns Viele entrissen, die einst in unserer Wirthschaft und Wissenschaft an hervorragendster Stelle standen. Schon im Dezember 1872 waren **Hans Freiherr v. Manteuffel**[1]) und **Friedrich Reuter** (in der Garbe),[2]) zwei Forstwirthe von ungewöhnlicher Tüchtigkeit, dahingegangen. Ihnen folgten 1874 der Reformator, Forstrath **Liebich** in Prag[3]) (am 11. Januar), **W. von Cotta**, ältester Sohn Heinrichs v. Cotta, in Tharand (14. Februar)[4]), der Oberlandforstmeister **v. Michael** in Sondershausen (19. Febr.), der am 18. November 1873 in voller Rüstigkeit des Körpers und Frische des Geistes sein 50jähriges Jubiläum gefeiert hatte;[5]) der Oberlandforstmeister und wirkliche geheime Rath **von Reuß** in Berlin (30. April),[6]) **Edmund von Berg**[7]) (11. Juni) und der Oberforstmeister **Ferdinand von Hagen** in Stralsund (1. Juli),[8]) der

---

[1]) Forst- u. Jagd-Zeit. 1861, S. 33. M. war 1799 geb., ist also 73 Jahre alt geworden.

[2]) Verfasser der trefflichen Schrift „Kultur der Eiche und Weide".

[3]) 1783 geb., hat L. das hohe Alter von 92 Jahren erreicht. Forst- und Jagd-Zeit. 1874, S. 285.

[4]) 77 Jahre alt.

[5]) 1805 geb. Ueber sein Jubiläum vergl. Baur, Monatschrift. 1874., S. 132.

[6]) Vergl. Forstl. Bl. 1874, S. 293 (Nekrolog v. Grunert). Deutscher Reichsanzeiger, besondere Beilage, vom 23. Mai 1874 Nr. 218. R. war 1793 geb., hat also das 81. Lebensjahr erreicht.

[7]) Forstl. Bl. 1874. S. 263. Baur, Monatschrift 1875, S. 1. Schweizerische Zeitschr. f. d. Forstwesen 1875. I. S. 92. v. B. war 1800 geb.

[8]) S. Danckelmann, Zeitschrift, VII. S. 524. F. v. Hagen war am 10. März 1800 geb.

bekannte Verfasser der „forstlichen Chrestomatie", Oberförster Freiherr
v. Löffelholz=Colberg zu Lichtenhof bei Nürnberg am 4. Oktober.
Auch das Jahr 1875 forderte in den Kreisen der deutschen Forst=
männer schmerzliche Opfer. Am 30. März verstarb Carl Geitel,
herzogl. braunschweigischer Forstmeister zu Blankenburg a. H.[1]) Am
9. April schied unerwartet, weitaus zu früh für die großen Aufgaben,
welche er sich gestellt hatte, weitaus zu früh für Bayern und für
ganz Deutschland, Albert von Schultze in München, Ministerial=
rath und technischer Chef der bayerischen Forstverwaltung, aus diesem
Leben, der hervorragendste Vertreter eines zeitgemäßen Fortschrittes
im deutschen Forstwesen, ein Mann von seltener Klarheit des Strebens,
von eben so seltener Festigkeit des Willens.[2]) An demselben Tage
wurde der durch seine treffliche Monographie der Weißtanne ehrenvoll
bekannt gewordene Forstinspektor Friedrich Gerwig in Gernsbach
im 63. Lebensjahre aus dem Leben abberufen.[3]) Am 12. Juni starb
in Worbis unser ehrwürdiger, trefflicher Lauprecht;[4]) am 28. Juni
Forstrath Alfred Püschel in Dessau;[5]) im August der Oberfinanz=

---

[1]) Forstl. Bl. 1875, S. 190. Geitel war am 23 März 1819 geboren. Er
hat sich in forstlichen Zeitschriften mannigfach literarisch bethätigt und war ein
ungewöhnlich begabter, geistvoller Mann.

[2]) Vergl. Forstl. Bl. 1875, S. 193. Baur, Monatschrift 1875, S. 363.
v. Schultze war 1808 geboren. Seine Thätigkeit an oberster technischer Stelle
in Bayern vermochte bei der Kürze der Zeit, welche ihm in maßgebender Stellung
vergönnt war, über das Stadium der Pläne zur Regelung der Waldschutzfrage,
des Forstunterrichtswesens, der Forstrechtsablösung, zur Organisation der Forst=
statistik und des forstlichen Versuchswesens nicht weit vorzudringen. Aber sie hat
in Bayern und in ganz Deutschland Keime der Entwickelung hinterlassen, welche
einst ihre Früchte hervorbringen werden. Sein Wirken gehört nun der Geschichte
an, die um seine ehrliche und reine Mannesstirn den Ehrenkranz der Anerkennung
flechten wird.

[3]) Baur, Monatschrift 1875, S. 318.

[4]) Baur, Monatschrift 1875, S. 374. Forst= u. Jagd=Zeit 1874, S. 38
(mit Portrait). L war am 17. März 1809 zu Mühlhausen i. Th. geb.

[5]) Geb. 2 Februar 1821. Baur, Monatschrift 1875, S. 513. Verfasser
von „Forstencyklopädie" (2. Aufl. Leipzig 1872), die „Baummessung" (Leipzig
1871), die „Forsteinrichtung" (1869).

rath Dr. v. Fischer[1]) in Stuttgart und der Oberforstrath Edmund Braun in Dessau. [2])

Auch in den Reihen derjenigen Männer, welche, ohne selbst unserem Fache anzugehören, doch unseren Bestrebungen nahestehen, haben die Jahre 1873—75 manche Lücke gerissen. Die Namen Justus von Liebig (gest. 18. April 1873), Carl Fraas (gest. 12. November 1875)[3]), Otto Beck[4]) (gest. am 17. Septbr. 1875) und Rudolf von Buttlar-Elberberg[5]) (gest. am 3. Januar 1875) werden bei uns Forstmännern zu allen Zeiten einen guten Klang haben.

---

[1]) Forstl. Bl. 1875 S. 287. v. Fischer war zuletzt Vorstand d. württemb. Forstdirektion.

[2]) Geb. 8. April 1816. Baur, Monatschrift 1875, S. 513. Forstl. Bl. 1875 S. 317.

[3]) Verf. d. „Geschichte der Landbau- und Forstwissenschaft" (München, Cotta 1865), auch durch sein Referat über die Waldstreufrage i. d. 23 Vers. deutscher Land- u. Forstwirthe 1862 bekannt geworden.

[4]) Forstl. Bl. 1875, S. 319. Beck war Dezernent für Landeskultursachen bei der Regierung in Trier, unermüdlich thätig auch in Bezug auf die Waldschutzfrage in Preußen, über welche er eine Reihe von Schriften veröffentlicht hat; die Wiederbewaldung der hohen Eifel, die Hebung des land- und forstwissenschaftlichen Genossenschaftswesens und der Landeskultur in allen Richtungen waren ihm Lebensaufgaben, deren Erfüllung er mit ernstem und festem Willen erstrebte.

[5]) Bekannt durch seine Kulturmethode und sein lebhaftes Interesse für die deutsche Forstwissenschaft. Geb. 1802.

Eine Statistik der Lebensalter, welche die im Text genannten bedeutenden Forstmänner — soweit ihr Geburtsjahr mir bekannt ist — erreicht haben, ist nicht uninteressant. v. Manteuffel, Liebich—Prag, W. v. Cotta, v. Michael, v. Reuß, v. Berg, F. v. Hagen, Geitel, v. Schultze, Gerwig, Lauprecht, Püschel und Braun haben zusammen 902 Jahre gelebt, im Mittel also 69 Jahr. Einer dieser Männer hat das 90., einer das 80. Jahr überschritten, 4 sind zwischen 70 und 80, 4 zwischen 60 und 70, 3 zwischen 50 und 60 Jahre alt geworden. Wird das höchste Lebensalter (92 Jahre, Forstrath Liebich) und das niedrigste (53 Jahre, Forstrath Püschel) außer Rechnung gelassen, so beträgt die mittlere Lebensdauer bei den verbleibenden 11 Personen, welche zusammen 701 Jahre gelebt haben, ebenfalls 69 Jahre. Ich verwahre mich jedoch gegen alle Schlüsse, welche etwa aus dieser Notiz gezogen werden könnten.

2. Wirthschaftliche Bestrebungen.

Wenn Bewegung Leben ist, so fehlt es der heutigen Forstwirthschaft an Leben nicht; denn man darf behaupten, daß in ihr fast Alles
in Bewegung ist. In Bezug auf die Bestandsbegründung strebt man
offenbar zu natürlicherer Gestaltung derselben zurück. Die absolute
Herrschaft des Kahlschlags scheint auch im nördlichen Deutschland vorüber zu sein. Selbst in den weit ausgedehnten Flachlandsforsten,
in denen die Kiefer herrscht, denkt der eine und andere Wirthschafter
allen Ernstes an eine Umkehr der Wirthschaft, an plenterwaldartige
Bestandsbehandlung, an Schirmschlagstellungen, Unterbau der Kiefernbestände im Alter des vollendeten Höhenwuchses mit Buchen und an
die Begründung gemischter Bestände, in denen selbst die einst im
Uebermaß bevorzugte, dann übertrieben verfolgte Birke ihre bescheidene
Stelle finden soll. Die Verhandlungen der Versammlung deutscher
Forstmänner am 19. August 1875 zu Greifswald[1]) wendeten sich
auch den hier berührten Fragen zu und haben zum mindesten interessantes Material zur weiteren Bearbeitung derselben geliefert. Einig
war man dort nur in der Ueberzeugung, daß in der Kiefernwirthschaft
des Nordost=Flachlandes Manches anders werden müsse; über das,
was geschehen solle und könne, gingen die Meinungen noch auseinander. Die gleiche Bewegung und Umformung früherer Ansichten
vollzieht sich in Bezug auf jene ganze Folge inhaltschwerer, ja grund-
legender Fragen, welche Preßler neuerdings angeregt hat. National-
ökonomen, Staats= und Forstwirthe[2]) wendeten sich diesen Fragen
mit lebhaftem Interesse zu. Sie sind auch in den letzten drei Jahren
in der Literatur, in Vereinen und auch in der Tagespresse lebhaft erörtert worden. Niemand bestreitet heute mehr die theoretische, abstrakte Richtigkeit der von Preßler wieder auf die Tagesordnung gestellten und mathematisch ausgeformten Sätze aus der Boden=Reinertrags=
lehre. Aber nur Wenige sind es, welche ihre unbedingte Anwendbarkeit

---

[1]) Baur, Monatschrift 1875, S. 481.

[2]) Unter den Vereins=Verhandlungen über die Reinertrags=Theorie steht diejenige im schlesischen Forstverein am 17. Juli 1874 wohl oben an. Vergl. das
Jahrbuch d. schles. Forstvereins für 1874 (Breslau 1875) S. 53.

im forstlichen Betriebe zugeben oder gar die sofortige Anwendung der mathematischen Sätze Preßlers auf die heutige Forstwirthschaft vertheidigen. Man darf behaupten, daß die Preßler'sche Reinertrags=Lehre in thesi während der Jahre 1873—75 einen entschiedenen Sieg erfochten, in praxi eine totale Niederlage erlitten hat, soweit sie den Schwerpunkt derjenigen Erwägungen, welche sich auf die zu=künftige Gestaltung der Forstwirthschaft beziehen, in mathematische Herleitungen legen will, daß dagegen die durch Preßler so lebhaft vertretene Bestandswirthschaft in dem Programm der Forstwirth=schaft der Zukunft schon heute ihren allgemein anerkannten vollberech=tigten Platz gefunden hat, daß endlich seine mathematischen Methoden und Hülfsmittel unzweifelhaft zu dem Besten gehören, was unsere Zeit in dieser Richtung hervorgebracht hat.

Wenig berührt von dem literarisch=wissenschaftlichen Streite über Theorien, welche ihre Verwirklichung erst in der Zukunft finden können, hat die deutsche Forstwirthschaft 1873—1875 ihre Entwickelungen durchlaufen. Im eigentlichen Deutschland ist sie eben so wenig von den gewaltigen Schwankungen des Gewerbe= und Handelsbetriebes, und von den Wirkungen des Fünfmilliarden=Fiebers in Mitleidenschaft gezogen worden. Anders war es in letzterer Hinsicht in Oesterreich. Hier hat das Spekulations= und Gründungs=Fieber, welches eine Zeit lang die Maske der Gesundheit und Kraft angenommen hatte, dann aber die finanzielle Kraft des Landes rasch aufzehrte, auch die Forst=wirthschaft ergriffen. Zur Ausnutzung der vom Staate veräußerten Staatsgüter bildeten sich Aktiengesellschaften, unter denen die „Forst=bank",[1] längst bankerott, eine traurige Berühmtheit erlangt hat, während andere Aktien=Unternehmungen mit forstwirthschaftlicher Grund=lage, wie die Forst=Industrie=Gesellschaft in Waidhofen a. d. Ybbs, eine solidere Existenz geführt und auch den Krach von 1874 über=dauert haben. Das famose Grenzwälder=Geschäft, bei welchem es sich um ein Objekt von mehr als 33 Mill. Gulden handelte, ist über=haupt nicht zu Stande gekommen.[2]

---

[1] Forstl. Bl. 1873, S. 19, 126, 220, 222.

[2] Vergl. Forstl. Bl. 1874, S. 57. Die Fläche dieser, früher unter der Grenz=Militair=Verwaltung stehenden Forsten beträgt 134,170 österr. Joch; 103,000 Joch waren mit Ueberaltholz bestanden; 30,000 Joch sollten veräußert

Wie gesagt, wir Forstmänner im deutschen Reiche sind mit diesen Dingen nur indirekt in Berührung getreten, durch hohe Holzpreise und hohe Löhne in der Gründungszeit, durch schlechte Preise und niedrigere Löhne nach dem Krach.

Die Chronik unseres Forstwesens darf dies mit Genugthuung konstatiren. Fragen wir uns, warum in Deutschland die Periode des Schwindels so spurlos an den Wäldern vorübergegangen ist, so muß die Antwort, glaube ich, lauten: Weil die deutschen Regierungen den Staatsforstbesitz in dem Bewußtsein festhalten, daß diese Art der Gewerbethätigkeit für den Staat sehr wohl geeignet ist und weil die Landesvertretungen diese Anschauung vollkommen theilen. Ich glaube, in dieser Beziehung kann man in Oesterreich von uns noch Einiges lernen. Lese man die Verhandlungen in den Kammern der bedeutendsten deutschen Staaten, in welchen 1873—75 wichtige, das Forstwesen berührende Gesetze berathen worden sind und man wird die Ueberzeugung erlangen, daß Staatsregierungen und Landesvertretungen in dem Bestreben verbunden sind, den so sehr bedeutenden Staatswaldbesitz in Deutschland intakt zu erhalten und nach Art guter Hausväter auszunutzen, zu Nutz und Frommen der Gegenwart und Zukunft, mit hoher Achtung vor den Forderungen des Gemeinwohls, die weit über dem privatwirthschaftlichen Profitmachen stehen.

An diesen Bestrebungen beginnen auch die neugeschaffenen Organe der Provinzial-Selbstverwaltung in Preußen sich zu betheiligen. Mit hellleuchtendem Beispiel geht in dieser Richtung die Verwaltung und Vertretung der Provinz Hannover voraus.

Die Bewaldung dieser Provinz steht weit unter dem Mittel in Norddeutschland.

Am 28. September 1875[1]) beantragte der ständische Verwaltungs-Ausschuß beim Provinzial-Landtage, an geeigneten Orten der

---

werden. In der Versteigerung am 30. Juni 1872 wurde die Taxe von $21\frac{1}{2}$ Mill. Fl. um 12 Mill. Fl. überboten. Aber das Geschäft wurde nicht perfekt. Das Konsortium, welches Käufer war, beschuldigte später die Regierung des Vertragsbruches (vergl. die Beilage zur „neuen freien Presse vom 7. Novbr. 1873).

[1]) Die Protokolle der bezüglichen Landtags-Verhandlungen sind mir durch die gütige Vermittlung des Herrn Landesdirektors v. Bennigsen zugänglich geworden.

Provinz Flächen zur Aufforstung für Rechnung des provinzialständi=
schen Verbandes anzukaufen und zu dem Zwecke einen provinziellen
Aufforstungsfonds zu bilden.

Herr Landesdirektor v. Bennigsen (erster Präsident des preuß.
Abgeordnetenhauses), dessen gesunde volkswirthschaftliche Anschauungen
über waldwirthschaftliche Verhältnisse ich selbst mehrfach kennen gelernt
habe, vertrat den von ihm ausgehenden Antrag, der von dem Land=
tage einstimmig angenommen wurde.

Für den Aufforstungsfonds disponibel gestellt wurden, vorbe=
haltlich späterer Zuwendungen, aus denjenigen am 1. Januar 1876
auf die Provinz übergegangenen Beständen, welche bei der K. Staats=
regierung während der Jahre 1873, 1874 und 1875 in der Summe
von 852,000 M. excl. Zinsen zur Durchführung der Kreisordnung
in der Provinz Hannover angesammelt sind 1) 300,000 Mark,
2) bis zu etwaiger anderer Beschlußfassung des Provinzial=Landtages
die Zinsen dieser Bestände und der denselben bis zur Einführung der
Kreisordnung noch fernerweit zufließenden Summen.

Hiernach hat der genannte Fonds außer jenen 300,000 M. im
Jahre 1876 die Zinsen von 552,000 + 284,000 = 836,000 Mark,
welche etwa 35,000 Mark betragen werden, vom Jahre 1877 ab
aber etwa 48,000 Mark jährlich zur Verfügung bis dahin, daß
andere Bestimmung getroffen wird.

Die hannover'sche Provinzial=Verwaltung beabsichtigt, neben dem
Aufforstungsfonds auch noch jährlich einige tausend Thaler aus dem
allgemeinen Landesmeliorationsfond zu Aufforstungszwecken dadurch
nutzbar zu machen, daß Gemeinden und Privaten, namentlich den
ersteren, Darlehn (2½ % Zinsen und 2½ % Amortisation) zu Auf=
forstungen gewährt werden.

Ich habe es mir nicht versagt, bei diesen Bestrebungen der pro=
vinziellen Selbstverwaltung in Hannover etwas länger zu verweilen,
weil die Thatsache selbst noch wenig bekannt sein dürfte und hier eine
Bahn betreten wird, welche unserer wirthschaftspolitischen Entwicklung
neue Ausgangspunkte gewährt. Wird so, wie in Hannover, die
Pflege der Landeskultur von den größeren kommunalen Körperschaften
als Aufgabe erkannt, so schwinden mehr und mehr die Motive, welche
die Staatsgewalt zwingen, in das Privatwaldeigenthum einzugreifen

und es ist da das Gemeinwohl gegen Schädigung durch unvernünftige Waldbehandlung gewiß vollkommen geschützt, wo die Schutzwälder sich im Besitze der Provinzen rc. befinden.

---

3. Die Gesetzgebung in Bezug auf die Waldungen.

Der Erlaß von drei wichtigen Gesetzen ist aus den Jahren 1873/75 zu verzeichnen: 1) des preußischen Gesetzes über Schutz=waldungen und Waldgenossenschaften vom 6. Juli 1875[1]), 2) des württembergischen Gesetzes über die Ausübung und Ablösung der Weide=rechte auf landwirthschaftlichen Grundstücken, sowie über die Ablösung der Waldweide, Waldgräserei, und Waldstreurechte vom 26. März 1873[2]) und 3) des württembergischen Gesetzes über die Verwaltung der Gemeinde= und Körperschaftswaldungen.[3])

Von Bedeutung für den Waldbesitz und die Forstverwaltung sind daneben das preußische Enteignungsgesetz vom 11. Juli 1874,[4]) sowie die preußischen Gesetze über die Wohnungsgeldzuschüsse der

---

1) Vergl. über das Gesetz: Danckelmann, Jahrbuch der preuß. Forst= und Jagd=Gesetzgebung VIII, S. 1—244, wo der Text des Entwurfes, des Gesetzes der Kommissionsbericht und die Protokolle der bezüglichen Landtagssitzungen voll=ständig abgedruckt sind. — Forstl. Bl. 1875, S. 129 (Kritik v. Otto Beck); daf. S. 263 (Abdruck des Gesetzes). — Forst= und Jagd=Zeit. 1874, S. 115 (Gesetz=entwurf. — daf. 1875, S. 270 (Kommissionsbericht). — daf. 1875 S. 305, 344 (Regierungsvorlage und Beschlüsse der Kommission). — Centralblatt (Micklitz) 1875, S. 391 (Besprechung von Prof. Dr. Marchet). Das Gesetz ist die Frucht 50jähriger legislatorischer Arbeit. In der Session 1873/74 wurde dasselbe ein=gebracht, aber nur vom Herrenhaus durchberathen. 1874/75 wurde dasselbe von der Kommission des Abgeordnetenhauses wesentlich verändert und gelangte so zur Annahme.

2) Vergl. Baur, Monatsschrift 1873, S. 352 (Graner). —

3) Vergl. Baur, Monatschrift 1874, S. 145 (Entwurf). Forstl. Bl. 1875, S. 146. Das Gesetz konstituirt eine eigene Aufsichtsbehörde für Gemeinde= und Körperschaftswaldungen, welche der Centralforstbehörde des Staates selbstständig gegenübersteht. Forst= und Jagd=Zeit. 1873, S. 204.

4) Mit erläuternden Notizen abgedr. in der Forst= und Jagd=Zeit. 1874, S. 325, 361 (Lehr). —

Staatsbeamten vom 12. Mai 1873[1]) und betreffend die Abstellung der auf Forsten haftenden Berechtigungen und die Theilung gemeinschaftlicher Forsten für die Provinz Hannover vom 13. Juni 1873,[2]) endlich manche andere die Regelung der Forstrechtsverhältnisse in Schleswig-Holstein, Hannover und Hessen-Nassau berührende Gesetze.

In fast allen deutschen Staaten sind in den Jahren 1873/75 die Gehaltsverhältnisse der Forstbeamten durch die Etatsgesetze neu geregelt worden. Das preußische Abgeordnetenhaus hat sich mehrfach mit der Rangstellung und finanziellen Lage der Forstbeamten beschäftigt.[3])

Die Frage, welchem Ministerium die Forstverwaltung zu unterstellen sei, ist in Oesterreich dahin gelöst worden, daß das Ackerbauministerium an die Spitze der Forstverwaltung getreten ist. Ein Versuch der konservativen Partei in Preußen, das Gleiche zu erreichen, die Staatsforstverwaltung von dem Finanzministerium loszulösen und dem Minister für die landwirthschaftlichen Angelegenheiten zu unterstellen, ist mißlungen. Ein desfallsiger Antrag des Abgeordneten Elsner von Gronow wurde in der Sitzung des Abgeordnetenhauses vom 22. Januar 1873 mit 164 gegen 142 Stimmen abgelehnt.[4]) Der Antrag würde wahrscheinlich ein etwas anderes Schicksal gehabt haben, wenn er nicht von der Partei der „Agrarier", welche in unberechtigter Weise die Staatskräfte zu egoistisch-landwirthschaftlichen Zwecken auszubeuten sucht, ausgegangen wäre.

Der Prozeß, welcher sich heute in allen deutschen Staaten vollzieht, dessen Ziel eine würdigere soziale Stellung der Forst-Techniker

---

[1]) Forst- und Jagd-Zeit. 1873, S. 393.

[2]) Danckelmann, Jahrbuch V. S. 134, VI. S. 46.

[3]) In den Sitzungen von 3. XII. 74 (Verbesserung der Lage der Forstaufseher. Forst- und Jagd-Zeit. 1874, S. 60), v. 6. II. 75 (Verbesserung der Rangstellung und des Diätenbezugs der Oberförster und Förster, sowie des Einkommens der letzteren. Forst- und Jagd-Zeit. 1875, S. 168), v. 1. VI. 75, denselben Gegenstand betr. Forst- und Jagd-Zeit. 1875, S. 357). Vergl. hierzu das Gesetz v. 24. März 1873, betreffend die Reisekosten und Tagegelder der Staatsbeamten (Forst- und Jagd-Zeit. 1873, S. 420. Danckelmann Jahrbuch VI., S. 17).

[4]) Vergl. Forst- und Jagd-Zeit. 1873, S. 87 fgde. — Forstl. Bl. 1873, S. 95.

(wie anderer technischen Beamten) und eine angemessene Verbesserung der äußeren Lage der Staatsforstbeamten ist, hat seinen Abschluß noch nicht gefunden. Zu klaren Prinzipien ist man in dieser Beziehung überhaupt noch lange nicht in allen Staaten gelangt. In unseren Landesvertretungen prädominirt vielfach noch das juristische Element; die technischen Verwaltungszweige finden oft gar keine oder ungenügende Vertretung. So sehr wir uns vor unberechtigten Anforderungen zu hüten haben, so sehr wir das Bewußtsein festhalten müssen, daß die ehrenvolle Arbeit im Dienste des Staates immer nur bescheidenen pekuniären Lohn finden wird, so sehr sind wir doch berechtigt, die unserer Bildung, der Verantwortlichkeit und Wichtigkeit des uns unvertrauten Amtes voll entsprechende äußere Stellung zu erreichen. Eine falsche, an das Göthe'sche Wort erinnernde Bescheidenheit wäre es, im Hintergrunde stehen zu bleiben und allen Anderen den Vortritt zu lassen, da, wo unser gutes Recht uns zur Seite steht.

4. Verwaltungs-Organisationen. Versuchswesen. Forstliche Statistik.

Man vermag sich kaum etwas Vielköpfigeres vorzustellen, als die Organisation der deutschen Forstverwaltungen. Sie alle zu schildern, wie sie heute sind, ist eine Herkules-Arbeit. Rang und Stellung, Amtsbefugnisse, Gehalt, Dienstaufwand, Diäten und Reisekosten, Amtsbenennung und Titulatur — das Alles haben wir in Deutschland in einem wahren Kaleidoskop beisammen. So wie man schüttelt, ist das Bild wieder ein anderes.

Roth hat sich das Verdienst erworben, die Titulaturen der deutschen Forstbeamten zusammenzustellen und hat deren 82 zusammengebracht.[1] Deyssing aber hat sie in Verse gebracht und uns in Greifswald dadurch nicht wenig erfreut.[2] Daß wir in diesen, wie

---

[1] Baur, Monatschrift 1874, S. 136.

[2] Leider hat der liebenswürdige Sänger es bestimmt verweigert, seine Verse, welche in Greifswald mit nicht endendem Jubel aufgenommen wurden, den Fachgenossen durch Abdruck zugänglich zu machen.

in vielen anderen Dingen noch lange nicht einig sind, ist auf der anderen Seite nicht eben zum Lachen.

In der 1876er Versammlung der deutschen Forstmänner wird man die Organisations=Frage besprechen. Hoffen wir, daß diese Ver= handlung ihre guten Früchte tragen wird, nicht etwa in dem Sinne, daß man Alles über einen Leisten schlagen will (denn die beste Or= ganisation in größeren Staaten ist deshalb noch nicht die beste in den kleinen und was für die Flachlands=Massenforsten des Nordens paßt, kann deshalb noch immer für die Berg= und Hügellands=Forsten des Westens und Südens recht schlecht sein), sondern nur soweit, daß die höheren Forstbeamten dieselbe Vorbildung haben, ihnen ungefähr dieselbe äußere Stellung und Amtsbefugniß und derselbe Titel beige= legt wird. Daneben können dann noch in Bezug auf die Größe der Verwaltungs=Inspektions= und Direktionsbezirke, die Ressortverhält= nisse 2c. 2c. alle berechtigten Eigenthümlichkeiten der Einzelstaaten be= stehen bleiben. An eine Gemeinsamkeit der Anstellungsberechtigung nach Erfüllung gleicher Vorbedingungen (Freizügigkeit der Forst= beamten), also an eine einheitliche Regelung des Unterrichts= und Prüfungswesens sowie volle Freiheit des Studiums will ich nur als an einen frommen Wunsch der Zukunft flüchtig erinnern. —

Tiefgreifende organisatorische Veränderungen in den deutschen Forstverwaltungen sind 1873—75 nicht zu regist.iren.

In Preußen ist die Zahl der Staatsforstprüfungen für die= jenigen Anwärter, welche sich für die oberen (inspizirenden) Stellungen besonders befähigen wollen, um eine (die Forst=Assessoren=Prüfung) vermehrt und für diese auch dem 2½ jährigen forstakademischen Stu= dium noch ein einjähriges Universitäts=Studium hinzugefügt worden.[1] Man hat damit anerkannt, daß die Forstakademieen eine für die oberen Stellen der Verwaltung genügende Bildung nicht zu gewähren vermögen.

Im Uebrigen steht man in Preußen an der Schwelle einer Re= organisation der oberen Lokal=Forstverwaltung, welche seither den Be= zirksregierungen sich einfügte. Die letzteren, bisher Träger der Lokal=

---

[1] Vergl. „Bestimmungen über die Ausbildung und Prüfung für den Kgl. Forstverwaltungsdienst v. 30. VI. 74", abgedruckt bei Danckelmann, Jahrbuch VII., S. 34.

Staatsverwaltung in fast allen Zweigen und Spruch=Behörden in streitigen Verwaltungssachen, werden nach der Durchführung der Selbstverwaltung der Provinzen[1]) und Kreise[2]) (welche für die öst=lichen Provinzen seit Beginn des Jahres organisirt ist) und nach der Errichtung besonderer Verwaltungs=Gerichte,[3]) welche damit Hand in Hand geht, in ihrer jetzigen Gestalt zu bestehen aufhören. Die tech=nischen Verwaltungszweige werden selbständig organisirt werden.[4]) Für die Staatsforstverwaltung sind Forstdirektionen in Aussicht genommen (Oberforstmeister als Direktoren, Forstmeister als Räthe); über die Einzelheiten der Organisation verlautet im Uebrigen noch Nichts.

In Bayern sind wichtige organisatorische Veränderungen eben so wenig zu melden. Die Staatsmaschine ist dort im Augenblicke durch die Wahlen zur Kammer einigermaßen lahm gelegt. Alle Mängel des konstitutionellen Systems treten zur Zeit dort schroff hervor. Eine Zweistimmen=Majorität reicht aus, um den Staats=wagen zum Stillstehen zu bringen. Der rasche Tod Schultze's ist unter solchen Umständen doppelt zu beklagen. Nur das Versuchs=wesen und die forstliche Statistik haben einen bedeutsamen Schritt vorwärts gethan durch die Errichtung des Ministerial=Bureaus für forstliche Statistik und Versuchswesen. Darauf werde ich zurück=kommen.

In Württemberg ist als Oberaufsichtsbehörde über die Ge=meinde= und Körperschaftswaldungen eine besondere Abtheilung der Centralforstbehörde errichtet worden.[5])

In Baden sind organisatorische Veränderungen in der Forst=

---

1) Vergl. „Provinzialordnung für die Provinzen Preußen, Brandenburg, Pommern, Schlesien und Sachsen v. 29. VI. 75. Berlin, Decker (60 pf.); das Gesetz ist von Kletke (Berlin, Großer, 2 M.), Steinitz (Berlin, Hempel, 4 M.) u. A. kommentirt.

2) Kreisordnung für die vorgenannten Provinzen v. 13. Dez. 1872. Berlin, Decker, 1873, vielfach kommentirt.

3) Vergl. Gesetz, betr. die Verfassung der Verwaltungsgerichte u. d. Verwal=tungsstreitverfahren v. 3. Juli 1875. Berlin, Heymann, 15 pf.

4) Vergl. die von der Staatsregierung dem Abgeordnetenhause vorgelegte „Denkschrift über die Reorganisation der allgemeinen Landesverwaltung", in den Drucksachen des Abgeordnetenhauses 1874/75 Nr. 14 S. 37.

5) In dem Gemeindewald=Gesetz bestimmt. Die Ernennungen sind erfolgt.

verwaltung nicht zu registriren. Man hat dort auch allen Grund, im Großen und Ganzen zufrieden zu sein.[1]

Heſſen scheint sich einer solchen Zufriedenheit seiner Oberförster wenigstens nicht zu erfreuen. Eine große Anzahl derselben hat schon 1872 um Aenderung der Organisation in dem Sinne petitionirt,[2] daß der forstmeisterliche Druck etwas verringert werde, d. h. daß die jetzt eigentlich die Wirthschaft und Verwaltung führenden Forstmeister Kontrolbeamte werden sollen. Diesen Wünschen scheint man an entscheidender Stelle nicht abgeneigt zu sein. Verminderung der Forstämter, größere Selbständigkeit der Oberförster, Verbesserung der äußeren Lage der Forstbeamten sind die einzelnen Punkte eines Programmes, dessen Verwirklichung noch nicht erfolgt ist, aber wohl in naher Aussicht steht.[3]

Auch in Sachsen befindet sich die Forstverwaltung in der Reorganisation. Vom Jahre 1872 liegt ein Kammerbeschluß vor,[4] welcher die Regierung auffordert, zu erwägen, ob die Organisation der Forstverwaltung nicht noch zu vervollkommnen und am Sitze der Regierung eine kollegialisch geordnete Forstinspektionsbehörde einzusetzen sei.

Hierdurch würden die jetzigen Inspektionsbeamten (Oberforstmeister) überflüssig, was die Regierung bei Berathung des Etats pro 1874—75 zugegeben hat. Die Zahl der Oberforstmeistercien hat sich bereits um 4 vermindert. Weitere Veränderungen stehen in Aussicht. Populär ist das Institut der Oberforstmeister jedenfalls nicht, eben so wenig wie das der 1872 beseitigten Forstinspektoren.

Neuester Zeit ist Herr v. Kirchbach, seither Oberlandforstmeister, um seine Pensionirung eingekommen. Ueber seinen Nachfolger verlautet noch Nichts; doch werden dem Oberforstrath Dr. Judeich und dem Oberforstmeister Roch (Dresden) Aussichten zugewiesen.

Von organisatorischen Veränderungen aus Thüringen und den kleineren norddeutschen Staaten ist mir Nichts bekannt geworden.

Das forstliche Versuchswesen ist in Preußen, Sachsen,

[1] Baur, Monatschr. 1875, S. 385 fgde.
[2] Forst- und Jagd-Zeit. 1873, S. 174.
[3] Forst- und Jagd-Zeit. 1874, S. 203.
[4] Forst- und Jagd-Zeit. 1874, S. 415.

2

Thüringen, Bayern, Württemberg und Baden organisirt, in Preußen in organischer Verbindung mit der Forstakademie Neustadt-Eberswalde,[1] in Sachsen im Anschluß an die Forstakademie Tharand, in Thüringen unter Leitung des Geh. Oberforstrath Dr. Grebe, also ebenfalls mit wenigstens personellem Anschluß an die Forstlehranstalt in Eisenach, in Bayern selbstständig mit einer an das Ministerial-Forstbureau angeschlossenen Centralstelle,[2] in Württemberg in personeller Vereinigung mit der Forstakademie Hohenheim, jedoch unter selbstständiger Leitung der Versuchsarbeiten durch den Professor Dr. Baur,[3] in Baden endlich selbstständig, ohne organische Verbindung mit der Forstschule, unter Errichtung eines das Versuchswesen leitenden Ausschusses, der unter Vorsitz eines Mitgliedes der Forstdirektion aus Verwaltungsbeamten und Professoren besteht.

An das preußische System des forstlichen Versuchswesens haben sich Elsaß-Lothringen, Oldenburg, beide Mecklenburg, Anhalt angeschlossen.

Alle bis jetzt begründeten deutschen forstlichen Versuchsanstalten sind zu einem Vereine zusammengetreten, dessen Satzungen am 13ten September 1872 vollzogen worden sind.[4] Der Verein deutscher forstlicher Versuchsanstalten hat in seinen Versammlungen am 13. Sep-

---

1) Ueber das Versuchswesen in Preußen vergl.: Danckelmann, Jahrbuch IV. S. 136 (Verf. d. Fin.-Min. v. 14. III. 72); daf. S. 139 (Geschäftsordnung). Danckelmann, Zeitschrift VII., S. 425 (Forstl. meteorol. Stationen); daf. IV., S. 96 (Begründung der pflanzenphysiolog. Abtheiluug); daf. VI., S. 177 (Aufgabe der chemisch-physik. Abth.); Jahrbuch VII., S. 97 (Arbeitsplan f. d. Aufstellung v. Holzertragstafeln); daf. VII., S. 108 (desgl. von Formzahl- und Baummassentafeln); daf. S. 152 (Anleitung zur Standorts- und Bestandsbeschreibung); daf. S. 162 (Instruktion f. d. meteorologischen Stationen); daf. VIII., S. 244 (Arbeitspläne für Kulturversuche u. a. a. O. Die „Beobachtungs-Ergebnisse der in Preußen und in den Reichslanden eingerichteten forstlich-meteorologischer Stationen, hrsggbn. v. Prof. Dr. Müttrich" erscheinen monatlich bei Springer in Berlin als Anhang zu Danckelmanns Zeitschrift.

2) Forst- und Jagd-Zeit. 1875, S. 355. Unter dem Finanzministerium und als Abtheilung des Versuchswesens überhaupt ist eine akademische Station errichtet, bestehend aus Professoren der Forst-, Grund- und Hülfswissenschaften an der Forstschule.

3) Baur, Monatschrift 1874, S. 19.

4) S. d. Satzungen des Vereins in Danckelmanns Jahrbuch VI., S. 70.

tember 1872 zu Braunschweig,[1]) am 11.—13. September 1873 zu
Mühlhausen in Thüringen,[2]) am 19.—21. März 1874 in Eisenach,
am 31. August und 1. September 1874 zu Freiburg i. Br.,[3]) am
23. August 1875 zu Stubbenkammer auf Rügen eine Reihe von Ar-
beitsplänen vereinbart, nach denen die forstlichen Versuche durchgeführt
werden. Seine Hauptbedeutung beruht in dieser Gemeinsamkeit der
Arbeit und zugleich in einer sachgemäßen Arbeitstheilung. Letztere ist
namentlich von größter Wichtigkeit gegenüber den großen Aufgaben,
welche das Versuchswesen zur Zeit zu lösen hat: Bei der Aufstellung
von Ertragstafeln für alle Hauptholzarten und alle in Deutschland
vertretenen Hauptstandorte; bei der Aufstellung neuer Massentafeln
auf Grund sehr ausgedehnter Formzahl-Ermittelungen; bei der Feststellung mittlerer Reduktionsfaktoren zur Umrechnung von Raummaaß
und Gewicht der einzelnen Holzsortimente in feste Holzmasse.

Die erste greifbare Frucht der Vereins-Bestrebungen, welche uns
auf der Bahn der Einigung einen guten Schritt vorwärts geführt hat,
sind die „Bestimmungen über Einführung gleicher Holzsortimente und
einer gemeinschaftlichen Rechnungseinheit für Holz im deutschen Reiche“,
vereinbart nach langen Verhandlungen am 23. August 1875 von
Bevollmächtigten der Regierungen von Preußen, Bayern, Württemberg, Sachsen, Baden und Sachsen-Gotha, allen übrigen deutschen
Regierungen zur Annahme empfohlen und von der Mehrzahl derselben
auch bereits angenommen.[4])

Nicht eine gleich günstige Entwicklung ist in Bezug auf die
Forststatistik des deutschen Reiches zu melden. Nach hoffnungsvollen Anfängen im Jahre 1873 und 1874 ist diese Organisation in
ein Stadium des Abwartens getreten.

Wie noch Allen erinnerlich, hatte die zweite Versammlung deutscher Forstmänner in Braunschweig (1872) an den Fürsten Reichskanzler die Bitte gerichtet „derselbe möge der einheitlichen Organisation der forstlichen Statistik im deutschen Reiche in dem Sinne sein
Interesse zuwenden, daß diese Organisation auf forsttechnische Leitung

---

1) Danckelmann, Zeitschrift V., S. 245.
2) daf. VI., S. 266.
3) daf. VII., S. 541.
4) Baur, Monatschrift 1876, S. 1

durch das statistische Reichsamt, auf Errichtung forstlicher Abtheilungen bei den statistischen Landes-Centralstellen und auf die Mitarbeit der Forstverwaltungsbehörden begründet werde".[1]

Fürst Bismarck gab dieser Anregung rasche, sein Interesse an der Sache bekundende Folge. Auf Grund eines Bundesrathsbeschlusses vom 30. Juni 1873 wurde eine technische Kommission nach Berlin einberufen, bestehend aus den Herren: Becker, Direktor des kaiserl. statistischen Amtes, Vorsitzender, Dr. Meitzen, Geh. Regierungsrath, Mitglied des statistischen Amtes, Bernhardt, Forstmeister (Neustadt-Eberswalde), Gayer, Professor (Aschaffenburg), Roch, Oberforstmeister (Dresden), Bose, Oberforstrath (Darmstadt), Dr. Grebe, Geh. Oberforstrath (Eisenach), welcher die Aufgabe gestellt wurde, einen Organisationsplan für die dem Geschäftskreise des kaiserl. statistischen Amtes zuzuweisende Forststatistik auszuarbeiten. Dieser Plan in der Form von „Bestimmungen, betreffend die Forststatistik des deutschen Reiches" wurde von der Kommission mittelst ausführlichen begründenden Berichtes vom 9. Mai 1874 dem Reichskanzler-Amte eingereicht, dem Bundesrathe demnächst vorgelegt und von diesem seinem volkswirthschaftlichen Ausschusse (für Handel und Verkehr) überwiesen.

Erst in allerneuester Zeit hört man durch die politischen Zeitungen wieder Etwas über das Schicksal der Vorlage, was aber wenig hoffnungsreich klingt. Der Bundesraths-Ausschuß soll nicht allein die „Bestimmungen" stark beschnitten, sondern auch, was viel schlimmer wäre, die geplante Organisation wesentlich verändert, namentlich die centrale Bearbeitung der Sache durch einen Forsttechniker abgelehnt haben. Ist dem so, dann hat unsere Wissenschaft von der Forststatistik des Reiches wenig zu hoffen. —

Ohne die Entschließungen der Reichsbehörden weiter abzuwarten, ist man in Bayern, wo man vom Handeln mehr hält, als vom Reden, schon jetzt mit Errichtung eines forststatistischen Landesbureaus unter Forstrath Ganghofer vorgegangen. —

Waren für das deutsche Reich nur in Bezug auf das Versuchs-

---

[1] Vergl. Bernhardt, in Danckelmanns Zeitschrift VII., S. 135. Der Entwurf der Bestimmungen mit den im Bericht enthaltenen Motiven ist abgedruckt bei Meitzen „Gutachten über die Bearbeitung der Forststatistik" Berlin 1874.

wesen wichtige organisatorische Veränderungen zu melden, so ist in
Oesterreich in den Jahren 1873—75 nahezu Alles, was an die
Forstverwaltung heranstreift, von Grund aus reorganisirt worden.
Mit dem Uebergang derselben an das Ackerbau-Ministerium[1]) scheint
ein eifriges Streben nach Fortschritt zur Geltung gelangt zu sein.
Durch Kaiserliche Entschließung vom 23. März 1873 wurden die
Grundzüge für die Verwaltung der Staats= und Fonds=Forsten und
der Domänen festgestellt.[2]) Eine Centralstelle als Abtheilung des
Ackerbau-Ministeriums ist leitende technische Spitze, Forst= und Do=
mänen=Direktionen stehen an der Spitze der Provinzial=Verwaltung,
Forst= und Domänen=Verwalter führen die örtliche Wirthschaft.[3]) Als
Oberlandforstmeister wurde R. Micklitz nach Wien berufen.

Zur strengeren Handhabung des Forstgesetzes vom 3. Dezember
1852 ergingen Verfügungen (1873)[4]); als technische Beiräthe der
Provinzial=Verwaltungsbehörden wurden behufs schärferer Beaufsich=
tigung der Nichtstaatswaldungen besondere „Landesforstinspektoren"
bestellt; am 13. Februar 1875[5]) ergingen neue Regulative für das
Prüfungswesen; die schon 1872 durch Gesetz angeordnete Verlegung
der Forstschule zu Mariabrunn als besondere Sektion der „Hochschule
für Bodenkultur" (einer forst= und landwirthschaftlichen Fachschule)

---

[1]) Durch Kaiserl. Entschließung vom 20. Jan. 1872, vergl. Bericht über
die Thätigkeit des K. K. Ackerbau=Ministeriums, Wien 1874 II., S. 40.

[2]) S. diese „Grundzüge" mit den Motiven in dem Bericht über die Thätig=
keit des K. K. Ackerbau=Ministeriums, Wien 1874 II., S. 41 fgde.

[3]) Zur Zeit bestehen 7 Direktionen (Oesterreich unter der Enns; Salz=
kammergut und Oesterreich ob der Enns; Salzburg; Steiermark und Kärnthen;
Tirol und Vorarlberg; Krain, Küstenland und Dalmatien; Galizien und Lodo=
merien); die wenigen Forstverwalter in Böhmen sind dem Ministerium direkt
unterstellt (Grundzüge §. 11). Der Personenstand weist nach: 7 Oberforstmeister,
19 Forstmeister, 13 Oberforst= und Forst=Ingenieure, 92 Oberförster, 91 verwal=
tende Förster (171 Verwaltungsbezirke, von denen 86 von Oberförstern, 85 von
Förstern verwaltet werden, die übrigen Oberförster und Förster bei den Direktionen),
573 Forstwarte (etatsmäßige Schutzbeamte), 171 Forstgehilfen, 94 Waldaufseher
(Bericht S. 64).

[4]) Besonders die Verordnung v. 3. Juli 1873. Bericht I., S. 210.

[5]) Ministerial=Verordnung v. 13. Febr. 1875, betr. die Prüfungen für den
technischen Dienst in der Staatsforstverwaltung. Abgedr. im Centralblatt für das
gesammte Forstwesen 1875, S. 194.

nach Wien ausgeführt und das forstliche Versuchswesen, dessen Lei=
tung Prof. und Regierungsrath Dr. A. v. Seckendorff übernahm,
selbständig unter dem Ackerbau=Ministerium organisirt.[1]

Alle diese Vorgänge in unserem stammverwandten Nachbarlande
bekunden ohne Zweifel ein tüchtiges, bewußtes Streben nach gründ=
licher Reform der forstlichen Zustände. Der an die Stelle des Ritters
v. Chlumecky getretene Ackerbauminister Graf Mansfeld gewährt
die Sicherheit, daß die Reformen ruhig und sicher ausgebaut werden
und sein erster forsttechnischer Rath, der Oberlandforstmeister R. Mick=
litz, wird ihm dabei treulich zur Seite stehen.

Ueber seine gesammte Thätigkeit in den Jahren 1869—1875
hat das österreichische Ackerbau=Ministerium ein umfassendes, an werth=
vollem statistischem Material reiches Werk veröffentlicht[2] und damit
einen Weg der offenen Darlegung amtlicher Prinzipien und Bestre=
bungen betreten, der in dem Zeitalter des Konstitutionalismus gewiß
Anerkennung und Nachahmung verdient.

---

5. Das forstliche Unterrichtswesen.

Keine andere Frage beschäftigt die deutschen Forstmänner zur
Zeit so lebhaft, wie die Forstschulfrage. Aber der Kampf ist bis
jetzt in der Hauptsache ein theoretischer, ein Streit um Doktrinen.
Praktisch ist bis heute in Deutschland alles beim Alten geblieben. Unter
dem Stichwort „allgemeine Hochschulen oder Akademieen?" denkt sich
auch so ziemlich Jeder etwas Anderes. Einig sind die Gegner der
heutigen isolirten Fachschulen nur in der Negative; auch der Frei=
burger Beschluß vom 2. September 1874 ist von Bedeutung nur in
der negirenden Richtung, d. h. in der Verurtheilung der heutigen
Forstlehranstalten. Sobald es an das positive Schaffen geht, ist
die Einigkeit vorbei und Jeder baut sich sein eigenes Haus.

---

[1] Vergl. „Statut für das staatliche forstl. Versuchswesen in Oesterreich" auf
Grund Kaiserl. Entschließung v. 8. Juli 1875.

[2] Den mehrfach zitirten Bericht in 3 Heften. Heft I. und II. betreffen die
Jahre 1869/74 und sind 1874 erschienen. Die Zeit vom 1. VII. 1874 bis 30. VI.
1875 umfaßt das III. 1875 erschienene Heft (Verlag von Faesy & Frick in Wien).

Da ich es an dieser Stelle mit Thatsachen, nicht mit Meinungen zu thun habe, so ist wenig zu melden.

Der einzige deutsche Staat, in welchem die Forstschulfrage zur Zeit eine praktische Bedeutung besitzt, ist Bayern und dort ist man heute um keinen Schritt weiter, als vor 3 Jahren.

Die mit Berathung der Sache betraute Kommission,[1]) welche am 30. März 1874 zusammentrat, hat sich für die Universität oder das Polytechnikum entschieden; die Kammer der Abgeordneten und die der Reichsräthe haben die Staatsregierung aufgefordert, Aschaffenburg beizubehalten und zeitgemäß zu reorganisiren;[2]) die Forstversammlung in Freiburg hat sich am Sedantag 1874 gegen die heutigen isolirten Fachschulen ausgesprochen.[3]) Das sind die vorliegenden Thatsachen und es heißt ruhig abwarten, was in Bayern mit der ultramontanen Kammermehrheit von 2 Stimmen fernerhin fertig zu bringen ist.

Die in Oesterreich vollzogene Verlegung der Forstschule von Mariabrunn nach Wien[4]) wird wohl von Niemanden ernsthaft als eine Erfüllung desjenigen Programms angesehen werden, welches die Verschmelzung der Forstschulen mit den allgemeinen Hochschulen fordert; denn dazu müßte zunächst der Beweis erbracht werden, daß eine Doppel-Fachschule wie die Hochschule für Bodenkultur in Wien eine allgemeine Hochschule sei — ein Beweis, den wohl Niemand antreten wird.

---

[1]) Bestehend aus den Herren: Ministerialrath Dr. v. Völk, Vorsitz.; Ministerialrath von Schultze; Hofrath Dr. v. Helfferich, Prof. Dr. Roth (München); Dr. v. Bauernfeind, Direktor des Polytechnikum in München; Prof. Dr. Gerstner aus Würzburg; Reg.- und Forstrath Rau; Oberforstrath und Forstakademie-Direktor Stumpf (Aschaffenburg); Prof. Dr. Ebermayer (das.); Bürgermeister Will (das.).

[2]) Stenograph. Bericht über die Verhandlungen der bayerischen Kammer der Abgeordneten II. Bd. 1874 Nr. 43. Protokolle der Kammer der Reichsräthe 14. Sitz. 1874 v. 13. Juli 74.

[3]) Bericht über die III. Vers. deutscher Forstwirthe zu Freiburg i. Br. Berlin Springer 1875.

[4]) S. darüber: Zur Geschichte der Entstehung der Hochschule für Bodenkultur in Wien, den mehrfach zitirten Bericht des Ackerbau-Ministeriums I. S. 78 fgde.; das Gesetz v. 3. April 1872 über Gründung der Hochschule ebendas. S. 87; das Statut ders., dessen §. 1 bestimmt: „Die Hochschule für Bodenkultur in Wien hat die Aufgabe, die höchste wissenschaftliche Ausbildung in der Land- und Forstwirthschaft zu ertheilen" s. das. S. 89.

So ist also im Wesentlichen Alles beim Alten. Für die Sache selbst scheint in der ganzen seitherigen Unklarheit der Entwicklung eine ernste Gefahr zu liegen. Mit Halbheiten und Unklarheit des Wollens löst man große Fragen nicht. Es giebt nur eine allgemeine Hoch=schule, die Universität. An sie wollen wir den forstlichen Unterricht anschließen und wenn wir dies nicht können, nun, so behalten wir unsere Fachakademieen; eine in zweiter Linie stehende Frage ist es dann, ob es sich mehr empfiehlt, Forstwirthschaft und Landwirthschaft in besonderen technischen Hochschulen zu vereinigen, wie dies neuester Zeit Dr. Thiel wieder empfohlen hat,[1]) oder ob sich dies nicht em=pfiehlt. Von „allgemeinen Hochschulen" ist dann aber nicht mehr die Rede.

6. Vereinswesen.

Wenn das forstliche Vereinswesen in Deutschland richtig aufge=faßt wird, so sollte nach meiner Meinung die Verhandlung technischer Fragen, welche sich immer bis zu einem gewissen Grade an die Oert=lichkeit anschließen muß, den Lokalvereinen überlassen bleiben und die Versammlung deutscher Forstwirthe, welche am besten, was ihre stimm=berechtigten Mitglieder anbelangt, aus Delegirten der deutschen Central=forstbehörden und der Lokalforstvereine bestehen würde, sollte eine be=rathende technische Instanz für organisatorische und legislatorische Fragen sein. Die Versammlung würde dann an autoritativer Geltung gewinnen und, wie ich meine, mehr Positives schaffen, als heute.

Doch dies beiläufig. Die Versammlung deutscher Forstwirthe hat sich mit legislatorischen und organisatorischen Fragen 1873—75 recht eingehend beschäftigt, mit der Frage der Waldgenossenschaften 1873 in Mühlhausen,[2]) mit der Forstschulfrage und der Beaufsich=tigung der Gemeindeforsten 1874 in Freiburg i. Br.,[3]) mit der Forst=arbeiterfrage in Greifswald 1875.[4])

---

[1]) Vergl. „Zur Frage des höheren landwirthsch. Unterrichts" v. Dr. H. Thiel, in den landwirthsch. Jahrbüchern v. Nathusius u. Thiel. 1876. S. 131.

[2]) Bericht über die II. Vers. deutscher Forstmänner. Berlin. Springer. 1874.

[3]) Bericht über die III. Vers. Berlin. Springer. 1875.

[4]) Baur, Monatschrift 1875, S. 361. Forst- u. Jagd-Zeit. 1875. S. 376.

Auch in Oesterreich ist ein allgemeiner cisleythanischer Forst=
kongreß[1]) am 27. Sept. 1875 zusammengetreten, d. h. eine Versamm=
lung von Delegirten der folgenden Vereine:

1. der Forstsektion der k. k. Landwirthschafts=Gesellschaft in Wien;
2. des oberösterreichischen Forstvereins;
3. der Forstsektion der landwirthschaftlichen Gesellschaft in Salzburg;
4. desgl. in Graz;
5. des forstwirthschaftlichen Vereins in Graz;
6. der Forstsektion der landw. Gesellschaft für Krain und Laybach;
7. des krainisch=küstenländischen Forstvereins;
8. der Forstsektion der landwirthschaftl. Gesellschaft für Tirol und Trient;
9. des böhmischen Forstvereins in Prag;
10. des mährisch=schlesischen Forstvereins;
11. des land= und forstwirthschaftl. Vereins für das nordwestliche Schlesien;
12. der Forstsektion der galizischen Landwirthschafts=Gesellschaft in Lemberg;
13. desgl. der landwirthschaftl. Gesellschaft in Krakau.

Die Versammlung war eine konstituirende.

Im Deutschen Reiche sind zahlreiche neue Lokal=Vereine ent=
standen, nämlich:

1. der elsaß=lothringische Forstverein, begründet am 14. Juni 1875 zu Zabern;[2])
2. der rheinische Forstverein, begründet am 1. Juni 1875 in Saar= brücken;[3])
3. der hunnsrücker Forstverein, gegründet am 28. Juli 1874 zu Briedel a. Mosel;[4])

---

[1]) Centralblatt f. d. g. Forstwesen 1875, S. 503. Handelsblatt für Wald= erzeugnisse 1875, Nr. 53.

[2]) Forst= u. Jagd=Zeit. 1875, S. 362.

[3]) Forstl. Bl. 1875, S. 277.

[4]) Zeitschrift d. deutschen Forstbeamten 1874 (mitgetheilt v. Förster Nießer); der Verein hat nach einer Mittheilung in ders. Zeitschr. de 1875 als „Verein der Forstbeamten des Kreises Zell" 1875 getagt.

4. der Verein hessischer Forstwirthe,[1]) nach 5jähriger Pause wieder zusammengetreten zu Calshafen am 28.—30. September 1874;

5. der hessische Forstverein,[2]) wiederbegründet am 30. September 1875 zu Darmstadt;

6. der märkische Forstverein, gegründet 2. Juli 1873 zu Neuruppin;[3])

7. der Försterverein im Kreise Jerichow, Reg.-Bez. Magdeburg, gegründet 1873;[4])

8. der Labiauer Forstverein, gegr. 1. März 1874 (Prov. Preußen);[5])

9. die Wanderversammlung oberpfälzischer Forstleute, gegründet am 4. Juni 1874 in Regensburg.[6])

Die älteren Lokalvereine, namentlich der badische,[7]) Harzer,[8]) Thüringische,[9]) sächsische,[10]) pfälzische,[11]) schlesische[12]) pommersche,[13])

---

[1]) Vergl. die Protokolle der Versammlung in den Supplementen zur Forst- und Jagd-Zeit., IX. S. 129 fgde.

[2]) Forst- u. Jagd-Zeit. 1875, S. 433.

[3]) Forstl. Bl. 1873, S. 288. 1874 tagte der Verein in Potsdam (Verhandlungen gedruckt bei Arndt in Potsdam, 1875), 1875 in Freienwalde a. O.

[4]) Zeitschr. d. deutschen Forstbeamten 1873, S. 228.

[5]) Forstl. Bl. 1874, S. 208 nach der Zeitschr. d. deutschen Forstbeamten 1874.

[6]) Forst- u. Jagd-Zeit. 1874, S. 318. Die Versammlung tagte am 21. Juni 1875 in Tirschenreuth. Forst- u. Jagd-Zeit. 1875, S. 318.

[7]) 1873 zu Schopfheim (Verhandlungen erschienen 1874 bei Scheuble in Freiburg); 1875 in Donaueschingen. Bericht mir noch nicht zugegangen.

[8]) Vergl. die 1874. Verhandlungen bei Finkbein in Wernigerode, herausgegeben 1875.

[9]) Die Protokolle pro 1869 und 1872 sind in d. Forst- u. Jagd-Zeit. 1874, S. 405 besprochen, jedoch, wie es scheint, nicht im Buchhandel zu haben. Der Verein tagt alle 2 Jahre. 1874 fand die Versammlung in Georgenthal statt.

[10]) 1873 in Annaberg (Forst. Bl. 1873, S. 367). 1874 in Leipzig, gemeinschaftlich mit dem Landwirthschaftsverein. Vergl. Forst. Bl. 1875, S. 47.

[11]) Besteht seit 1869. Der Verein giebt besondere Berichte heraus. Er tagte 1873 in Kaiserslautern (Verhandlungen in Neustadt a. H. 1874 gedruckt). Forstl. Bl. 1874, S. 60.

[12]) 1873 in Oels, 1874 in Görlitz, 1875 in Ratibor. Das Jahrbuch erscheint jährlich bei Morgenstern in Breslau. Ueber die Versammlung v. 1875 vergl. Forstl. Bl. 1875, S. 341.

[13]) Bericht über die Vers. in Stettin, bei Springer in Berlin, 1874. Bericht v. 1874 bei Dannenberg in Stettin, 1875 (Vers. in Stralsund). 1875 keine Versammlung.

preußische[1]) in Deutschland; der schweizerische[2]) in der Schweiz haben regelmäßig getagt. Von dem Vereine der deutschen forstlichen Versuchsanstalten ist schon oben die Rede gewesen.

Zwei große Ausstellungen, auf welchen die deutsche Forstwirthschaft würdig vertreten war, fallen in die Jahre 1873—75: Die Wiener Welt-Ausstellung (1873),[3]) die internationale landwirthschaftliche Ausstellung in Bremen (1874).[4])

Im Anschluß an die erstere tagte am 19.—24. September 1873 in Wien — zum erstenmal, seitdem es Forstwirthe giebt — ein internationaler Kongreß der Land- und Forstwirthe.[5])

So hat sich der Anschluß der Forstwirthschaft an das öffentliche Leben unserer Zeit in mehr als einem Punkte vollzogen, nicht zu ihrem Schaden, die lange genug abseits in ihren Wäldern etwas vereinsamt dastand.

---

7. Waldbeschädigungen.

Die Jahre 1873—75 sind an großen Schäden durch Elementarkräfte überreich. Die Sturmfluth in der Ostsee am 12. und 13. November 1872[6]) hinterließ in den dortigen Küstenländern dem Jahre

---

1) Die 4. Versammlung fand 1875 in Königsberg statt. Forstl. Bl. 1875, S. 253.

2) 1875 in Zürich. Das Organ des Vereins war bis 1875 die schweizerische Zeitschrift f. Forstwesen.

3) Ueber die Weltausstellung liegen zahlreiche Berichte vor, u. a: Danckelmann, die forstliche Ausstellung des deutschen Reiches. Berlin. Springer. 1873. — Dr. Lorentz, die Bodenkultur auf der Wiener Weltausstellung 1873. II. Bd. Das Forstwesen. Wien. Faesy u. Frick. 1874. — Alle größeren Zeitschriften haben außerdem Berichte gebracht (in d. F.- u. J.-Z. 1873 von Lorey; in den forstl. Bl. 1873, S. 295 v. Hempel).

2) Vergl. Schimmelpfennig, Bericht über die Forstwirthschaft auf der Bremer Ausstellung. 1874. F.- u. J.-Z. 1874, Septemberheft.

4) Die Protokolle des internationalen Kongresses sind 1874 bei Faesy u. Frick in Wien im Druck erschienen (zugleich in deutscher und französischer Sprache). Berichte über den Kongreß brachten: Danckelmann's Zeitschrift. VII. (Bernhardt); Forst- u. Jagd-Zeit. 1874 (Hartig); forstl. Blätter 1874 (Geitel) u. s. w.

6) Vergl. Forstl. Bl. 1873, S. 178 (Bericht v. Wiese).

1873 eine böse Erbschaft an Verwüstung und Noth. Schon 1871 bis 1872 zeigte sich in Folge der Stürme von 1868 und 1870 eine gefahrdrohende Vermehrung der Borkenkäfer im Böhmerwalde.[1] Die vernichtende Thätigkeit dieser gefährlichen Kerfe nahm bald ungeheure Dimensionen an. Anfang September 1873 entsandte der Ackerbauminister einen besonderen Kommissar an Ort und Stelle.[2] Schon damals waren 180,000 Joch befallen.[3] Die Kalamität erreichte 1874 ihren Höhepunkt; auch die mährischtn und galizischen Forsten wurden ergriffen. Für die meist armen, auf die Waldarbeit angewiesenen Bewohner des Böhmerwaldes ist eine wirthschaftliche Krisis unausbleiblich. Viele werden auswandern müssen, wenn die gewaltige Arbeit des Wegschaffens der Holzmassen, der Wiederaufforstung der Blößen gethan sein wird. Dann wird es daheim wenig mehr zu schaffen geben.

Um den augenblicklichen finanziellen Verlegenheiten der betroffenen Waldbesitzer abzuhelfen, hat der österreichische Staat denselben (Gemeinden und Privaten) unverzinsliche Darlehen gewährt.[4] — Schneebruchschäden im Harz, auf dem rheinischen Hochwald, in Pommern u. s. w. sind 1873—75 ebenfalls vorgekommen, wie fast alle Jahre.

---

[1] Ueber den Borkenkäfer = Fraß im Ganzen, vergl. den Bericht des österr. Ackerbauministeriums. Wien. 1874. I. S. 223 fgde., III. S. 295 u. zahlr. Berichte in allen Zeitschriften, sowie folgende selbstständige Schriften: Dr. Cogho, über die Lebenszähigkeit des Fichtenborkenkäfers. 30 S. Frankenstein. Philipp. — Drr Kampf gegen den Fichtenborkenkäfer. Wien. 1875. Faesy u. Frick (1. Suppl. z. Centralblatt f. d. g. F.).

[2] Den Landesforstinspektor für Böhmen, Forstrath Swoboda. Bericht des Ackerbau=Min. I. S. 224.

[3] Mehr als ein Drittel des ganzen Böhmerwaldes. Derselbe liegt in neun politischen Bezirken mit einer Waldfläche von:

252,937 Joche	(145,540 H.),	welche dem	Großgrundbesitz,
81,262 „	(46,758 „),	„	den Gemeinden,
10,681 „	(6,146 „),	„	„ Kirchen ꝛc.,
103,396 „	(59,494 „),	„	dem Kleinbesitz gehören.

zuf. 448,276 Joche (257,938 H.).

Hiervon waren je 105,142 J. (60,499 H.), 35,707 J. (20,546 H.). 3,348 J. (1,926 H.), 36,712 J. (21,124 H.), zuf. 180,909 J. (104,095 H.) schon 1874 befallen; über 3 Mill. Kubikmeter Holz wurden bis Ende 1874 in Folge des Fraßes eingeschlagen. Bericht ꝛc. I. S. 224., III. S. 296.

[4] Durch Gesetz vom 10. April 1874.

Die Ueberschwemmungen des Jahres 1875 haben, so großen Schaden sie sonst gethan haben, die Forsten weniger berührt.

Im Grunewald bei Berlin fielen im Sommer 1874 etwa 1200 Stück Damwild am Milzbrand.

---

8. Unsere Literatur.[1]

Die gesammte literarische Produktion während der Jahre 1873 bis 1875 ergiebt sich ziffernmäßig aus Tabelle 1. Ohne an Ueberproduktion zu leiden, arbeiten wir mit stetigem Fleiß für unseren literarischen Markt.

Die Zeit der Encyklopädien ist für die deutsche Forstwissenschaft eigentlich vorüber. Dennoch wird auch eine solche eben bearbeitet. Die bei Schotte u. Voigt in Berlin erscheinende „forstwissenschaftliche Bibliothek" hat im 1. Heft eine „allgem. Forstwirthschaftslehre" von Wiese, im 2. „den Wald im Haushalte der Natur und des Menschen" von R. Weber; im 3. u. 4. Wiese's „Ansichten über die Bewirthschaftung der Privatforsten", im 5.—7. Heft „Forstmathematik" von Langenbacher gebracht.

Eine Reihe stattlicher Lehrbücher, welche ganze Wissensgebiete umfassen, sind in diesen drei Jahren erschienen. Forstgeschichte,[2] Forststatistik,[3] Forsteinrichtung,[4] Waldwegebau,[5] Staatsforstwissen-

---

[1] Bei Bearbeitung dieses Abschnittes habe ich die „allgemeine Bibliographie für Deutschland" zu Grunde gelegt. Bücher, die in dieser nicht aufgeführt werden, habe ich nur besprochen, soweit sie mir gerade vorlagen.

[2] Geschichte d. Waldeigenthums, der Waldwirthschaft und Forstwissenschaft in Deutschland von A. Bernhardt. 3 Bände. Berlin. J. Springer. Rec. F.- u. J.-Z. 1873, S. 18 (Roth, I. Bd.); Baur, M. Schr. 1874, S. 237, das. 1875, S. 179.

[3] Dr. Leo, Forststatistik über Deutschland und Oesterreich-Ungarn. Berlin. Springer. 1874. F.- u. J.-Z. 1873, S. 381, das. 1875, S. 88. Baur, M.-Sch. 1873, S. 232 (Bühler).

[4] G. Wagener, Anleitung zur Regelung des Forstbetriebes. Berlin. Springer. 1875. Eine bedeutende Arbeit, die eine große Fülle neuer Gedanken entwickelt und alle Beachtung verdient.

[5] Prof. K. Schuberg, der Waldwegebau und seine Vorarbeiten. 2 Bände.

schaft, [1]) Forstzoologie, [2]) Forstbotanik, [3]) Meteorologie und Klimato=
logie mit Rücksicht auf Bodenproduktion, [4]) Forstrechtskunde, [5]) haben
in neuen, theilweise sehr umfassenden Hand= und Lehrbüchern Be=
arbeitung gefunden.

Sehr groß ist die Zahl der nur einzelne Theile eines Wissens=
zweiges oder bestimmte konkrete Fragen behandelnden Monographien
und Abhandlungen.

Geschichtliche Arbeiten dieser Art sind von Mannhard „über
Baumkultus der Germanen", [6]) von einem Anonymus über die Wal=
dungen im (badischen) Wiesenthale erschienen. [7]) Ratzeburg hat ein
biographisches Sammelwerk „Schriftsteller=Lexikon" begonnen und das
Buch ist nach seinem Tode zu Ende geführt worden. [8]) Eine

Berlin. Springer. 1873—75. Danckelmanns Z., VII. S. 175 (Kaiser, 1. Bd.);
das. VII. 415 (Antikritik). F.= u. J.=Z. 1874, S. 336 (Stötzer); das. 1875,
S. 83; Baur, M. 1874, S. 140; das. 1875, S. 472.

[1]) Dr. J. Albert, Lehrbuch der Staatsforstwissenschaft. Wien. Braumüller.
1875. F. Bl. 1875, S. 139 (Roth).

[2]) Prof. Dr. B. Altum, Forstzoologie. Berlin. Springer. 3 Bände. 1872
bis 1875. Danckelmann, Z. VI. S. 296 (Wiese); F. u. J.=Z. 1874, S. 111.
— Baur. M. 1874, S. 285. — Forstl. Bl. 1873, S. 90 (Grunert). F. Bl.
1874, S. 281.

[3]) Forstrath Dr. Nördlinger, Deutsche Forstbotanik. 2 Bände. Stuttgart,
Cotta. 1874—76. Centralblatt 1875, S. 435 (Böhm).

[4]) Dr. Jos. Lorenz und Prof. Dr. Rothe, Lehrbuch der Klimatologie, mit bes..
Rücksicht auf Land= u. Forstwirthschaft. Wien. Braumüller. 1874. F.= u. J.=
Zeit. 1874, S. 160 (Ebermayer). Supplemente zur F.= u. J.=Z., IX. S. 144.

[5]) Handbuch der preuß. Forst= und Jagdgesetze von A. Kylburg. 1873.
(Danckelmann's Z., VII. S. 597. Forstl. Bl. 1873, S. 366); Eding, die
Rechtsverhältnisse des Waldes (rezens. in Danckelmann's Z., VII. S. 408 (Rätzell).
Centralblatt S. 98.

[6]) Berlin, Bornträger. I. Band eines größeren Werkes: „Wald= u. Feld=
kulte". 1875.

[7]) Meteorologie u. Pflanzenleben, ein Beitrag zur forstl. Chronik der Do=
mänenwaldungen im Wiesenthale. Gewidmet d. bad. Forstverein. Freiburg.
Scheuble. 1874.

[8]) Das „Schriftsteller=Lexikon" ist 1872—73 erschienen. Die Kritik hat ihm
nur sehr bedingte Anerkennung gezollt. Baur, Monatschrift 1873, S. 89; Forstl.
Bl. 1873, S. 10 (Grunert) u. 242; das. 1874, S. 97; Danckelmann's Zeitschr.,
VII. S. 166 (Danckelmann).

ganze Reihe forſtlicher Spezialarbeiten brachten außerdem die Zeit=
ſchriften.

Statiſtiſche Abhandlungen ſind namentlich über die Ausſtellungen
zu Wien und Bremen geſchrieben und zum Theil ſchon oben ange=
führt. [1]) Eine beſonders werthvolle Bereicherung hat unſere ſtatiſtiſche
Literatur durch den mehrfach angeführten Bericht des öſterreichiſchen
Aderbau=Miniſteriums, [2]) durch Wagner's „Holzungen und Moore
in Schleswig=Holſtein", [3]) Scharrnaggl's „Forſtweſen im Küſten=
lande", [4]) ſowie durch die treffliche Schrift von Krutina „über die
badiſche Gemeindeforſtverwaltung" erfahren. [5])

An einer guten „allgemeinen Forſtwirthſchaftslehre" fehlt
es uns noch. [6]) Das Gebiet der Forſtpolitik iſt in den Jahren
1873—75 auch nur ſpärlich bebaut worden, ſo ſehr die bezüglichen
Fragen, namentlich die Waldſchutzfrage, das Intereſſe der Forſtmänner
auch erregen. Heiß [7]) hat neuerdings dahin einſchlagende Fragen
mit Geſchick und Schärfe behandelt. Die Waldverwüſtung in Allgäu
ſchildert in derber und origineller Sprache ein Poſthalter aus Weiler,
Peter Wucher; [8]) einen „Wegweiſer zur Erhöhung der Erträge klei=

---

[1]) Oben S. 27 Note 3 u. 4.

[2]) Oben S. 22 Note 2. F.= u. J.=Z. 1875, S. 238, 387. Forſtl. Bl.
1875, S. 144.

[3]) Die Holzungen u. Moore Schleswig=Holſteins von A. Wagener, Ober=
forſtmeiſter. Rez. Danckelmann's Z., VII. S. 583 (Danckelmann); F.= u. J.=Z.
1875, S. 194.

[4]) Rez. in Danckelmann's Z., VII. S. 169 (Danckelmann); Forſtl. Bl.
1873, S. 273 (Leo).

[5]) Herausgegeben bei Gelegenheit der Verhandlungen in Freiburg i. Br. über
die Gemeindewaldfrage. Vergl. F.= u. J.=Z. 1875. S. 163. Baur, M. 1875,
S. 189.

[6]) Ebenſo, wie an einer guten Arbeit über allgemeine Forſtverwaltungs=
kunde. Auf dem Gebiete der allgemeinen Forſtwirthſchaftslehre iſt nur eine kleine
Abhandlung von Sylvius (pſeudon.) erſchienen: Erörterungen über die nächſten
Aufgaben des bayeriſchen Forſtweſens. Augsburg bei Schmid. 1873.

[7]) Heiß, der Wald und die Geſetzgebung. Berlin. Springer. 1875. F.=
u. J.=Z. 1875, S. 266. Baur, M. 1875, S. 186. Forſtl. Bl. 1875, S. 240
(Roth). Centralblatt 1875, S. 489 (Marchet).

[8]) Ueber Waldverwüſtung und Güterzertrümmerung ꝛc. im Allgäu. Augs=
burg. Lampart u. Co. 1875.

nerer Privatwaldungen" in populärer Form gab der Forstsekretair Wachter heraus.[1]

Bibliographien sind besonders von dem rastlosen Freiherrn von Löffelholz - Colberg[2]) erschienen; einen „Grundriß zu Vorlesungen gab Heß heraus;[3]) das praktische Biennium der preuß. Forstkandidaten behandelte ich in einer kurzen Schrift;[4]) die Forstunterrichtsfrage tauchte in einem halben Dutzend selbstständiger Schriften von Heß, Lorentz, Lothar, Meyer[5]) und mehreren anonymen Verfassern[6]) immer wieder empor.

Die Literatur der Jahre 1873—75 aus dem Gebiete der Forsteinrichtung, Waldwerthrechnung und Statik ist nicht eben reich. Judeich's „Forsteinrichtung" erschien in 2. Auflage und Wagner's Lehrbuch, welches wohl geeignet sein dürfte, die wissenschaftliche Lehre von der Forsteinrichtung einen Schritt vorwärts zu führen, trat ihm zur Seite. Die Holzmeßkunst wurde von Preßler und Kunze neu bearbeitet[7]) und die Baur'sche Holzmeßkunst neu aufgelegt.[8]) Inter-

---

[1]) Forstl. Bl. 1874, S. 259 (Leo).

[2]) 1873 erschien seine: Forstl. Chrestomathie. III. 2. (Mathematik); 1874: V. 1. (Forstproduktionslehre). Vergl. Centralblatt 1875, S. 208 (Bernhardt).

[3]) Forstl. Bl. 1874, S. 97 (Roth).

[4]) Ueber die Benutzung des praktischen Bienniums und die Führung des Tagebuches der Forstkandidaten. Berlin. Springer. 1873. Forstl. Bl. 1873, S. 336 (Geitel).

[5]) Lorentz, die höchste Stufe des land= u. forstwirthschaftlichen Unterrichts. Wien. Faesy u. Frick. 1874. Danckelmann's Z. VII., S. 567 (Danckelmann); Centralbl. 1875, S. 45.

Heß, die forstl. Unterrichtsfrage, in Holtzendorf u. Oncken, Zeit= u. Streitfragen. 1874. Danckelmann's Z. VIII., S. 152 (Danckelmann); Baur, M. 1875, S. 43; Forstl. Bl. 1874, S. 172 (Grunert).

Dr. Loth. Meyer, Akademie oder Universität? Danckelm. Z. VIII. 141 (Danckelm.); forstl. Bl. 1875, S. 11 (Grunert).

Vergl. auch: Forstl. Bl. 1874, S. 61 (Grunert); das. S. 63 (Preßler).

[6]) Zur forstl. Unterrichtsfrage, aus Anlaß der Versammlung zu Mühlhausen. Wien. 1873. Forstl. Bl. 1873, S. 365 (Ebermayer);

Zur Forstschulfrage. Stenographische Berichte über die Verhandlungen der bayer. Kammer. Von einem fränkischen Forstwirthe. 1874.

[7]) Vergl. Baur, M. 1874, S. 87.

[8]) Danckelmann, Z. VIII. 166 (Danckelmann); Baur, M. 1875, S. 87.

essante Ertragsunterfuchungen in Baden wurden veröffentlicht[1]) und
H. Rinicker stellte den Begriff der absoluten Formzahl auf.[2]) Aber
G. Heyer's forstliche Statik kam keinen Schritt vorwärts und nach
sonstigen, neue fruchtbare Gedanken entwickelndeu Arbeiten auf diesem
ganzen Wissensgebiete sieht man sich vergeblich um.

Der Uebergang in ein neues Maaß- und Gewichts-, sowie Münz-
System machte die Umarbeitung aller unserer mathematischen Hülfsmittel, Tafelwerke ꝛc. nothwendig. Man hat sich dieser Arbeit so
vielseitig unterzogen, daß hier eine entschiedene Ueberproduktion zu
konstatiren ist (Tabelle 1 Nr. 11). Die Zahl der neuen Kreisflächen-,
Kubik-, Preis-Tabellen ist Legion. Bei alledem aber bleiben die
Preßler'schen Tafelwerke (das forstliche Hülfsbuch von Preßler ist
1875 in 6. Aufl. erschienen), unübertroffen. Wer sie besitzt, daneben
vielleicht Ganghofer's „praktischen Holzkubirer" und für größere
Vermessungen Defert's Coordinatentafeln (2. Aufl. 1874), für die
Preisberechnungen allenfalls noch Behm's „Hülfstafeln", dem wird
in allen Fällen geholfen sein.

Die Literatur über Bestandsbegründung und Waldpflege, Forstbenutzung, Technologie und über Forstschutz ist pro 1873—75 reichlich bearbeitet worden. Flugsandkultur,[3]) Kiefernwirthschaft,[4]) Entwässerung,[5]) Schneideln und Aesten,[6]) Weidenkultur[7]) wurden in be-
sondern Schriften behandelt. Ueber technologische Gegenstände sind

---

[1]) Erfahrungen über den Massenvorrath und Zuwachs geschlossener Hochwald-
bestände und einzeln stehender Stämme. Gesammelt bei der Forsteinrichtung im
Großherzogthum Baden. Amtl. Ausg. 5. Heft. Karlsruhe. 1873. Danckelmann's Z. VI., S. 131 (Danckelmann).

[2]) H. Rinicker, üb. Baumform u. Bestandsmasse. 1873. Baur, M. 1873 S. 518.

[3]) Wessely, der europäische Flugsand und s. Kultur, Wien 1873 (Faesy
und Frick). Danckelmann, Z. VII., S. 547 (Danckelmann); F.- u. J.-Z. 1873,
S. 351; Baur M. 1874, S. 413; Forstl. Bl. 1874, S. 58 (Grunert); Centralblatt 1875, S. 149 (Bernhardt).

[4]) Mechow, Förster, die Kultur und Bewirthschaftung der Kiefernforsten
für Forst- und Landwirthe. 22 S. Osterburg, Döger 1874. Danckelmann Z.
VIII., S. 175 (Eberts); F.- u. J.-Z. 1874, S. 315.

[5]) Forstrath Reuß, über Entwässerung der Gebirgswaldungen. Prag 1874.
Danckelmanns Z. VII., S. 575 (Danckelmann); F.- u. J.-Z. 1875, S. 265.

[6]) Freih. F. v. Mühlen, Revierf., Anleitung zum rationellen Betrieb der
Ausastung im Forsthaushalte. Stuttgart 1873. Danckelmanns Z. VI., S. 344

4 Schriften (bef. in Oesterreich) erschienen,[1]) über Samendarren und Dampfentrindung je eine.[2]) Das treffliche Werk von G. König „die Waldpflege" ist in 3ter wesentlich erweiterter Auflage unter dem Titel „der Waldschutz und die Waldpflege" von Dr. C. Grebe neu=bearbeitet worden (Gotha 1875). „Jäger's Forstkulturwesen" hat die 2te (1874), „Gayer's Forstbenutzung" die 3te (1873), Reuter's „Kultur der Eiche und Weide" die 3te (1875), v. Manteuffels „Hügelpflanzung" die 4te (1874), desselben Verfassers Schrift über die Kultur der Eiche die 2te Auflage erlebt (1874). Auch von Alers, „über das Aufästen der Waldbäume" ist 1874 die 2te Auflage er=schienen. —

Die bedeutendste literarische Erscheinung dieser drei Jahre auf dem Gebiete der forstlichen Grundwissenschaften ist R. Hartig's: „Wich=tige Krankheiten der Waldbäume"[3]) darnach Ebermayer's: „Phy=

(Bernhardt) F.= u. J.=Z. 1873, S. 324. Baur, M. 1873, S. 333 (Baur); Vitus Ratzka, das Ausästen der Waldbäume 1874, Danckelmanns Z. VIII., S. 158 (Danckelm.); Centralblatt 1875, S. 101.

[7]) R. Schulze, die Kultur der Korbweiden. Brandenburg 1874. Nöth=lich's (Bürgermeister), die Korbweidenkultur in den Niederungen. Danckelmanns Z. VIII., S. 162 (Danckelm); Forstl. Bl. 1875, S. 181 (Sprengel).

[1]) Fmstr. Ad. Danhelovsky, Abhandl. über die Technik des Holzwaaren=Gewerbes in den slavonischen Eichenwäldern. Wien, Faesy u. Frick 1873. F.= u. J.=Z. 1874, S. 9. Baur, M. 1874, S. 185. Centralblatt 1875, S 539; Forstl. Bl. 1873, S. 302 (Gayer).

Prof. Exner, Studien über d. Rothbuchenholz. Wien 1875, Faesy u. Frick.

Joh. Nepomucky, Mittheil. über Holzimprägnirung auf der Kaiser Ferdi=nands=Nordbahn. Wien 1874. Centralblatt 1875, S. 376.

v. Heise, die Werkzeugmaschinen zur Metall= und Holz=Bearbeitung. Leipzig 1874. Centralblatt 1875, S. 45.

[2]) F. Walla, die Samendarren und Klenganstalten. Berlin 1874. Danckel=manns Z. VII., S. 576 (Danckelm.) F.= u. J.=Z. 1875 S. 13. Centralblatt 1875, S. 264. Fmstr. Wohmann, Prof. Dr. Neubauer u. C. A. Lotichius, die Schälung der Eichenrinde zu jeder Jahreszeit verm. Dampf nach dem System Maître. Wiesbaden 1873. Eine sehr bemerkenswerthe Schrift.

[3]) Berlin bei Springer 1874. Danckelmanns Z. VI., S. 286 (Hartig), VII., S. 607 (Eberts); F.= u. J.=Z. 1874, S. 51. Forstl. Bl. 1874, S. 50 (Borggreve); Centralblatt 1875, S. 651. Eine besondere Bearbeitung der durch Pilze erzeugten Krankheiten der Waldbäume für die deutschen Förster von Hartig (erst im Jahrb. des schles. Forstvereins, dann separat bei Morgenstern in Breslau erschienen) hat 1875 bereits die 2. Aufl. erlebt.

sikalische Einwirkungen des Waldes auf Luft und Boden".[1]) Durch
ersteres Werk ist Hartig der Begründer einer wissenschaftlichen Pa=
thologie der Forstgewächse geworden, ein Wissensgebiet, mit dessen
weiterem Ausbau er sich hoffentlich noch lange mit frischester Kraft
beschäftigen wird.

Bemerkenswerthe forstzoologische Arbeiten sind von Adolf und
Karl Müller (die einheimischen Säugethiere und Vögel nach ihrem
Nutzen und Schaden in der Land= und Forstwirthschaft. Leipzig
1873)[2]), Prof. Dr. Taschenberg (forstwirthschaftliche Insektenkunde.
Leipzig 1874),[3]) Werneburg (der Schmetterling u. s. Leben 1874),[4])
Cogho[5]) zu erwähnen.

Von Koch's Dendrologie erschien der 2. Band.[6]) Göppert
behandelte in einer trefflichen Schrift „die Folgen äußerer Verletzun=
gen der Bäume, insbesondere der Eichen und Waldbäume",[7]) Borg=
greve schrieb eine Monographie über „Heide und Wald",[8]) Moritz
Willkomm eine forstl. Flora von Deutschland und Oesterreich.[9])
Eine Flora der Holzgewächse in Nord= und Mitteldeutschland gab
Dr. L. Möller heraus.[10])

Die Lehre von der Waldstreu in physiologischer, chemischer und
forsttechnischer Beziehung hat Prof. Dr. Ebermayer behandelt.[11])

---

[1]) Aschaffenburg, Krebs 1873. Danckelmanns Z. VI., S. 137 (Bernhardt);
F.= u. J.=Z. 1873, S. 154. Forstl. Bl. 1873, S. 143 (Dr. Schrödter).

[2]) Danckelmanns Z. VI., S. 134 (Altum); F.= u. J.=Z. 1875, S. 159;
Forstl. Bl. 1874, S. 26 (Antikritik); das. 1874, S. 126 (Grunert).

[3]) Danckelm. Z. VI., S. 321 (Altum), F.= u. J.=Z. 1874, S. 48. Forstl.
Bl. 1874, S. 17 (v. Bernuth).

[4]) Danckelm. Z. VII., S. 401 (Altum), F.= u. J.=Z. 1875, S. 83. Forstl.
Bl. 1875, S. 60 (Grunert).

[5]) Oben S. 28 Note 1.

[6]) 2. Abth., die Kupuliferen, Koniferen, Monokotylen enth. Danckelm. Z. VI.,
S. 295 (Hartig).

[7]) Danckelm. Z. VII., S. 395 (Hartig).

[8]) Forstl. Bl. 1875, S. 120 (Grunert).

[9]) Leipzig und Heidelbrrg bei Winter 1872—73. Baur, M. 1873, S. 526;
Forstliche Blätt. 1873, S. 41 (Frank); das. 1874, S. 346 (Frank); das. 1875
S. 236 (ders.).

[10]) Eisenach bei Bacmeister 1873.

[11]) Berlin bei Springer 1875.

Eine kurze über unsere Hauptgesteinsarten orientirende Schrift veröffentlichte Prof. Dr. Remelé.[1])

Von den Vereinsschriften ist schon oben die Rede gewesen.

Zu den früher bestandenen Zeitschriften traten drei neue hinzu: Das Centralblatt für das gesammte Forstwesen von Micklitz und Hempel;[2]) die Zeitschrift der deutschen Forstbeamten;[3]) das Handelsblatt für Walderzeugnisse von Laris.[4])

Das erstgenannte Blatt, schon jetzt die bedeutendste forstliche Zeitschrift in Oesterreich, scheint besonders dazu berufen, die freundnachbarlichen und wissenschaftlichen Beziehungen zwischen Deutschland und Oesterreich zu pflegen. Die Zeitschrift der deutschen Forstbeamten vertritt im Wesentlichen die Interessen der unteren Forstbeamten und sucht dieselben der Bildung und dem geistigen Leben unserer Zeit näher zu führen. Sie bethätigt damit ein Streben, welches gewiß die allgemeinste Anerkennung findet. Das „Handelsblatt" endlich füllt eine Lücke in unserer periodischen Literatur aus, indem dasselbe den merkantilen Interessen der Waldwirthschaft dient.

Die „schweizerische Zeitschrift für Forstwesen" (Landolf) hat mit 1875 zu bestehen aufgehört. An ihre Stelle ist ein forstl. Jahrbuch in zwanglosen Heften und eine monatlich erscheinende, leicht faßlich geschriebene Zeitschrift „der praktische Forstwirth für die Schweiz" getreten.

Unter den nichtforstlichen Zeitschriften, welche dem Forstwesen Beachtung schenken, steht die „Zeitschrift für die gesammte Staatswissenschaft", herausgegeben von der staatswirthschaftlichen Fakultät in Tübingen,[6]) in erster Linie. Manche für Forstmänner interessante

---

1) Uebersicht der Hauptgesteinsarten des preuß. Staatsgebietes. Berlin, Springer 1873.

2) Wien, Faesy und Frick, Seit 1875.

3) Trier bei Lintz. Die Zeitschrift erscheint seit 1872. Danckelm. Z. V., S. 294 (Bernhardt). Sie hat seitdem an innerem Gehalte stetig gewonnen.

4) Handelsblatt für Walderzeugnisse, Organ f. d. Interessen der Forstwirthschaft und des Holzhandels, red. v. C. Laris. Trier, Lintz, I. Jahrg. 1875. Die Mitarbeiterliste weist sehr achtbare Namen nach. Bis 1. Juli in Wochennummern, seitdem 2 mal wöchentlich.

5) Herausgeber sind die Prof. v. Schütz, Weber, Fricker und Schönberg in Verbindung mit G. Hanßen, Helfferich, Roscher, Fr. Hack (Stuttgart), Schäffle.

Auffätze über den Eichenschälwaldbetrieb und die Gerbrinde bringt die Gerberzeitung.[1]) Unter den politischen Zeitungen sind es besonders die Berliner Post und die Augsburger Allgemeine Zeitung, welche den forstlichen Intereffen Beachtung schenken.

---

9. Unsere Schriftsteller.

Die Frage: Wie viel deutsche Forstmänner schriftstellern? beantwortet Tabelle 2 für das deutsche Reich so genau als möglich. Sie zeigt, daß von circa 4000[2]) Forstmännern mit wissenschaftlicher Bildung 194 oder nahezu 5 %, von ca. 8000 Forstmännern[3]) ohne eine solche 64 oder etwa 0,8 % sich schriftstellerisch bethätigt haben. Letztere Thatsache ist besonders bemerkenswerth und zeigt, daß unsere unteren Forstbeamten — besonders in Preußen — tüchtig vorwärts streben.

Verhältnißmäßig wenig wird in Bayern geschrieben; viel in

Man vergl. Jahrg. 1873, S. 145—174 (Ueber die Waldrente, Sendschreiben Judeichs an Helfferich); daf. S. 381 „über die prinzipiellen Aufgaben der Forstwirthschaft" von Wagener-Castell; Jahrg. 1875 „Zur landwirthsch. Taxation bei der Ablösung der auf Wäldern lastenden Weide- und Streu-Rechte" v. Prof. Dr. Funke-Hohenheim; daf. S. 449: Die Enquête über die Lage der ländlichen Arbeiter 1873—74 von G. Schönberg (sehr werthvolles Material) u. f. w.

[1]) Gerber-Zeitung, Organ des Vereins deutscher Gerber. Berlin. Vergl. außer mehreren werthvollen Auffätzen über Eichenschälwaldbetrieb die Nummern 37—39 von 1875 „Die Eichenrinde als Gerbematerial" u. a. R.

[2]) Daß die Angaben dieser nur das deutsche Reich umfaffenden Tafel nicht genau sein können, ist bei der heutigen Lage der forstlichen Statistik selbstverständlich. Die Angaben in Sp. 16—20 beziehen sich nur auf die Staatsforstverwaltungen und sind nicht genau, da die Zahl der Anwärter für die höheren Stellungen meist geschätzt werden mußte. Wahrscheinlich ist die Zahl 4000 weitaus zu niedrig gegriffen, die Zahl 8000 ganz sicher.

[3]) Eine große Zahl von Artikeln in einigen Zeitschriften (namentlich in der Forst- u. Jagd-Zeit.) sind anonym geschrieben. Hieraus erwächst für statistische Arbeiten eine nicht geringe Schwierigkeit und man erhält meist zu niedrige Angaben. Thatsächlich ist jedenfalls die Zahl der Mitarbeiter an den Zeitschriften größer, wie angegeben. Bücher-Rezensionen sind nicht berücksichtigt.

Sachsen, Hessen, Braunschweig. Selbständige Schriften haben 48 Forstmänner geschrieben, darunter 4 aus den unteren Beamtenklassen (Preußen); an Zeitschriften haben 210 mitgearbeitet, darunter 60 Forstmänner ohne wissenschaftliche Bildung.

Die Mitarbeiterschaft der einzelnen Zeitschriften, soweit dieselbe ersichtlich ist (also mit Ausschluß aller Derer, welche anonym gearbeitet haben) ergiebt sich aus Tafel III.

————

Für dieses Jahr bin ich zu Ende. Möge meine kurze Chronik hinauswandern in die stillen Forsthäuser! Sie wird uns einander näher bringen und an ihrer bescheidenen Stelle vielleicht mitwirken, daß wir erkennen, wo wir stehen, was wir erreicht haben, und was wir erstreben sollen. Volle Gemeinsamkeit unserer Bestrebungen und klare Erfassung unserer Ziele verbürgen den verständigen, ruhigen Fortschritt.

Und somit Heil den deutschen Wäldern und ihren Pflegern Heil!

————◇————

Tabelle I.

Literarische Produktion
1873—1875.

A. Bücher-Literatur.

Selbständige Schriften sind erschienen:

Abkürzungen der Spaltenköpfe:
- **g.S** = welche den ganzen Wissenszweig umfassen — Zahl der Schriften
- **g.B** = welche den ganzen Wissenszweig umfassen — Zahl der Bände
- **e.S** = welche einzelne Theile desselben behandeln — Zahl der Schriften
- **e.B** = welche einzelne Theile desselben behandeln — Zahl der Bände

Nummer	Bezeichnung der veröffentlichten Schriften und Wissenszweig, welchen dieselben behandeln.	1873 g.S	1873 g.B	1873 e.S	1873 e.B	1874 g.S	1874 g.B	1874 e.S	1874 e.B	1875 g.S	1875 g.B	1875 e.S	1875 e.B	zus. g.S	zus. g.B	zus. e.S	zus. e.B
	I. Forstwissenschaft.																
1	Geschichte der Forstwissenschaft			2	2					1	3	1	1	1	3	3	3
2	Forststatistik			5	5	1	1	5	5			3	3	1	1	13	13
3	Allgemeine Forstwirthschaftslehre			1	1											1	1
4	Forstpolitik			1	1							4	4			5	5
5	Staatsforstwirthschaftslehre (nach älterem Begriff)									1	1			1	1		
6	Bibliographien	1	1			1	1							2	2		
7	Methodologien, Schriften ü. d. Forstunterrichts- u. Prüfungswesen 2c.	1	1	2	2			3	3			1	1	1	1	6	6
	Zusammen allgemeine und einleitende Wissenszweige	2	2	11	11	2	2	8	8	2	4	9	9	6	8	28	28
8	Lehre v. d. Forsteinrichtung			3	3					1	1			1	1	3	3
9	Lehre v. d. Waldwerthberechnung																
10	Forstliche Statik																
	Zusammen: Lehre von der Einrichtung und Rentabilität der Forstwirthschaft			3	3					1	1			1	1	3	3
11	Forstmathematische Hülfs-Bücher, Tabellen, Rechenknechte 2c.			6	6			5	5			13	13			24	24

Anmerkungen zu den zusammenfassenden Zeilen:
- Zusammen allgemeine und einleitende Wissenszweige: die Gesamtzahlen (ganze + einzelne) betragen 34 Schriften und 36 Bände.
- Zusammen: Lehre von der Einrichtung und Rentabilität der Forstwirthschaft: Gesamtzahl 4 Schriften und 4 Bände.

(Die folgende Tabelle ist im Original um 90° gedreht gedruckt. Die Spaltenüberschriften sind am oberen Rand abgeschnitten; wiedergegeben werden die Zeilenbezeichnungen und die lesbaren Zahlenwerte.)

Nr.	Gegenstand		
12	Forstliche Bodenkunde	1	1
13	Forstl. Standortslehre u. Waldbau	8	8
14	Lehre vom Forstschutz	2	2
15	Lehre von der Forst-Benutzung u. Forst-Technologie	6	6
16	Waldwegebaukunde	2	2
	Zusammen: Lehre v. d. Bestandsbegründung, Waldpflege und Waldbenutzung	19	19
	Ueberhaupt I:	74	74
	II. Grundwissenschaften.		
17	Forstzoologie	4	4
18	Forstbotanik	7	7
19	Meteorologie, Klimatologie	2	2
20	Forstwissenschaftliche Bodenchemie und Pflanzenchemie	1	1
21	Mathematik mit besonderer Anwendung auf Forstwirthschaft	—	—
22	Volkswirthschaftslehre mit besond. Anwendung a. d. Forstwirthschaft	—	—
	Zusammen II:	14	17
	III. Nebenwissenschaften.		
23	Forstrechtskunde	3	3
24	Forstverwaltungskunde	1	1
	Zusammen III:	4	4
	IV. Encyklopädien der Forstwissenschaft einschl. Grund- u. Nebenwissenschaften.		
25		—	—
	Hierzu III.	4	4
	„ II.	13	13
	„ I.	74	74
	Ueberhaupt Bücher-Literatur:	91	91

B. Periodische Literatur.

Nummer	Bezeichnung der periodischen Schriften	Periodische Schriften sind erschienen:						Bemerkungen
		1873		1874		1875		
		Zahl der Schriften	Zahl der Bände	Zahl der Schriften	Zahl der Bände	Zahl der Schriften	Zahl der Bände	
1	Vereinsschriften . . .	7	7	8	8	7	7	Handelsblatt v. Paris. — Hannov. land- u. forstwirthsch. Vereins-blatt. — Land- u. forstwirthsch. Zeit. b. Prov. Preußen v. Hausburg; Würtemb. Wochenblatt f. Land- u. Forstwirthschaft; Margauer Mittheilungen über Haus-, Land- u. Forstwirthschaft.
2a.	Zeitschriften in Wochen-Nummern . . .	4	4	4	4	5	5	
2b.	Zeitschriften in Halbmonats-Nummern . . .	1	1	1	1	1	1	Zeitschr. der deutschen Forstbeamten.
2c.	desgl. in Monatsheften . . .	5	5	5	5	6	6	Forst- u. Jagd-Zeit. (G. Heyer); Forstliche Blätter (Grunert u. Leo); Centralblatt (Wiktig u. Hempel); Monatsschrift v. Baur; österreich. Monatsschrift; schweiz. Zeitschrift f. Forstwesen (bis 1875).
2d.	desgl. in Vierteljahrs-Heften . . .	3	3	3	3	3	3	Tharander forstl. Jahrbuch. — Verhandl. b. Forstwirthe v. Mähren u. Schlesien. — Vereinsschrift b. böhm. Forstvereins (Schmidl).
2e.	desgl. in zwanglosen Heften . . .	3	3	3	3	3	3	Dandelmann's Zeitschrift; Aus dem Walde (Burckhardt).
3.	Forstkalender . . .	5	7	5	7	5	7	Von Schneider (Böhm) u. Judeich f. b. deutsche Reich; v. böhmischen Forstverein; von Petraschek; von der Forstschule in Eulenberg.
	Zusammen:	28	30	29	31	30	32	
	Dazu die Bücher-Literatur . . .	—	—	—	—	87	93	
	Neue Auflagen älterer Werke . . .	—	—	—	—	105	117	
	Separat-Abdrücke aus Zeit- und Vereinsschriften . . .	—	—	—	—	20	20	
	Gesammte forstliterarische Produktion 1873/75 . . .	—	—	—	—	219	237	
	oder pro Jahr im Durchschnitt . . .	—	—	—	—	73	79	

Tabelle II.

Literarische Thätigkeit der deutschen Forstmänner.

Tabelle III.

Die Zeit- und Vereins-Schriften.

II. Ueberſicht der literariſchen Thätigkeit der deutſchen

		Literariſch thätig waren											
		durch Herausgabe ſelbſt-ſtändiger Schriften:				durch Mitarbeit an Zeit-Schriften:				im Ganzen:			
Nummer.	Staat oder Staaten-gruppe.	Mitglieder der ſorſlakademiſchen Körperſchaften.	Praktiker mit wiſſenſchaftlicher Vorbildung.	Praktiker ohne eine ſolche.	zuſammen.	Mitglieder der ſorſlakademiſchen Körperſchaften.	Praktiker mit wiſſenſchaftlicher Vorbildung.	Praktiker ohne dieſelbe.	zuſammen.	Mitglieder der ſorſlakademiſchen Körperſchaften.	Praktiker mit wiſſenſchaftlicher Vorbildung.	Praktiker ohne dieſelbe.	zuſammen.
								Perſo-					
1.	2.	3.	4.	5.	6.	7.	8.	9.	10.	11.	12.	13.	14.
1	Preußen	8	10	4	22	15	60	52	127	23	70	56	149
		18				75				93			
2	Bayern	3	5	—	8	4	10	—	14	7	15	—	22
3	Württemberg . .	2	2	—	4	4	5	—	9	6	7	—	13
4	Sachſen	4	1	—	5	7	9	5	21	11	10	5	26
						16				21			
5	Baden	1	4	—	5	2	4	—	6	3	8	—	11
6	Elſaß-Lothringen	—	1	—	1	—	2	1	3	—	3	1	4
						2				3			
7	Heſſen	1	—	—	1	2	12	—	14	3	12	—	15
8	Beide Mecklenbrg.	—	—	—	—	—	1	—	1	—	1	—	1
9	Oldenburg . . .	—	—	—	—	—	—	1	1	—	—	1	1
10	Braunſchweig . .	1	—	—	1	1	4	—	5	2	4	—	6
11	Anhalt	—	—	—	—	—	1	—	1	—	1	—	1
12	Thüring. Staaten	—	1	—	1	2	3	1	6	2	4	1	7
13	Beide Lippe und Waldeck	—	—	—	—	—	2	—	2	—	2	—	2
						5				6			
14	Hamb. Brem. Lüb.	—	—	—	—	—	—	—	—	—	—	—	—
	Deutſches Reich	20	24	4	48	37	113	60	210	57	137	64	—
		44				150				194			
										5 %.		0.8 %.	

Forstmänner in den Jahren 1873 bis 1875.

Mitglieder der forstakademischen Körperschaften.	Dirigirende und inspicirende Beamte.	Verwaltende Beamte (Oberförster u. Revierförster, letztere i. Preußen jedoch nicht.)	Wissenschaftlich vorgebildete Anwärter der Verwaltungslaufbahn.	zusammen.	Forstbeamte ohne wissenschaftliche Vorbildung.	Bemerkungen.
15.	16.	17.	18.	19	20.	21.
22	141	697	200 geschätzt	1060	4655	3293 etatsmäßige Försterstellen der unmittelbaren Staatsforstverwaltung, 112 desgl. der Kronfideikommiß etc. Verw. Die Zahl der geprüften Oberförsterkandidaten und die der Forstaufseher (1250) geschätzt.
8	97	646	250 geschätzt	1001	ca. 1200	Nach „forstl. Mittheilungen, herausgegeb. v. k. bayer. Min.-Forst-Büreau" IV. 4. gab es in Bayern 1874 1 Ministerialrath, 10 Reg.- u. Forsträthe, 87 Forstmeister, 646 verw.
4	31	166	50 geschätzt	251	—	Forstbeamte im unmittelbaren und mittelbaren Staatsdienste, 165 Forstassistenten, 635 Förster, 628 Forstgehülfen.
10	13	118	38	179	82	In Sp. 17 32 wissensch. vorgebild. Förster, 6 Forstingenieur-Assistenten. — In Sp. 16 101 Oberförster, 10 Revierförster, 7 Forstingenieure.
2	5	106	20 geschätzt	133	?	
—	15	63	10 geschätzt	88	350 geschätzt	
3	22	77	18 geschätzt	120	759 einschl. der Gemeinde-Forstwarte	
—	27	99	?	126	326	Unter den verwaltenden Beamten 11 Oberförster, 88 Förster.
—	3	37	--	40	38	Unter den verwaltenden Beamten 12 Oberförster, 23 Revierförster, 2 Forstauditoren.
2	10	60	25	97	97	
—	3	36	—	39	71	3 als Forstsekretäre etc. angestellte neben 33 Ober- u. Revierförstern in Sp. 17.
3	31	198	109	341	163	Die Anwärter mit wissenschaftlicher Vorbildung sind in der Verwaltung als Forst-Assistenten, Forstaktuare, Forstaufseher, Forstgeometer, Taxatoren etc. beschäftigt.
—	5	32	2	39	119	In Spalte 17 2 Forstgehülfen in Waldeck.
—	—	3	—	3	12	
—	—	—	—	3517	ca. 8000	

III. Die Zeit- und Vereins-Schriften und

Nummer	Staat der Staatengruppe:	der allgemeinen Forst- und Jagd-Zeitung von Heyer				der Monatschrift für Forst- und Jagdwesen von Baur				der Zeitschrift für Forst- und Jagdwesen von Danckelmann				den forstlichen Blättern von Grunert und Leo				dem Tharander forstlichen Jahrbuch von Judeich			
1.	2.	3.				4.				5.				6.				7.			
		a	b	c	d	a	b	c	d	a	b	c	d	a	b	c	d	a	b	c	d
1	Preußen	5	7	—	12	—	5	—	5	7	28	3	38	3	13	1	17	1	2	—	3
2	Bayern	2	2	—	4	—	7	—	7	—	—	—	—	2	1	—	3	—	—	—	—
3	Württemberg	—	2	—	2	3	4	—	7	—	—	—	—	—	—	—	—	—	—	—	—
4	Sachsen	—	1	—	1	1	1	—	2	—	—	—	—	3	8	—	11	4	11	—	15
5	Baden	1	—	—	1	1	4	—	5	—	—	—	—	—	—	—	—	—	—	—	—
6	Elsaß-Lothringen	—	—	—	—	—	—	—	—	—	2	—	2	—	—	—	—	—	—	—	—
7	Hessen	3	2	—	5	2	11	—	13	—	1	—	1	1	1	—	2	—	1	—	1
8	Beide Mecklenburg	—	—	—	—	—	—	—	—	—	—	—	—	—	—	—	—	—	—	—	—
9	Oldenburg	—	—	—	—	—	—	—	—	—	—	—	—	—	—	—	—	—	—	—	—
10	Braunschweig	1	1	—	2	—	2	—	2	—	—	—	—	—	2	—	2	—	1	—	1
11	Anhalt	—	—	—	—	—	1	—	1	—	—	—	—	—	—	—	—	—	—	—	—
12	Thüring. Staaten	—	1	—	1	—	6	—	6	—	—	—	—	2	1	—	3	—	—	—	—
13	Beide Lippe und Waldeck	—	—	—	—	—	—	—	—	—	1	—	—	1	—	—	1	—	—	—	—
14	Hamburg, Bremen, Lübeck	—	—	—	—	—	—	—	—	—	—	—	—	—	—	—	—	—	—	—	—
	Deutsches Reich	12	16	—	28	7	41	—	48	7	32	3	42	9	28	2	39	5	15	—	20

Literarisch durch selbständige nicht … Perso-

ihre Mitarbeiter in Deutschland 1873—1875.

thätig waren:

anonyme Mitarbeit an (Spalten 8–11) — **durch selbstständige nicht anonyme Mitarbeit an Zeit- und Vereins-Schriften überhaupt** (Spalte 12) — **Bemerkungen** (Spalte 13)

- 8. „aus dem Walde" von Burckhardt
- 9. dem Centralblatt für das gesammte Forstwesen von Micklitz
- 10. der Zeitschrift der deutschen Forstbeamten
- 11. dem Handelsblatt für Walderzeugnisse
- 12. durch selbstständige nicht anonyme Mitarbeit an Zeit- und Vereins-Schriften überhaupt
- 13. Bemerkungen

(nen)

8.a	8.b	8.c	8.d	9.a	9.b	9.c	9.d	10.a	10.b	10.c	10.d	11.a	11.b	11.c	11.d	12.a	12.b	12.c	12.d	13. Bemerkungen
—	11	—	11	3	2	—	5	—	6	49	55	—	1	—	1	15	60	52	127	a Mitglieder der forstakademischen Körperschaften;
—	—	—	—	1	—	—	1	—	1	—	1	1	—	—	1	4	10	—	14	b Praktiker mit wissenschaftlicher Vorbildung;
—	—	—	—	1	—	—	1	—	—	—	—	—	—	—	—	4	5	—	9	c Praktiker ohne wissenschaftliche Vorbildung;
—	—	—	—	—	—	—	—	—	1	5	6	—	3	—	3	7	9	5	21	d zusammen.
—	—	—	—	1	—	—	1	—	—	—	—	—	—	—	—	2	4	—	6	Die Zahlen Sp. 12 sind selbständig ermittelt und nicht durch Summirung der Spalten 3—11 gefunden. Letzteres Verfahren würde ein werthloses Resultat ergeben, da viele Autoren an mehreren Zeit- und Vereinsschriften mitgearbeitet haben. Sp. 12 enthält die Gesammtzahl derjenigen deutschen Forstmänner, welche unter Nennung ihres Namens an Zeit- und Vereinsschriften überhaupt mitgearbeitet haben.
—	—	—	—	—	—	—	—	—	—	1	1	—	—	—	—	—	2	1	3	
—	—	—	—	1	—	—	1	—	—	—	—	—	2	—	2	2	12	—	14	
—	1	—	1	—	—	—	—	—	—	—	—	—	—	—	—	—	1	—	1	
—	—	—	—	—	—	—	—	—	—	1	1	—	—	—	—	—	—	1	1	
—	—	—	—	—	1	—	1	—	—	—	—	1	—	—	1	1	4	—	5	
—	—	—	—	—	—	—	—	—	—	—	—	—	—	—	—	—	1	—	1	
1	—	—	1	1	—	—	1	—	—	—	—	—	—	—	—	2	3	1	6	
—	—	—	—	—	—	—	—	—	—	—	—	—	—	—	—	—	2	—	2	
—	—	—	—	—	—	—	—	—	—	—	—	—	—	—	—	—	—	—	—	
1	12	—	13	8	3	—	11	—	8	56	64	2	6	—	8	37	113	60	210	

Chronik

des

Deutschen Forstwesens

im Jahre 1876

von

August Bernhardt,

königl. Forstmeister.

II. Jahrgang.

❖

Berlin 1877.

Verlag von Julius Springer.

Monbijouplatz 3.

Das erste Jahresheft der „Chronik" hat eine recht freundliche Aufnahme gefunden. Die Urtheile der forstlichen Zeitschriften sowohl, als zahlreiche mir persönlich zugegangene Mittheilungen geben mir die Ueberzeugung, daß die kleine und durchaus anspruchslose Jahresschrift ein vorhandenes Bedürfniß befriedigt, und ich habe kein Bedenken getragen, sie für das Jahr 1876 fortzusetzen.

Die Eintheilung des Stoffes ist im Wesentlichen dieselbe geblieben; im Ganzen war es möglich, da dies Heft nur den Zeitraum eines Jahres umfaßt, auf die wichtigeren Vorgänge des verflossenen Jahres etwas näher einzugehen. In dem Abschnitte über unsere Literatur habe ich thunlichst die Preise der Bücher notirt, mich aber auch in diesem Jahre der eigentlichen Kritik enthalten, da ich der „Chronik" einen möglichst objektiven Charakter zu erhalten wünsche.

Möge denn dies zweite Heft bei allen Fachgenossen freundliche Aufnahme finden! Die „Chronik" will nichts anderes sein, als ein Nachschlagebuch für alle Forstmänner, ein orientirender Führer über die Entwickelung unseres Faches in allen Richtungen, über unsere gesammte Arbeit in der Studirstube, der Amtsstube und im Walde.

Wenn durch dieselbe daneben das Bewußtsein von der Gemeinsamkeit unserer Interessen, unserer Bestrebungen und unserer Arbeit in Wissenschaft und Wirthschaft hier und dort gefördert und eine Anregung zur lebendigen Verbindung aller Glieder unserer forstlichen Familie gegeben wird, so wirkt, wie ich meine, die „Chronik" an ihrer Stelle das Ihrige.

Eberswalde, im Januar 1877.

August Bernhardt.

1. Unsere Todten.

Das Jahr 1876[1]) hat die Laufbahn mehrerer hervorragenden deutschen Forstmänner abgeschlossen. Am 1. Februar starb der verdiente Oberförster Faustmann in Babenhausen, Erfinder des Spiegel-Hypsometers und Verfasser werthvoller Arbeiten, namentlich in der allgemeinen Forst- und Jagdzeitung, über Gegenstände aus dem Gebiete der Waldwerthrechnungslehre; ihm folgten der verdiente Oberforstrath Freiherr von Adlersberg in Linz (78 Jahre alt) und der Verfasser einer tüchtigen Schrift über „das Ausästen der Waldbäume", Revierförster Ratzka zu Dur in Böhmen (im 76 sten Lebensjahre).

Auch Mörderhand forderte ihre Opfer aus den Reihen unserer Berufsgenossen. Am 8. Februar wurde der Flößmeister Junge in Alt-Cöln (Schlesien), zugleich Forst- und Jagd-Schutz-Beamter, in der Nähe von Stoberau von Holz- und Wilddieben spät Abends, als er ahnungslos von einem Dienstgange heimkehrte, meuchlings überfallen und ermordet[2]) und am 29. Januar wurde der in der Nähe von Orechau in Südmähren bedienstete Förster Jennek[3]) von einem Wilddieb, Namens Hrachowina, ermordet. Der Hund des

---

[1]) Aus dem Jahre 1875 ist noch nachzutragen der Tod des verdienten Kgl. bayer. Regierungs- und Kreis-Forstraths Bernard Mördes in Würzburg. M. war 1798 zu Alzey geboren, nach einander Revierförster in Dahn (Pfalz), Forstmeister in Orb (1833), Reg.- und Kreis-Forstrath in der Oberpfalz (1846), später in Würzburg. Er starb am 27. Oktober 1875.

Ein Nekrolog Gerwig's (Chronik von 1875 S. 6) steht in Baur's Monatsschrift 1876, S. 36.

[2]) Forst- und Jagd-Zeitung 1876. S. 148.

[3]) Centralblatt 1876, S. 221.

Ermordeten biß den Mörder und die dadurch entstandene Blutspur führte zur Entdeckung des Mörders.

Von hervorragenden Männern anderer Berufszweige, welche in enger Berührung mit der deutschen Forstwissenschaft standen, sind im Jahre 1876 Dr. Friedrich Pythagoras Riecke, Oberstudienrath in Stuttgart, 41 Jahre lang (von 1823—1864) Lehrer der Mathematik und Physik an der Akademie zu Hohenheim (gest. 13. April in Stuttgart) und Dr. Reuning, Geh. Regierungsrath in Dresden, bekannter National-Oekonom und Verfasser einer kleinen geistvollen Schrift „Beiträge zu der Frage über die naturgesetzlichen und volkswirthschaftlichen Grundprinzipien des Waldbaues" (1871), (gest. 4. August) aus dem Leben geschieden. Und noch eines mit jugendlicher Kraft emporstrebenden Mannes muß ich hier gedenken, der, wenn auch nicht Forstmann, so doch forstwissenschaftlicher Forscher, im Dienste der Wissenschaft ein frühes, beklagenswerthes Ende fand. Dr. Velten, Adjunkt an der forstlichen Versuchsanstalt in Wien (Pflanzenphysiologe), verließ auf einer wissenschaftlichen Zwecken gewidmeten Reise am Morgen des 26. August Lienz (Tyrol), um in den nahegelegenen durch ihre Flora bekannten Kalkalpen zu botanisiren. Als er am Abend nicht heimkehrte, stellte man Nachforschungen an; aber erst am 1. September fand man den Leichnam des jungen Mannes in tiefzerklüftetem Berggelände. Ein hoffnungsreiches Leben hatte hier jäh geendet.[1]

---

2. Aus der Wirthschaft.

Ueber die wirthschaftlichen Zustände des Jahres 1876 hat gewiß mancher praktische Forstmann oft genug den Kopf geschüttelt oder auch seinem berechtigten Unmuthe in anderer Form Ausdruck gegeben. In mehr als einer Beziehung war dies Jahr ein hartes und mühevolles. Wind und Wetter waren in seltenem Maße abnorm. Der weiche, schneereiche Nachwinter brachte Schnee-, Eis- und Duftbruch in den Bergwäldern und ließ große Massen schädlicher Kerfe in den

---

[1] Centralblatt 1876, S. 539.

Flachlandsforsten zur ungestörten Entwicklung gelangen. Dann warf der Sturm vom 12. und 13. März bei soeben im Abschluß begriffenem Winterhiebe ungeheure Holzmassen darnieder und der Forstmann, so= eben mit dem Aufarbeiten der ordentlichen Schläge zu Ende gekommen, griff, keineswegs erbaut über diese Bescheerung des Sonntags Re- miniscere (12. März), der sonst zu ganz anderen Thaten ruft, wiederum zum Anweisehammer, zu Meßstock und Kluppe, um — von vorne anzufangen.

Dem kalten März folgte fröhliche Lenzwärme am 1. April. Die Vegetation begann sich rasch zu entwickeln; aber der April brachte dann bei fortdauernd herrschendem, trockenem Ostwind wüstes Wetter zur Genüge und der Mai schloß sich ihm mit trockener Kälte und zur Abwechslung kalter Nässe an. Das ganze mittlere Europa unterlag dieser ungünstigen Witterung. In der Schweiz war es so unwirthlich, wie sich angeblich die ältesten Leute nicht erinnerten.[1]) In Frankreich, ja in Italien war es Ende April nicht besser. In Wien war es wie in Berlin und selbst der Nordosten Deutschlands hatte den einen leidigen Trost, daß es überall anders auch kalt war.

Die ganz allgemeine Herrschaft des Polarstroms äußerte sich dann in der Nacht vom 19. zum 20. Mai in einem das ganze Ge- biet deutscher Zunge betreffenden scharfen Nachtfrost, der die Hoff= nungen auf ein Samenjahr vollständig vernichtete. Von Ostfriesland bis zum Wienerwald und weit nach Ungarn hinein, von Basel bis Memel fror es; noch mehrere Nachtfröste, deren letzter am Rhein in der Frühe des 2. Juni eintrat, folgten. Dann wurde es warm und trocken, so trocken, daß es an vielen Orten bis gegen den 20. August nicht mehr regnete. Die Kulturen, in ungünstiger Zeit gemacht, in ihrer Entwicklung weit zurückgeblieben, welkten mehr und mehr dahin. Eicheln und Bucheln fielen unentwickelt bei naßkühler, windiger Witterung im September ab. Dem kalten September folgte ein Oktober mit Sommerwärme, der November mit kurzem scharfem Frost und darauf folgender Nässe. Der Dezember brachte dann zum

---

[1]) Am gepriesenen Genfer See fiel am 12. April bei + 2½° R. tüchtig Schnee, und Schneefälle auf den Höhen von 300 Meter aufwärts wiederholten sich bis zum 5. Mai.

Uebersicht über die Holzsamen-Ernte

Holzart.	Preußen, Posen, Pommern. 183 Reviere.					Schlesien. 34 Reviere.					Brandenburg, Sachsen. 126 Reviere.				
	Berichte liegen vor aus Revieren.	gutem	mittelmäßigem	schlechtem	keinem	Berichte liegen vor aus Revieren.	gutem	mittlerem	schlechtem	keinem	Berichte liegen vor aus Revieren.	gutem	mittlerem	schlechtem	keinem
		Samenertrag.					Samenertrag.					Samenertrag.			
Eiche . . .	141	—	3	60	78	26	—	—	—	26	115	—	1	12	102
Buche . . .	75	—	—	13	62	23	—	—	—	23	80	—	—	2	78
Esche . . .	49	—	7	24	18	19	—	1	5	13	28	—	1	11	16
Birke . . .	162	6	62	69	25	30	—	7	13	10	98	9	30	42	17
Erle	154	8	54	70	22	25	—	5	10	10	76	—	25	38	13
Kiefer . . .	174	5	50	104	15	34	—	1	22	11	110	—	30	72	8
Fichte . . .	75	4	26	35	10	29	—	2	17	10	27	—	3	11	13
Tanne . . .	2	—	—	2	—	25	—	1	14	10	12	—	5	4	3
Lärche . . .	15	2	1	7	5	19	—	2	6	11	16	—	3	6	7
Bergahorn .	20	1	2	9	8	15	—	—	3	12	29	—	4	11	14
Spitzahorn .	44	—	5	22	17	17	—	—	6	11	25	—	1	8	16
Bergrüster .	11	1	1	5	4	9	—	—	2	7	16	1	1	8	6
Flatterrüst.	27	2	5	11	9	10	—	—	2	8	22	3	1	9	9
Hainbuche .	110	18	38	33	21	21	—	2	5	14	67	3	15	28	21
Edelkastanie (Rev. Cronberg.)	—	—	—	—	—	—	—	—	—	—	—	—	—	—	—
Winterlinde	2	1	—	1	—	—	—	—	—	—	—	—	—	—	—
Weißerle . .	1	—	—	1	—	1	—	—	1	—	—	—	—	—	—
Korkrüster . Rev. Schöneiche(Breslau)	—	—	—	—	—	1	—	—	1	—	—	—	—	—	—
Taxus . . . Rev. Lindenbusch(Marienwerber.)	1	—	—	1	—	—	—	—	—	—	—	—	—	—	—

der wichtigſten Holzarten in Preußen.

Berichte liegen vor aus Revieren.	Hannover, Schleswig-Holstein. 129 Reviere. Zahl der Oberförstereien mit				Berichte liegen vor aus Revieren.	Weſtfalen, Rheinprovinz, Heſſen-Naſſau. 208 Reviere. Zahl der Oberförstereien mit				Berichte liegen vor aus Revieren.	Preußen. 680 Reviere. Zahl der Oberförstereien mit			
	gutem	mittlerem	schlechtem	keinem		gutem	mittlerem	schlechtem	keinem		gutem	mittlerem	schlechtem	keinem
	Samenertrag.					Samenertrag.					Samenertrag.			
115	—	—	20	95	207	—	2	45	160	604	—	6	137	461
114	—	—	8	106	203	—	2	4	197	495	—	2	27	466
56	1	3	30	22	70	2	9	32	27	222	3	21	102	96
87	6	36	29	16	141	9	47	53	32	518	30	182	206	100
77	6	26	34	11	103	6	31	41	25	435	20	141	193	81
68	—	14	39	15	146	3	42	75	26	532	8	137	312	75
89	—	11	47	31	145	3	27	76	39	365	7	69	186	103
14	—	3	6	5	30	2	1	18	9	83	2	10	44	27
43	—	4	22	17	98	1	6	60	31	191	3	16	101	71
41	2	5	20	14	56	2	4	30	20	161	5	15	73	68
27	1	2	12	12	44	—	4	19	21	157	1	12	67	77
20	2	—	10	8	21	1	1	4	15	77	5	3	29	40
20	3	—	6	11	17	—	—	4	13	96	8	6	32	50
72	3	19	31	19	147	6	28	74	39	417	30	102	171	114
—	—	—	—	—	1	1	—	—	—	1	1	—	—	—
1	—	1	—	—	1	1	—	—	—	4	2	1	1	—
1	—	—	1	—	—	—	—	—	—	3	—	—	3	—
—	—	—	—	—	—	—	—	—	—	1	—	—	1	—
—	—	—	—	—	—	—	—	—	—	1	—	—	1	—

Schluß des Jahres sibirische Kälte, die im nördlichen Deutschland
bis 21° R. stieg.[1])

Schneebruch= und Sturmschäden, mißrathene Kulturen und ein
negatives Samenjahr, über dessen Ergebnisse in Preußen die vor=
stehende Tabelle Aufschluß giebt, — das sind die wirthschaftlichen
Vorkommnisse des Jahres 1876, soweit sie von der Witterung ab=
hängig sind.

Aber der Forstmann, so abhängig seine Wirthschaft auch von
Wind und Wetter ist, hat auch noch eine Reihe anderer Motoren
des Wirthschaftslebens in Rechnung zu stellen. Die allgemeine wirth=
schaftliche Lage in Deutschland hat sich auch 1876 nicht wesentlich
gebessert. Handel und Gewerbe liegen darnieder. Eine nächste Folge
ist Arbeitsmangel und verstärktes Angebot der Arbeitskraft. Man
ist heute viel weniger in Verlegenheit, Arbeiter zu bekommen, als
vor zwei Jahren. Die Löhne sind vielerorts in Folge dessen
gewichen.

Eine weitere für uns Forstleute — wie für alle Beamte — nicht
eben unangenehme Folge der eingetretenen wirthschaftlichen Ernüchte=
rung ist die, daß man jetzt wieder anfängt, die Beamten=Existenz nach
ihrem wahren Werthe zu schätzen. In der Zeit des Spekulations=
Taumels hatte jeder Handlungs=Gehülfe mehr Geld als ein Geheime=
rath. Jetzt sind die Chefs achtbarer Firmen froh, wenn sie am
31. Dezember eben so glatt mit Plus und Minus abschließen, wie
ein Beamter bescheidenster Stellung. —

Die Holzpreise sind 1876 nicht in dem Maaße gesunken, wie
die allgemeine Verkehrsstockung erwarten ließ. Die Nachfrage war
selbst nach dem Anfall massenhafter Schnee=Duft= und Sturmbruch=
Hölzer noch eine befriedigende. Ganz am Schlusse des Jahres
jedoch hat dieselbe sehr erheblich nachgelassen und es sind für das
Jahr 1877, soweit der Holzgroßhandel und nicht die Befriedigung
lokalen Bedarfs in Frage steht, die Aussichten ungünstig.

Von Interesse ist die Ausbreitung, welche die Herstellung von

---

[1]) Nach der Meldung der forstl. meteorol. Station zu Kurwien bei Johannis=
burg, Ostpreußen, war dort am 21. Dezember das Quecksilber in den Thermo=
metern gefroren (bedeutet etwa — 32° R.); ein Vorkommniß, welches auf deutscher
Erde wohl zu den größten Seltenheiten gehört, dessen Kenntniß ich einer Mitthei=
lung des Hrn. Prof. Dr. Müttrich verdanke.

Holzpapier gewinnt. Man nimmt an, daß der dritte Theil des im Jahre 1875 verbrauchten Druckpapiers Holzpapier gewesen ist. Leider hat das Letztere jedoch eine geringe Güte und ist namentlich sehr brüchig.[1] — —

Tiefeingreifende wirthschaftliche Fortschritte oder Rückschritte sind nicht zu melden. Eine starke Agitation für weitere Ausdehnung der Eichenschälwaldwirthschaft ist 1876 von den Leder-Industriellen Deutschlands ausgegangen.

Ohne Zweifel leidet die deutsche Leder-Industrie, ein Gewerbe, welches, beiläufig bemerkt, jährlich Werthe im Betrage von etwa 280 Millionen Mark produzirt, an einem gewaltigen Rindenmangel und wir schicken nach mäßiger Berechnung heute 13—14 Mill. M. jährlich allein für Eichenspiegelrinde in das Ausland. In eigentlichen Eichenschälwäldern, deren es in Deutschland etwa 450,000 H. giebt, erzeugen wir nicht viel mehr, als 2 Mill. Centner Rinde (à 50 Kilo), während der derzeitige Bedarf über 8 Mill. beträgt. Einen Theil dieses Bedarfs decken Eichen-Alt- und Durchforstungsrinde, Fichtenrinde und Gerb-Surrogate; aber es bleibt ein erhebliches Defizit, welches nur durch Neuanlage von Eichenschälwaldungen gedeckt werden kann.

Ueber diese Frage der Neuanlage von Eichenschälwäldern verhandelte man am 21. Juni 1876 auf Grund einer Interpellation der Abgeordneten von Rauch (Heilbronn) und Storz und Gen. in der württembergischen Abgeordnetenkammer. Der Finanz-Minister von Renner erklärte zwar die volle Geneigtheit, die Anlage von Eichenschälwald in Württemberg zu fördern, betonte aber gleichzeitig die volkswirthschaftlichen Rücksichten auf den Bedarf aller Holz-Konsumenten, welche die Staatsforst-Verwaltung zu beachten habe und welche sie zwingen, als Hauptwirthschaftssystem den Hochwaldbetrieb festzuhalten.

Sodann kam die Eichenschälwaldfrage in dem Kongreß der deutschen Lederfabrikanten, welcher am 12. und 13. Dezember in Berlin tagte, zur Verhandlung. Der preußische Herr Minister für

---

[1] Vergl. hierüber eine aus der niederösterreichischen Wochenschrift in die Zeitschr. d. deutsch. Forstbeamten 1876, S. 525, übergegangene Notiz.

die landwirthschaftlichen Angelegenheiten und ein Kommissar des preuß. Handelsministers wohnten der Verhandlung bei. Mir war das Hauptreferat übertragen worden und ich suchte die Lederfabrikanten, bei voller Anerkennung und Klarstellung der dringenden Motive, welche für den Staat und die Gemeinden zur Vermehrung der Eichenschälwaldungen Veranlassung geben sollten, doch in erster Linie auf den Weg der Selbsthülfe durch Bildung von Schälwald-Genossenschaften, Ankauf und Aufforstung von Oedländereien, extensiv bewirthschafteten Weidegründen rc. hinzuweisen. Einen vollständig ausgearbeiteten Statut-Entwurf für derartige Genossenschaften legte ich dem Kongreß vor. Derselbe beschloß zunächst, durch Herausgabe einer populär gehaltenen Schrift über Eichenschälwaldkultur das Interesse und Verständniß für dieselbe zu wecken, und bei den deutschen Regierungen um Förderung der Schälwald-Anlage nochmals vorstellig zu werden. Die Bildung von Schälwald-Genossenschaften wird daneben von dem neubegründeten Centralverbande der deutschen Leder-Industriellen angestrebt werden.[1]) —

Es wäre dringend zu wünschen, daß diese Genossenschaften bald ins Leben treten und sich denjenigen Vereinigungen kommunaler und privater Art anschließen, welche schon jetzt die Aufforstung von Oedland betreiben. In dieser Richtung bleibt auf deutschem Boden noch sehr viel zu thun. Hannover allein hat bei 3,625,326 H. Gesammtfläche noch über 1/2 Million H. öde Haidflächen. Die Herzogl. Aremberg'sche Forstverwaltung hat dort schon etwas über 1200 H. aufgeforstet und die hannöverschen Provinzial-Behörden gehen nach Anregung des Landesdirektors von Bennigsen (vergl. Chronik, 1. Jahrg. S. 11) in kulturförderndem Sinne wacker vor; ein guter Anfang ist gemacht und man darf guten Fortgang hoffen. Auch in Schleswig, wo es an öden Geländen nicht fehlt, entwickelt jetzt der Haide-Kultur-Verein, welcher trotz seines erst kurzen Bestehens am 1. Januar 1876 bereits 1694 Mitglieder[2]) zählte, eine sehr ersprießliche Thätigkeit,

---

[1]) Vergl. eine Reihe von Abhandlungen über die Eichenschälwaldfrage in der deutschen Gerberzeitung (herausgegeben von Günther in Berlin) Jahrg. 1876.

[2]) 20 Behörden und Korporationen und 28 ständige Mitglieder, welche einen einmaligen Beitrag von 75 Mark gezahlt haben. Die übrigen Mitglieder zahlen 3 Mark jährlich.

und im Laufe des Jahres 1876 hat sich dort ein Verein von 18 Landbesitzern gebildet, welcher durch tiefe Bodenverwundung mittelst des Fowler'schen Dampfpfluges den Haidboden für eine lohnendere Wald= oder Acker=Kultur vorbereiten wollen. Die Bewaldung der= artiger Oedflächen, welche in ihrem jetzigen Zustande so gut wie keine Rente gewähren, ist übrigens ein gutes Geschäft nach rein kaufmännischer Auffassung und die darauf verwendete Kapitalanlage relativ sicher und recht lohnend, wie aus vielen Beispielen nach= weisbar ist.

Wir in Deutschland dürfen fürwahr in dieser Richtung nicht zurückbleiben in einer Zeit, wo man selbst in Nordamerika mit Ernst daran denkt, die Waldkultur zu heben,[1] wo aus Frankreich wiederum der Ruf erklingt, daß man der totalen Veröbung der französischen Mittelmeerküste durch Wiederbewaldung des Litorals Einhalt gebieten müsse,[2] wo endlich die Regierung der Schweiz es hoch an der Zeit erachtet, durch gesetzlichen Zwang der Waldmißhandlung in den Alpen ein Ziel zu setzen.[3]

Freie Genossenschaften zur Wiederbewaldung veröbeter Striche scheinen mir die wirksamsten Vereinigungen für diese Zwecke, wirkungs= sicherer als Zwangsgenossenschaften. Zu der Bildung der ersteren will ich auch an dieser Stelle recht eindringlich aufgefordert haben.

---

[1] Am 15. Septbr. 1876 versammelte sich in Philadelphia der amerikanische Forstverein (American Forestry Association) und in demselben hielt Herr Frank= lin B. Hough, ein um die Waldwirthschaft der Unionsstaaten hochverdienter Mann, einen Vortrag über die Pflichten der Unionsregierung in Bezug auf die Erhaltung der Wälder (eine Uebersetzung ders. s. in Danckelmanns Zeitschr. IX. 1.). Redner forderte zur Aufforstung veröbeter Flächen auf und theilte mit, daß der Kongreß sich mit der Bewaldungsfrage beschäftigt und ihn (Hough) beauftragt habe, Material statistischer Art als Grundlage weiterer Entschließungen über die Mittel, der fort= schreitenden Waldverwüstung entgegenzutreten, zu sammeln. Man beabsichtigt in Amerika auch die Begründung einer forstl. Versuchsstation und einer forstl. Zeit= schrift. Vergl. The Lowville Times, vol. I. No. 16 v. 1876.

[2] Vergl. die interessante Schrift des Ingenieurs Lentheric „die todten Städte des Löwenbusens" („les villes mortes du golfe du Lion"), Paris bei Plon. Die alte Narbonensis war reich an Städten und Kulturländereien, die jetzt, nach Zerstörung der schützenden Küstenwälder, im Sande begraben liegen. Lentheric räth bringend zur Wiederbewaldung.

[3] Ueber das schweizerische Forstgesetz s. unten Abschnitt 3.

3. Die Gesetzgebung in Bezug auf die Waldungen.

In den Zeiten sehr tiefgreifender politischer Reformen pflegen immer theoretische Prinzipien eine gewisse Herrschaft zu erlangen, große Reformgedanken, deren praktische Anwendbarkeit sich oft als viel geringer erweist, wie ihre abstrakte Wahrheit — und so ist es auch im neuen deutschen Reiche ergangen. Schon jetzt treten schwerwiegende praktische Bedenken gegen verschiedene Theile der Reichsgesetzgebung hervor, am frühesten und schroffsten da, wo das Gesetz in einer sehr großen Zahl von Einzelfällen in das praktische Leben eingreift.

So ist es gekommen, daß das Strafgesetzbuch für das deutsche Reich, zu Stande gekommen unter dem Einflusse eines schlecht angebrachten und gründlich unpraktischen Idealismus einiger Parteiführer, schon jetzt wesentlicher Abänderungen bedurfte und zwar auch in Punkten, welche das Interesse der Waldbesitzer eng berühren. Die Strafunmündigkeit der Kinder bis zum vollendeten 12. Jahre hat sich namentlich in Bezug auf Uebertretungen in Feld und Wald und auf den Holzdiebstahl als praktisch höchst verderblich erwiesen. Das Gesetz vom 26. Februar 1876 hat denn auch den betreffenden §. 55 des Strafgesetzbuches in der Weise abgeändert, daß nach Maßgabe landesgesetzlicher Bestimmungen diejenigen Maßregeln getroffen werden können, welche zur Besserung und Beaufsichtigung der strafrechtlich nicht verfolgbaren Kinder geeignet sind. Namentlich kann die Unterbringung der jugendlichen Gesetzes-Uebertreter in einer Erziehungs- oder Besserungs-Anstalt angeordnet werden, nachdem die Vormundschaftsbehörde die Begehung der strafbaren Handlung festgestellt und die Unterbringung für zulässig erklärt hat. Auch ist eine Strafe bis zu 150 Mark (oder entspr. Haft) gegen Personen angedroht (Art. 361 al. 9), welche es unterlassen, Kinder oder ihrer Gewalt und Aufsicht unterstehende Personen, sofern sie zur Hausgenossenschaft gehören, von der Begehung von Diebstählen und strafbaren Verletzungen der Gesetze zum Schutze der Forsten, Feldfrüchte, Jagd und Fischerei abzuhalten.

Die Strafe des Widerstandes oder Angriffs gegen Forst- und Jagdbeamte, Waldeigenthümer, Forst- und Jagd-Berechtigte rc. mit

Schießgewehren, Aexten oder anderen gefährlichen Werkzeugen ist im
Minimum von 1 auf 3 Monate Gefängniß erhöht (Art. 117); beim
Vorhandensein mildernder Umstände kann auf 1 Monat Gefängniß
erkannt werden. Diese sachgemäß etwas verschärften Strafbestim=
mungen werden — obwohl sie an dem einmal angenommenen huma=
nitären Prinzip nichts geändert haben, — ihre günstige sittliche Wir=
kung nicht verfehlen und man darf die Novelle zum Strafgesetzbuch
als einen Fortschritt begrüßen.

Nicht ganz so glücklich hat sich das Schicksal des vom Fürsten
Hohenlohe im Reichstage eingebrachten Gesetzentwurfs über den
Schutz nützlicher Vögel gestaltet. Er ist vorläufig — bei freilich
äußerst knapp bemessener Zeit in der Herbstsession des Reichstages
— in der Kommission eines sanften Todes gestorben. Ob er wieder
auferstehen wird, muß die Zeit lehren. Die Anregung, welche der
internationale Kongreß der Land= und Forstwirthe in Wien 1873
gab, hat zwischenzeitlich übrigens schon Früchte getragen. Oesterreich
hat mit Italien, dem Lande der leidenschaftlichen Vogel=Vertilger,
gemeinsame Maßregeln zum Schutz der Vögel vertragsmäßig verein=
bart, an deren einigermaßen strenger Handhabung freilich von sach=
verständiger Seite gezweifelt wird.[1] —

In den deutschen Einzelstaaten sind mehrere Gesetze aus dem
Jahre 1876 zu verzeichnen, welche von Bedeutung für die Wald=
eigenthümer und Forstbeamten sind.

Preußen hat ein Gemeindewaldgesetz für die 6 östlichen Pro=
vinzen, wo seither ein derartiges Gesetz überhaupt nicht bestanden,
am 14. August 1876 erhalten.[2] Man darf nun freilich an den
Erlaß dieses Gesetzes keine zu großen Erwartungen knüpfen. Der
organisatorische Theil desselben ist m. E. so wenig glücklich gebildet,
daß die Beaufsichtigung der Gemeindeforsten, welche das Gesetz inner=
halb mäßiger Grenzen für zulässig erklärt, in Ermangelung geeigneter

---

[1] Vergl. darüber u. a. forstl. Bl. 1876, S. 188. Centralblatt f. d. ges.
Forstwesen 1876, S. 164.

[2] Gesetzsammlung 1876, Nr. 27, S. 373.
Ueber das Gesetz vergl. Forst= u. J.=Zeit. 1876, S. 77 (v. Binzer), auch
die unten angeführten Schriften und einen Aufsatz von mir in Baur's Monats=
schrift 1876 2c.

berufener und sachverständiger Aufsichtsorgane schwer zu handhaben sein dürfte.

Die bewährten Grundsätze der preußischen Agrargesetzgebung in Bezug auf die Ablösung der Servituten, die Theilung der Gemeinheiten und die Zusammenlegung der Grundstücke sind durch das Gesetz vom 17. August 1876[1]) auf die Provinz Schleswig-Holstein mit Ausschluß des Kreises (Herzogthum) Lauenburg übertragen worden.

Die für alle Staatsbeamte so ernste Frage der Wittwenversorgung war im preußischen Abgeordnetenhause ebenfalls Gegenstand der Berathung. In der Sitzung vom 27. März 1876 beantragte der Abgeordnete Windhorst (Bielefeld), eine in Bezug auf obige Frage eingegangene Petition der K. Staatsregierung zur Erwägung und mit der Aufforderung zu überweisen, die Pensions-Verhältnisse der Hinterbliebenen von Staatsbeamten in einer den Bedürfnissen der Zeit entsprechenden Weise zu reformiren. Dieser Antrag, welchem gegenüber die Regierung sich negativ verhielt, wurde vom Hause angenommen.

Die Ausführung des Gesetzes vom 6. Juli 1875 über Schutzwaldungen und Waldgenossenschaften wird durch den preuß. Minister für die landwirthschaftlichen Angelegenheiten mit aller Entschiedenheit betrieben. Schon am 18. Februar 1876 wurde dem Abgeordnetenhause eine Uebersicht dringlicher Fälle für die Provokation auf Anordnung von Schutzmaßregeln und auf Bildung von Waldgenossenschaften vorgelegt.[2]) Dieselbe weist im Ganzen 26 Fälle nach, in welchen Schutzwaldungen zu begründen oder zu erhalten sind zur Abwendung von Gemeinschäden (Provinz Preußen 7, Brandenburg 1, Pommern 2, Posen 6, Sachsen 2, Hannover 3, Westfalen 4, Hohenzollern 1), wobei es sich 23 mal um Schutz gegen Versandung, 3 mal um Abrutschungen 2c. handelt. Von mehreren Regierungen waren jedoch die Berichte noch nicht eingegangen. In 29 Fällen war die Bildung von Waldgenossenschaften für nothwendig im Sinne des Gesetzes erkannt (Provinz Preußen 5, Brandenburg 1, Pommern 2, Posen 2, Sachsen 3, Hannover 7, Hessen-Nassau 1, Rhein-

---

[1]) Gesetzsammlung 1876 Nr. 27, S. 377.
[2]) Drucksachen des Hauses der Abgeordneten Nr. 51.

provinz ¹). Auch hier war die Erhebung noch nicht beendet. Zur weiteren Förderung eines wirksamen Vollzugs dieses wohlthätigen Gesetzes hat der Finanz-Minister unterm 6. Mai 1876 eine Verfügung an die Staatsforst-Behörden erlassen. Zu beklagen ist hierbei, daß man nicht zu dem Entschlusse gelangen kann, zur wirksamen und auf volle Sachkenntniß gestützten Bearbeitung dieser Angelegenheiten in das mit der Ausführung des Gesetzes betraute landwirthschaftliche Ministerium, welches keinen forsttechnischen Rath besitzt, einen höheren Forstbeamten zu berufen.

In Württemberg ist unterm 21. Juli 1876 eine Ausführungs-Instruktion zu dem Gesetze vom 16. August 1875 über die Körperschafts-Forsten erschienen.

In Sachsen ist ein für alle Civilstaatsdiener wichtiges Gesetz gegeben worden, welches die Rechte und Pflichten derselben festsetzt und die Errichtung eines Disciplinar-Gerichtshofes, welcher bislang fehlte, anordnet.¹) Auch ein Gesetz über die Schonzeit der jagdbaren Thiere ist promulgirt worden (am 22. Juli 1876.²)

Die Schweiz hat nun endlich, gegenüber den bedauernswerthen Waldverwüstungen in den Hochgebirgen, ein Forstgesetz erhalten, zu dessen Erlaß wir unserem stammverwandten Nachbarlande Glück wünschen können.

Im Jahre 1874 nahm das Schweizervolk mit einer Mehrheit von über 150,000 Stimmen eine neue Bundesverfassung an, deren Art. 24 bestimmt: „Der neue Bund hat das Recht der Oberaufsicht über die Wasserbau- und Forstpolizei im Hochgebirge. Er wird die Korrektion und Verbauung der Wildwasser, sowie die Aufforstung ihrer Quellengebiete unterstützen und die nöthigen schützenden Bestimmungen zur Erhaltung dieser Werke und der schon vorhandenen Waldungen aufstellen."

Auf Grund dieser Verfassungsbestimmungen erließ nun der Bund ein Gesetz,³) „betreffend die eidgenössische Oberaufsicht über die Forst-

---

1) Vergl. forstl. Blätter 1876, S. 346.

2) l. c. S. 349.

3) Abgedruckt und besprochen in der allg. Forst- und Jagd-Zeit. 1876 S. 309 und 324 fgde. Vergl. auch forstl. Bl. 1876, S. 220. (Besprechung v. Förster v. Schönberg in Wurzen).

polizei im Hochgebirge" vom 24. März 1876. Das Gesetz hat ziemlich scharfe Bestimmungen zum Schutze der Hochgebirgswaldungen. Der Bund hat nach demselben das Oberaufsichtsrecht über die Hochgebirgswaldungen und über alle öffentlichen Waldungen im ganzen Staatsgebiet. Zur Durchführung soll ein eidgenössischer Forst-inspektor mit dem nöthigen Hülfspersonal bestellt werden. Ob das Gesetz schon bindende Kraft erlangt hat, weiß ich nicht, da dasselbe vor seiner Promulgation noch zum Referendum gestellt werden mußte, wenn 30,000 stimmberechtigte Bürger oder 8 Kantone dies inner-halb 90 Tagen verlangten. Müßte dasselbe nun noch diese allgemeine Volksabstimmung durchmachen, so würde ich dasselbe als todtgeborenes Kind betrauern.

---

4. Verwaltungs-Organisationen.

Jede große Umformung von Staatsverwaltungs-Organismen ist kostspielig und deshalb bis zu einer gewissen Grenze abhängig von den Finanz-Verhältnissen. Nun ist bei uns in Deutschland die Zeit des Ueberflusses vorüber; in vielen Staaten zeigt sich eine bedenkliche Finanz-Ebbe und dies wird auf die weitere Entwickelung auch der Forstverwaltungs-Organisationen von bedeutendem Einflusse sein.

In Preußen hat man zwar das Gleichgewicht der Staats-Einnahmen und Ausgaben bislang noch erhalten; man sieht aber, wenn die gesammte wirthschaftliche Lage des Landes sich nicht bald zum Besseren wendet, wenig günstigen Finanzzuständen entgegen.

Unter solchen Umständen denkt man nicht daran, Neues zu schaffen, Verbrauchtes zu beseitigen oder zu reformiren, denn die Reform, der Fortschritt kosten Geld. Der Staatshaushaltsetat für das Etatsjahr 1877 (vom 1. April 1877 bis 31. März 1878) ist ein Etat des Stillstandes.

Die Verlegung des Etatsjahres im Reiche hat für die Einzel-staaten die Nothwendigkeit herbeigeführt, auch ihrerseits das Staats-Rechnungsjahr zu verlegen. In Preußen ist dies durch Gesetz vom 29. Juni 1876 geschehen. Das Wirthschaftsjahr jedoch, welches vom 1. Oktober bis ult. September reicht, bleibt bestehen und wir haben also jetzt 3 Jahreseinheiten. Durch Königliche Verordnung auf Grund des Gesetzes vom 28. Juni 1875 ist ferner ein neues Tagegelder = Reglement für die Staatsbeamten veröffentlicht worden.[1])

In Sachsen ist der verdiente Oberlandforstmeister v. Kirchbach in den Ruhestand getreten; an seine Stelle ist Landforstmeister Roch, bisher Direktor der Forsteinrichtungs=Anstalt, in das Finanz=Ministerium als Referent berufen worden.

In Württemberg wurde am 27. Oktober 1875 durch K. Entschließung Titular=Oberforstrath Brecht zum wirklichen Oberforstrath und Vorstand der Forstdirektion ernannt,[2]) das erstemal, daß ein Forstmann diese Stelle einnimmt. Die Forsträthe Dorrer, Holland und Probst mit drei Räthen des Ministeriums des Innern wurden zu Mitgliedern der neuen Abtheilung der Forstdirektion für Körperschaftswaldungen ernannt und hiermit diese Behörde konstituirt.

Im Großherzogthum Hessen wurden durch den Uebergang der Kameraldomänen, welche seither von den Rentämtern verwaltet wurden, an die Oberförstereien einige organisatorische Veränderungen nothwendig. Die vorläufige Instruktion[3]) für die Lokal = Forstverwaltung vom 29. Juni 1875 weist den Oberförstern eine sehr selbständige Stellung den Forstmeistern gegenüber zu. Eine neue territoriale Zusammensetzung der Oberförstereien wurde durchgeführt. Die Zahl derselben (72) blieb unverändert; diejenige der Forstämter (Forstmeister) wurde bedeutend verringert (von 14 auf 9).

In Braunschweig erließ die Forstdirektion ein Reglement „die Annahme der Waldarbeiter, deren Bestrafung, sowie die Gewährung von Feiergeldern, Pensionen und Unterstützungen" betreffend,[4])

---

[1]) Das Gesetz betr. die Reisekosten und Tagegelder der Staatsbeamten v. 28. VI. 75 s. b. Danckelmann, Jahrbuch der preuß. Forst= und Jagdgesetzgebung, VIII S. 285; die Verordnung vom 15. IV. 1876 l. c. S. 391. Die Verfügung des Finanz=Ministers über die Tagegelder vom 27. V. 76 l. c. S. 393.

[2]) Vergl. Forstliche Blätter v. Grunert u. Leo 1876, S. 29.

[3]) Nach 3 Jahren soll auf Grund der bis dahin gewonnenen Erfahrungen eine Revision der Instruktion vorgenommen werden.

[4]) Die Pension soll nach den 3 ersten und bis zum 10 Jahre incl. nach der Annalme 30 Mark, mit jedem Jahre dann 3 Mark mehr bis zum höchsten Satze

welches der Erwähnung und Nachahmung werth ist. Das beäng=
stigende Anwachsen des Sozialismus in Deutschland, welches bei den
jüngsten Reichstagswahlen in ganz unerwarteter, kaum geahnter Weise
hervorgetreten ist, muß uns allen eine ernste Mahnung sein, die
Arbeiterfrage auf allen Gebieten keinen Augenblick aus den Augen zu
verlieren und unermüdlich nach Mitteln zu suchen, wie der zuneh=
menden Entfremdung zwischen Besitzenden und Besitzlosen vorgebeugt
werden kann.

Aus den Verhandlungen der Landes=Vertretungen über Gegen=
stände der Forstverwaltung ist noch Einiges hervorzuheben, als
Kuriosum zunächst der Antrag eines bayerischen Oberförsters, welcher
durch zwei Abgeordnete dem Finanzminister überreicht wurde und die
Umwandlung sämmtlicher bayerischer Staatsforsten in Mittelwald aus
finanziellen Gründen forderte.[1]) Man sieht, welche sonderbare Gestalt
in manchen Köpfen die modernen Finanz=Theorieen annehmen.

Im preußischen Herrenhause stellte Ende März 1876 Graf v. d.
Schulenburg=Beetzendorf den Antrag „mit dem Verkauf von
Domänen=Grundstücken zur Herstellung von Bauernwirthschaften nur in
solchen Fällen vorzugehen, wo der beabsichtigte Erfolg mit Sicherheit
vorauszusehen ist; 2) die aus dem Verkaufe von Domänen=Grundstücken
aufkommenden Beträge, soweit sie nicht zur Schuldentilgung ver=
wendet werden, zum Wiederankauf von Domänen und insonderheit
zur Verstärkung des Fond zum Ankauf von Forstgrundstücken zu ver=
wenden."[2]) Im Abgeordnetenhause wurde derselbe Punkt dem Finanz=
minister wiederholt ans Herz gelegt. Ob man diesen Wünschen in
der Zeit der Geldklemme Rechnung tragen kann, ist eine andere Frage.

---

von 120 Mark betragen. An Krankengeld soll täglich 60 Pf. gezahlt werden.
Vergl. forstl. Bl. 1876 S. 386.

[1]) Nach den forstl. Bl. 1876. S. 29.

[2]) Nach den stenographischen Berichten des Herrenhauses. Der Antrag wurde
übrigens nicht zum Beschluß erhoben.

5. Das forstliche Versuchswesen.

Forstmeister Wagner (Castell) hat in einem sehr beachtenswerthen Aufsatze[1]) „über die Ziele und Wege der forststatischen Forschung" seine Gedanken über die zahlreichen forstwissenschaftlichen Probleme, welche durch den exakten Versuch zu lösen sein werden und über die Forschungsmethode selbst kundgegeben. Vorläufig jedoch scheint es vor allem nothwendig zu sein, gewisse Grundlagen weiterer Forschung, welche wesentlicher statistischer Natur sind, namentlich genauere Angaben über den Zuwachs, das Gesetz der Baumform u. b. m. für unsere Hauptholzarten auf den Hauptstandorten zu gewinnen, und der Verein deutscher forstlicher Versuchsanstalten arbeitet auf diesem Gebiete denn auch mit angestrengtester Kraft — unter meist bereitwilligst gewährter Mitarbeit einer sehr großen Zahl von praktischen Forst-männern, welche die Bedeutung dieser Arbeiten für Wissenschaft und Wirthschaft erkannt haben und Interesse genug an der Sache be-sitzen, um bei aller Ueberlastung mit Dienstgeschäften jeder Art, noch Zeit zu finden, an diesen wissenschaftlichen Bestrebungen selbstthätig theilzunehmen. Bei dem allgemeinen Interesse, welches diese Arbeiten beanspruchen dürfen, gebe ich nachstehend eine Uebersicht über den Stand derselben. Soviel auch geschehen ist, der größere Theil der auf diesem Gebiete liegenden Arbeit bleibt noch zu thun. In ihrer vollständigen Durchführung ermüden, heißt, den ganzen Erfolg opfern. —

Der Verein deutscher forstlicher Versuchsanstalten hat seine Jahres-versammlung am 7. Septr. 1876 unter voller Betheiligung aller Mitglieder abgehalten. Die nächste Versammlung findet am 4. April 1877 ebenfalls in Eisenach statt.

Organisatorische Veränderungen in Bezug auf das forstliche Versuchswesen sind aus Baden und Braunschweig zu melden. Die Verhandlungen in Oesterreich, welche eine Neuregelung der Personal-frage in Bezug auf die Versuchsanstalt in Wien zum Ziele hatten, scheinen noch nicht zum Abschlusse geführt zu haben. Doch soll, gutem Ver-

---

[1]) Im Centralblatt f. d. ges. Forstwesen 1876, März-April-Mai-Heft. Ich empfehle allen Fachgenossen die Lesung dieser trefflichen Abhandlungen ange-legentlich.

Uebersicht

über die von dem Verein deutscher forstlicher Versuchs-Anstalten bis zum Schlusse des Jahres 1876 vorgenommenen Ertrags-Formzahl- und Höhenwuchs-Untersuchungen.

Nummer	Gegenstand der Untersuchungen	Zahl der ausgeführten Untersuchungen von den Versuchs-Anstalten						Bemerkungen.
		in Preußen	in Bayern	in Sachsen	in Württemberg	in Baden	überhaupt	
I. Ertrags-Untersuchungen.								
1	in Eichenbeständen	1	—	—	—	13	14	Die in Württemberg bereits ausgeführten Ertrags-Untersuchungen in Buchen und die in Sachsen ausgeführten Ertrags-Untersuchungen in Fichten fehlen in der Uebersicht.
2	" Buchenbeständen	33	—	—	—	—	33	
3	" Birkenbeständen	2	—	—	—	—	2	
4	" Erlenbeständen	4	—	—	—	—	4	
5	" Kiefernbeständen	122	—	40	—	—	162	
6	" Fichtenbeständen	24	—	—	99	1	124	
7	" Tannenbeständen	—	—	—	—	4	4	
8	" Lärchenbeständen	1	—	—	—	—	1	
	Zusammen	187	—	40	99	18	344	
II. Formzahl-Untersuchungen.								
1	Eichen	511	303	—	—	—	814	
2	Buchen	1033	536	—	—	—	1569	
3	Hainbuchen	24	11	—	—	—	35	
4	Bergahorn	—	4	—	—	—	4	

5	Feldahorn	—	2	—	—	—	2
6	Eichen	16	15	—	—	—	31
7	Birken	91	108	—	—	—	199
8	Linden	—	4	—	—	—	4
9	Erlen	47	20	—	—	—	67
10	Aspen	10	47	—	—	—	57
11	Kiefern	1953	1417	522	—	—	3892
12	Weymouthskiefern . . .	5	7	—	—	—	12
13	Lärchen	15	51	—	—	—	66
14	Fichten	646	1961	1364	1563	596	6130
15	Tannen	4	304	—	—	846	1154
	zusammen .	4355	4790	1886	1563	1442	14036

III. Untersuchungen über den Höhenwuchs.

1	An Eichen	34	—	—	—	—	34
2	" Buchen	34	—	—	—	—	34
3	" Birken	13	—	—	—	—	13
4	" Erlen	4	—	—	—	—	4
5	" Kiefern	220	—	—	—	—	220
6	" Fichten	50	—	—	—	—	50
7	" Lärchen	3	—	—	—	—	3
	zusammen .	358	—	—	—	—	358
	Gesammtzahl aller Untersuchungen	4900	4790	1926	1662	1460	14738

nehmen nach, Regierungsrath Professor Dr. v. Seckendorff wünschen, seine Thätigkeit wiederum ausschließlich dem Lehramte zu widmen und es soll die Absicht bestehen, das Versuchswesen unter die Leitung eines Kollegiums von Sachverständigen zu stellen.

In Baden erließ die Domänen=Direktion am 13. Dezember 1875 ein neues Statut für die forstliche Versuchsanstalt. Die Leitung der Versuchsarbeiten liegt der Domänendirektion unter dem Finanzministerium ob. Als Kommissare derselben für die Ausführung sind Forstrath Krutina und Professor Schuberg bestellt. In dem Verhältniß der Versuchsanstalt zu dem Verein deutscher forstlicher Versuchsanstalten wird Nichts geändert.[1]

In Braunschweig, wo seither das forstliche Versuchswesen eine feste Gestaltung noch nicht gewonnen hatte, ist durch Verfügung der Herzoglichen Kammer, Direktion der Forsten, vom 7. Dezember 1876 in der Landeshauptstadt eine forstliche Versuchsanstalt errichtet worden, deren Leitung der Kammer=Assessor Horn übernommen hat. Die Errichtung einer vollständigen forstlich=meteorologischen Doppel= station und von 4 Stationen zu einfacheren forstlich=meteorologischen Beobachtungen ist in Aussicht genommen. Die Versuchsanstalt wird als selbständiges Mitglied dem oben genannten Vereine beitreten. Der Leiter derselben ist zugleich Referent für das Versuchswesen in der Forstdirektion, eine Einrichtung, welche nur als sehr zweckmäßig und der Nachahmung werth bezeichnet werden kann.

Das forstliche Versuchswesen wird nur dann den Erwartungen entsprechen können, welche mit Recht an die Organisirung desselben geknüpft worden sind, wenn diejenigen Männer, welchen die Aus= führung der Versuchsarbeiten übertragen wird, diese als ihren Lebens= zweck betrachten und in Bezug auf das System und die Methode der Untersuchung so selbstständig sind, daß sie die volle wissenschaftliche Verantwortung tragen können. Zur Abkürzung des nothwendigen Verkehrs mit der Landes=Forstbehörde, welcher unter allen Umständen die Entscheidung über die zu den Versuchsarbeiten bereitzustellenden Geldmittel, die sofortige Ausführung der einen oder anderen Ver= suchsreihe bezw. über das Maaß, bis zu dem die Beamten der ört=

---

[1] Verordn. Blatt der Domänen=Direktion. IV. Abth. 1875. No. 6. — Danckelmanns Jahrbuch der preuß. Forst= u. Jagd=Gesetzg. u. Verwaltung, VIII. S. 470.

lichen Forstverwaltung zu diesen Arbeiten herangezogen werden können, zu belassen ist, erscheint ein mündliches Referat des Versuchsleiters sehr zweckmäßig.

---

6. Die forstliche Statistik.

Es ist mir nicht mehr genau erinnerlich, wer das geflügelte Wort gesprochen hat: Was im ersten Jahreshefte der Chronik über die forstliche Statistik gesagt sei, gehöre eigentlich in den Abschnitt 1 „Unsere Todten". Aber gesagt hat es Jemand und ich muß ihm leider Recht geben. Die Reichsforststatistik gehört unter die Todten. Der Ausschuß des Bundesrathes hat sie in ihrer letzten Krankheit behandelt; er versuchte es noch mit der Amputation mehrerer Gliedmaßen; aber sie starb während der Operation.

Ich rede hier nur von Hörensagen; denn die Verhandlungen des Bundesraths werden ja bislang noch nicht veröffentlicht. Man sagt aber, der Ausschuß desselben für Handel und Verkehr habe im November oder Dezember 1875 über die ihm zum Berichte überwiesenen „Bestimmungen, betreffend die Forststatistik des deutschen Reiches" verhandelt, sie in manchen Richtungen zu weit gehend erachtet und einige Abstriche, zugleich aber beantragt, den verbliebenen Rest vorläufig einmal 1877 zu erheben. Aber damit war auch die Lebenskraft der Reichs=Forststatistik erschöpft. Seitdem hörte man von ihr Nichts weiter. Wird ein Wort unseres großen Kanzlers sie wiedererwecken? —

Inzwischen beschäftigte man sich zur Abwechslung einmal mit der internationalen Forststatistik. Vom 30. September bis 7. Oktober 1876 tagte in Buda=Pesth der internationale Kongreß für Statistik. In 6 Sektionen waren im Ganzen 18 Fragen zur Berathung gestellt. Der 4. Sektion waren überwiesen

Frage 3 — Statistik der Landwirthschaft.

„ 4 — Forststatistik.

„ 5 — Die Organisirung der meteorologischen Beobachtungen mit besonderer Rücksicht auf die Zwecke der Landwirthschaft.

Für die Forststatistik war Geheimerath Professor Dr. Meitzen Referent und hatte er die verschiedenen Formulare ꝛc. vorgelegt, war indessen am persönlichen Erscheinen behindert.

Sektion 4 beschloß nun auf Antrag des Ministerialraths Dr. Lorenz (Wien) und von Hardeck, welchen Koristka und Wilson unterstützten, als Gegenstände zehnjähriger Publikationen

1) Die Fläche der Waldungen, 2) das Verhältniß derselben zu den anderen Kulturarten und zur Bevölkerung, 3) Lage und Beschaffenheit der Waldungen, 4) Eigenthumsverhältnisse, 5) Art der Verwaltung und Ausbeutung,

diese für alle Waldungen, für die Staatsforsten allein dann noch

6) die Holzarten, 7) das Alter der Bestände, 8) den Umtrieb, 9) das Forstaufsichtspersonal und 10) das forstliche Bildungswesen zu bezeichnen und für die Staatsforsten allein noch jährliche Erhebungen über

1) den Holzertrag, 2) Holzpreise und Tagelöhne u. s. w. vorzuschlagen. Im Kongreß berichtete Wilson. Das Plenum trat dem Sektions-Antrage bei.[1]

Wir hätten, glaube ich, allen Grund zur Zufriedenheit, wenn wir das, was hier für die internationale Forststatistik als wünschenswerth bezeichnet ist, für das deutsche Reich erheben könnten. —

In Oesterreich schenkt man der forstlichen Statistik an berufener Stelle lebhaftes Interesse, ohne daß man es jedoch auch dort bis jetzt zu einer festen Organisation gebracht hätte. In Niederösterreich besteht der Plan, daß forststatistische (Bewaldungs-) Karten gefertigt werden, um eine Grundlage für die weitere Lösung der dort recht brennenden Waldschutzfrage zu gewinnen.[2] Aber brennender als alle wissenschaftlichen und wirthschaftlichen Fragen ist in diesem Augenblick die orientalische Frage. Sie wird wohl die hohe Pforte hindern, ihren Plan, eine land- und waldwirthschaftliche Schule auf den Höhen des Bosporus zu errichten,[3] auszuführen und wird auch

---

1) Vergl. Dr. Adolf Ficker, K. K. Sektionsrath und Präses der statistischen Central-Kommission, die IX. Versammlung des internationalen statistischen Kongresses vom 30. Septbr. bis 7. Oktbr. 1876. Wien 1876.

2) Nach einer Notiz der Wiener Zeitung.

3) Nach einer Mitte November in der Kölnischen Zeitung kolportirten Notiz

allen übrigen betheiligten Mächten — und wer wäre dabei nicht betheiligt? — die Pflicht auferlegen, die zur Zeit nicht allzuvollen Kassen sorgfältig verschlossen zu halten, um Geld zu haben für die ultima ratio. —

Trotz alledem habe ich aus Deutschland über eine recht bedeutende und überaus erfreuliche forststatistische Leistung zu berichten.

Oberforstmeister Tilmann in Wiesbaden hat als 2. Theil der von der Regierung in Wiesbaden herausgegebenen „statistischen Beschreibung des Regierungsbezirks Wiesbaden" die Forststatistik dieses Bezirks bearbeitet und dabei im Wesentlichen die von der Reichskommission 1874 ausgearbeiteten „Bestimmungen über die Forststatistik des deutschen Reichs" zu Grunde gelegt, unter Erweiterung des Erhebungs-Materials und der Darstellung durch Beigabe von reglementären Vorschriften u. s. w. Eine trefflich gearbeitete Bewaldungskarte und eine geognostische Karte sind beigegeben.[1])

Das Erscheinen dieses Werkes ist nicht nur deshalb mit Freude zu begrüßen, weil unsere statistische Kenntniß des interessanten nassauischen Waldgebietes durch dasselbe auf eine feste Grundlage gestellt worden ist, sondern vor allen Dingen deshalb, weil hier der Beweis geliefert ist, daß der von der Reichskommission entworfene Plan zur Durchführung recht wohl geeignet ist, wenn nur Interesse an der Sache und fester Wille, auf dem Wege der statistischen Forschung vorwärts zu kommen, vorhanden sind.

---

bestand diese Absicht der ottomanischen Regierung und sie hatte sich an ihren Berliner Botschafter gewendet, um 1) einen Lehrer der Chemie, Mineralogie, Geognosie, 2) einen solchen für theoretische und praktische Garten- und Wald-Kultur, zugleich Verwalter der Frucht- und Forstgärten, 3) einen solchen für das landwirthschaftl. Geniewesen aus Deutschland zu gewinnen. Jetzt freilich keine empfehlenswerthe Mission!

[1]) Wiesbaden. Verlag von Chr. Limbarth 1876.

7. Das forstliche Unterrichtswesen.

Wie aus der nachstehenden kleinen Tabelle ersichtlich, sind zur Zeit in Deutschland 54 Lehrer bezw. Hülfslehrer an forstlichen Hochschulen thätig, wobei alle diejenigen nicht mitgerechnet sind, welche

| Staat. | Forstschule zu | Zahl der Lehrer für | | | | | Zahl der Hülfslehrer, Assistenten 2c. | Mitglieder der forstakademischen Körperschaften im Ganzen. |
		Forstwissenschaft.	Naturwissenschaften.	Mathematik, Vermessungskunde.	Rechts= und Verwaltungskunde.	Ueberhaupt.		
Preußen.	Neustadt = Ebw.	3	4	2	1	10	2	12
	Münden.	2	3	2	1	8	3	11
Bayern.	Aschaffenburg.	2	2	1	1	6	2	8
Sachsen.	Tharand.	2	3	2	1	8	1	9
Württemberg.	Hohenheim.	2	—	—	—	2	—	2
Baden.	Karlsruhe.	2	—	—	—	2	1	3
Hessen.	Gießen.	2	—	—	—	2	—	2
Thüringen.	Eisenach.	1	2	1	1	5	—	5
Braunschweig.	Braunschweig.	2	—	—	—	2		2
	Zusammen	18	14	8	5	45	9	54

in Hohenheim, Karlsruhe, Giessen, Braunschweig neben den Vorträgen für Forstmänner auch noch Studirenden anderer Wissenschaften Vorträge halten.

Die Zahl der Studirenden der Forstwissenschaft in ganz Deutschland schwankt zwischen 300 und 400. Nehmen wir als mittlere Zahl derselben 350, so würden dieselben auf einer einzigen forstlichen Hochschule bequem untergebracht werden können und es würden

     5 Professoren der Forstwissenschaft

         mit 3 Assistenten,

     7 Professoren der Naturwissenschaften,

         (1 Zoologe, 2 Botaniker, 2 Chemiker, 1 Mineraloge und Geognost, 1 Physiker)

         mit 3 Assistenten,

2 Professoren der Mathematik, Vermessungs= und Wege=
bau=Kunde
und 1 Assistent,
1 Professor der Rechtskunde,
2 Professoren der Volkswirthschaftslehre, Politik und Staats=
Verwaltungslehre,

im Ganzen also etwa 17 Professoren mit etwa 7 Assistenten (Honorar=
Dozenten) unter Hinzutritt von 2—3 Privatdozenten, im Ganzen
26—27 Personen des Lehrfaches vollkommen genügen, um dieser
„Reichsforst=Hochschule" den Stempel einer Hochschule im modernen
Sinne aufzudrücken.

Selbst wenn man des Demonstrations=Unterrichts wegen 2 Forst=
hochschulen (eine in Nord=, eine in Süddeutschland) für nothwendig
hält, wofür sich schwerwiegende Gründe anführen lassen, würde man
mit etwa je 14, im Ganzen also 28 Professoren und je 4, im Ganzen
8 Honorardozenten reichlich auskommen, es würde viel Geld gespart
und viel mehr erreicht, als heute.

Ohne diesen Gedanken hier näher auszuführen, wollte ich ihn
nicht verschweigen, auf die Gefahr hin, wegen des von mir vor=
geschlagenen Kompromisses zwischen zwei einander widerstrebenden
Richtungen, die zu keiner Einigung gelangen können, verlästert zu
werden. Die Kompromisse sind so wie so im Reiche seit der Be=
rathung der Justizgesetze zum Zankapfel geworden.

Die Idee von einer oder zwei Reichsforst=Hochschulen, zu deren
Unterhaltung die einzelnen Staaten nach der Fraktion ihrer Forst=
studenten der letzten 20 Jahre beizutragen hätten, halte ich für aller
Beachtung werth und werde an anderer Stelle auf dieselbe bald zu=
rückkommen. Wie sollen wir anders aus der Vereinsamung und
Zersplitterung unseres Unterrichtswesens und unserer wissenschaftlichen
Arbeit herauskommen? Aller Augen sind auf Bayern gerichtet, von
dannen der Fortschritt kommen soll. Aber bis jetzt sieht man dort
nur, wie das Alte zerstört und Neues nicht gebildet wird.

Die bayerische Forstschulfrage ist keinen Schritt vorwärts ge=
kommen.

Der erstaufgestellte Entwurf des Staats=Budgets für 1876/77
verlangte für Aschaffenburg im Falle der Reorganisation 10 Lehr=

ſtühle (4 forſtwiſſ., 4 naturwiſſ., 1 mathematiſcher, 1 rechts=
und ſtaatswiſſenſchaftlicher). Die Kammer der Abgeordneten ſchien nicht
abgeneigt, die hierfür geforderte Summe (im Ordinarium 102,880
M., im Extraordinarium 122,400 M., zuſammen 225,280 M.)
zu bewilligen. Zwiſchenzeitlich hatte das Miniſterium ſich jedoch wohl
überzeugt, daß jene 10 Lehrſtühle nicht genügen würden. Stimmen
in der Literatur waren in demſelben Sinne laut geworden. Auch
ſcheiterte, wenn Aſchaffenburg reorganiſirt wurde, offenbar — vor=
läufig wenigſtens und auf lange Zeit hinaus — in Bayern das von
der Regierung vertretene Princip. So kam es, daß in der Sitzung
der Abgeordnetenkammer vom 24. Juli 1876 dem Antrage der Ab=
geordneten Dr. Kurz, Hauck und Herz gegenüber, welcher die
Reorganiſation der Aſchaffenburger Forſtſchule als Fachſchule und
die Bewilligung obiger Jahresbeträge wollte, der Finanzminiſter von
Berr erklärte, dieſe Frage als Organiſations=Frage unabhängig
von dem Votum der Kammer ſelbſtändig zu entſcheiden, ſei ein Recht
der Krone. Erſt im weiteren Verfolg, als Finanzfrage, unterliege
ſie der konſtitutionellen Beſchlußfaſſung; die Geldforderung für Aſchaffen=
burg ziehe er zurück. Hiermit war dem Antrage Kurz u. Gen.,
ſoweit derſelbe finanzieller Natur war, der Boden entzogen. Nach
längerer Verhandlung, in welcher ſowohl der Finanzminiſter, als auch
ſein Kommiſſarius, mein trefflicher Freund, Forſtrath Ganghofer
ſich vergeblich bemüheten, die Vortheile in wiſſenſchaftlicher und finan=
zieller Hinſicht, welche durch die Verlegung des forſtlichen Studiums
an die Univerſität München erreicht würden, darzulegen, trat die
Kammer dem Antrage Kurz u. Gen. in ſeinem erſten Theile bei
„an die K. Staatsregierung die Bitte zu richten, dieſelbe wolle die
Centralforſtlehranſtalt in Aſchaffenburg als Fachſchule (Forſtakademie)
belaſſen und zweckentſprechend reorganiſiren."[1]

Inzwiſchen iſt Oberforſtrath Stumpf am 1. Oktober in Ruhe=
ſtand getreten; Aſchaffenburg iſt unter der Firma „Proviſorium" auf
den Etat des langſamen Ausſterbens geſetzt. Zu dem alten Stamm
von Profeſſoren ſind eine Anzahl jüngerer Hülfskräfte getreten;[2] aber

---

[1] Vergl. die ſtenographiſchen Berichte. — Centralblatt f. d. geſ. Forſtweſen
1876, S. 486. — Forſtl. Bl. 1876, S. 5 u. 319.

[2] Als Dozent der Forſtwiſſenſchaft neben Gayer iſt Oberförſter Weber

lange läßt sich dies „Provisorium" nicht halten und die Entscheidung muß, wie mir däucht, bald so oder so fallen. —

In Preußen ist neuerdings ebenfalls die Frage des forstlichen Universitäts-Unterrichts auf die Tagesordnung gekommen. Rektor und Senat der Universität Bonn[1]) haben nach eingeholtem Gutachten der philosophischen Fakultät einstimmig beschlossen, beim Unterrichts-Ministerium die Errichtung von 2 Lehrstühlen für Forstwissenschaft an der rheinischen Hochschule zu beantragen und zwar mit der Maßgabe, daß den preußischen Studirenden der Forstwissenschaft dann freigestellt werde, ob sie fernerhin ihre wissenschaftliche Ausbildung ganz oder theilweise an dieser Universität oder auf den isolirten Forstakademieen suchen wollen.

Ueber diesen Antrag ist, so viel ich weiß, noch nicht endgültig entschieden. Wie diese Entscheidung jedoch ausfallen wird, ist kaum zweifelhaft. Da in Preußen an dem Prinzip der isolirten Fachschulen in den maßgebenden Kreisen festgehalten wird, so werden diese zunächst die Bildungsstätten bleiben für alle Anwärter der höheren Stellen in der Staatsforstverwaltung. Diese aber bilden die große Mehrzahl der Studirenden. Hohe Erwartungen sind deshalb zunächst an jenen Antrag der Universität nicht zu knüpfen. —

In Oesterreich hat die Hochschule für Bodenkultur ihr erstes Jahr hinter sich. R. Micklitz ist von seinem Lehramte zurückgetreten, um sich wiederum ganz seiner hohen Verwaltungsstellung zu widmen. Regierungsrath und Prof. Dr. Exner ist zum Dekan der forstlichen Fakultät wieder gewählt, Dr. Oser zum Professor extraord., Dr. Marchet zum Ordinarius ernannt. Das Professoren-Kollegium der Hochschule hat den Ackerbau-Minister gebeten, die 3. Fakultät für Bergbaukunde („montanistische Sektion," wie man sie dort nennt) zu errichten und dadurch die Hochschule zur „Hochschule der Urproduktion" zu erheben. Der Ackerbau-Minister Graf Mannsfeld erklärte

---

(früher Assistent), für Botanik kommissarisch Privatdozent Dr. Prantl berufen. Forstwiss. Hülfslehrer ist Assistent Hauser von Donauwörth, Assistent am chemischen Laboratorium Dr. Schwappach, Dr. Döbner (Zoologie), Ebermayer, Albert und Bohn setzen ihre Vorlesungen fort.

[1]) Vergl. Kölnische Zeitung 1876, Nr. 249. 2. Blatt.

sich im Prinzip einverstanden, betonte jedoch, daß vorgängig noch finanzielle und andere Erwägungen stattfinden müßten.[1]

Seit Aufhebung der Forstakademie Mariabrunn stehen die schönen Räume des ehemaligen Klostergebäudes so gut wie unbenutzt. Jetzt beabsichtigt der Ackerbau-Minister, die Gebäude zu einem land- und forstwirthschaftlichen Centralmuseum einzurichten.[2]

Die Frage, auf welchem Wege eine der heutigen Stellung des Försters im Organismus der Staatsforstverwaltung entsprechende Vorbildung der Anwärter für den unteren Forstdienst zu erreichen ist, fängt an namentlich für Preußen, wo dem Förster wichtige Geschäfte der Betriebsausführung zufallen, brennend zu werden.

Von vielen Seiten werden Försterschulen empfohlen, über deren Organisation und Lehrstoff die verschiedensten Ansichten laut werden. In den Forstvereinen ist die Sache wiederholt zur Sprache gekommen, im schlesischen 1873, im märkischen 1876 (Ref. Forstmeister B a n d o) in dem Verein nassauischer Land- und Forstwirthe 1876 (Ref. Oberforstmeister T i l m a n n). Auch bei den Verhandlungen der deutschen Forstversammlung in Eisenach 1876 ist die Frage bei Gelegenheit der Organisationsfrage berührt worden (Ref. Oberforstmeister D a n c k e l - m a n n) und es vertrat der Referent den Satz: „Für Heranbildung tüchtiger Betriebsförster ist mehr als bisher Sorge zu tragen." Er bezeichnete auch den ihm geeignet scheinenden Weg, wie dies geschehen solle, mit den Worten: „Die Erlangung der Betriebstüchtigkeit weist darauf hin, Försterschulen einzurichten mit nachfolgender Lehrzeit und mehrjähriger Waldpraxis, an welche sich dann die militärische Ausbildung anschließt."[3] Dasjenige Organ der Literatur, welches die Frage der Försterschulen lebhaft und stehend erörtert[4] und die Auffassungen namentlich der Förster selbst kund giebt, ist die Zeitschrift der deutschen Forstbeamten. Die Bedeutung dieser Frage ist von Allen anerkannt und sie steht auf der Tagesordnung der deutschen Forstversammlung

---

1) Centralblatt 1876 S. 51.
2) c. l. S. 537.
3) Bericht über die Versammlung S. 20 u. 39.
4) Vergl. u. A. Zeitschr. d. deutsch. Forstbeamten 1876, No. 12.

in Bamberg 1877.[1]) Hoffen wir, daß sie damit aus dem Gebiete der theoretischen Erörterung in das der praktischen Verwirklichung übertritt.

---

8. Das Vereinswesen.

Zu der großen Zahl bestehender Forstvereine ist auch 1876 ein neuer hinzugetreten; der württembergische Forstverein, im Frühjahr begründet, hielt seine erste Versammlung am 15. u. 16. Oktober zu Crailsheim.[2])

Die Wanderversammlung deutscher Forstmänner tagte vom 3. bis 6. September in Eisenach und verhandelte über zwei bedeutungsvolle Fragen: Die Forstorganisationsfrage und die Wasserstandsfrage. Der Bericht ist bereits im Dezember erschienen.[3]) Zum erstenmal war bei den Verhandlungen der Versammlung der Vertreter eines Ministeriums zugegen (des preuß. landwirthschaftlichen Ministeriums).

Die Lokalvereine haben getagt

1. der elsaß-lothringische in Colmar vom 18. bis 20. Juni.[4])
2. der badische[5]) in Heidelberg.
3. der rheinische in Neuwied am 24., 25. und 26. August.
4. der Zeller (Mosel) am 9. Mai zu Gassenhof bei Blankenrath, am 19. August auf der Marienburg bei Alf a. d. Mosel.

---

[1]) Die Frage lautet: „Wie ist die Ausbildung des Schutz- und Hülfspersonals für den forstlichen Betrieb einzurichten?" Vergl. den Bericht über die Eisenacher Versammlung S. 151.

[2]) Forstl. Blätter 1876, S. 159.

[3]) Verlag von Julius Springer in Berlin. Auch der Bericht über die Greifswalder Versammlung ist in demf. Verlage 1876 erschienen.

[4]) Forst- u. Jagd-Zeit 1876, S. 184. Bericht (Guse) forstl. Bl. 1876 S. 270.

[5]) Ueber die Verhandlungen von 1875 zu Donaueschingen f. Baur's Monatschrift 1876 S. 194 (Roth) und den bei Gutsch in Karlsruhe erschienenen Bericht 1876.

[6]) Bericht in der Zeitschr. d. deutsch. Forstbeamten 1876, S. 484.

[7]) Df. No. 22.

5. der hessische (Großherzogthum) in Büdingen am 11. und 12. September.

6. der hessische[2]) (Hessen-Nassau) zu Eschwege.

7. der Verein nassauischer Land- und Forstwirthe in Frankfurt a. M. vom 14. bis 16. September.[3])

8. der sächsische in Schneeberg (Erzgebirge) vom 3. bis 5. Juli.[4])

9. der württembergische (vorstehend).

10. die Wanderversammlung oberpfälzischer Forstleute in Cham am Böhmerwald am 26. und 27. Juni.

11. der schlesische Forstverein in Münsterberg vom 14. bis 16. Juli.[5])

12. der märkische in Lübben am 26. und 27. Juni.[6])

13. der pommersche in Jacobshagen am 26. und 27. Juni.

14. der Verein mecklenburgischer Forstwirthe in Doberan am 14. und 15. Juli.

15. der Forstverein der Kreise Jerichow I. und II. (Brandenburg) zu Magdeburgerforth am 23. Juli.

16. der Insterburger Forstverein in Insterburg am 16. Januar und in Bröblauken (Exkursion) am 18. Juni.[7])

Ueber die Versammlung des Hils=Sollings=Forstvereins am 28. Juni 1875 in Stadtoldendorf ist der Bericht erschienen.[8])

In Oesterreich trat der Forstkongreß am 27. bis 30. März in Wien zusammen. 15 Vereine waren vertreten. Der Kongreß

---

[1]) Baur's Monatschr. 1876, S. 379. Forstl. Bl. 1876, S. 362.

[2]) Ueber die Verhandlungen dieses Vereins 1875 zu Schlüchtern s. Supplemente zur allg. Forst= und Jagd-Zeit. 1876. X. 1. S. 18 fgde.

[3]) Zeitschr. d. d. Forstb. 1876. S. 556.

[4]) Bericht mir noch nicht bekannt geworden.

[5]) Ueber die Versammlung von 1875 in Ratibor liegt nunmehr vor: Jahrbuch d. schles. Forstvereins, herausgegeben von Ad. Tramnitz. Breslau. Morgenstern 1876.

[6]) Vergl. „Bericht über die 4. Vers. d. märkischen Forstvereins." Potsdam. 1876. — Ueber die Versammlung v. 1875 zu Freienwalde erschien der Bericht ebenfalls 1876 in Potsdam.

[7]) Zeitschr. d. deutschen Forstbeamten 1876, S. 174 und 433.

[8]) Holzminden 1876.

berieth über die Beantwortung von 31 Fragen zur Revision des
Forstgesetzes, welche vom k. k. Ackerbau-Ministerium ihm vorgelegt
waren.[1]

Der in dem Kongreß nicht vertretene österreichische Reichsforst=
verein tagte vom 11. bis 14. September in Perfenbeug (N. Oester=
reich);[2]

Von den bedeutenderen Lokalvereinen tagten:

1. der böhmische (28. Verf.) am 7. August in Budweis.[3]

2. der mährisch=schlesische am 4. und 5. September in
   Freistadt (Schlesien).[4]

3. der Forstverein für Oesterreich ob der Enns am 16. u.
   17. August in Mattighofen.[5]

4. der krainisch=küstenländische (1875 gegründet) vom 25.
   bis 27. Mai in Görz.[6]

5. der Manhartsberger Forstverein vom 23. bis 25. Juli
   in Gemünd.[7]

6. der niederösterreichische Forstschulverein am 17. Sep=
   tember in Wien.[8]

7. der Forstverein für Tyrol und Vorarlberg am 7. De=
   zember in Innsbruck.[9] —

Der schweizerische Forstverein hielt seine Jahresversammlung
am 14., 15. und 16. September in Luzern.

---

[1] Centralblatt f. d. ges. Forstwesen 1876, S. 320 bis 326, 370 fgde.,
425 fgde.

[2] Centralblatt 1876. S. 325.

[3] Centralblatt, 1876. S. 433. Bericht daf. S. 521 fgde. u. S. 581 fgde.
Vereinsschrift f. Forst=, Jagd= und Naturkunde, hrsgegbn. v. böhm. Forstverein,
redigirt v. Obstmstr. Schmidl. 1—3 Hft. 1876. Prag.

[4] Centralblatt 1876, S. 433. Bericht daf. S. 525. Verhandlungen d.
Forstwirthe v. Mähren u. Schlesien. 1—4 Hft. 1876. Brünn. In Komm.
bei Rohrer.

[5] Centralblatt 1876, S. 587.

[6] Centralblatt 1876, S. 647. Mittheilungen des krainisch=küstenländischen
Forstvereins. 1. Hft. 1876. In Komm. bei Faesy u. Frick in Wien.

[7] Centralblatt 1876, S. 482. Vereinsschrift des Mannhartsberger Forst=
vereins 1876. (6. u. 7. Hft.) Verlag des Vereins.

[8] Daf. S. 489. Bericht daf. S. 532.

[9] Daf. 1876 S. 651. Daf. 1877 S. 50.

3*

Noch habe ich einiger Jagd= und Vogelschutz=Vereine zu gedenken, deren Entstehen der neueren Zeit angehört und bekundet, daß ein vernunftgemäßer Schutz der wildlebenden Thiere gegenüber der viel= fach vorhandenen Zerstörungssucht in unserer Zeit sich mehr und mehr Bahn bricht. An den Sitzungen des österreichischen Forstkon= gresses haben auch Delegirte „des Jagd= und Vogelschutz=Vereins für Tyrol" theilgenommen. In Deutschland ist am 15. März 1875 ein allgemeiner deutscher Jagdschutzverein begründet worden, der jetzt schon 900 Mitglieder zählt; in Thüringen besteht seit April 1876 ein „Thüringer Jagdverein." [1])

Alle diese Vereine verfolgen den Zweck, den unvernünftigen und rohen Eingriffen des Menschen in das Gleichgewicht der organisirten Natur entgegenzutreten und die Thierwelt zu schützen nach Maßgabe unserer wirthschaftlichen Bedürfnisse. Jeder Gebildete muß ihnen bestes Gedeihen wünschen.

Von nicht forstlichen Versammlungen, welche sich mit der Be= rathung forsttechnischer Gegenstände beschäftigten, habe ich schon oben (S. 11/12) den Kongreß der deutschen Leder=Industriellen angeführt. Die Waldschutzfrage ist mehrfach Gegenstand von Vorträgen und Berathungen in landwirthschaftlichen Vereinen namentlich in Preußen gewesen. U. a. hat der landwirthschaftliche Centralverein des Reg. Bez. Potsdam am 5. Dezember in Berlin „über die Erhaltung und Begründung von Schutzwaldungen, sowie die Bildung von Wald= genossenschaften in der Mark Brandenburg" verhandelt. Man ersieht aus diesen Vorgängen, in wie erfreulicher Weise das Interesse an der Walderhaltung wächst.

---

1) Forstl. Bl. 1876, S. 224.

9. Waldbeschädigungen durch Schnee- und Eisbruch, Sturm und Insekten.

Das Jahr 1876 war überreich an Waldbeschädigungen durch Schnee, Eis und Sturm; eine ernste Insektengefahr hat sich, wenngleich sie noch nicht in Vollzug getreten ist, an vielen Orten deutlich angekündigt, in den märkischen und lausitzischen Forsten durch ein massenhaftes Auftreten des Kiefernspinners und der Nonne, in den von Schnee- und Eisbruch heimgesuchten schlesischen, thüringischen, sächsischen und Harzer Forsten durch beängstigendes Ueberhandnehmen der Borkenkäfer, in steyerischen Revieren durch das neuerliche Auftreten desselben Waldfeindes.[1]

Der Anfang aller dieser Beschädigungen fällt in die Mitte des Monat November 1875. Vom 8—13 November wehten heftige Stürme aus Westen, welche im Erzgebirge,[2] in Böhmen, Schlesien, Oesterreich, auch Thüringen gewaltigen Schaden anrichteten. In dem durch den Borkenkäfer so arg heimgesuchten Böhmerwald sollen in der Zeit vom 8—11 November 80,000 Stämme geworfen worden sein.[3] Ueber den Schaden im Erzgebirge und inneren Böhmen, sowie in Oberösterreich fehlen genaue Nachrichten. Diesen Stürmen folgte ein vernichtender Schnee- und Eisbruch um die Mitte des Monats Dezember 1875. Nach vielem Regen, Nebel und Rohreif im November, welchem gegen Ende des Monats in allen höheren Berglagen des schlesischen Gebirges, Erzgebirges, Thüringerwaldes und Harzes starker Schneefall folgte, bildete sich in diesen Berglagen vom 15. November ab eine Eiskruste bei Ostwind an den Baumkronen. Schneestürme Anfang Dezember belasteten die Kronen mehr und mehr. Um den 10. Dezember trat gelinderes Wetter ein bei fortdauerndem Schneefall. Die Temperatur schwankte um den Gefrierpunkt; die Belastung wurde immer größer und der Bruch erfolgte.[4] Er traf am härtesten die Nord- und Ost-Seiten in der Höhenlage von 300—750 M. Ueber

---

[1] Nach einer Notiz in der Wiener landwirthschaftlichen Zeitung.

[2] Bericht d. Forstinsp. S c h a a l in der allg. Forst- und J. Z. 1876. S. 244

[3] Bericht des Forstdirektor H l a w a im Centralblatt für d. gesammte Forstw. 1876. S. 57. Betreffs des Schneebruchs l. c. S. 102.

[4] Ueber die Witterung vergl. oben S. 7.

die Masse des gebrochenen Holzes liegen genaue Nachrichten noch nicht aus allen Waldgebieten vor, weil es noch nicht überall möglich war, das Material vollständig aufzuarbeiten. Die mir bekannt gewordenen Nachrichten stelle ich nachfolgend zusammen, indem ich mir die Vervollständigung derselben im nächsten Jahrgang der Chronik vorbehalte.[1] —

Nummer	Bezeichnung des Waldgebietes.	Bezeichnung der betroffenen Forsten.	GesammtFlächenGröße der Forsten. Hektar.	Gebrochene Holzmasse. Festmeter Derbholz.	Dies beträgt pro Hektar GesammtFläche. Festmeter.	
1.	Schlesisches Gebirge.	Staatsforsten im Reg.-Bez. Breslau	19,940	33,463	1,67	Nach amtlichen Angaben.
2.	Schlesisches Gebirge.	Desgl. im Reg.-Bez. Liegnitz . (Rev. Reichenau.)	2,608	14,000	5,3	Desgl.
3.	Böhmerwald.	—	—	10,000	—	Centralblatt S. 102.
4.	Solling und Wesergebirge.	Staatsforstreviere Neuhaus u. Koppenbrügge	6,290	4,661	0,7	Amtliche Angaben.
5.	Harz.	Staatsforsten am hannöverschen Harze . .	35,585	62,361	1,7	Desgl.
6.	Hessisches Bergland.	Staatsforsten im Reg.-Bez. Kassel	5,453	1,646	0,3	Desgl.
7.	Rheinisches Berg- u. Hügel-Land.	Staatsforsten des Reg.-Bez. Aachen	28,873	12,500	0,4	Desgl.
8.	Eifel.	Desgl. d. Reg.-Bez. Coblenz (Reviere Coblenz und Adenau.)	7,021	2,758	0,4	Desgl.
		Zusammen		141,389		Die Angaben aus dem Erzgebirge und einem großen Theile des Harzes (Anhaltische und gräflich Stolbergsche Forsten) fehlen noch.

[1] In Bezug auf die gesammten Waldbeschädigungen im Jahre 1876 verweise ich auf den nach den Materialien der Hauptstation des forstlichen Versuchswesens zu Neustadt-Ebw. von mir erstatteten ausführlichen Bericht, welcher in dem binnen Kurzem erscheinenden 1. Hefte des IX. Bandes der Zeitschrift für Forst- und Jagdwesen von B. Danckelmann zum Abdruck gelangen wird.

Der Nachwinter 1875/76 brachte dann den Orkan vom 12. und 13. März, der in Bezug auf die Heftigkeit der Wirkung und die Ausdehnung seines Wirkungsgebietes als eine in unseren Breiten sehr seltene Naturerscheinung betrachtet werden muß.

Der Ort des niedrigsten Barometerstandes, das barometrische Minimum, welches als Centrum und Ursache des Orkans anzusehen ist, ging in einer bisher kaum irgendwo beobachteten Geschwindigkeit von Bristol (12. März 8 Uhr Morgens) über London (12³/₄ Uhr), Utrecht (7 Uhr Abends) Emden (8¹/₂ Uhr) Hamburg (10 Uhr) Warnemünde (11 Uhr) nordöstlich von Memel (13 März Morgens 8 Uhr) vorbei nach Rußland.

Langer Schneefall und starker Regen hatten in ganz Deutschland den Boden tief erweicht. An vielen Orten waren Erdrutsche erfolgt, von denen derjenige, welcher in der Nacht vom 10. auf den 11. März die Stadt Caub am Rhein heimsuchte, eine traurige Berühmtheit erlangt hat.

Durch das gewaltsame Hinabströmen der über dem mittleren und südlichen Deutschland stehenden dichteren Luftmassen in die Kreise des barometrischen Minimums entstand am 12. März von 6 Uhr Abends an, der Orkan, welcher ganz Deutschland in westsüdwestlicher Richtung durchzog und seine schlimmsten Wirkungen in den Forsten der Regierungsbezirke Cöln und Coblenz, Arnsberg, Kassel, Wiesbaden, im Großherzogthum Hessen, im Spessart und Frankenwald (Bayern), im Thüringerwalde und einigen Theilen des Königreichs Sachsen geübt hat. Das Gebiet dieser Sturmverheerung wird nördlich durch eine Linie begrenzt, welche die Städte Wesel, Detmold, Hildesheim, Goslar a. H., Halberstadt, Zossen (südlich von Berlin), Frankfurt a. O. Thorn verbindet, von da wenig nördlich von Osterode und Allenstein in Ostpreußen zur russischen Grenze verläuft; südlich durch eine Linie, welche nördlich von Straßburg und südlich von Karlsruhe durchgeht und in Bayern wenige Meilen nördlich der Donau, parallel diesem Strome bis in die Gegend von Regensburg verläuft, sich dann gegen N. nach dem Städtchen Eslarn im bayerisch-böhmischen Walde wendet, diesem Gebirge bis zum Fichtelgebirge, dann dem Erzgebirge im Wesentlichen folgt und in Schlesien zwischen Liegnitz und Breslau fast in der Mitte durchgeht. In Württemberg ist nur wenig Schaden geschehen; in Elsaß-Lothringen liegt, wie bemerkt, die Südgrenze des Sturmes etwas nördlich von Straßburg, etwa bei Hagenau; das Gebiet der Sturmverheerung blieb also um 2 geographische Grade im Mittel südlicher, als die Bahn des Minimum. Der Sturmbruch trat ein:

in der Nähe des 24. Längsgrades (Aachen, Düsseldorf) am 12. März gegen 7 Uhr Abends;

in der Nähe des 25. Längsgrades (Gegend von Saarbrücken, Hunnsrück, Siebengebirge) im Mittel um 7½ Uhr Abends;

in der Nähe des 26. Längsgrades (Taunus, Westerwald) in der Zeit von 8—10 Uhr Abends;

in der Nähe des 27. Längsgrades (Spessart, Vogelberg, Gegend von Kassel, Fritzlar ꝛc.) von 9—11 Uhr Abends;

in der Nähe des 28. Längsgrades (Thüringerwald, goldene Aue, Harz) von 10—12 Uhr Nachts;

in der Nähe des 29. Längsgrades (Frankenwald, Gegend von Weimar, Eichsfeld) fand die heftigste Wirkung des Sturmes um Mitternacht statt;

in der Nähe des 30. Längsgrades (Gegend zwischen Halle, Leipzig, Wittenberg) trat der Windbruch hauptsächlich von 12 – 2 Uhr am 13. März ein.

In der Nähe des 31. Längsgrades tobte der Orkan besonders von 1—3 Uhr, auf dem 32. Längsgrad (Frankfurt a. O. und südlich) anscheinend um dieselbe Zeit; vom 33. bis 36. Grade östl. Länge sind erhebliche Sturmschäden nicht gemeldet. In Ostpreußen erfolgte der stärkste Schaden am 13. März Morgens etwa um 6 Uhr (zwischen dem 37. und 38. Längsgrade), bezw. 7 und 8 Uhr (um den 39. Längsgrad).

Die Sturmwelle durcheilte also in etwa 13 Stunden (nach Ortszeit), in Wahrheit aber in 12,₁ Stunde (reduzirte Zeit) ein Gebiet von 1080 Kilometer Längsausdehnung, was einer mittleren Fortbewegung von etwa 89 Kilometer pro Stunde entspricht.

Das barometrische Minimum ging in 22⅓ (reduzirter Zeit) = 24 Stunden (Ortszeit) von Bristol nach Memel und legte also im Mittel 72 Kilometer in der Stunde oder 20 Meter in der Sekunde zurück. —

Die Wirkungen dieses Orkans waren furchtbar. Bestände aller Altersklassen wurden geworfen und gebrochen; die Verheerung war überall da am größten, wo der Luftstrom zwischen höheren Gebirgen eingeengt dahinfloß, so zwischen dem hohen Westerwald und Taunus, zwischen Meißner und Wesergebirge, an den südwestlichen Gehängen des Thüringerwaldes und zwischen diesem Gebirgszug und dem Frankenwald, in der sächsischen Schweiz. Ostwärts der Elbe nahm die Heftigkeit der Wirkung rasch ab. Die von dem Sturm geworfenen und gebrochenen Holzmassen, soweit hierüber seither Nachrichten gesammelt werden konnten, sind nachstehend zusammengestellt. Es bedarf jedoch des ausdrücklichen Hinweises darauf, daß diese Angaben nicht annähernd erschöpfend sind und die Summe von $3^3/_4$ Mill. Festmeter Derbholz, welche durch den Orkan gefällt worden sind, weit hinter der Wirklichkeit zurückbleibt. Zunächst fehlen alle Nachrichten aus den Privatwaldungen und denjenigen Gemeindeforsten, welche nicht unter spezieller Staatsaufsicht stehen. Sodann sind auch die Angaben über den Schaden in den Staatsforsten theilweise lückenhaft.

Betroffen sind überhaupt etwa $4^1/_2$ Mill. H. oder $33^0/_0$ aller Waldungen in Deutschland. Wird der Mittelsatz des Sturmschadens, welcher sich aus obiger Zusammenstellung ergiebt, auf die betroffene Fläche von $4^1/_2$ Mill. H. angewendet, so ergeben sich über $7^3/_4$ Mill. Festm. Derbholz, welche Holzmasse der Wahrheit mehr entsprechen dürfte, als die oben angegebene.

Mit diesen gewaltigen Waldzerstörungen wäre es nun im Jahre 1876 übergenug gewesen. Aber auch der Hochsommer brachte einen Sturmschaden, der zwar nur ein engbegrenztes Gebiet betraf, hier aber in kürzester Zeit sehr bedeutende Verheerungen anrichtete.

Am 29. Juli um die Mittagszeit erhob sich bei hoher Temperatur ($+ 24^0$ R.) ein Gewitter-Wirbelsturm, der in 10—15 Minuten das Gebiet zwischen Oppeln und Breslau, auf eine Länge von etwa 30 Kilometer (Mittellinie etwa Poppelau bis Bodland) durchraste, indem er wellenförmig sich fortbewegte und in einzelne Waldungen eingriff, andere auf der Linie seiner Fortbewegung liegende übersprang. Er warf und brach in dem Reviere Stoberau des Regierungs-Bezirks Breslau mit einer Gesammtfläche von

Staat, Provinz, Regierungs-Bezirk.	Gesammtfläche der Staats- und unter Staatsverwaltung stehenden Gemeinde-forsten, welche von dem Sturmschaden betroffen worden sind. Hektar.	Geworfene und gebrochene Holzmasse. Derbholz Festmeter.	Dies beträgt pro Hekt. Ge-sammt-Fläche. Festm.	Bemerkungen.
Preußen.				Nach amtlichen Nach-richten.
Königsberg	101,730	19,950	0,19	
Gumbinnen	12,472	1,770	0,14	
Marienwerder . . .	20,835	4,850	0,23	
Potsdam	6,778	1,400	0,20	In den Reg.-Bezirken
Frankfurt	65,390	24,350	0,37	Danzig, Posen, Bromberg,
Liegnitz	7,199	3,300	0,46	Breslau, Oppeln, Magde-
Merseburg	74,662	57,358	0,77	burg, Schleswig, Münster
Erfurt	25,310	109,500	4,33	und Minden kein nennens-
Hannover	62,804	38,715	0,62	werther Schaden.
Arnsberg	19,642	11,000	0,56	
Kassel	248,055	425,060	1,71	
Wiesbaden	215,478	567,233	2,63	
Koblenz	29,107	29,850	1,03	
Köln	12,318	68,871	5,59	
Düsseldorf	16,324	5,730	0,35	
Aachen	28,873	36,420	1,26	Im Ganzen 64 % der
Trier	184,049	144,798	0,78	Jahres-Abnutzung in den
Zusammen . .	1,131,026	1,550,155	1,37	Staatsforsten.
Bayern.				Nach Mittheilung des
Pfalz	116,774	23,000	0,19	Herrn Forstrath Gang-hofer in München.
Oberpfalz und Re-gensburg	95,068	42,000	0,44	In Oberbayern, Nie-derbayern, Schwaben und
Oberfranken	239,041	255,000	1,07	Neuburg kein nennenswer-
Mittelfranken . . .	80,997	43,000	0,53	ther Schaden.
Unterfranken und Aschaffenburg . .	101,365	55,000	0,54	Bei Oberfranken ist die Fläche aller Waldungen,
Zusammen . .	633,245	418,000	0,66	auch der Privatforsten, zu Grunde gelegt.
Thüringen.				Nach Mittheilung des
Gotha'sche Doma-nialforsten im Kreise Schmal-kalden	8,483	109,830	12,94	Herrn Oberforstrath Dey-fing in Gotha. Die angegebenen Holz-massen sind theils Schnee-
Gotha'sche Forst-insp. Tenneberg	7,352	31,680	4,30	und Eis-Bruch-, theils Sturmbruch-Hölzer.
Desgl. Forstinsp. Georgenthal . .	7,932	80,260	10,12	
Uebertrag . .	23,767	221,770		

Staat, Provinz, Regierungs-Bezirk.	Gesammtfläche der Staats- und unter Staatsverwaltung stehenden Gemeinde-forsten, welche von dem Sturmschaden betroffen worden sind. Hektar.	Geworfene und gebrochene Holzmasse. Derbholz Festmeter.	Dies beträgt pro Hekt. Ge-sammt-Fläche. Festm.	Bemerkungen.
Uebertrag . .	23,767	221,770		
Desgl. Forstinsp. Schwarzwald . .	14,984	158,411	10,57	
S. Weimar, In-spektion Allstedt .	5,516	22,137	4,01	Nach Mittheilung des Hrn. Forstmeister Vollmar.
Desgl. Inspektion Eisenach	8,410	19,834	2,36	Nach Mittheilung des Geh. Oberforstraths Herrn Dr. Grebe.
Forstinsp. Marksuhl	7,340	12,578	1,71	Nach Mittheilung des Herrn Forstm. Knaubt.
Fürstenth. Schwarz-burg = Sonders-hausen	16,393	21,922	1,34	Nach Mittheilung des Herrn Hofjägermeister von Wolffersdorf.
Fürstenthum Reuß j. L.	15,400	216,000	14,02	Zeitschr. der deutschen Forstbeamten 1876, S. 429. Die Angabe bezieht sich auf
Zusammen . .	91,810	672,652	7,32	Schnee- und Windbruch, letzterer vom 15/11 75 und 12/13 März 1876.
Sachsen. Oberforstmeisterei				
Dresden	9,889	4,880	0,49	Forstliche Blätter von Grunert und Leo 1876,
Moritzburg . . .	12,827	3,620	0,28	S. 190.
Schandau	19,893	15,700	0,79	
Grillenburg . . .	8,632	26,000	3,01	
Tharand	1,025	500	0,49	
Bärenfels	12,772	4,200	0,33	
Marienberg	17,609	15,000	0,85	
Schwarzenberg . .	19,037	28,500	1,49	
Eibenstock	17,865	31,000	1,73	
Auerbach	19,689	100,000	5,59	
Zschopau	12,597	16,540	1,31	
Grimma	15,046	35,300	2,35	
Zusammen . .	166,881	281,240	1,70	Im Ganzen 39,5% der Jahres-Abnutzung.
Großhth. Hessen . .	140,774	847,326	6,02	Nach Baur's Monat-schrift 1877 S. 28 fgnde.
Preußen	1,131,026	1,550,155	1,37	
Bayern	633,245	418,000	0,66	
Thüringen	91,810	672,652	7,32	
Sachsen	166,881	281,240	1,70	
Summe . .	2,163,736	3,769,373	1,74	

4,950 H. etwa 28,000 Festmeter Derbholz,
(pro H. 5,66 Fm.)

in den Revieren Kupp, Murow, Poppelau, Budkowitz, Dambrowka
und Bodland des Regierungs-Bezirks Oppeln auf

33,347 H. Fläche 21,997 Fm. Derbholz
pro H.   „   0,66 Fm.,

im Ganzen also auf

38,297 H. Fläche 49,997 Fm. Derbholz
oder pro H. Gesammtfläche 1,3 Fmeter.[1]

In allen diesen Schäden kamen dann noch eine Reihe von
Waldbränden, so in der Hinterbrühl bei Wien (Lichtenstein'sche Forsten),
wahrscheinlich durch das Wegwerfen von glimmenden Zündhölzchen
verursacht; 5 Joch 25= und 100jähr. Schwarzkiefern brannten ab.
Auch in den preußischen Staatsforstrevieren Züllsdorf (bei Torgau
a. d. Elbe) und Birnbaum (Prov. Posen) kamen bedeutendere Wald-
bände vor. In dem erstgenannten Reviere wurden 7—8 H. Kiefern-
Schonung, Dickung und Stangenholz vernichtet bezw. stark beschädigt;
in Birnbaum betraf der Brand etwas über 7 H. haubare Kiefern,
11³/₄ H. Kiefern-Dickung. In beiden Fällen scheint Fahrlässigkeit
vorzuliegen. —

Die Elementarschäden in den Forsten, welche die Chronik des
Jahres 1876 zu verzeichnen hat, übersteigen das Maaß des Gewöhnlichen weitaus. Und am Ende scheinen wir noch nicht zu sein. Es
heißt auf der Wacht stehen gegen Kiefernspinner und Nonne im Flachlande, gegen den Borkenkäfer im Bergwalde, der durch Schnee und
Sturm durchlöchert ist. Darum, alle Mann Achtung und schützet
unseren Wald!

---

[1] Ich will nicht unterlassen, auf eine interessante Mittheilung hinzuweisen,
welche Geheimerath Prof. Dr. Göppert (Zeitschr. der österreich. Gesellschaft für
Meteorologie, XI. Bd. Nr. 9 S. 301) in Breslau über den Sturm vom 29. Juli
macht. Im botanischen Garten zu Breslau wurde die Blattkrone einer großen,
fast 4′ breiten Amorphophallus Rivieri fort und fort spiralig gedreht, ohne jedoch
zu zerbrechen. Hier wirkte offenbar eine Art Trichterbildung um das Centrum
der Axe. Bei eingetretener Windstille war der größte Theil der Zweige und
Blätter umgekehrt nach unten gewendet, aus welcher ungewöhnlichen Lage sie erst
am andern Morgen wieder in die ursprüngliche horizontale zurückkehrten.

8. Unsere Literatur.

Die forstliterarische Arbeit, welche uns in Druckwerken aus dem Jahre 1876 — bezw. den letzten Wochen des Jahres 1875 — vorliegt, hat, soweit meine Kenntniß reicht, im Ganzen 30 selbständige Schriften (daneben 3 in Separatabbrücken in Zeitschriften und 15 in neuen Auflagen) hervorgebracht, von denen dem Gebiete

unserer gesammten Wissenschaft (Encyklopädieen) . 2

(in neuen Auflagen)

der Geschichte der Forstwissenschaft . . . . . —

der Geschichte der Jagd 1

der Forststatistik 1

des Forstunterrichtswesens 1

der Forstpolitik und Forstgesetzgebung 2

(und 3 in Separatabbrücken)

der Forsteinrichtung 1

der Waldwerthrechnung und forstlichen Statik . 1

(und 1 in neuer Aufl.)

der Bestandbegründung und Waldpflege . . . 6

des Forstschutzes und der Forstpolizei 3

(und 2 in neuer Aufl.)

der Forstbenutzung und Technologie 2

(und 1 in neuer Aufl.)

der Forstvermessungskunde und Lehre vom Waldwegebau 2

der Forstbotanik 1

der Forstzoologie 3

(und 1 in neuer Aufl.)

der Agrikulturchemie und forstlichen Gesteins- und Bodenkunde 1

der forstlichen Meteorologie 1

angehören und 4

(und 8 in neuer Aufl.)

Tabellenwerke und Rechenknechte sind.

Das gesammte Gebiet unserer Wissenschaft einschl. der Grundwissenschaften behandelt in allgemein verständlicher Weise das treffliche

Lehrbuch von Fischbach,[1]) welches neu aufgelegt in ganz veränderter und wesentlich verbesserter Gestalt vor uns tritt und zu den alten Freunden sich gewiß viele neue erwerben wird.

Auch Grunert's Forstlehre[2]) ist in neuer Auflage erschienen.

Forstgeschichtliche Neuigkeiten vom Büchertisch sind nicht zu melden. Werthvolle Nachrichten über die Geschichte der Jagd in Württemberg enthält die Schrift des württemb. Staatsministers Freiherrn von Wagner[3]) über „das Jagdwesen in W. unter den Herzögen" und einzelne jagdgeschichtliche Nachrichten finden sich in „Waidmannsheil" von Freiherr von Thüngen.[4])

Aus dem Gebiete der Forststatistik ist eine ausgezeichnete Arbeit des Oberforstmeisters Tilmann in Wiesbaden „Forststatistik des Regierungs-Bezirks Wiesbaden" hervorzuheben, über welche ich oben schon berichtet habe.[5])

Werthvolle forststatistische Nachrichten über Elsaß-Lothringen enthält eine Sammlung von Vorträgen des Kaiserl. Forstmeisters von Etzel in Colmar, welche unter dem Titel: „Aus dem Reichslande", 1876 erschienen ist.[6])

Der Direktor der mährisch-schlesischen Forstschule zu Eulenburg hat den 7. Jahresbericht über diese Schule veröffentlicht.

Forstpolitischen und forstrechtlichen Inhaltes ist ein Buch von

---

1) Oberforstrath C. Fischbach, Lehrbuch der Forstwissenschaft. Berlin bei Jul. Springer. 3. Aufl. 613 S. 10,00 M. Das Buch ist Anfängern sehr zu empfehlen, gewährt einen Ueberblick über das Gesammtgebiet forstlichen Wissens, kann aber natürlich nur die Ergebnisse wissenschaftl. Forschung, nicht die Begründung derselben geben.

2) Vergl. Centralblatt f. d. ges. Forstwesen 1876, S. 204.

3) Tübingen bei Laupp. 1876. 12,00 M. Vergl. Forst- u. J.-Z. 1876, Seite 419.

4) Waidmannsheil. Streifzüge im Gebiete der Jagdgeschichte, Jagdgesetzgebung, Jagd- und Naturkunde. 160 S. Leipzig, Douffet 1876, 2,50 M.

5) S. 27.

6) Berlin, bei Jul. Springer. Abschn. VI. handelt von den forstl. Verhältnissen in den Reichslanden auf 30 S., Abschn. VII. v. d. Jagd-Verhältnissen auf 22 S.

C. Doehl,[1]) welches den Wortlaut des preußischen Gesetzes vom 6. Juli 1875 über Schutzwaldungen und Waldgenossenschaften, den Bericht der Kommission des Abgeordnetenhauses und die Verhandlungen im Plenum enthält, im Ganzen aber nur Fremdes zusammenstellt. Auch eine kleine Schrift von Womacka[2]) „Die Erhaltung der Waldungen", welche vielfach Gesagtes noch einmal sagt, gehört hierher. Viel Neues läßt sich allerdings zur Zeit über diese Dinge nicht sagen.

Viel bedeutender sind einige Arbeiten von Burckhardt, von Binzer und Grunert, welche sich unmittelbar an die preußische Gesetzgebung der letzten Jahre anschließen. Dr. Burckhardt[3]) behandelt in ausgezeichneter Weise die Verhältnisse der hannöverschen Theilforsten und ihre Zusammenlegung zu Wirthschaftsverbänden, sowie die Gemeinde-Forsten in Hannover und Forstmeister v. Binzer[4]) und Oberforstmeister Grunert[5]) besprechen die preußische Gesetzgebung in Bezug auf die Gemeindewaldungen.

Aus dem Gebiete der Forsteinrichtungslehre ist wenig Neues zu verzeichnen. Eine kleine Schrift vom Oberförster Krebs behandelt auf 47 Seiten die „Betriebsregelung der Hochwaldungen und Massenermittelung der Holzbestände.[6])

---

[1]) Das Buch hat den hochklingenden Titel „Waldungen und Waldwirthschaft, deren Bedeutung für den Nationalwohlstand und die Landeskultur, sowie deren Schutz und Pflege im preuß. Staate nach dem Gesetze vom 6. Juli 1875", ist bei Loll in Elberfeld erschienen und kostet 4,50 M. Der Verfasser ist Sekretär bei dem Polizei-Präsidium in Frankfurt a. M.

[2]) Die Erhaltung der Waldungen. Ein Beitrag zur Erörterung einer zeitgemäßen Frage. Wien. Faesy und Frick. 1,20 M. Vergl. Zeitschrift d. d. Forstbeamten 1876. S. 558.

[3]) In der Zeitschrift „aus dem Walde" VII. Heft S. 100—162 werden die Theilforsten im Osnabrück'schen und Hildesheim'schen mit Rücksicht auf das Gesetz vom 6. Juli 1875; v. S. 163—203 die Gemeinde- und Genossenschaftsforsten mit Rücksicht auf die betr. Gesetzgebung im Sinne eines vernünftigen gesetzlichen Zwanges zur Erhaltung dieser Waldungen besprochen. Beide Abhandlungen sind bei Rümpler in Hannover auch in Separatabdruck erschienen. 2 Mk.

[4]) „Die Ober-Aufsicht des Staats über die Waldungen der Gemeinden und öffentlichen Anstalten." Frankfurt a. M. Sauerländer. 1,50 M.

[5]) Die staatliche Beschränkung der Gemeindeforst-Verwaltung in Preußen im Sinne der Verordnung v. 24. Dezember 1816. In den forstl. Blättern 1876. Februarheft. Auch im Separatabdruck.

[6]) Frankfurt a. O. bei Harnecker u. Co. 1,50 M.

G. Heyers treffliches — bisher unübertroffenes — Buch „Anleitung zur Waldwerthrechnung" liegt in zweiter, wesentlich fort= geschrittener Auflage vor[1]) und Prof. Dr. Franz Baur hat in einem monographischen Werke „Die Fichte in Bezug auf Ertrag, Zuwachs und Form" die von der Kgl. württemb. Versuchs=Anstalt angestellten (99) Ertrags= und (1563) Formzahl=Untersuchungen wissenschaftlich verarbeitet.[2]) Ziemlich reichlich ist die Literatur des Jahres 1876 auf dem Gebiete der Lehre von der Bestandsbegrün= dung und Waldpflege. Mit dem Eichenschälwaldbetrieb mit besonderer Rücksicht auf Württemberg beschäftigt sich eine sehr bemerkenswerthe Schrift von Fribolin,[3]) mit der Nutzbarmachung öder Gründe durch Acker=, Wiesen= und Wald=Kultur mit Rücksicht auf norddeutsche Verhältnisse eine Schrift des Oberförsters Fr. v. Bodungen.[4]) Professor Dr. Nobbe[5]) hat sein „Handbuch der Samenkunde, welches zwar nicht für den Forstmann allein geschrieben ist, aber auch für ihn des Wissenswerthen Vieles enthält, vollendet und Adolf Schmidt[6]) hat neuerdings gute Regeln für einen sehr intensiven, jedoch ein klein wenig gekünstelten Betrieb der Fichten=Pflanzschulen auf 101 Seiten in etwas breiter Form gegeben. Ueber die Aufastungsfrage, das ständige Thema der deutschen Literatur über Waldpflege, handelt im

[1]) Leipzig bei Teubner. 3,50 M.

[2]) Berlin bei Springer. 2,80 M. Die Schrift ist auch in separatem Ab= drucke als Programm zur 58. Jahresfeier der Akademie Hohenheim erschienen.

[3]) „Der Eichenschälwaldbetrieb" (Stuttgart, Schickardt u. Ebener. 1876). Vergl. F.= u. J.=Zeit. 1876, S. 303. Centralblatt f. d. ges. Forstwesen 1876. S. 414. Die Schrift kostet 2,40 M.

[4]) „Die Umwandlung der öden Gründe", Straßburg bei Trübner 1876. 2 M.

[5]) Handbuch der Samenkunde. Physiologisch=statistische Untersuchungen über wirthschaftlichen Gebrauchswerth der land= und forstwirthschaftlichen, sowie gärtnerischen Saatwaaren. Mit zahlreichen Abbildungen in Holzschnitt. 10 Lieferungen à 1 M. Berlin bei Wiegandt, Hempel und Parey. 8—10 Lief. 1876. Baur, Monatsschrift 1876, S. 560.

[6]) Anlage und Pflege der Fichten=Pflanzschulen, hrsggbn. von Adolf Schmidt, Großh. Bad. Bezirksförster. Mit 3 Taf. Abbild. Weinheim, Ackermann. 1875. Vergl. forstl. Bl. 1876 S. 18 (Rec. v. Genth); allg. F.= u. J.=Z. S. 208 (1876); Centralblatt f. d. gesammte Forstwesen 1876. S. 211; Baur's Monats= schrift f. Forst= u. Jagdwesen 1876, S. 284; Zeitschrift d. deutschen Forstbeamten 1876, S. 211.

Sinne exakter Lösung derselben, eine preisgekrönte Schrift des sächsischen Försters Cölestin Uhlig[1]) und das Buch des Grafen des Cars ist von dem Prinzen von Aremberg[2]) wiederum (nach der 7. Aufl.) übersetzt worden. „Waldbauliche Forschungen und Betrachtungen" in 10 Abhandlungen, welche wesentlich in schleswig-holsteinischen Verhältnissen wurzeln und diejenigen Bodenveränderungen, die dort zur Entwaldung geführt haben, behandeln, legt uns Oberförster Emeis[3]) vor.

Die Lehre von der Forstbenutzung ist von Professor Gayer, dessen ausgezeichnetes Werk 1876 bereits die 4. Auflage erlebt hat,[4]) so meisterhaft behandelt, daß jedes Konkurrenz-Unternehmen zunächst aussichtslos ist.

Einen ganz anderen Zweck verfolgt auch der „Grundriß zu Vorlesungen über Forstbenutzung und Forsttechnologie" von Prof. Dr. Heß, welcher, mit Literatur-Nachweisungen ausgestattet, sehr geeignet ist, als Führer bei dem systematischen Studium dieser Wissenszweige zu dienen.[5])

Als Frucht eingehenden Studiums des Holz-Handels und der Holz-Industrie in den Ostseeländern legen uns die Professoren Dr. Gust. Marchet und Regierungsrath Dr. Exner von der Hochschule für Bodenkultur in Wien ein werthvolles Buch vor. Die Verfasser haben jene Länder selbst bereist und somit eigene Anschauungen vorgetragen.[6])

---

1) Die wirthschaftliche Bedeutung der Aufastung. Entwurf eines Planes zur Einrichtung und Fortführung von Versuchen darüber im Königreich Sachsen. Von der Akademie in Tharand gekrönte Preisschrift. 64 S. Dresden, Schönfeld 1875. 2 M. Forst- u. J.-Z. 1876, S. 127.

2) Das Aufästen der Bäume v. Grafen des Cars. Nach der 7. Aufl. übersetzt von Philipp Prinz von Aremberg. Bonn. Max Cohen 1876. 1 M.

3) Berlin bei Springer. 4 M.

4) Bei Wiegandt, Hempel u. Parey in Berlin. 12 M. Vergl. Baur, Monatsschrift 1876, S. 568.

5) Leipzig bei Voigt. 1 M. Vergl. Centralblatt für das ges. Forstwesen 1876, S. 307.

6) Holzhandel und Holzindustrie der Ostseeländer. Weimar. Voigt. 1876. Centralblatt f. d. ges. Forstwesen 1876, S. 42. Forstl. Bl. 1876, S. 154 (Guse), Baur, Monatsschr. 1876, S. 523.

Die Lehre vom Forstschutz hat Professor Dr. Heß in Giessen in einem vollständigen Lehrbuche zu bearbeiten begonnen.[1] Die im Auftrage des österreich. Ackerbau=Ministeriums herausgegebene Schrift „Kurze Anleitung zur Bekämpfung des Fichtenborkenkäfers" ist in 2. Auflage erschienen.[2] Ich versage mir es nicht, hier auch eine kleine populäre Schrift des berühmten Entomologen Prof. Dr. Ger= stäcker zu nennen „die Wanderheuschrecke", welche zwar nicht eigent= lich hierher gehört, jedoch für den Dienstland bewirthschaftenden Forst= mann namentlich im norddeutschen Flachlande der drohenden Heu= schrecken=Kalamität gegenüber ihren großen Werth hat.[3]

Mit der Abwehr jener zahlreichen kleinen Feinde des Waldes, welche der Klasse der Insekten angehören, beschäftigen sich endlich noch Schriften von Götz[4] und Henschel.[5] Ratzeburg's weltberühmtes Werk „die Waldverderber und ihre Feinde" ist von dem als Forst= Entomologe längst anerkannten Geh. Forstrath Dr. Judeich in Tharand in 7. Auflage vollständig neu und dem heutigen Stande der Wissenschaft entsprechend bearbeitet worden.[6]

Aus dem Gebiete des Forstvermessungswesens und Wald= wegebaues sind nur 2 Schriften aus dem Jahre 1876 zu nennen.

---

[1] Der Forstschutz. In 3 Lieferungen. Leipzig bei Teubner. 1. Lief. 1876. 4 M. Zeitschr. d. deutsch. Forstbeamten 1876, S. 497.

[2] Vergl. die Besprechung dieser 2. Aufl. von Dr. Cogho in den forstlichen Blättern 1876, S. 216.

[3] Die Wanderheuschrecke (Oedipoda migratoria). Gemeinverständliche Dar= stellung ihrer Naturgeschichte 2c. und der Mittel zu ihrer Vertilgung. Im Auf= trage des K. preuß. Ministers f. d. landwirthschaftl. Angelegenheiten verfaßt. Mit 9 Abbild. Berlin. Wiegandt, Hempel u. Parey. 2 M.

[4] C. Fr. v. Götz, Oberforstmeister a. D. Die kleinen Feinde des Waldes aus der Käferwelt, bes. die Borkenkäfer (Bostrichinen) und die Schutzmittel da= gegen. Vortrag, gehalten in der ökonomischen Gesellsch. im Königrch. Sachsen. Dresden. Schönfeld. 0,50 M.

[5] G. Henschel, Leitfaden zur Bestimmung d. schädl. Forst= und Obstbaum= Insekten nebst Angabe der Lebensweise, Vorbeugung und Vertilgung 2c. 2. Aufl. Wien. Braumüller. 4 M. Vergl. Forstl. Blätter 1876, S. 218. Centralblatt f. d. ges. Forstwesen 1876, S. 262.

[6] Berlin bei Nicolai. 15 M. Vergl. Forstl. Blätter 1876, S. 171. Cen= tralblatt f. d. ges. Forstwesen 1876, S. 96. Danckelmanns Zeitschr. f. Forst= u. Jagdwesen, VIII S. 362 (Altum). Baur, Monatsschr. 1876 S. 565.

Dr. Bohn[1]) hat eine „Anleitung zu Vermessungen in Feld und
Wald" herausgegeben und die Durchführung der Wegenetzlegung in
der Oberförsterei Gahrenberg hat uns der Dozent für Wegebau=
kunde an der Forstakademie Münden, Oberförster Mühlhausen
dargestellt.[2])

Von forstbotanischen Schriften ist nicht viel zu berichten.
Prof. K. Koch[3]) hat „Vorlesungen über Dendrologie" herausgegeben,
welche die Beachtung des Forstmannes verdienen, obwohl der Ver=
fasser nicht von forstlichen Gesichtspunkten ausgeht und in manchen
Fällen sogar in Widerspruch gegen die Ansichten der eigentlichen Forst=
botaniker steht; Dr. Joseph Moeller[4]) veröffentlichte „Beiträge
zur vergleichenden Anatomie des Holzes" in einer kurzen, aber gründ=
lichen und tüchtigen Schrift; Nördlinger gab eine weitere Folge
seiner Querschnitte heraus.[5])

Vom ersten Bande der Altum'schen Forstzoologie[6]) liegt
eine 2. Auflage vor. Raoul v. Dambrowski hat eine Mono=
graphie des Rehes,[7]) Oberförster O. von Riesenthal[8]) eine
Naturgeschichte der mitteleuropäischen Raubvögel, Vice=Oberjäger=
meister von Meyerinck[9]) eine Naturgeschichte des in Deutschland
vorkommenden Wildes geschrieben. Die Gloger'schen Vogelschutz=

---

[1]) Berlin, Wiegandt, Hempel und Parey. 8 M. Vergl. Centralblatt f. d.
g. F. 1876, S. 416.

[2]) Das Wegenetz des Forstlehrreviers Gahrenberg. Frankfurt, Sauerländer.
Vergl. F.= u. J.=Z. 1876, S. 92.

[3]) Stuttgart 1875. Vergl. forstl. Bl. 1876, S. 24 (Grunert) u. Centralbl.
f. d. ges. Forstw. 1876, S. 145.

[4]) Die Schrift ist vorgelesen in der Akademie der Wissenschaften am 6. April
1876. Vergl. Centralblatt f. d. ges. Forstwesen 1876, S. 570 (Exner).

[5]) Querschnitte von 100 Holzarten. 7. Band. 88 S. Stuttgart, Cotta.
In Futteral 14 M.

[6]) Berlin bei Springer. 12 M.

[7]) Wien, Wallishauser. 10 M. Forst= u. Jagd=Zeit. 1876, S. 383. Mit
guten Gehörn=Abbildgn. Forstl. Bl. 1876, S. 380 (Prof. Dr. Hensel).

[8]) Die Raubvögel Deutschlands und des angrenzenden Mitteleuropa. Kassel,
Fischer. 1876. 1 M. Atlas dazu 4 M. In Prachtausg. 8 M. Forstl. Bl.
1876, S. 286 (Wiese).

[9]) Leipzig, Schmidt u. Günther. 168 S. geb. 3 M. Vergl. Centralblatt
f. d. ges. F. 1876, S. 638.

schriften endlich erstehen unter der Feder von Dr. Ruß und Dürigen und unter der mahnenden Devise „Schutz den Vögeln" zu neuem Leben.[1])

Eine gute forstwirthschaftliche Bodenkunde gehört noch immer zu den Büchern, die wir uns wünschen, weil wir sie nicht besitzen. In Ermangelung einer solchen empfehle ich jedoch denjenigen Fachgenossen, welche sich mit den wissenschaftlichen Grundlagen der Bodenkunde überhaupt beschäftigen wollen, das sehr gut gearbeitete jüngst erschienene Buch von Dr. W. Detmer: „Die naturwissenschaftlichen Grundlagen der allgemeinen landwirthschaftlichen Bodenkunde, ein Lehrbuch für Land= und Forstwirthe, Agrikulturchemiker und Pflanzenphysiologen", welches auf 556 S. in streng wissenschaftlicher Art gruppirt das gesammte Wissen unserer Zeit über den Boden darbietet.[2]) Daß die spezifisch forstwissenschaftlichen Forderungen, namentlich in Bezug auf die Lehre vom Untergrund, in diesem Buche nicht erfüllt werden, darf ihm nicht zum Vorwurfe gemacht werden.

Hofrath Prof. Dr. Senft in Eisenach hat sein Buch „Steinschutt und Erdboden" zu einem „Lehrbuch der Gesteins= und Bodenkunde"[3]) umgearbeitet und wesentlich verbessert. —

Professor Dr. Müttrich, Dirigent der forstlich=meteorologischen Abtheilung des forstlichen Versuchswesens in Preußen, hat 1876 den ersten „Jahresbericht über die Beobachtungsergebnisse auf den in Preußen und den Reichslanden eingerichteten (10) forstlich=meteorologischen Doppelstationen herausgegeben.[4])

Tabellen= und Tafelwerke sind wiederum in großer Zahl erschienen. Forstinspektor Schindler hat sein „Portefeuille für Forstwirthe rc."[5]) neu aufgelegt, Preßler's Ingenieur=Meßknecht ist in 5., desselben Verfassers „Forstliche Kubirungstafeln"[6]) in 4., die

---

1) Berlin u. Leipzig bei Voigt. I. Th. 0,60 M., II. Th. 1,20 M.

2) Leipzig bei Winter. 9 M.

3) Berlin bei Springer. 1877. Centralbl. f. d. ges. Forstw. 1876. S. 633.

4) Berlin, Springer. 1877. 91 S. Der Bericht umfaßt das Jahr 1875.

5) Wien bei Faesy u. Frick. 1876. 7,20 M.

6) Tharand bei Preßler. In 3 Ausgaben: 1) für Sachsen (zum Dienstgebrauch) 2 M. 2) für Preußen und Norddeutschland 2 M. 3) für Oesterreich 2 M.

„Hülfstafeln zur Baum= und Waldmassenschätzung"[1]) in 6., Behm's Kubik=Tabellen in 5.,[2]) die Kubik=Tabellen von Rusch[3]) und W. Pöszl[4]) in 2. Auflage erschienen. Man sieht, welch' ein Massen= bedarf vorhanden ist.

Neue Kubiktabellen sind erschienen von Jos. Schwickert,[5]) B. Knizek,[6]) dem Ober=Ingenieur Arnstein,[7]) alle drei in Oester= reich; Lohntabellen von Kraft,[8]) „Försters Rechenknecht" von v. Lünen[9]) ist in 3. Auflage erschienen. —

Im Ganzen ist die forstliterarische Produktion des Jahres 1876 hinter dem Mittel der Jahre 1873/75 etwas zurückgeblieben, so weit sie in Herausgabe neuer Schriften sich kundgiebt. Dagegen ist die Zahl derjenigen Werke, welche in neuer Auflage erschienen, verhältniß= mäßig groß gewesen und das Jahr 1876 bildet also einen der Ruhe= punkte, welche naturgemäß in der literarischen Produktion aller Wissens= gebiete periodisch wiederkehren. —

In dem Bestand der Zeitschriften=Literatur, soweit sie forstwissen= schaftliche sind, ist keine Aenderung gegen das Vorjahr eingetreten. Dr. Leo ist aus der Redaktion der „forstlichen Blätter" mit Neujahr ausgetreten; Oberförster Dr. Borggreve in Bonn hat an seiner Stelle die Geschäftsführung übernommen. Das „Handelsblatt für Walderzeugnisse", vor 2 Jahren begründet, hat seine Redaktion aus dem etwas entlegenen Trier nach Giessen und Berlin verlegt und erscheint von jetzt ab in zwei Ausgaben, eine für Norddeutschland (Berlin) und eine für Westdeutschland (Giessen).

---

[1]) Im Selbstverlag 1 M. Vergl. forstl. Bl. 1876, S. 379.

[2]) Berlin bei Springer. 1 M.

[3]) Berlin 1876.

[4]) Wien bei Hölzel. 3 M.

[5]) Kubiktafeln zur Berechnung des Schnittmaterials, der besäumten und be= zimmerten Bauhölzer rc. in metr. Maaße. Tabor. Jansky. 2,40 M. (1875).

[6]) Die Holzmassenermittlung nach metr. Maaße. Wien. Wallishauser. 1876. 3 M. Vergl. Centralblott f. d. ges. Forstw. 1876, S. 310.

[7]) Teschen bei Feitzinger. 1875. 0,50 M.

[8]) Lohntabellen nach dem 100th. System. Stuttgart. 1875.

[9]) Metz. Deutsche Buchhandlung. 1,80 M. Vergl. Danckelmann's Zeit= schrift f. Forst= u. Jagdwesen 1876, S. 511. Centralblatt f. d. ges. Forstwesen 1876, S. 309.

Alle übrigen Zeitschriften sind unverändert in bisheriger Gestalt erschienen. Von Burckhardt's werthvoller Zeitschrift in zwang= losen Heften „Aus dem Walde" ist Heft VII,[1]) von den trefflich redigirten „forstlichen Mittheilungen, herausgegeben vom K. Bayer. Ministerial=Forstbureau", Heft 1 des V. Bandes erschienen.[2])

Noch darf ich erwähnen, daß im englischen Ostindien von einem deutschen Forstmanne Dr. W. Schlich, Forstkonservator in Ben= galen seit Kurzem eine forstliche Zeitschrift herausgegeben wird:[3]) „Der indische Forstwirth, eine Vierteljahrsschrift für Forstwesen," und daß in der schwedischen forstlichen Zeitschrift[4]) (Zeitschrift für Forsthaushaltung) wiederholt schwedische Bearbeitungen deutscher forstwissenschaftlicher Werke abgedruckt worden sind.

Von den Vereinsschriften ist schon oben die Rede gewesen.

Es erübrigt nur noch, einen Blick zu werfen auf diejenigen landwirthschaftlichen Zeitschriften, welche den forstlichen Interessen be= sondere Beachtung schenken. Ihre Zahl hat sich neuerdings wiederum erheblich vermehrt. Altbewährte Blätter dieser Art sind die (Leipziger) illustrirte landwirthschaftliche Zeitung von Dr. William Löbe,[5]) das württembergische Wochenblatt für Land= und Forstwirthschaft,[6]) die Wiener landwirthschaftliche Zeitung,[7]) die land= und forstwirth= schaftliche Zeitung für das nordöstliche Deutschland (Herausgeber: G. Kreiß,[8]) das hannöversche land= und forstwirthschaftliche Vereinsblatt

---

1) Hannover, Rümpler. 8 M.

2) Enthält amtliche Verfügungen, Nachrichten über Arealveränderungen der bayr. Körperschafts= und Privatforsten, über ausgeführte Kulturen in den Körper= schaftsforsten ꝛc.

3) The Indian forester, a quaterly magazine of forestry. Calcutta. Vergl. Forst= u. J.=Z. 1876, S. 89.

4) Tidscrift för Skogshushallning, fjerde argangen 1876 (erster Jahrg.), Redactör Axel Cnattingius. Stockholm. Verlag von Häggström. Die Zeit= schrift brachte gleich im ersten Hefte unter d. Titel „Beitrag zur Lösung der Wald= schutzfrage" eine Bearbeitung meines Buches „Die Waldwirthschaft und der Wald= schutz" von W. Wilke.

5) Jährlich 52 Nrn. illustrirt, in eleganter Ausstattung. 10 M.

6) Herausg. v. d. K. württemb. Centralstelle für die Landwirthschaft unter Redakt. v. Stirm. 52 Nrn. Stuttgart. Cotta. 2.80 M.

7) Wiener landwirthsch. Zeitung, allgem. illustr. Zeitschrift f. d. ges. Land= wirthschaft mit Einschluß der Forstwissenschaft ꝛc. 26. Jahrg. 1876. 52 Nrn. Wien. Gerold's Sohn. 16 M.

8) Königsberg, in Komm. d. akad. Buchhandlung. 12. Jahrg. 1876. 52 Nrn. Jährlich 12 M.

(Dr. Michelsen[1]), die Zeitschrift des Vereins nassauischer Land- und Forstwirthe (Dr. Klaas[2]), die deutsche landwirthschaftliche Presse (Hausberg[3]) u. a. m. Neu hinzugekommen ist 1876 „Die Wald- hütte, illustrirtes Familienblatt für Land- und Forstwirthe" (Redakt. J. L. Bayer). Das Blatt erscheint in Prag.[4]) —

So sehr in neuerer Zeit über das Erlöschen des waidmännischen Geistes von manchen Seiten geklagt wird, so wenig giebt sich dies in der Jagdzeitschriften-Literatur zu erkennen. Dieselbe hat neuester Zeit mehrfach Zuwachs erhalten und die Gründung des allgemeinen deutschen Jagdschutzvereins (s. oben) deutet eben so wenig auf ein Erlöschen waidmännischen Interesses hin.

Zu den älteren Jagd-Zeitschriften, dem „Waidmann",[5]) der „illustrirten Jagd-Zeitung" von Nitsche,[6]) der Wiener Jagdzeitung[7]) ist als Organ des allgemeinen deutschen Jagdschutzvereins unter der Redaktion des Oberförsters Dr. Cogho in Seitenberg (Schlesien) eine „deutsche Jagdzeitung" begründet worden.[8]) Für die Züchter und Liebhaber reiner Hunderacen ist unter Redaktion eines Herrn v. Schmiedeberg ein besonderes Organ „der Hund" entstanden, welches seit dem 1. April 1876 erscheint.

Die Forst- und Jagdkalender von Behm[9]) und Judeich[10]) für Deutschland, Fromme[11]) (Petraschek) für Oesterreich, Schmidl[12]) für Böhmen ꝛc. sind in alter Gestalt wieder erschienen.

---

[1]) Hildesheim, Gerstenberg. 15. Jahrg. 1876. 52 Nrn. Jährl. 5 M.

[2]) Wiesbaden. In Komm. bei Rodrian. 58. der neuen Folge 7. Jahrg. 1876. Jährl. 4,60 M.

[3]) Berlin. Wiegandt, Hempel u. Parey. 104 Nrn. Jährl. 20 M.

[4]) In Komm. bei Kosmack u. Neugebauer. Jährl. 6,40 M.

[5]) Redig. v. Frhrn. v. Ivernois. Leipzig. Wolf. Halbjährl. 4,50 M.

[6]) Jährlich 6 M.

[7]) Redig. v. Joh. Newald. Monatlich 2 mal.

[8]) Dieselbe ist Eigenthum des Grafen von Krockow in Lüben (Schlesien) und kostet jährl. 8 M.

[9]) Berlin. Jul. Springer. 3,50 M.

[10]) Berlin. Wiegandt, Hempel u. Parey. 3 M.

[11]) Wien. Fromme. 3,20 M. Vergl. Centralblatt f. d. ges. Forstwesen 1876, S. 573.

[12]) Prag. André in Komm. geb. 2,80 M.

Chronik

des

Deutschen Forstwesens

im Jahre 1877

von

August Bernhardt,

königl. Forstmeister.

III. Jahrgang.

—◇—

Berlin 1878.

Verlag von Julius Springer.

Monbijouplatz 3.

Vom Jahre 1876 war des Rühmens in mancher Beziehung nicht viel zu machen und auch das Jahr 1877 hat kein Recht, unter die besonders guten Jahre gerechnet zu werden. Wir haben drei fette Jahre gehabt; so dürfen wir uns nicht wundern, daß drei magere folgen. Ein gewaltiger Kampf im Südosten von Europa, der seinen Unternehmungs= lust und Gewerbfleiß, Handel und Wandel lähmenden Einfluß über alle Länder unseres Erdtheils übte, unsichere, den Frieden unseres Landes bedrohende Zustände in Frankreich, eine schwierige, mit scharfen Reibungen aller politischen Richtungen und Kräfte verbundene innere Entwickelung im deutschen Reiche und in den beiden größten deutschen Staaten — haben dem Jahre seine politische Signatur aufgedrückt; totales Darniederliegen der Gütererzeugung und des Handels, Zu= sammenbrechen zahlreicher für durchaus festgegründet gehaltener indu= strieller Unternehmungen, Noth in den Hütten der Arbeiter, schwere Sorge in den Häusern der Wohlhabenden haben ihm seinen wirth= schaftlichen Charakter gegeben.

Keiner bleibt von diesen Dingen unberührt. Der Wellenschlag der großen politischen, sozialen und wirthschaftlichen Bewegungen treibt seine Kreise überall hin; auch den still in seinen Wäldern arbeitenden Forstmann erreichen sie; die gelähmte Unternehmungslust gewinnt für ihn unmittelbaren ziffermäßigen Ausdruck in den sinkenden Holzpreisen; die Ebbe in den Staatskassen, das Zeichen und die Folge der gesunkenen wirthschaftlichen Kraft des Volkes, schließt zunächst jede Hoffnung aus auf die oft so heiß ersehnte, so berechtigte Verbesserung der äußeren Lage Vieler unserer Berufsgenossen und seufzend muß der an Kindersegen reiche Forstmann seine Wünsche in dieser Richtung wiederum — wer weiß bis wann? — vertagen.

Der Streit der politischen Parteien hat unsere Fach = Interessen im Jahre 1877 ganz unmittelbar berührt in München, wo eine unserer wichtigsten Tagesfragen durch eine Majorität von 3 Stimmen für Bayern — und präjudiziell für manchen anderen deutschen Staat — eine vorläufige Lösung gefunden hat, über welche wohl nur sehr wenige deutsche Forstmänner Befriedigung empfinden werden. Die große Mehr = zahl derselben wird vielmehr Veranlassung haben, den 23. November 1877 tiefschwarz anzustreichen.

Und noch in anderer Beziehung war das Jahr 1877 keineswegs liebenswürdig. Durch und durch verkehrtes Wetter begleitete seinen Gang über die Erde. Trockene Hitze im Lenze, naßkaltes Wetter im Sommer, Spät = und Frühfröste hier und dort, tobende Gewitterstürme, das war sein meteorologischer Charakter. Dabei brachte uns das Jahr Essig statt Wein, Kiefernspinner und Nonne im Osten von Deutschland, die Reblaus im Westen, den Kartoffelkäfer am Rhein und an der Elbe — allerwärts heißt es auf der Wacht stehen — im Walde, im Weinberg, auf dem Kartoffelacker, soll nicht größeres Unheil über uns kommen, als seither.

Doch von den Todten soll man nicht Böses reden. Das Jahr ist vergangen; Jeder ist um sein Theil Erfahrungen reicher geworden und seine guten Seiten hatte das Jahr auch. Wir sind allesammt viel bescheidener geworden in unseren Wünschen und Forderungen. Die Jahre des hochbrausenden Schwindels sind gesühnt durch die Jahre der Noth. Es werden bessere Zeiten kommen und wir werden sie mit mehr Weisheit benutzen.

Wir Forstmänner haben an der Ueberproduktion, an den Gründer = Unternehmungen der jüngsten Vergangenheit nicht theilgenommen und sind dennoch durch den empfindlichen Rückschlag mitbetroffen worden. Aber wir nehmen auch Theil an den günstigen Folgen dieses Rück = schlags. Wenn ungeheure Massen liquider Edelmetalle sich über ein Land ergießen und eine tolle Lust der Spekulation die Sinne berauscht, die Köpfe überhitzt, so schwindet rasch das Bewußtsein von den wahren Grundlagen des Landesreichthums und der Volkswohlfahrt. Industrielle Spekulation ist das Zauberwort, welches scheinbar neue Kräfte erweckt

und die Pforten des goldenen Zeitalters eröffnet. Gering geachtet ist
die Bodenwirthschaft, welche die tollen Sprünge des Tanzes um das
goldene Kalb nicht mitzumachen vermag. Aber der Rausch verfliegt
und es kommt mit der Ernüchterung der materielle und moralische
Jammer des Erwachens. Nun treten die redliche, mühevolle Arbeit,
nun der langsame, stetige Erwerb wieder in ihr Recht. Der Grund
und Boden, den wir bebauen, erscheint wieder als die erste Grundlage
unserer Existenz und es kommt die Arbeit, welche sich in Land= und
Forstwirthschaft dem Boden zuwendet, wieder zu Ehren. So ist die
Arbeit des Forstmannes, die Arbeit im Walde wieder zu Ehren ge=
kommen und Mancher kehrt gern gegen bescheideneren Lohn zu der letzteren
zurück, der sich einst für viel zu gut hielt, Axt und Säge zu führen oder
auf der Kulturstelle zu arbeiten. Von manchen, wenn auch kleinen
Fortschritten in der Gesammtentwicklung des deutschen Forstwesens
ist auch zu berichten. Es gilt, unerschütterlich festzuhalten an dem
Bewußtsein der Gemeinsamkeit unseres Strebens, an den Zielen,
welche wir als berechtigt und erreichbar erkannt haben und welche
wir erreichen werden, wenn wir sie mit aller Kraft erreichen wollen.

Schauen wir heute um uns, so müssen wir klar erkennen, daß
wir viel voraushaben vor einem großen Theile des Menschengeschlechtes
— vor den Einen, die auf den tückischen Wogen der Speculation sich
wiegen, die Ruhe des Gemüthes und eine gemeinnützige, friedvolle
Arbeit, die sich stetig und sicher vollzieht und uns eine Existenz be=
reitet, die bescheiden aber vollkommen sicher ist; vor den Andern, die
in dem Staube der Amtsstuben, in dem Lärm der Fabriken, in der
schlimmen Atmosphäre der Großstädte ihr Leben verbringen — Gottes
freie Luft und jene tausendfachen genußreichen Anregungen, welche das
Leben in der herrlichen Gottes=Natur gewährt.

Ganz ohne fortschreitende Entwickelung des deutschen Forstwesens
ist ja auch dieses Jahr nicht geblieben. Mag es sein, daß diese Ent=
wickelung zur Zeit eine etwas stark theoretisirende ist, daß sie vorzugs=
weise auf dem wissenschaftlichen Gebiete erfolgt, daß ihre Träger viel=
leicht zu wenig den fortdauernden engen Anschluß an die praktische
Wirthschaft suchen und finden. Wer mit offenen Augen die Dinge
ansieht, wird sich der Wahrnehmung kaum verschließen, daß dem so
ist. Aber er wird auch leicht den Grund dieser Erscheinung und die

Möglichkeit der Abhülfe erkennen. Die deutsche Forstwirthschaft steht in mehr als einer Beziehung an einem Wendepunkt, an dem zwei Perioden ihrer Entwickelung sich scheiden. Gebieterisch macht die Neuzeit ihre Forderungen geltend in Wirthschaft und Verwaltung, ni Bezug auf die Bildnng der Forstwirthe, ihre Stellung im Staate, ihre Thätigkeit im öffentlichen Leben. In solchen Zeiten arbeitet die Wissenschaft rüstig weiter, aber die Praxis steht meist den rasch wechselnden Meinungen gegenüber abwartend gegenüber. Erst den reiferen, geklärten Theorien nähert sie sich.

Wir müssen, so meine ich, das volle Bewußtsein haben, daß unsere Bestrebungen, wie die aller Uebrigen, in strenger Abhängigkeit stehen von den allgemeinen Strömungen, welche unsere Zeit bewegen. Sie abweisen, das Veraltete, Verbrauchte nur deßhalb erhalten wollen, weil ihm das historische Recht zur Seite steht, ist unklug. Jeder Tagesidee aber zujubeln, weil sie neu ist und vielleicht in prunkendem Kleide einhergeht, ist mehr als das. Noch immer liegt hier, wie überall, die Wahrheit in der Mitte.

Mögen wir im Jahre 1878 ein gut Stück vorwärts kommen und beide Extreme vermeiden'! Mit diesem Wunsche begrüßt die „Chronik" alle ihre verehrten Leser im neuen Jahre.

Eberswalde am 1. Januar 1878.

August Bernhardt.

1. Unsere Todten.

Es ist eine berechtigte und durch die Mortalitätsstatistik bis zu einem gewissen Grade bewahrheitete Annahme, daß die Forstleute im Allgemeinen ein hohes Alter erreichen. Der praktische Forstwirth wird zuletzt wetterhart und kernfest, wie eine hundertjährige Eiche. Das bischen Rheumatismus, welches ihn gewöhnlich in späteren Jahren plagt, ist allenfalls zu ertragen. Vor Allem aber bleibt er im allgemeinen dem nervenzerrüttenden Treiben der Großstädte fern und bewahrt sich die natürliche Kraft und Straffheit, die dort gar zu leicht verloren geht. Auch in diesem Jahre habe ich von einigen hervorragenden Fachgenossen zu berichten, die in ehrwürdigem Alter abberufen wurden.

Einer der Bejahrtesten war der Großherzoglich Hessische Oberstjägermeister Freiherr von Dörnberg, der am 21. Januar zu Darmstadt, im 96. Lebensjahre starb. Die Zeit seiner tüchtigsten, in weiteren Kreisen bekannt gewordenen Lebensarbeit liegt, wie dies bei dem fast 100jährigen Manne kaum anders sein kann, schon lange hinter uns. Von 1806 bis 1844 als Oberforstmeister der Oberforstämter Lorsch und Heppenheim thätig, begründete v. Dörnberg vom Jahre 1810 ab den Waldfeldbau in Viernheim, im Verein mit dem lange verstorbenen Revierförster Rüti[1]).

Noch ferne von dem Alter Dörnbergs, aber doch ein Siebenziger, starb am 20. Oktober, 72 Jahre alt, der Oberforstmeister Albert Thieriot zu Görz. Die Feier seines 50jährigen Jubiläums

---

[1]) Vergl. den Artikel v. Billhardt „Der Waldfeldbaubetrieb in der Oberförsterei Viernheim in der allg. Forst- und Jagd-Zeitg. 1869. S. 445. Centralblatt f. d. ges. Forstwesen (Micklitz und Hempel). 1877. S. 171.

im Jahre 1874 ist noch in Vieler Gedächtniß. In Aller Gedächtniß aber wird die pflichttreue Arbeit seines wechselvollen Lebens und die Hingebung bleiben, mit welcher er sich der Hebung der vaterländischen Forstkultur widmete[1]).

Noch drei andere verdiente österreichische Forstmänner hat das Jahr 1877 aus dem Leben abberufen, alle drei im Zeitraum von 3 Wochen: Am 25. Mai starb der Oberforstmeister W. Funke in Bodenbach, im 53. Lebensjahre; am 10. Juni der Forstmeister Harms in Lundenburg im 67. Lebensjahre; am 16. Juni der Landesforstinspektor von Posch in Linz, 64 Jahre alt[2]).

Nur kurze Zeit erfreute der langjährige Direktor der Forstakademie zu Aschaffenburg, Dr. Joseph Karl Stumpf, sich des im Herbst 1876 erhaltenen wohlverdienten Ruhestandes. Schon am 12. Februar raffte ein plötzlicher Tod ihn hinweg[3]). Mit ihm ist der Hauptvertreter der alten Aschaffenburger Revierförsterschule gestorben. Sein Tod erfolgte in dem Augenblicke, wo Bayern in Bezug auf seine Forsthochschule vor dem Vakuum steht.

Am 20. Oktober starb der würtembergische Forstmeister, Forstrath Wilh. Fr Fromman, einst während eines Decenninms Forstlehrer in Hohenheim[4]), 67 Jahre alt. In Braunschweig rief der Tod im Jahre 1877 den hochbejahrten Geheimen Kammerrath Uhde, welcher 1832—1874 Mitglied der dortigen Forstdirektion und 1871 erster Geschäftsführer für die denkwürdige erste Versammlung deutscher Forstmänner zu Braunschweig war, ab[5]).

Noch bleibt von dem Tode eines Mannes zu berichten, der, wenn auch nicht selbst Forstmann, doch ein langes Leben voll treuer

---

[1]) Albert Thieriot war 1797 geboren, studirte in Tharand, war nach einander Güterdirektor in Rußland, Forstmeister im Freistaat Krakau, dann österreichischer Oberförster in Byczyna, Forstrath in Wieliczka, Preßburg, Görz, seit 1873 Vorstand der küstenländischen Forst- und Domänen-Direktion. Vergleiche Centralblatt f. d. ges. Forstwesen, 1877, Novemberheft.

[2]) A. a. O. 1877. S. 371.

[3]) Ein Nekrolog Stumpf's findet sich in Baur's Monatschrift f. Forst- und Jagdwesen. 1877. S. 195.

[4]) Vergl. Baur's Monatschrift, 1877. S. 197. Meine „Geschichte des Waldeigenthums, der Waldwirthschaft und Forstwissenschaft." III. S. 368.

[5]) Allg. Forst- u. Jagd-Zeitg. 1877. S. 292.

Arbeit der Forstverwaltung des Großherzogthums Hessen gewidmet
hat. Der Präsident August Baur zu Darmstadt, 1797 geboren,
Jurist und seit 1833 rechtsverständiges Mitglied, von 1869 bis 1876
Direktor der Oberforst= und Domainen=Direktion, ist am 1. Juni
gestorben. Er war ein Mann von seltener Bildung, der im Laufe
der Jahre sich auch eine tüchtige Kenntniß der praktischen Forstwirth=
schaft erworben hatte. Seine Liebe zu Wald und Waidwerk war ein
Stern seines Lebens[1]).

Und endlich tritt wiederum, wie in den vergangenen Jahren,
auch in diesem Jahre die Tragik des Waldlebens an uns heran und
ich habe vor den Lesern der Chronik Nachtbilder zu entrollen, welche
uns den Forstmann im Kampfe mit jenen wilden Gesellen zeigen, die
um eines Hirsches oder Rehbocks willen ihr eigenes Leben auf das
Spiel setzen oder an den Hütern des Gesetzes zum Mörder werden.

Am 25. Juni wurde der Förster des Gutes Ringelsbruch bei
Paderborn erschossen aufgefunden. Er ist von einem Mörder durch
einen Schrotschuß aus nächster Nähe getödtet worden[2]).

Am 20. Juni wurde der Waldaufseher Luba (Gräfl. Franken=
berg'sches Forstrevier Tillowitz bei Falkenberg, Schlesien) durch einen
Wilddieb erschossen[3]).

Noch eine andere blutige That ist in Schlesien geschehen; in den
Schluchten des Riesengebirges hat die Kugel des Verbrechers am 21.
Juli den Gräflich Schaffgott'schen Förster Frey aus Wolfshau bei
Krummhübel getroffen. Erst am 27. Juli fand man die Leiche in
der Tiefe der Steinseiffenlehne. Das Notizbuch des Unglücklichen
gab Aufschluß über sein jähes Ende[4]). Er ist erst gefallen, nachdem

---

[1]) Nekrolog in Baur's Monatschrift f. Forst= u. Jagdwesen. 1877. S. 529.

[2]) Zeitschrift der Deutschen Forstbeamten. 1877. S. 406.

[3]) Zeitsch. d. D. Forstb. a. a. O. nach der schlesischen Zeitung.

[4]) Das aufgefundene Notizbuch des Försters Frey soll folgende Worte ent=
halten haben: „Sonnabend, den 21. Juli, zwischen 7—8 Uhr Abends. Wenn
ich sterben sollte, ehe ich gefunden werde, so wisse man, daß ich von einem Wild=
diebe geschossen bin; der war ganz nahe mit Doppelflinte, vermummt und mit
falschem Bart. Liebes treues Weib und liebe Kinder, Eltern und Geschwister,
lebt wohl! Gott sei mir gnädig. Mein gutes, liebes Weib, meine lieben Kinder,
werdet gute Menschen und betet für mich; ich habe fürchterliche Schmerzen. Gott

er seine sämmtlichen Patronen verschossen hatte, also nach langem Kampfe. Die Thäter sind noch nicht entdeckt.

---

2. Aus der Wirthschaft.

Das Jahr 1877 begann mit einem ungewöhnlich milden Winter, dessen Character durch die hier und dort eintretenden kurzdauernden scharfen Fröste nicht wesentlich beinträchtigt wurde. Der Januar hatte eine um etwa 3° über dem Durchschnitt stehende mittlere Temperatur. Im Februar war dasselbe der Fall. Bei starker Luftbewegung und schwankendem Barometerstand erhielt sich das milde Wetter. Der März brachte bei meist westlichen und südwestlichen Luftströmungen Schnee und Regen. In der zweiten Hälfte des Monats hatte es den Anschein, daß es Frühling werden wollte. Man begann wacker mit den Kulturen; aber der April brachte mit Schnee und eiskaltem Regen einen Ruck Nachwinter, der die Vegetation zurückschreckte und die große Eile beim Kulturgeschäfte an den meisten Orten des deutschen Gebietes überflüssig erscheinen ließ. Auch der „wunderschöne Monat Mai" machte ein kaltes Gesicht. Die Vegetation blieb weit zurück; die Kulturen konnten in aller Ruhe fertig gestellt werden. Frostnächte kamen im Mai hier und dort vor, im Nordosten (Posen, Pommern) am 22. 24. und 26., in Schlesien am 25. Mai, im Westen schon am 16. und 18. April und nochmals Ende Mai, im Süden und Südosten am 3. Mai (Steiermark), ohne indeß den in ihrer Entwickelung zurückgebliebenen Waldbäumen viel zu schaden. Die Blüthe der meisten Holzarten ging reichlich und ungestört von Statten und man durfte auf reiche Samenernte hoffen. Diese Hoffnung aber zerstörte zum Theil der naßkalte Sommer, welcher dem warmen und trockenen Juni folgte. Die Eiche blühete fast überall sehr spät; die wenig entwickelten Eicheln fielen im September, wo bereits scharfe Frühfröste eintraten, unreif ab und Eichelmast

---

erbarme sich meiner! Gott in deine Hände befehle ich meine Seele, erlöse mich. Ich schreie so sehr und kein Mensch hört mich. O Kinder betet für euren Vater und denkt nicht an Rache. Gott vergebe meinem Mörder; meine Leiden sind groß. Frey."

ist fast nirgends in Deutschland zur Nutzung gelangt. Besser ist, wenigstens im nördlichen Deutschland, die Buchmast gerathen. Nach der umstehenden Uebersicht über die Holzsamen-Ernte der wichtigsten Holzarten in Preußen haben 58 Oberförstereien in Preußen volle Mast, 159 halbe Mast in Buchen. Aber die Fröste im September und Anfang October haben auch auf das Bucheckerich ungünstig gewirkt; dasselbe ist vielfach taub. Nadelholzsamen ist in mittlerer Menge in Norddeutschland gereift.

Wenn es im Sommer viel regnet, wächst der Wald gut. Das ist ein Spruch, der namentlich für die trockneren Sandböden seine volle Wahrheit hat. Das Jahr 1877 mit seinem naßkalten Sommer hat uns keinen Wein bescheert, aber kräftige Holzringe. Die Kulturen sind leidlich genug gerathen. Die Bäume werden aber einst, wenn die Säge den Stamm durchschnitt, von starkem Zuwachs im Jahre 1877 erzählen.

Die Holzpreise waren auf einem sehr tiefen Stande. Der rückschreitenden Bewegung derselben folgten am wenigsten die Preise für Eichenglanzrinde.

Zwar weichen auch sie auf den großen Rindenmärkten des westlichen Deutschlands etwas; aber der Rückgang betrug auf den Rindenmärkten zu Kaiserslautern[1]), Heilbronn[2]), Heidelberg[3]), Hirschhorn[4]) und Friedberg[5]) nur einige Prozent, während in Kreuznach[6]) dieselben Preise erzielt wurden wie 1876, in Erbach[7]) (Odenwald) für junge Stockausschlagrinde sogar etwas höhere. Diese an sich auffallende Erscheinung erklärt sich aus der Stabilität des Gerbergewerbes und der relativ großen Unabhängigkeit desselben von den großen Schwankungen des Bedarfs bezw. der Nachfrage in fast allen übrigen Produktionszweigen.

---

[1]) Vergl. Baur. Monatschr. f. Forst- und Jagdwesen 1877 S. 319.

[2]) A. a. O. S. 309. Der Preisrückgang gegen 1876 betrug etwa 12%.

[3]) A. a. O. S. 317. Die Preise gingen im Mittel v. 7.58 Mk. pro Ctr. auf 7.39 Mk. zurück.

[4]) Die Preise gingen v. 9.48 Mk. auf 8.96 Mk. pro Ctr. im Mittel zurück.

[5]) A. a. O. S. 322. Die Preisermäßigung betrug etwa 9%.

[6]) Daf. S. 320.

[7]) Daf. S. 324.

Ueberſicht über die Holzſamen-Ernte

Holzart.	Preußen, Poſen, Pommern. 187 Reviere.					Schleſien. 34 Reviere.					Brandenburg, Sachſen. 126 Reviere.				
	Berichte liegen vor aus Revieren.	gutem	mittel-mäßigem	ſchlechtem	keinem	Berichte liegen vor aus Revieren.	gutem	mittel-mäßigem	ſchlechtem	keinem	Berichte liegen vor aus Revieren.	gutem	mittel-mäßigem	ſchlechtem	keinem
Eiche . . .	142	1	8	91	42	25	—	—	7	18	114	—	4	46	64
Buche . . .	76	1	4	36	35	20	—	—	3	17	80	5	12	31	32
Bergahorn .	15	3	5	6	1	12	—	4	5	3	29	4	8	12	5
Spitzahorn	46	6	10	21	9	11	—	4	5	2	24	1	5	13	5
Eſche . . .	48	2	11	27	8	12	—	5	5	2	30	2	4	18	6
Bergrüſter .	9	3	1	2	3	6	—	2	1	3	13	1	4	7	1
Flatterrüſt.	27	4	4	16	3	6	—	2	2	2	22	2	8	10	3
Hainbuche .	112	7	41	49	15	18	6	4	4	4	67	4	23	29	11
Birke . . .	162	17	77	57	11	30	2	13	9	6	102	2	40	45	15
Schwarz-Erle . .	148	6	60	68	14	31	2	9	6	4	77	1	25	39	12
Kiefer . . .	176	16	95	60	5	32	—	8	20	4	115	1	66	39	9
Fichte . . .	83	46	22	9	6	28	—	9	16	3	29	3	12	13	1
Tanne . . .	2	—	2	—	—	24	3	6	9	6	12	4	3	5	—
Lärche . . .	10	—	3	7	—	17	—	3	10	4	12	—	3	8	1
Akazie . . . Rev. Springe	—	—	—	—	—	—	—	—	—	—	—	—	—	—	—
Edelkaſtanie Rev. Wiesba-den, Chauſſee-haus u. Cron-berg	—	—	—	—	—	—	—	—	—	—	—	—	—	—	—
Winterlinde	3	1	1	1	—	—	—	—	—	—	—	—	—	—	—
Weißerle . .	—	—	—	—	—	1	1	—	—	—	—	—	—	—	—
Weymouths Kiefer . .	—	—	—	—	—	—	—	—	—	—	—	—	—	—	—

der wichtigsten Holzarten in Preußen. 1877.

Hannover. 111 Reviere.					Schleswig-Holstein. 16 Reviere.					Westfalen, Rheinland, Hessen-Nassau. 210 Reviere.					Preußische Monarchie. 684 Reviere.				
Berichte liegen vor aus Revieren.	Zahl der Oberförstereien mit gutem / mittelmäßigem / schlechtem / keinem Samenertrag.				Berichte liegen vor aus Revieren.	Zahl der Oberförstereien mit gutem / mittelmäßigem / schlechtem / keinem Samenertrag.				Berichte liegen vor aus Revieren.	Zahl der Oberförstereien mit gutem / mittelmäßigem / schlechtem / keinem Samenertrag.				Berichte liegen vor aus Revieren.	Zahl der Oberförstereien mit gutem / mittelmäßigem / schlechtem / keinem Samenertrag.			
	gutem	mittelmäßigem	schlechtem	keinem		gutem	mittelmäßigem	schlechtem	keinem		gutem	mittelmäßigem	schlechtem	keinem		gutem	mittelmäßigem	schlechtem	keinem
99	—	5	60	34	16	—	—	10	6	207	—	1	28	178	603	1	18	242	842
100	9	30	54	7	16	1	8	7	—	208	42	105	57	4	500	58	159	188	95
31	2	16	9	4	12	3	3	4	2	64	20	31	11	2	163	32	67	47	17
23	1	12	7	3	6	—	2	—	4	45	11	19	13	2	155	19	52	59	25
43	3	13	20	7	15	1	6	6	2	75	6	26	34	9	223	14	65	110	34
16	1	4	5	6	6	—	1	3	2	19	2	5	9	3	69	7	17	27	18
13	2	2	4	5	3	1	—	—	2	14	1	4	6	3	85	9	20	38	18
55	6	20	20	9	14	3	2	8	1	160	69	51	33	7	426	95	141	143	47
73	9	34	26	4	11	4	6	—	1	140	28	61	44	7	518	62	231	181	44
60	5	31	19	5	15	3	5	7	—	98	8	44	40	6	419	25	174	179	41
55	5	25	20	5	7	—	4	2	1	137	12	65	51	9	522	34	263	192	33
79	15	38	20	6	8	2	4	1	1	139	6	57	62	14	366	72	142	121	31
9	—	3	6	—	2	—	—	1	1	22	5	7	7	3	71	12	21	28	10
26	—	8	14	4	6	1	1	3	1	98	1	22	64	11	169	2	40	106	21
1	1	—	—	—	—	—	—	—	—	—	—	—	—	—	1	1	—	—	—
—	—	—	—	—	—	—	—	—	—	—	—	—	—	—	3	—	1	2	—
—	—	—	—	—	—	—	—	—	—	—	—	—	—	—	—	—	—	—	—
2	1	1	—	—	—	—	—	—	—	—	—	—	—	—	2	1	1	—	—
1	—	1	—	—	1	—	—	1	—	—	—	—	—	—	—	—	—	—	—
—	—	—	—	—	—	—	—	—	—	—	—	—	—	—	4	—	3	1	—

Das Verfahren der Dampfentrindung zu jeder Jahreszeit, von Maître in Frankreich eingeführt, in Deutschland bis jetzt jedoch wenig verbreitet, hat neuester Zeit eine bedeutende Verbesserung erfahren, welche von einem Herrn von Nomaïsou erfunden, von den Herrn Mouchelet Frères in Paris maschinell ausgeführt, vorliegt. Der neue Entrindungs-Apparat besteht aus einem vertikal stehenden Dampf-erzeuger (Cylinder) und (gewöhnlich 4) hermetisch verschließbaren Fässern, in welche das zu entrindende Holz eingeschoben und durch Röhren der überhitzte Dampf zugelassen wird. Der Apparat wiegt 490 Kilogramm, kostet 3000 Franken (2400 Mk.) und wird zum Transport auf einen zweirädrigen Karren gehoben. Ohne hier in weitere Einzelheiten eingehen zu können, wollte ich doch nicht verfehlen, die Aufmerksamkeit der Leser der Chronik auf diesen verbesserten Apparat zu lenken.[1]

Unter den amerikanischen Holzarten, deren Anbau in unseren Wäldern versucht wird, treten zwei jetzt in den Vordergrund, die Quercus rubra für den Eichenschälwald, die Douglas-Fichte (besser wäre die Bezeichnung Douglas-Tanne) für den Hochwald.

Erstere hat eine reichliche, qualitativ vorzügliche Rindenerzeugung. Wie sie sich jedoch in unserem Klima im Ausschlagwolde verhält, welche Bodenarten ihr zusagen, darüber fehlen zur Zeit noch ausreichende Versuche.

Dieselben baldigst anzustellen, erscheint in Interesse unserer Eichen-schälwaldwirthschaft dringend geboten.[2] Die Douglas-Fichte wurde

---

[1] Eine Beschreibung des Apparates nebst Nachrichten über denselben, Attesten der Gerber über die Güte der in dem Apparat gewonnenen Winterrinden etc. ist mir von Herrn H. Gerdolle in St. Julien-lès-Metz übersandt worden. Ich behalte mir vor, an anderer Stelle auf die Sache ausführlicher zurückzukommen. Erkundigungen können eingezogen werden bei Herrn Mouchelet, Ingenieur, Paris, 4 Rue de la Bienfaisance 4.

Mit der Prüfung des Apparates ist in Frankreich eine Kommission beauftragt worden, welche aus Oberforstmeistern und Forstinspektoren, Holzhändlern und Ger-bern besteht. Das Gutachten dieser Ministerial-Kommission wird zunächst ab-zuwarten sein.

[2] Diese Versuche werden im kommenden Frühjahr nach Mittheilungen von befreundeter Seite im Kreise Merzig an der Sauer in Angriff genommen werden.

neuester Zeit in der Literatur durch Booth[1]) (Flottbeck bei Hamburg) und durch den schweizerischen Pomologen Gut empfohlen.[2]) Leider sind Samen und Pflanzen sehr theuer.[3]) Dies darf jedoch nicht abhalten, mit dem versuchsweisen Anbau dieser werthvollen Tannenart sowohl auf den Gebirgsböden (die Heimath der Douglas-Tanne sind die Felsen-Gebirge Nord-Amerikas) als auch auf den norddeutschen Flachlands-böden, in welchen sie ebenfalls zu gedeihen scheint, vorzugehen. —

Zwei neue Geräthe, welche 1877 erfunden bezw. bekannt ge-worden sind, fordern unsere Beachtung: Ein neuer von Stainer in Wiener-Neustadt erfundener Keimapparat[4]), dessen noch etwas unvoll-kommene Konstruktion offenbar auf einem richtigen und werthvollen Gedanken beruht und ein neuer Holztransportkarren, vom Forstmeister Roth in Zwingenberg a/M. konstruirt.[5])

Der erstere Apparat wird, die noch erforderlichen Verbesserungen der Konstruktion vorausgesetzt, die Möglichkeit gewähren, die Keim-proben bei einer nahezu konstanten Temperatur auszuführen und zu-gleich Versuche über die Normal-Keim-Temperatur (ein für den Kultur-betrieb wichtiger Gegenstand, über den wir zur Zeit so gut wie Nichts wissen) der verschiedenen Holzarten gestatten. Letzterer ist für Flach-landsforsten nach den in Zwingenberg angestellten Versuchen vorzüglich brauchbar und spart an Zeit und Bringerlohn.

Einen neuen Anstoß, uns mit nordamerikanischen, theilweise sehr zweckmäßig konstruirten Geräthen, namentlich Sägen und Holzbe-arbeitungs-Maschinen, bezw. -Geräthen zu beschäftigen, hat die Welt-Ausstellung in Philadelphia geboten. Professor Exner (von der

---

1) Vergl. Booth, die Douglas-Fichte p. p. in Bezug auf ihren forstlichen Anbau in Deutschland. Berlin. 1877 Julius Springer. (8 Mark.)

2) Baur, Monatschrift S. 126 (1877).

3) Ein Pfd. Samen kostet 80 Mark, 100 1jährige Pflanzen 9,60 Mark.

4) Centralblatt f. d. ges. Forstwesen, 1877, S. 146. Der Apparat kostet 40 Fl. Ö. W. und ist ein für den vorliegenden Zweck eingerichteter Thermostat mit seitlicher Erwärmung, Thermometer für die Innentemperatur, einem faß-förmigen inneren Keimraum mit vorzüglich konstruirten Keimplatten, einem äußern Mantel zur Wasserheizung. Die Unvollkommenheit der Konstruktion beruht in der zur Wärmeerzeugung benutzten Lampe.

5) Baur, Monatschrift 1877 S. 401.

Hochschule für Bodenkultur in Wien) hat über einige derselben neuerdings im Centralblatt für das gesammte Forstwesen[1]) berichtet.

Die nun schon alte forstwirthschaftliche Streitfrage, ob unsere
Wirthschaft ihrem ganzen Wesen nach geeignet sei, eine grundlegende
wirthschaftliche Direktive in dem mathematisch hergeleiteten höchsten
Bodenreinertrag zu finden, beschäftigt die Geister fortdauernd sehr
lebhaft.

In zahlreichen Artikeln unserer wissenschaftlichen Zeitschriften wird
der Gegenstand mehr und mehr geklärt. Erfreulich ist dabei, daß
man mehr und mehr beginnt, die ganze ohne Zweifel ja hochwichtige
Frage aus den Gesichtspunkten zu betrachten, welche allein eine Lösung
erwarten lassen, aus den volkswirthschaftlichen. Die mathematischen
Herleitungen treten jetzt, nachdem sie genugsam erörtert und im Wesentlichen endgültig festgestellt sind, in die ihnen gebührende zweite Linie
zurück.[2]) Wir dürfen nunmehr hoffen, zur Verständigung zu ge-

---

[1]) S. 140. 199. 318. 370 fgd.

[2]) Diese Gesichtspunkte hat neuerdings Oberförster Theßmann in einem Artikel
in Baur's Monatschrift, 1877 S. 456 fgde, aufs Neue in den Vordergrund gestellt. Sie bilden auch die Grundlage der Wagner'schen Ausführungen in dem
trefflichen Werke „Anleitung zur Regelung des Forstbetriebes (1875).

Theßmann gelangt in dem oben erwähnten Artikel zu dem Satze: „Will man
die Preßler'sche Reinertragstheorie erfolgreich angreifen, so muß man vorerst mit
den Grundsätzen der Manchesterschule brechen." Ich übe hier keine Kritik und
will lediglich auf die sehr originelle Grundanschauung des Herrn Verfassers, welche
anscheinend etwas sozialistisch angehaucht ist, aufmerksam machen.

Ich verweise in dieser Beziehung außer auf zahlreiche Veröffentlichungen
in nordamerikanischen Zeitungen auf einen Artikel in dem „New-Yorker belle-
tristischen Journal" (deutsch geschrieben, im Eigenthum von R. Lexow u. Cie.
und herausgegeben unter Mitredaction v. Udo Brachvogel) No. 32, v. 5. October
1877. Der Artikel hat die Ueberschrift „Schutz für den amerikanischen Wald"
und ist von einem Herrn C. L. Bernays geschrieben. Nachdem der Verf. die
habgierige, wüste Waldzerstörung im Staate Missouri u. s. w. scharf gegeißelt,
fährt er fort: „Nirgends beschäftigt sich das öffentliche Gewissen mit der unserer
Noth entsprechenden Energie mit der Walderhaltung. Es fehlt dazu am Stachel
des augenblicklich lockenden Gewinnes, dem einzigen Sporn, den unser ideen- und
gemüthsarmes Volk kennt,

Die im Kongreß versammelte Gesammtvernunft (!) der Nation müßte über
den Bundeswald die strengste Aufsicht führen, vielleicht schon jetzt nur noch in
Ausnahmefällen größere Stücke davon verkaufen; denn der so beschränkte unbe-

langen, die im Interesse unserer Wissenschaft und Wirthschaft dringend wünschenswerth erscheint.

Auf dem Gebiete der Bestandsbegründung und Waldpflege stehen wir großen bisher noch nicht gelösten wirthschaftlichen Fragen gegen= über. Unsere bisherigen Betriebssysteme erweisen sich als wenig geeignet, die Ziele unserer Wirthschaft zu erreichen. Vor allem ist es der Kahlschlagbetrieb und der Anbau reiner Bestände, gegen welche mehr und mehr das allgemeine Urtheil sich wendet. Auch das Jahr 1877 hat hierzu seine Belege geliefert. Von sehr achtungswerther Seite in Oesterreich ist im Hinblick auf die Borkenkäferplage im böhmisch=bayerischen Wald hervorgehoben worden, daß der Wieder= anbau reiner Fichtenbestände durchaus zu vermeiden sei. Im nord= deutschen Flachlande wird hier und dort in Kiefern auf den besseren Böden versuchsweise zum Vorverjüngungsbetrieb gegriffen. Der Eichen= und Kiefern=Lichtungsbetrieb, beide in der Durchbildung be= griffen und auf dem Wege zu ausgedehnter praktischer Anwendung, durchbrechen die alte starre Hochwalds=Idee. Wir kehren zu Wald= formen zurück, die vor fast 100 Jahren vorhanden waren, wenn auch unvollkommen und unpassend für eine Zeit ganz extensiven Betriebes — wir kehren zu ihnen zurück, ausgestattet mit reichen Erfahrungen, mit einem weit entwickelten wissenschaftlichen und wirth= schaftlichen Rüstzeuge, deren jene Zeit entbehrte.

Die deutsche Forstwirthschaft erfreut sich eines hohen Rufes bis über den Ozean hinüber. In Nordamerika weisen die Wenigen, welche die Gefahr erkennen, die dort in der rasch fortschreitenden Entwaldung

---

schränkte Privateigennutz wird jeden Dollar aus den Privatwäldern heraushauen, auf jede der Gesellschaft drohende Gefahr hin."

Am Schlusse sagt Bernays:

„Dann (nämlich im Augenblick der Reue und Umkehr) werden sich die Blicke auf unser altes, lange und viel verkanntes deutsches Vaterland richten; man wird seine Fürsicht und seine aufs Allgemeine gerichtete Sorge erkennend, von ihm lernen, wie auch der Wald in den Bereich der Kultur zu ziehen sei, weil ihm von der Natur Funktionen auferlegt sind, die in alle Ewigkeit der Einzelne mißkennen wird und deren Erhaltung vielleicht die allergrößte Aufgabe civilisirter Gemein= wesen ist."

Vergl. ferner unten bei 8 die Verhandlungen des nordamerikanischen Forst= vereins.

dem Lande erwächst, auf Deutschland hin, auf seine Gesetzgebung in
Bezug auf die Forsten, auf die tüchtige Bildung seiner Forstmänner,
auf die treue Pflege, welche unseren Wäldern zu Theil wird. In
dieser Anerkennung des Auslandes liegt für uns die Pflicht, an der
Lösung der großen wirthschaftlichen Fragen mit voller Kraft, in erster
Linie zu arbeiten; dazu aber gehört das richtige Rüstzeug. Haben
wir in dieser Beziehung nicht Mancherlei versäumt? Die volkswirth=
schaftlichen Grundlagen unserer Wissenschaft sind wenig entwickelt und
dennoch sollten wir diese vor Allem feststellen. Nicht den Einzelnen
trifft die Schuld, sondern die Gesammtheit und vor Allem — sagen
wir es ehrlich — den Gang unserer Bildung, in welcher gerade diese
wissenschaftlichen Grundlagen unserer Lehre einen zu bescheidenen Platz
eingenommen haben und vielerorts noch einnehmen. Hier ist, wie ich
meine, einer der Punkte, wo die Hebel des Fortschrittes eingesetzt
werden müssen, wenn anders die deutsche Forstwirthschaft ihren Platz
behaupten will. —

Von nicht geringer Bedeutung für die finanzielle Seite der
deutschen Forstwirthschaft ist die endliche Regelung unserer Zollver=
hältnisse zu Oesterreich=Ungarn. Der Export Ungarns namentlich an
Eichen=Gerbrinden nach Deutschland nimmt immer größere Dimen=
sionen an. Schon jetzt zählt er nach vielen tausenden von Waggons.
Oesterreich hat dabei den Vortheil außergewöhnlich billiger Differenzial=
Tarife, überschwemmt die deutschen Märkte mit Holzschnittwaaren und
legt vielfach die diesbezügliche inländische Produktion lahm. In Deutsch=
land aber hat man sich bis jetzt noch nicht entschließen können, nie=
drige Spezial=Tarife für Nutzholz zu gewähren und so die deutsche
Produktion in dieselbe günstige Lage zu bringen, wie die österreichische.
Die am 30. Juli in München tagende Generalversammlung des
neugegründeten deutschen Holzhändler=Vereins hat in Anbetracht dieser
Verhältnisse beschlossen, mit allen Mitteln dahin zu wirken, daß die
Holztransporte der deutschen Waldbesitzer auf gleich billige Fracht
mit den aus Ungarn und Galizien nach Deutschland gehenden Trans=
porten gestellt werden.

Man wird anerkennen müssen, daß dieser Gegenstand der Auf=
merksamkeit der Reichsregierung und der Landesregierungen in hohem
Grade werth ist. Für die Interessen unserer Forstwirthschaft und

der holzverarbeitenden Gewerbe würde es in Bezug auf die Tariffrage entschieden von Vortheil sein, wenn das Staatseisenbahn-System
bei uns zur vollen Durchführung gelangte. Von den Privat-Eisen-
bahnen wird man niemals etwas Anderes erwarten dürfen, als eine
engherzige privatwirthschaftliche Auffassung und die Berücksichtigung
des unmittelbaren eigenen finanziellen Interesses.

---

3. Die Gesetzgebung in Bezug auf die Waldungen.

Man hört in neuester Zeit der Klagen viele über die hastige
Eile, mit der man Gesetze über Gesetze mache. Allerdings wird es
von Tag zu Tag schwerer, sich in der neueren Gesetzgebung zu orientiren. Dazu kommt, daß wir vom 1. Oktober 1879 ab eine ganz
neue Justiz-Organisation und ein neues prozessualisches Verfahren
bekommen. — Genug der Neuerungen, um nicht allein die konservativen Alten, sondern auch die beweglicheren Jungen etwas in Schrecken
zu versetzen.

Trotz alledem können wir nicht auf halbem Wege stehen bleiben.
Eine so tiefgreifende Reform, wie die in Deutschland und besonders
in Preußen unternommene, schafft für die lebende Generation mancherlei
Unbequemlichkeiten, ist aber von so hoher Bedeutung für die nationale
Entwickelung unseres Volkes, daß die vorübergehenden Unbehaglich-
keiten dem gegenüber gar keine Beachtung verdienen.

Die Reichsgesetzgebung des Jahres 1877 hat Nichts gebracht,
was in speziellerer Beziehung zum Waldeigenthum oder der Forstwirthschaft stünde.

Aus den Einzelstaaten dagegen ist in dieser Beziehung Manches
zu berichten.

In Preußen ist unterm 24. Februar 1877 ein neues Gesetz
über die Umzugskosten der Staatsbeamten[1]) erlassen worden, welches
als eine Verbesserung der diesbezüglichen Gesetzgebung zu betrachten

---

[1]) Das Gesetz ist abgedruckt in Danckelmann's Jahrbuch d. preuß. Forst-
und Jagd-Gesetzgebung und Verwaltung, IX. Bd. S. 411. In d. Gesetz-Samml.
findet sich dass. S. 15 fgde. des Jahrg. 1877.

ift. Erläuternde Verwaltungs=Bestimmungen zu diesem Gesetze sind am 17. April vom Finanz=Ministerium[1]) am 4. Mai von diesem und dem Ministerium des Innern erlassen worden[2]).

Noch wichtiger sind zwei Gesetzentwürfe, welche sich zur Zeit im Landtage befinden und voraussichtlich binnen Kurzem Gesetzeskraft erlangen werden: ein neues Holzdiebstahlsgesetz[3]), ein Feld= und Forst=Polizei=Gesetz[4]). Ihnen reiht sich der Entwurf einer neuen Haubergs=Ordnung für den Kreis Siegen an[5]).

---

[1]) Danckelmanns Jahrbuch IX. S. 414.

[2]) A. a. O. S. 418.

[3]) Der Entwurf ist zuerst an das Herrenhaus gelangt, von demselben bereits durchberathen und im Plenum mit wenigen Aenderungen angenommen. Es dürfte für die Leser der Chronik von Interesse sein, schon jetzt über den Inhalt des Ent= wurfes Etwas zu hören.

Der Entwurf ändert die strafrechtliche Natur des Holzdiebstahls nicht, bringt unmittelbar unter den Begriff desselben auch die Entwendung der übrigen Wald= produkte, auch der Holzpflänzlinge, bestimmt die Strafe des Holzdiebstahls auf den 5fachen Werth (nicht unter 1 Mark) und im Falle erschwerender Umstände sowie im 1. und 2. Rückfalle auf den 10fachen Werth (mindestens 2 Mark), vermehrt die Zahl der erschwerenden Umstände, läßt eine zusätzliche Gefängnißstrafe bis zu 2 Jahren (nach den Beschlüssen des Herrenhauses bis zu 6 Monaten) im 3. und ferneren Rückfalle zu, bei gewerbsmäßigem Betrieb, wenn der Holzdiebstahl zum Zweck der Veräußerung des Entwendeten oder von 3 oder mehr Personen be= gangen worden, erklärt die Amtsgerichte für kompetent und ordnet ein modifizirtes Strafbefehl= (Mandats=) Verfahren an. Das Herrenhaus hat beschlossen, überall das Wort „Holzdiebstahl" durch „Forstdiebstahl" zu ersetzen.

[4]) Der Entwurf ist vom Herrenhause bereits durchberathen. Derselbe enthält in 6 Titeln 1. Allgemeine Bestimmungen. 2. Strafbestimmungen. 3. Das Straf= verfahren (zuständig die Schöffengerichte, in der Berufungsinstanz die Strafkammern; Verfahren nach der Strafprozeßordnung). 4. Feld= und Forsthüter (Feld= und Forstschutz=Beamte, welche von Stadt= oder Landgemeinden oder von dem Besitzer eines selbständigen Gutes angestellt sind). 5. Schadensersatz und Pfändung. 6. Uebergangs= und Schlußbestimmungen.

[5]) Die unter dem Namen „Haubergsgenossenschaften" im Kreise Siegen be= stehenden Waldgenossenschaften haben ganz singuläre Rechtsverhältnisse, welche seit= her durch ein 1834 erlassenes Spezialgesetz (Haubergsordnung) geregelt waren. Mannigfache Unzuträglichkeiten, namentlich der Mangel der Korporationsrechte für diese Genossenschaften, wirthschaftliche Mißstände in Folge übertriebener und die Holznutzung schädigender Weidenutzung, mangelnde Vertretung der Genossen= schaften ꝛc. ꝛc. machen eine Revision dieses Gesetzes nothwendig.

Im preußischen Abgeordnetenhause kamen außerdem mehrere das Forstwesen betreffende wichtige Fragen zur Verhandlung. Die mehr und mehr zunehmende Waldverwüstung in manchen Theilen der Monarchie hat seit lange die Aufmerksamkeit der Staatswirthe auf sich gezogen. Das Waldschutzgesetz von 1875 gewährt zwar für einzelne eklatante Fälle Abhülfe, kann aber außerhalb seines engen Rahmens eine Wirkung nicht üben. Einen weitergehenden Zwang gegen die Privat-Forstbesitzer zu üben, erscheint den heute herrschenden wirthschaftspolitischen Grundanschauungen gegenüber nicht angängig. Eine erhebliche Vergrößerung des Staatswaldbesitzes in Preußen ist daher das einzige Mittel, weiteren Schädigungen der Landeskultur durch Entwaldung für alle Zeiten entgegenzutreten. Um hierin planmäßig verfahren zu können, ist eine sichere statistische Grundlage zu gewinnen, von der aus allein die ganze Frage übersehen und ohne Zeit- und Geld-Verlust die Lösung gesucht werden kann.

Auf diesen Betrachtungen beruheten die von mir im Januar 1877 gestellten Anträge[1]), welche zu eingehenden Erörterungen in der Bud-

---

[1]) Sie lauteten:

Das Haus der Abgeordneten wolle beschließen die K. Staatsregierung zu ersuchen

1. Mit Rücksicht auf die unbestreitbar in vielen Theilen der Monarchie hervortretende Nothwendigkeit, mit dem Ankauf und der Aufforstung öder Ländereien und ganz extensiv benutzter Weidegründe mit absolutem Waldboden im Interesse der Landeskultur rascher als bisher vorzugehen, auf eine Erhöhung des Ankaufs- und Aufforstungsfonds (Kap. 4. Tit. 4.) im nächstjährigen Etat Bedacht nehmen zu wollen.

2. Mit Rücksicht darauf, daß zuverlässige statistische Angaben über Lage, Beschaffenheit und Besitzverhältnisse der im Landeskultur-Interesse vom Staate zu erwerbenden und aufzuforstenden Grundstücke der vorbezeichneten Art zur Zeit fehlen und allein geeignet sind, für die planmäßige und endgültige Regelung dieser Landeskulturfrage eine feste Grundlage zu gewähren

die Errichtung einer forststatistischen Landesstelle beschließen zu wollen, welche unter anderen die vorgehend erwähnten statistischen Erhebungen zu bewirken hätte.

3. Mit Rücksicht auf die Schwierigkeit der Landerwerbung im Großen zu vorgedachtem Zwecke in Erwägung ziehen zu wollen, ob es sich nicht empfiehlt, dem Landtage der Monarchie eine Gesetzesvorlage über den Eigenthumserwerb durch den Staat an solchen Oedländereien und extensiv benutzten Weidegründen, deren Aufforstung im Landeskultur-Interesse dringend geboten ist, demnächst vorzulegen.

getkommiſſion und im Plenum und zu dem Beſchluſſe des Abgeord-
netenhauſes am 1. März 1877 führten, die Königliche Staatsregierung zu erſuchen,

    1) mit Rückſicht auf die unbeſtreitbar in vielen Theilen der
       Monarchie hervortretende Nothwendigkeit, mit dem Ankauf
       und der Aufforſtung öder Ländereien und ganz extenſiv be-
       nutzter Weidegründe mit abſolutem Waldboden im Intereſſe
       der Landeskultur raſcher als bisher vorzugehen;

    2) ſtatiſtiſche Erhebungen über die vorhandenen Forſtländereien,
       über die Veränderungen des Waldareals und insbeſondere
       über die im Landeskulturintereſſe aufzuforſtenden Grundſtücke
       vornehmen zu laſſen und das betreffende ſtatiſtiſche Material
       dem Landtage mitzutheilen.

    Ein Zuſatzantrag zu 1 des Abgeordneten von Meyer (Arns-
walde), „die erforderlichen Geldmittel werden nöthigenfalls durch ent-
ſprechenden Verkauf von Domänen beſchafft" wurde gegen eine ſtarke
Minorität abgelehnt.

    Ein auch nur vorläufiger legislatoriſcher Abſchluß war hierdurch
für eine ſo wichtige und tiefgreifende Landeskultur-Frage nicht erreicht.
Vor Allem ſchien es nothwendig, den Gedanken weiter zu verfolgen,
die landwirthſchaftlich benutzten Staatsgüter allmählig zu veräußern
und aus den Kaufgeldern den Staatsforſtbeſitz zu vergrößern, auf
dieſem Wege alſo die Domänen in Forſten umzuwandeln. In
einer kleinen Schrift über dieſen Gegenſtand[1]) ſuchte ich zunächſt dieſe
Frage ſo weit mir möglich klarzuſtellen und konnte nur zu dem
Schluſſe kommen, daß dieſe Konverſion der Domänen in Forſten
ſtaatswirthſchaftlich entſchieden zu empfehlen ſei.

    Sodann gelangte der Gegenſtand wiederum in der Landtags-

    Abſatz 3 dieſer Anträge zog ich demnächſt um die Berathung nicht in zu
große Breite zu führen, zurück. Abſ. 1 und 2 wurden in der obigen abgeblaßten
Form angenommen.

    [1]) Die Umwandlung der preußiſchen Staats-Domänen in Staats-Forſten.
Eine ſtaatswirthſchaftliche Unterſuchung. Separat-Abdruck aus „Landwirthſchaft-
liche Jahrbücher" herausgegeben von Dr. H. v. Nathuſius und Dr. H. Thiel.
Preußen beſitzt noch 60.87 ☐ M. landwirthſchaftlich benutzter Staatsgüter, welche
verpachtet ſind.

seffion im letzten Vierteljahr zur Verhandlung.[1]) Das größte Interesse aller Parteien im Abgeordnetenhause wendete sich demselben zu. Ueber die Dringlichkeit der Frage, über die Nothwendigkeit, den Staatsforstbesitz erheblich zu vermehren, bestand keine Meinungsverschiedenheit.[2]) Wie aber finanziell die Sache einzurichten sei, darüber scheint eine Einigung nicht ganz leicht. Allgemein wurde der Mangel einer guten Forststatistik lebhaft beklagt. Gegen die Verbindung des Domänen-Verkaufs mit dem Ankauf von Forstland erhoben sich in der Budget-Kommission, wo über die obigen Anträge am 17. Dezember verhandelt wurde, gewichtige Stimmen und die hier vorgebrachten schwerwiegenden finanzwirthschaftlichen Gründe gegen diese (rechnungsmäßige) Verbindung der Domänen-Verkäufe und Ankäufe aufzuforstender Oedländereien ließen allerdings keinen Zweifel, daß der Antrag des Herrn v. Meyer in obiger Form nicht wohl durchführbar sei. Ein Antrag, in etwas bestimmterer Form vorläufig die in der vorigen Session gefaßten Beschlüsse zu wiederholen und dabei die Beschaffung der statistischen Grundlagen besonders zu betonen, fand einstimmige Annahme in der Budget-Kommission und wird voraussichtlich auch vom Hause angenommen werden. — Auch die Frage der Försterschulen[3]) gelangte im Abgeordnetenhause zur Verhandlung.

In Gemeinschaft mit 12 Abgeordneten aller Parteien beantragte ich im Januar: „Das Haus der Abgeordneten wolle beschließen, die

---

[1]) Auf Grund eines Antrages des Abg. v. Meyer (Arnswalde) dahin lautend: Das Haus der Abgeordneten wolle beschließen:

Die zum Ankauf von Forstländereien bestimmte Summe ist in den künftigen Etats möglichst so zu normiren, daß sie dem Werthe der Grundstücke gleichkommt, welche gleichzeitig vom Domänen- und Forstbesitz des Staates abverkauft werden. Die Königliche Staatsregierung wird ersucht, diesem Grundsatze beizutreten.

Hierzu stellte der Abg. Graf Matuschka (Forstmeister) den Unterantrag:

„Diese Summe darf jedoch für die nächste Zukunft nicht niedriger bemessen werden, als 1,050,000 Mark."

[2]) Die Verhandlungen über die Aufforstungsfrage f. in d. stenogr. Ber. d. Abg. Hauses 1877 (1. März) S. 995—1006 abgedruckt auch allg. Forst- und J. Z. 1877 S. 245 fgde.

[3]) S. d. Verhandlungen über diesen Gegenstand in d. stenogr. Ber. der Sitzung vom 16. Febr. 1877 S. 629—631.

Königliche Staatsregierung zu ersuchen, mit der Errichtung von Försterschulen zur besseren Vorbildung der Anwärter für die Staats= und Gemeinde=Försterstellen sobald als möglich vorzugehen und dem Hause thunlichst schon mit dem nächstjährigen Staatshaushaltsetat einen darauf bezüglichen Plan vorzulegen."

Die Staatsregierung erklärte sich bereit, mit der Errichtung von fakultativen Försterschulen nochmals einen Versuch zu machen und das Abgeordnetenhaus beschloß, mit Rücksicht auf diese Erklärung über meinen Antrag zur Tagesordnung überzugehen. Der Staatshaus= haltsetat für die Zeit vom 1. April 1878 bis dahin 1879 enthält denn auch bei Tit. 3 Kap. 3 die Summe von 6000 Mark für die Unterweisung der für den Försterdienst sich ausbildenden Personen durch geeignete Oberförster.

Noch mehrere andere die preußische Forstverwaltung und das Forstwesen überhaupt eng berührende Fragen kamen zur Verhandlung. Ein Antrag des Abg. Grafen Matuschka, die Staatsregierung auf= zufordern, „das reitende Feldjäger=Corps nur in Kriegszeiten in der bisherigen Weise auch ferner zu verwenden, während der Friedenszeit aber die sonst zum Kurierdienste einberufenen Mitglieder dieses Corps seitens der Militärverwaltung mit Arbeiten zu Zwecken der Landes= vermessung in Gegenden, wo sich größere Waldkomplexe befinden, an= gemessen zu beschäftigen" wurde zwar von der Mehrheit des Abge= ordneten=Hauses in der Sitzung vom 30. Januar angenommen[1]), hat aber, da das Staatsministerium dem Antrage nicht beitreten zu können glaubte, keine praktischen Folgen gehabt.

In derselben Sitzung kamen die oft besprochene Schwarz= wildfrage[2]), die Klagen über die Schwarzwildschäden besonders im Westen der Monarchie und die Eichenschälwaldfrage[3]) zur ein= gehenden Erörterung, ohne daß bestimmte Anträge gestellt worden wären.

---

[1]) Stenogr. Berichte des Abg. Hauses S. 158—163. Danckelmann, Jahr= buch IX. S. 443 fgde. Allg. Forst= und Jagd=Z. 1877 S. 126 fgde.

[2]) Stenogr. Ber. S. 153—157. Danckelmann, Jahrbuch IX. S. 432 fgde. Allg. Forst= und J. Z. a. a. O. — Forstl. Bl. 1877. S. 79. 190 fgde.

[3]) Stenogr. Berichte S. 153—157, sowie die obige Stelle in Danckel= manns Jahrbuch.

Auch in Bayern beschäftigte sich die Kammer der Abgeordneten in ihrer Herbstsession mit der Schwarzwildfrage mit besonderem Bezug auf den Spessart. Aber auch hier war Niemand im Stande, ein unfehlbares Mittel der Abhülfe anzugeben. Der Schwarzwild=schaden ist eben eine Krankheit der heutigen Entwicklungsstufe unserer Bodenkultur, eine Folge der wirthschaftlichen Nothwendigkeit, ausge=dehnte ehemals bewaldete (meist mit Laubholz bestandene) veröbete Striche rasch und energisch mit Nadelholz anzubauen. Die Sünden der Väter rächen sich an den Kindern.

In jedem Lande giebt es eine oder die andere politische Frage, welche chronisch geworden ist, immer wiederkehrt, niemals gelöst wird und wie die Seeschlange immer dann wieder auftaucht, wenn gerade Nicht besonderes an neuen nervenerregenden politischen Kontroversen vorhanden ist.

Zu diesen Fragen gehört in Süddeutschland, besonders in Bayern auch die Frage der Waldstreu. In diesem Jahre spielte sie in der Abgeordnetenkammer die Rolle der leichten Kavallerie, welche vor einer großen Schlacht plänkelnd und neckend an den Feind heran=schwärmt, nicht um ihm erheblichen Abbruch zu thun, sondern um ihn vorläufig ein wenig zu reizen.

Jedermann in der bayerischen Kammer wußte in den Tagen vor dem 21. November, daß es zu einer großen Schlacht kommen werde um die Münchener Forstschule. Das Schlachtgeschrei „Hie München", „Hie Aschaffenburg", „Hie Universität", „Hie Fachschule" erschallte schon laut genug bei den Ausschußberathungen. Man stand sich, bis an die Zähne bewaffnet, in geschlossenen Schlachtlinien gegenüber.

Daß man bei dieser Sachlage am 21. November bei Berathung der Nachweise über die Rechnungsergebnisse der Verwaltung der Staats=Forsten, Jagden und Triften im Jahre 1875 mit sehr harmlos gehaltenen Reden über die Verpachtung oder Administration (Regie) der Jagden in den Staatsforsten, über den Schwarzwild=schaden im Spessart und in der Pfalz vorging, ohne daß jedoch Be=schlüsse gefaßt wurden, gab der Regierung die gewiß nicht unange=nehme Gelegenheit, vor dem Lande darzuthun, daß sie in allen diesen Punkten auf dem Boden sehr verständiger und maßvoller Erwägungen steht. Die Waldstreufrage wurde am 22. November erörtert. Sie

ist für Bayern von besonderer wirthschaftlicher Bedeutung und es
dürfte wohl noch manches Jahr vergehen, ehe die Landwirthschaft
einiger Bezirke des Landes ganz ohne Waldsubvention zu wirth=
schaften lernt.

---

4. Verwaltungs-Organisationen.

Die Verhandlungen in Eisenach über das zweckmäßigste Forst=
verwaltungs = System haben überaus anregend in den Kreisen der
Forstmänner gewirkt. Eine Reihe von Artikeln in den Zeitschriften[1]
hat sich mit der Frage, ob Oberförster= oder Revierförster=System,
beschäftigt. Der Gegenstand beginnt allmählig sich zu klären in dem
Sinne, daß man allseitig einsieht, wie diese Verhältnisse nur dann in
wahrhaft rationeller Weise geordnet werden können, wenn gebührende
Rücksicht genommen wird:

1) auf die gesammtwirthschaftliche Lage des Landes, seine Kul=
   turverhältnisse, Größe und Leistungsfähigkeit, sowie die in
   anderen Zweigen der Staatsverwaltung bestehenden Ein=
   richtungen;

2) auf die Möglichkeit, die in den Rahmen einer bestimmten
   Forstorganisation hineingehörenden Beamten mit ausreichender
   Vorbildung durch die heute in dieser Richtung zu Gebote
   stehenden Einrichtungen und Mittel auch jederzeit ver=
   sehen zu können;

3) auf die Stellung, welche die Staatsforstverwaltung in den
   einzelnen Staaten nach den Rechtsverhältnissen des Nicht=

---

[1] Vergl. u. a. den Aufsatz v. Oberforstmeister Grunert „Forstmeister= oder
Oberförster=System" in den forstl. Bl. 1877 S. 112. — Ferner aus Baur's
Monatschrift 1877 folgende Artikel: O. v. Hagen, die Laufbahn der Anwärter zu
den Försterstellen in Preußen (S. 145 fgde.); das „Forstmeister= oder Oberförster=
System" (aus Preußen) S. 148; „über Forstorganisation" S. 155; Burckhardt,
„zur Forstorganisation im ehemaligen Hannover" S. 241; Heiß, „die Organisation
der bayer. Forstverwaltung auf Grundlage ihrer Entwicklung" S. 337—380;
Volmar (Allstedt) „das Forstmeister= oder Oberförster=System" S. 380—384.

staatswaldes diesem gegenüber einnimmt, namentlich auf das Maaß staats= und volkswirthschaftlicher Funktionen, welche in dieser Richtung den Staatsforstbeamten zufallen.

Man kann behaupten, daß die Reform der Staatsverwaltungen in Deutschland im Ganzen und Großen mehr und mehr zu einer unabweisbaren Forderung unserer Zeit wird.

Man braucht hierbei gar nicht auszugehen von politischen Partei= schlagwörtern, wie „Verwaltungsreform im liberalen d. h. Selbstver= waltungs=Sinne" oder „im bureaukratisch=reaktionären Sinne"; das einfache, greifbare praktische Bedürfniß weist auf die Reform hin, das Bedürfniß nämlich, in dem modernen Staate, wie er einmal ge= worden ist, den thunlichst einfachen Organismus herzustellen und unsere ohnehin übermäßig komplizirten Verhältnisse dadurch erträgli= cher und übersehbarer zu gestalten, daß die Verwaltung thunlichst decentralisirt und in ihren entscheidenden Stellen den lokalen Bedürf= nissen nähergebracht und so den verantwortlichen Beamten die Mög= lichkeit in höherem Grade gewährt werde, von den Thatsachen, auf welche sich ihre Entscheidungen stützen, selbst Kenntniß zu nehmen.

In dieser Richtung werden allmählig unsere Staatsverwaltungen durch die Macht der Zeitströmung umgeformt werden. Jede Lokali= sirung der Verwaltung aber pflegt Geld zu kosten und so sehen wir, daß in Preußen, wo man in einigen Provinzen in dieser Richtung schon weit vorgegangen ist, zunächst manche Klage laut wird über die Kostspieligkeit der neuen Einrichtungen, allerdings auch über die Schwierigkeit der Kompetenz=Begrenzung, welche stets da hervortreten wird, wo ganz neue Amtsstellen ins Leben treten.

Die Forstverwaltung in Preußen nimmt zunächst nur mittelbar an diesen Vorgängen theil, während sie ihren eigenen Organismus bis jetzt unverändert erhalten hat. Die Regierungs=Abtheilungen des Innern werden bald verschwinden, die Abtheilungen für Domänen und Forsten aber bestehen bleiben.

Der verehrte Chef der preußischen Forstverwaltung, Oberland= forstmeister v. Hagen, ist von Sr. Majestät zum wirklichen Geheimen= rath mit dem Prädikat Excellenz ernannt und somit zu der höchsten Rangstufe befördert worden. Es ist dies seither das erstemal, daß der preußische Forstverwaltungschef in der Zeit frischen Schaffens zu

so hoher Stellung erhoben wird. Herr v. Reuß erlangte dieselbe erst
in der letzten Zeit vor seiner Pensionirung.

Am 21. Juli ist eine Ministerial-Instruktion zur Ausführung
des Gesetzes vom 14. August 1876, betreffend die Verwaltung der
den Gemeinden und öffentlichen Anstalten gehöriger Holzungen in den
Provinzen Preußen, Brandenburg, Pommern, Posen, Schlesien und
Sachsen ergangen, welche den organisatorischen Theil des Gesetzes
wesentlich ergänzt und verbessert.

In Bayern beschäftigt man sich ebenfalls lebhaft mit der
Verwaltungsreform. Die Reorganisation der Forstverwaltung aber,
welche dort ganz besonders nothwendig erscheint, findet ein schwer zu
überwindendes Hinderniß an dem Widerstreben der Kammermehrheit
gegen die von der Regierung mit äußerster Energie angestrebte Reform des forstlichen Studiums. Dieselbe politische Partei, welche in
diesem grundlegenden Punkte der Organisation der Regierung die
Hände bindet, verlangt daneben fortwährend die Reform der Verwaltung.

Am 25. Oktober interpellirte der Abg. Graf Fugger die Regierung betreffs der Reform der Forstgesetzgebung und Forstverwaltung. Die Antwort des Staatsministers des Innern, Herrn v. Pfeufer,
welche in Uebereinstimmung mit den Anschauungen des Finanzmini-
steriums ertheilt wurde, konnte nur betonen, daß die Reform des
Forststrafrechtes in gewissem Maaße von den Einführungsgesetzen zu
den Reichs-Justizgesetzen abhängig sei, daß aber die Verwaltungsreform erst nach Regelung der Forstschulfrage wirksam diskutirt werden
könne. Nach dem abweisenden Votum der Kammer am 23. November
(unten bei 8) erscheint dieselbe vorläufig undurchführbar. Eine erhebliche Verbesserung ihrer äußeren Lage hat den bayerischen Forstbeamten die 1876 (Allerh. Entschließung v. 12. August) vollzogene
Neuregelung ihrer Bezüge nicht gebracht. Auch hierfür können sie
sich bei der Kammermehrheit bedanken[1]).

In Württemberg ist die in Folge der Reform der Gemeinde-

---

[1]) Allg. Forst- und Jagd-Zeit. 1877 S. 175.

forstverwaltung ¹) nothwendig gewordene neue Reviereintheilung ²)
durchgeführt. Von den 190,628 Hekt. umfassenden Gemeinde= und
Stiftungswaldungen sind am 1. Juli 1876 140,175 Hekt. der
Staatsforstverwaltung zur Bewirthschaftung übergeben worden, wäh=
rend 50,453 Hekt. vorerst durch eigene Techniker der Körperschaften
bewirthschaftet werden ³). Die Gesammtzahl der Reviere beträgt jetzt
151 (3 weniger als früher), trotzdem jene 140,175 Hekt. Körper=
schaftsforsten den Staatsforstrevieren zugetheilt worden sind. Von
den 151 Revierverwaltern werden jetzt 189,722 Hekt. Staatswald
und jene 140,175 Hekt. Körperschaftswald, im Ganzen 329,897
Hekt. (pro Revier im Mittel etwa 2200 Hekt.) verwaltet. Seit
dem 1. Juli 1877 sind die Gehaltsbezüge der Revierbeamten neu
regulirt und nicht unerheblich aufgebessert worden ⁴). Auch der Schutz
der Körperschaftsforsten ist bereits großentheils den Schutzbeamten der
Staatsforsten übertragen worden.

Ein lebhaftes Interesse wendet sich der Entwickelung der Forst=
verwaltung im Reichslande Elsaß=Lothringen zu. Die Verhandlungen des
allmählich zu einer wahren Landesvertretung im konstitutionellen Sinne
sich entwickelnden Landesausschusses über den Forstetat für 1877 ⁵)
und 1878 ⁶) lassen erkennen, daß die deutsche Forstverwaltung zwar
mit Schwierigkeiten aller Art zu kämpfen hat, sich aber wacker durch=
arbeitet. Die Klagen im Landesausschuß, soweit sie sachlicher Natur
waren, betrafen die Administration eines Theils der Staatsjagden,

---

¹) Vergl. die Verfügung der Ministerien des Innern und der Finanzen zum
Vollzug des Gesetzes vom 16. August 1875 über die Bewirthschaftung und Be=
aufsichtigung der Waldungen der Gemeinden, Stiftungen und sonstigen öffentlichen
Körperschaften vom 21. Juli 1876. Abgedruckt u. a. in der Allg. Forst= und Jagd=
Zeit. 1877 S. 281.

²) Forst= und Jagd=Zeit. 1877 S. 310 fgde.

³) Auf Grund des Art. 9 des obigen Gesetzes, welcher bestimmt. daß, wenn
die Verwaltungsbehörde einer Körperschaft auf die Anstellung eines geprüften Sach=
verständigen verzichtet oder dieselbe bis zum 1. Juli 1876 unterläßt, die technische
Bewirthschaftung der betreffenden Waldungen an die Organe der Staatsforst=
verwaltung übergeht.

⁴) Allg. Forst= und Jagd=Zeit. 1877 S. 311.

⁵) Forst= und Jagd=Zeit. 1877 S. 62.

⁶) A. a. O. S. 352.

welche man sämmtlich meistbietend verpachtet zu sehen wünscht, den Modus der Streulaub=Abgabe, die zu geringe Selbstständigkeit der Verwaltung und ihre angebliche Abhängigkeit von Berlin, endlich Miß= bräuche, welche in der Gemeindeforstverwaltung gerügt werden u. s. w. Im Ganzen machen übrigens die Verhandlungen des Landesausschusses den Eindruck einer ruhigen und maßvollen Verständigung, wie sie ernster Männer würdig ist.

Aus Braunschweig ist der Erlaß eines Gesetzes vom 22. März 1876, die Verhältnisse der Beamten = Wittwen= und Waisen = Ver= sorgungs=Anstalt betreffend, nachträglich zu berichten.[1] Gegen ein= malige Zahlung eines Monatsgehaltes und von $3^1/_2\%$ des Gehaltes erwirbt der Beamte für seine Wittwe eine Pension, welche gleich ist 24% seines zuletzt bezogenen Jahresgehaltes. Bei Wiederverheirathung oder beim Tode der Wittwe erhalten die legitimen Kinder bis zum vollendeten 20. Lebensjahre einen Theil bezw. die ganze Wittwenpension (1 Kind die Hälfte, $2^2/_3$, 3 oder mehr das Ganze). In dieser letztgenannten Bestimmung beruht ein Vorzug der braunschweigischen Einrichtung gegen ähnliche Institutionen mancher anderen Staaten.

In Oesterreich sind wesentliche Veränderungen im Organismus der Staatsforstverwaltung ebenfalls nicht zu verzeichnen. In Böhmen ist die Bildung eines Pensionsvereins für Beamte der Landwirthschaft, Forstwirthschaft und Montan=Industrie (Privatbeamte) im Werke.[2]

5. Das forstliche Versuchswesen.

Die neuerrichtete forstliche Versuchanstalt in Braunschweig hat 1877 zum ersten mal, vertreten durch Kammer=Assessor Horn, an den Berathungen des Vereins deutscher forstlicher Versuchsanstalten theil= genommen.

Der letztere hielt seine Jahresversammlung im Anschluß an die VI. Versammlung deutscher Forstmänner zu Bamberg in den letzten

---

[1] A. a. O. S. 174.
[2] Centralbl. f. d. ges. Forstwesen 1877 S. 383.

Augusttagen und am 1. und 2. September. Die Verhandlungen bezogen sich wesentlich:

1) auf den Abschluß der Festgehalts-Untersuchungen und die Veröffentlichung der Ergebnisse derselben;

2) auf die Methode der Zusammenstellung, Sichtung und Verwerthung des für die Ertragstafeln und Massentafeln gewonnenen und noch zu gewinnenden Materials;

3) auf die weitere Ausdehnung der forstlich-meteorologischen Beobachtungen in den deutschen Staaten und die Vereinbarung einer gemeinschaftlichen Beobachtungsmethode und einer gemeinsamen Form der Veröffentlichung der Ergebnisse.

Von höchstem wissenschaftlichem Interesse ist namentlich die bei 2 bezeichnete Methode, nach welcher Ertragstafeln aufzustellen sind. Das forstliche Versuchswesen muß, soll es lebensfrisch bleiben, der rein wissenschaftlichen Forschung ebenso, wie der praktischen Förderung der Wirthschaft dienen. Für die Ertragstafeln bedeutet dies: Dieselben haben nicht allein die zur Zeit erreichbare, höchste, wissenschaftliche Schärfe zu erstreben, sondern sie müssen gleichzeitig auch einfache, für den Praktiker leicht erfaßbare Merkmale darbieten, an welchen er im konkreten Falle mit Sicherheit erkennt, in welche Ertragsklasse ein bestimmter Bestand gehört. In dem zweiten Erforderniß liegt die größte methodische Schwierigkeit.

Von zwei Seiten ist diese Frage zum Gegenstande wissenschaftlicher Erörterung gemacht worden, von G. Heyer in einem Aufsatze „über die Aufstellung von Holzertragstafeln" [1]) und von F. Baur in seiner Schrift „die Fichte in Bezug auf Ertrag, Zuwachs und Form". [2]) Die Frage ist dadurch in Fluß gekommen, von ihrer Lösung aber noch ziemlich weit entfernt.

In Oesterreich hat Freiherr v. Seckendorff die Leitung des

---

[1]) Forst- und Jagd-Zeit. 1877 Juni-Heft.

[2]) Stuttgart 1876. Angez. Centralbl. f. d. ges. Forstwesen 1877 S. 131. Danckelmann, Zeitschrift f. Forst- und Jagd-Wesen IX. S. 155 (Danckelmann). Vergl. auch Tharander Jahrbuch 27. Bd., Supplementheft, wo sich eine ausführliche Darlegung des Verfahrens bei Aufstellung von Fichten-Ertragstafeln in Sachsen v. Prof. M. Kunze sowie die Ergebnisse der dortigen Ertrags-Untersuchungen in Fichten auf 96 Seiten mit mehreren graphischen Darstellungen finden.

forstlichen, Ministerialrath Lorenz v. Liburnau die Leitung des
forstlich-meteorologischen Versuchswesens definitiv übernommen. Die
bisherigen Ergebnisse der Untersuchungen sind bereits in 2 elegant
ausgestatteten mit zahlreichen Tafeln versehenen Heften der wissenschaftlichen Welt übergeben worden.[1])

Fortlaufende Veröffentlichungen über das forstliche Versuchswesen
in Deutschland hat Forstrath Ganghofer in München, Vorstand des
k. Ministerial-Büreaus für forstliche Statistik und forstliches Versuchswesen, begonnen.[2]) Dies Unternehmen, dessen große Bedeutung nicht
verkannt werden darf, verfolgt das Ziel, das so dringend wünschens-
werthe Verständniß und Interesse der Praktiker durch Veröffentlichung
der Arbeitspläne, eines Kommentars zu denselben, der sein Material
den Vereinsverhandlungen ꝛc. entnimmt, sowie von vollständig durch-
geführten Beispielen einzelner Versuchsdurchführungen, zu fördern.
Dies Ziel muß als durchaus berechtigt und für das Gedeihen des
Versuchswesen geradezu grundlegend anerkannt werden.

Ueber die forstlich-meteorologischen Beobachtungen in Preußen und
Elsaß-Lothringen liegt der „Jahresbericht über die Beobachtnngs-
Ergebnisse im Jahre 1876" als zweiter Jahrgang dieser Ver-
öffentlichungen vor, verfaßt von Professor Dr. A. Müttrich.[3])

In Oesterreich erfolgten die Veröffentlichungen der Monats-
Ergebnisse im Centralblatt für das gesammte Forstwesen, während in
Preußen die Monats-Ergebnisse als selbständig verkäufliche Beilagen
zu Danckelmann's Zeitschrift für Forst- und Jagdwesen von
Professor Dr. Müttrich herausgegeben werden.[4])

---

[1]) Mittheilnngen aus dem forstlichen Versuchswesen Oesterreichs, herausgegeben
von R.-Rath Prof. Dr. Arthur von Seckendorff. 1. Heft. Hoch 4 mit 14 lithogr.
Tafeln und Tabellen. VII. 71 S. (6 Mark). 2. Heft mit 4 lithogr. und
photolith. Tafeln hoch 4 S. 73—166 (5 Mark). Wien. Braumüller.

[2]) „Das forstliche Versuchswesen", Band 1, Heft 1. Unter Mitwirkung
forstlicher Autoritäten und tüchtiger Vertreter der Naturwissenschaften herausgegeben
von August Ganghofer, Forstrath ꝛc. Im Selbstverlage. Augsburg. In Kommission
bei Schmid. 1877.

[3]) Berlin bei Julius Springer. 1878.

[4]) Berlin bei Julius Springer. 12 Monatslieferungen (2 Mark).

6. Die forstliche Statistik.

Das Kapitel von der forstlichen Statistik hätte ich für 1877 ruhig ausfallen lassen können, da es über sie absolut Nichts zu melden giebt. Ich möchte diesem embryonischen Wissenszweige jedoch wenigstens einen Platz in der Chronik bewahren, an welchem einst, wenn bessere Tage kommen, dem Gefühle der Befriedigung über ein nach langem Warten erreichtes Ziel lebhafter Ausdruck verliehen werden kann.

Vorläufig stehen wir in Deutschland dem Vakuum gegenüber. Könnte hier die Einzelarbeit des forschenden Gelehrten, des Schrift= stellers oder des Praktikers Abhülfe schaffen — der deutsche Fleiß hätte sie sicherlich zu schaffen gesucht. Aber der Einzelne vermag hier Nichts, und die Reichsregierung, allein im Stande, die forststatistischen Arbeiten nach einheitlichem Plane zu gestalten und in der wünschens= werthen Vollständigkeit durchzuführen, hat bisher sich nicht ent= schlossen, den Wünschen der deutschen Forstmänner und den gegründeten Forderungen unserer Wissenschaft zu genügen. Warten wir deßhalb, bis andere Ansichten Platz greifen.

Auch in den Einzelstaaten mit wenigen Ausnahmen (Bayern, Hessen) fehlen zur Zeit geeignete Organisationen, um forststatistische Erhebungen zu bewirken und die Ergebnisse wissenschaftlich und für die Praxis zu verwerthen.

In Oesterreich steht es um die Forst= und Jagd=Statistik besser. Neben dem „Bericht über die Thätigkeit des k. k. Ackerbau= Ministeriums" von welchem 1877 ein neuer Band, die Zeit vom 1. Juli 1875 bis Ende 1876 umfassend, erschienen ist[1]), wird im Ackerbau=Ministerium ein statistisches Jahrbuch bearbeitet, welches in Abtheiluug II. die Forst= und Jagdstatistik enthält. Wenn nun auch nicht geleugnet werden darf, daß die forst= und jagd=statistischen Er= hebungen in Oesterreich noch der Vervollständigung und vielfach viel= leicht auch der Berichtigung bedürfen, so ist doch hier ein guter Anfang gemacht und die dem konstitutionellen Verwaltungssystem Rechnung tragende Absicht der Regierung, auf dem betretenen Wege weiter vor= zugehen, klar erkennbar.

---

[1]) Wien. Druck und Verlag der k. k. Hof= und Staatsdruckerei. 1877.

Die Verhandlungen des preußischen Abgeordnetenhauses über die das Forstwesen betreffenden Fragen haben ganz klar dargethan, daß eine Verständigung der Regierung und Landesvertretung über Fragen dieser Art nur dann möglich ist, wenn eine brauchbare statistische Grundlage für dieselben gewonnen ist. Man braucht dieser Thatsache gegenüber nicht Sanguiniker zu sein, um in Preußen die Beschaffung einer guten Forststatistik für unaufschiebbar zu halten, und daran zu glauben, daß in dieser Beziehung ein Wendepunkt für die Anschauungen in den maßgebenden Kreisen nahe ist.

---

7. Das forstliche Unterrichtswesen.

Selten hat ein Vorgang in der forstlichen Welt allgemeinere Aufmerksamkeit erregt, Zustimmung und Abweisung schärfer hervorgerufen, ja eine höhere Erregung bewirkt, als die Frage der Verlegung des forstakademischen Unterrichts in Bayern an die Universität der Landeshauptstadt.

Wären diese Frage und die an dieselbe sich anknüpfenden Vorgänge als alleinstehende, nur für Bayern bedeutsame zu betrachten, so würde die Erregung der Gemüther in diesem Lande wohl erklärlich, die Mitleidenschaft aller deutschen Forstmänner und zahlreicher Staatsmänner im Reiche, welche nicht Forstleute sind, nicht begreiflich sein. In Wahrheit aber haben diese Frage und die Ereignisse in München, welche derselben entsprungen sind, schon längst ihren partikularen Charakter abgestreift. Sie sind Sache der deutschen Forstwissenschaft, der deutschen Forstmänner geworden. Ja, die Wissenschaft als solche in unserem Vaterlande hat da, wo es sich um eine Erweiterung des Lehrkreises der Universitäten handelt, ein lebhaftes Interesse daran, unberechtigten Forderungen in dieser Richtung zu widerstehen, berechtigte aber zu fördern.

Im vollen Bewußtsein ihrer hohen Verantwortlichkeit dem Lande und der deutschen Forstwissenschaft gegenüber, hatte die bayrische Staatsregierung Nichts versäumt, um den bevorstehenden Verhandlungen über die Forstschulfrage eine sichere sachliche Grundlage zu geben. In einer ausführlichen Denkschrift[1]), deren erschöpfende, objektive und leidenschaftslose Darstellung Jeder anerkennen muß, hatte sie mit peinlicher Sorgsamkeit das gesammte historische, statistische und literarische Material zur Forstunterrichtsfrage zusammengestellt, keine der ihrigen noch so sehr widerstrebende Ansicht verschwiegen oder verhüllt, ihre eigenen Ziele und die ihr geeignet scheinenden Mittel, dieselben zu erreichen, mit männlicher Offenheit kundgegeben und damit wenigstens das e i n e Recht von vorneherein erlangt, eine s a ch l i ch e Erörterung und die Widerlegung der von ihr vorgebrachten Gründe für ihre Ansicht mit s a ch l i ch e n Gründen zu fordern.

Das Ziel war die Erlangung einer v o l l s t ä n d i g e n wissenschaftlichen Bildung für a l l e höheren Forstbeamten nach der technischen und administrativen, nach der spezifisch forstwirthschaftlichen, wie nach der volks= und staatswirthschaftlichen Seite hin, war die Vermeidung einer jeden Spaltung des forstwissenschaftlichen Studiums in ein bloß technisches und ein vollumfassendes und damit der Zerreißung der Kreise unserer jungen Fachgenossen in Solche, welchen es vergönnt ist, nach dem Studium an einer isolirten Fachschule den Abschluß ihres Wissens auf einer Universität zu suchen und in Solche, denen dieser letzte Ausbau ihrer Erkenntniß versagt bleiben muß.

Das Mittel, dieses Ziel zu erreichen, findet die k. bayerische Staatsregierung in der Verweisung des forstwissenschaftlichen Studiums an die Universität in dem Sinne, daß für die Forstwissenschaften, sowie für Forstbotanik und Agrikulturchemie besondere Lehrstühle zu errichten seien und somit also diejenige Selbständigkeit des forstlichen Studiums gewahrt bleibe, welche dem Wesen desselben entspricht. Die Universität in München wurde gewählt einmal wegen der ausgezeichnet günstigen Lage dieser Stadt für den Anschauungsunterricht im Walde und wegen der reichen geistigen Anregung, welche in der Großstadt allseitig auf Geist und Gemüth einwirken und dem jungen Manne einen Fond mit ins Leben geben, welchen vielleicht Niemand weniger

---

[1]) Diese „Denkschrift betr. den forstlichen Unterricht in Bayern" ist zugleich die vollständigste kritische Darstellung der geschichtlichen Entwickelung des forstlichen Unterrichtswesens in Deutschland, welche unsere Literatur aufzuweisen hat. Allgemein hält man Herrn Forstrath Ganghofer in München für den Verfasser der im Buchhandel nicht erschienenen Schrift. (Hoch 4. 166 S.)

entbehren und höher verwerthen kann, als der Forstmann, der vielleicht sein Leben lang in der Einsamkeit zu leben und zu schaffen hat und darum mehr als Andere der inneren Kraft bedarf, welche allein eine tiefe und umfassende Bildung zu geben vermag.

Dieser Art war die Meinung und Absicht der Staatsregierung, mit welcher sie vor die Vertretung des Landes trat. Ein Land wie Bayern, in welchem der Staatsforstbesitz von höchster finanzwirthschaftlicher Bedeutung, die Pflege der Wälder im Lande aber in eminenten Maaße zu den Grundlagen der allgemeinen Wohlfahrt und der Kulturfähigkeit des Landes gehört, hat sicherlich alle Ursache, genau zu prüfen, welchen Männern ein so hohes Gut des Volkes anvertraut wird. Zum erstenmal stand die Landesvertretung auf dem Boden eines reichen informatorischen Materials vor dieser Frage. Die beiden früheren Kammerbeschlüsse waren zugestandenermaßen gefaßt worden, ohne daß dies Material in so großer Vollständigkeit vorgelegen hätte.

Man durfte eine eingehendste, ernsteste Prüfung desselben allerseits erwarten. Die Sache kam zunächst im Finanzausschuß (erste Hälfte November) zur Verhandlung; der Referent derselben, Abg. Schels (Jurist) wies nach glaubhaften Zeitungsberichten[1]) jede Zumuthung, auf die Denkschrift näher einzugehen, zurück. Für ihn und für die Ausschußmehrheit war es genug, daß zwei negative Kammerbeschlüsse bereits vorlagen — ob sich seitdem nicht die Verhältnisse thatsächlich geändert haben, wie dies unbestreitbar der Fall ist, darnach zu fragen hielt man für überflüssig. Die Staatsregierung gab durch Forstrath Ganghofer ausführliche und bestimmte sachliche Erklärungen über ihren Entschluß, die bisherige Forstschule in Aschaffenburg unter keiner Bedingung dort zu lassen und als Akademie zu reorganisiren, ab. Sie sprach es offen aus, daß für sie die Inangriffnahme der gerade von Seiten der ultramontanen Kammermehrheit so dringend gewünschten Reorganisation der Forstverwaltung ohne gleichzeitige Umgestaltung des forstlichen Unterrichts in dem in der Denkschrift ausführlich begründeten Sinne nahezu unmöglich sei —

---

[1]) Ich verweise u. A. auf die Darstellung in Nr. 318 der Münchener „neuesten Nachrichten" v. 14. November 1877, wo sich ein ausführlicher Bericht über die Ausschußverhandlungen findet.

man hielt es seitens der Ausschuß-Mehrheit nicht einmal der Mühe werth, in eine eingehende Diskussion hierüber einzutreten. Der Referent Schels beantragte, dem Titel des Forstetats, welcher im Regierungsentwurfe „für den forstlichen Unterricht" überschrieben war, die Ueberschrift zu geben „für die Forstschule in Aschaffenburg". Hiergegen protestirte der Minister mit Entschiedenheit, indem er hervorhob, daß dieser Antrag über die Kompetenz der Kammer hinausgreife und derselben das der Regierung allein zustehende Organisations-Recht vindicire; er wies darauf hin, daß Se. Majestät der König bereits die Genehmigung zur Aufhebung der Forstschule in Aschaffenburg ertheilt habe und dieselbe darum eigentlich nicht mehr existire. Die Ausschuß-Mehrheit ging auch über diesen Protest zur Tagesordnung über und nahm den Antrag des Referenten an.

So kam die Sache in das Plenum der Abgeordnetenkammer (21. Novbr.). Die Hoffnung auf eine der Regierung günstige Wendung war nur noch gering. Schon in der Generaldebatte über den Forstetat kam man sehr bald auf die Forstunterrichts-Frage.[1]

Der erste Redner war Graf Fugger, der seine frühere Forderung der Reorganisation der Forstverwaltung aufs Neue betonte und dann wenige Worte über die Forstschulfrage anschloß, die er ohne recht erkennbaren Causal-Nexus mit Pfeil's „Fraget die Bäume" schloß[2]. Ihm erwiderte Dr. Völk, schlagfertig und schneidig wie immer. Nach ihm sprach der Finanzminister Dr. Berr, der Mann, dem Deutschlands Forstmänner warmen Dank schulden für sein männliches Eintreten für unseren Stand, für unsere Wissenschaft. In ruhiger,

---

[1] Vergl. die „stenographischen Berichte über die Verhandlungen der bayerischen Kammer der Abgeordneten" Nr. 16 17 18 (1877) über die Sitzungen vom 21. 22. und 23. November.

[2] Es ist geradezu komisch, was aus diesem Ausspruche Pfeils (oder vielmehr Beckmanns, des Holzgerechten, wie ich längst nachgewiesen) Alles gemacht wird. Pfeil hat durch denselben lediglich eine bestimmte Methode der Forschung auf forstwissenschaftlichem Gebiete bezeichnet. Graf Fugger hätte doch zunächst beweisen müssen, daß diese Methode auf einer angemessen gelegenen Universität nicht eben so gut angewendet werden kann, als auf einer isolirten Fachschule. Der Fehler von Aschaffenburg ist eben der, daß man dort die Bäume nicht fragen kann, weil der Wald zu weit entfernt ist.

ächt staatsmännischer Rede legte er den Standpunkt der Regierung gegenüber dem Ausschußberichte dar. „Ich glaube in der That, meine Herren," so rief er der Opposition zu, (welche „keine Veranlassung gehabt hatte, auf die in der Denkschrift erörterten Gründe und Gegengründe des Näheren einzugehen,") „ich glaube, die Wichtigkeit des Gegenstandes, die Rücksicht auf das Land, die Rücksicht auf die große in Bayern allgemein geachtete Forstverwaltung, welche der heutigen Verhandlung mit Bangen entgegensieht, wäre es werth gewesen, daß eine eingehende Würdigung stattgefunden hätte." Er erklärte bestimmt, daß die Schule in Aschaffenburg als aufgehoben zu betrachten sei.

„Sollten Sie, meine Herren, irgend welche Beschlüsse fassen, welche der Staatsregierung es absolut unmöglich machen, den Unterricht an die Universität München zu verlegen, so müßte eben der forstliche Unterricht in Bayern ganz aufgehoben werden und die Kandidaten müßten sich ihre Bildung dort suchen, wo sie sie zu finden glauben. Ich lehne hierfür jede Verantwortung ab." Mit diesen Worten zeichnete der Minister das Verhalten der Regierung im Falle des Votums der Kammer nach dem Ausschuß=Antrage. Er behandelte dann in großen Zügen die staatsrechtliche Frage, in wie weit das Budgetrecht der Kammer wirksam werden könne neben dem Organisationsrecht der Regierung und schloß mit der Versicherung, daß die Organisation der Forstverwaltung nur dann mit Aussicht auf Erfolg in Angriff genommen werden könne, wenn feststehe, in welcher Art die Forstbeamten zukünftig herangebildet würden.

Der nächste Redner, Dr. Kurz, bemühte sich ernstlich, einige Punkte der Denkschrift zu widerlegen. Um die Lage von Aschaffenburg als geeignet zu bezeichnen, erwies er auch mir die Ehre, meine 1869 über die Aschaffenburger Forstversammlung geschriebenen Excursions=berichte zu citiren. Es bedarf wohl kaum der Bemerkung, daß ich diese Berichte ohne allen und jeden Bezug zu der jetzt vorliegenden Frage geschrieben habe und daß der Spessart in seinen lehrreichen Theilen von Aschaffenburg aus nur schwer erreichbar, in den erreich=baren Theilen aber nicht lehrreich ist.

Bei Fortsetzung der Debatte am 22. November sprach zuerst der Herr Abg. Herz. Er nahm eine vermittelnde Stellung ein, erklärte den Schritt des Ausschusses, welcher ohne Weiteres der Regierung Geld für die Aschaffenburger Schule aufdringen wolle, für konstitutionell sehr bedenklich und brachte einen Vermittlungs-Antrag ein, durch welchen die Regierung wiederum (wie im vorigen Jahre) ersucht werden sollte, Aschaffenburg zu reorganisiren.

Nunmehr ergriff Forstrath Ganghofer das Wort, um in mehr als einstündiger Rede den Standpunkt der Regierung zu vertheidigen. Ich muß leider darauf verzichten, an dieser Stelle auf Einzelheiten aus dieser trefflichen, ruhig-maßvollen und an schlagenden Gründen reichen Rede einzugehen. Nur das muß ich hervorheben, daß Ganghofer es ausdrücklich aussprach, die Staatsregierung halte sich vollständig fern von dem Prinzipienkampfe, der in der forstlichen Unterrichts-frage zwischen den Professoren fortgeführt werden möge. Sie gebe zu, daß unter Umständen mit der isolirten Fachschule sogar etwas Gutes erreicht werden könne. Die preußische Forstverwaltung habe vielleicht von ihrem Standpunkte aus ganz recht, ihre Fachschulen fort-zuerhalten. Man wird einer Regierung, welche die Dinge so objectiv ansieht, daß Zeugniß einer maßvollen Beurtheilungsweise gewiß nicht absprechen dürfen.

Nach Forstrath Ganghofer, dessen Rede anscheinend den Höhe-punkt der Debatte bezeichnete, ergriff Abg. Staatsrath von Schlör das Wort, um besonders die staatsrechtliche Frage noch einmal zu beleuchten. Er warnte vor dem Konflikt, zu dem keine Veranlassung vorliege.

Nach Schluß der Debatte resumirte der Referent Abg. Schels dieselbe so gut wie es eben gehen wollte, ohne sachlich irgend Etwas vorzubringen, was nicht schon viel besser gesagt gewesen wäre.

Nun begann die Spezialdiskussion über die einzelnen Titel des Forstetats. Bei dem Abschnitt „Auf den forstlichen Unterricht" erhob sich die Debatte aufs Neue. Es lagen nunmehr außer dem Postulat der Regierung (70,000 Mark ordentliche, 85,000 Mark außerordentliche Ausgaben für den forstlichen Unterricht zu bewilligen) und dem Antrage des Ausschusses (71,232 Mark ordentliche und 7400 Mark außerordentliche Ausgaben für die Forstschule in Aschaffenburg zu bewilligen) der obenerwähnte zu dem Postulat der Regierung ge-stellte Antrag Herz und ein Antrag des Dr. Kurz zu dem Aus-

schuß=Anträge vor „Es sei an Sr. Majestät den König die aller=
unterthänigste Bitte zu richten, Allerhöchst dieselben wollen geruhen,
eine sachgemäße Reorganisation der Forstlehranstalt in Aschaffenburg
anzuordnen."

An der Debatte betheiligten sich die Abgeordneten Herz,
Dr. Völk, Hauck, Dr. Hanshofer, Dr. Kurz, der Staatsminister
v. Berr, der Abg. Dr. Frankenburger und der Referent Schels.
Die konstitutionelle Frage trat hier weitaus in den Vordergrund.

Bei der dann folgenden namentlichen Abstimmung wurde der
Antrag Herz eventuell angenommen, die Regierungsforderung mit
78 gegen 75 Stimmen abgelehnt, der Ausschuß=Antrag mit dem
Antrag Kurz angenommen.

Somit sind der bayerischen Staatsregierung für die aufgehobene
und nur noch provisorisch fortbestehende Forstschule in Aschaffenburg
78,632 Mark bewilligt, welche sie erklärt hat, nach pflichtmäßigem
Ermessen nicht verwenden zu können. Dagegen sind ihr die geforderten
155,000 Mark für den forstlichen Unterricht in München ver=
weigert.

Tief zu beklagen wäre es, wenn der forstliche Unterricht in Bayern
durch diese Vorgänge auf Jahre hinaus wirklich gänzlich aufgehoben
würde. Ein Land wie Bayern kann einer Forsthochschule nicht entbehren.
Die Zeitungen melden, daß die Regierung nunmehr entschlossen sei, die
Forstakademie in Aschaffenburg oder in einer anderen geeigneteren Stadt
zu reorganisiren. Wäre dem so, so würde sie ein loyales Opfer bringen
im Interesse des Landes, welches jeder ruhig denkende Mann hoch
achten müßte.

Der ganze soeben geschilderte Vorgang aber, dessen ausführlichere
Darlegung ich den Lesern der Chronik schuldig zu sein glaubte, steht
einzig in seiner Art da und bildet ein sonderbares Blatt in dem
Geschichtsbuche unseres Parlamentarismus. Eine Regierung, welcher
in thesi Niemand das Recht der organisatorischen Initiative bestrei=
tet, wird in praxi in die Unmöglichkeit versetzt, eine reiflich erwogene,
im Interesse des Landes beabsichtigte Organisation durchzuführen
und soll durch eine oppositionelle 3 Stimmen=Mehrheit gezwungen
werden, eine von ihr für dem Landes=Interesse widerstrebend erachtete
Organisation an die Stelle der ersteren treten zu lassen. Ohne

sachlich widerlegt zu sein, wird sie faktisch niedergestimmt von einer Kammer-Mehrheit, über deren Sachverständniß und materielle Kompetenz denn doch wohl recht erhebliche Zweifel gestattet sind.

Als nächste greifbare Folge sahen wir die Demission des Staatsministers v. Berr. An seine Stelle trat Staatsminister v. Riedel, ein Mann derselben politischen Richtung, wie Herr v. Berr, desselben männlich festen Charakters. Man darf der Weiterentwicklung der Dinge in Bayern mit Spannung entgegensehen.

Diesen Vorgängen gegenüber erblaßt das Uebrige, was über die Entwicklung des Forstunterrichts-Wesens zu melden ist.

In Preußen nimmt nach wie vor die Staatsregierung den Standpunkt der isolirten Fachschule ein, ohne daß die Landesvertretung sich für berufen erachtete, ihr eine andere Auffassung aufzuzwingen. Dieser Standpunkt trat im Herbste 1876 bei Gelegenheit der Einweihung des neuen Forstakademie-Gebäudes zu Eberswalde aufs Neue bestimmt hervor. Der Weihe-Akt wurde durch den verehrten Chef der preußischen Forstverwaltung, Oberlandforstmeister v. Hagen, vollzogen.[1]

Die forstliche Sektion der Hochschule für Bodenkultur in Wien erfreut sich einer rasch wachsenden Blüthe. Die Frequenz derselben betrug[2]

1875/76 . . . . . 59 ordentl. Höhrer, 9 außerordentliche
1876/77 96   "   "   19   "
1877/78 (Anfang) 151   "   "   20   "

Auf der früheren (1875 aufgehobenen) Forstakademie in Mariabrunn ist eine solche Ziffer niemals erreicht worden. Es studirten dort 1870/71: 49, 1871/72: 38, 1872/73: 34, 1873/74: 33, 1874/75: 47 Forstwirthe.

Prof. Dr. Zöller wurde am 13. Oktober in Gegenwart des Unterrichts- und des Ackerbau-Ministers feierlich in die Rektorat-Würde für das Studienjahr 1877/78 eingeführt[3]. Zu wünschen bleibt, daß der Hochschule bald ein eigenes Gebäude zur Verfügung gestellt werde.

---

[1] S. den Bericht in Danckelmann's Zeitschrift IX. S. 99 fgde. (Danckelmann).
[2] Centralbl. f. d. ges. Forstwesen, 1877 S. 587.
[3] Centralbl. S. 587.

Im Reichslande Elsaß-Lothringen war der Wunsch hervorge-treten, durch Errichtung forstwissenschaftlicher Lehrstühle an der Uni-versität zu Straßburg dem forstlichen Studium eine neue Stätte in Deutschland zu bereiten. Dem Vernehmen nach hat dieser Wunsch zunächst wenig Aussicht auf Verwirklichung. Der Fürst Reichskanzler soll einen bezüglichen Antrag abgelehnt haben, einmal weil er ein Bedürfniß nicht anerkennen könne und dann weil die Mittel zur Zeit fehlten. Die Sache dürfte hiermit todt sein.

Auch die beantragte Errichtung forstwissenschaftlicher Lehrstühle an der Universität Bonn ist ad calendas graecas vertagt. Gutem Vernehmen nach hat die preußische Staatsforstverwaltung diesem An-trage gegenüber wie erklärlich, sich indifferent verhalten. Das Unter-richtsministerium aber soll es nicht für zweckmäßig halten, einen Dualismus zu schaffen und Universitätslehrstühle für Forstwissenschaft zu schaffen, während die Akademieen fortbestehen, ein Standpunkt, den man sehr wohl begreifen kann.

Die mährisch-schlesische Forstlehranstalt Aussee-Eulenberg feierte vom 3. bis 5. August nnter zahlreicher Betheiligung ehemaliger Schüler ihr 25jähriges Jubiläum. Der Oberlandforstmeister R. Micklitz (21 Jahre lang dort Professor und Direktor) und der General-Domäneninspektor a. D. Wessely (1852/55 Direktor) wohn-ten der Feier bei. Von vielen deutschen Forst-Akademieen waren Beglückwünschungsschreiben eingegangen.

---

8. Das Vereinswesen.

Die Versammlung deutscher Forstmänner trat zu Bamberg am Sedantage zusammen und tagte dann am 3. bis 5. September. Wer Bamberg kennt, dem schlägt das Herz schneller, wenn er des schönen Frankenlandes und der alten Bischofstadt gedenkt —; wer unserer bayerischen Fachgenossen herzliche Art des Empfangs und Verkehrs kennt, der geht gern nach Bayern. Aber trotz alledem liegt ein Schatten auf der Versammlung in Bamberg. Wer scharf zu sehen gewohnt ist, bemerkte bald, daß nicht Alles war, wie sonst.

Wer trägt die Schuld der minderen Einigkeit? Ich beantworte diese Frage nicht, weil ich nicht dazu berufen bin. Jedenfalls waren es die bayerischen Forstmänner nicht. Eins aber will ich nicht verschweigen: Wenn man beabsichtigt hat, Einige Derer, welche seither regelmäßig den Versammlungen beigewohnt und nach ihren Kräften für dieselben gearbeitet haben, hinwegzudrängen und von jeder Einflußnahme auf den Gang der Dinge auszuschließen, so wird man diesen Zweck vielleicht erreichen; aber ich fürchte man wird ihn erreichen auf Kosten der Sache, die wir doch Alle nicht schädigen wollen.

Die Versammlung in Bamberg verhandelte über zwei bedeutsame Gegenstände, über die Vorbildung der Förster und die Art der Abfindung für Waldservitute. Man kam mit keinem dieser Gegenstände eigentlich zu Ende und Beschlüsse wurden deshalb auch nicht gefaßt[1]).

Der österreichische Forstkongreß[2]) trat am 12. März in Wien zusammen. 20 Vereine, unter ihnen auch der Reichsforstverein, waren durch Delegirte vertreten. Der Kongreß verhandelte zunächst über den „Einfluß des Waldes auf den Kulturzustand der Länder" und vereinbarte 9 diesen Einfluß begrenzende und bezeichnende Sätze, indem er zugleich den Wunsch ausdrückte, denselben Gegenstand in einem der nächsten Kongresse, nach Sammlung weiteren Materiales, weiter zu verhandeln.

Zweiter Gegenstand der Berathung des Kongresses war die forstliche Unterrichtsfrage. Bei dem hervorragenden Interesse, welches sich zur Zeit an diese Frage knüpft, darf ich es nicht unterlassen, die Beschlüsse des Kongresses hier wörtlich anzuführen. Dieselben lauten:

„Der forstliche Unterricht ist je nach Maßgabe des angestrebten Bildungsgrades nach folgenden Abstufungen zu organisiren:

---

[1]) Berichte über die Bamberger Forstversammlung finden sich forstl. Blätter 1877 S. 326, 341. Baur, Monatschrift f. Forst- und Jagdwesen 1877 S. 481. Centralbl. f. d. ges. Forstwesen 1877 S. 580, 647 fgde.

[2]) S. d. Bericht im Centralbl. v. 1877 S. 264 fgde. und die in besonderem Abdruck im Verlage des Kongresses erscheinenden Verhandlungen (1876 in groß 8, 257 S. 3 Mark).

I. Die Waldbauschulen, welche das niedere Forstschutz= und Hülfspersonal, sowie den Kleinwaldbesitzer heranzuziehen haben. Dieselben sind je nach lokalem Bedarfe zu errichten. Zur Aufnahme in die Waldbauschulen befähigt das Zeugniß der absolvirten Volksschule.

Sowohl hinsichtlich der Waldbauschulen als auch aller übrigen forstlichen Lehranstalten ist die Frage der Kostentragung bei Seite zu lassen.

II. Die forstliche Fachschule, deren Aufgabe und Lehrziel in der Heranbildung von Forstwirthen besteht, welchen durch Ablegung der gesetzlich vorgeschriebenen Staatsprüfung die Befähigung zur selbständigen Wirthschaftsführung zuerkannt wird.

Derartige Fachschulen sind nach Bedürfniß für die einzelnen Länder und Ländergruppen zu errichten.

Zur Aufnahme in diese Fachschulen ist mindestens der Nach= weis der mit gutem Erfolge absolvirten untersten 4 Klassen der Realschule, des Gymnasiums oder Realgymnasiums und eine einjährige Verwendung im praktischen Forstdienste er= forderlich.

III. Der höhere forstliche Unterricht an den bestehenden technischen Hochschulen oder Universitäten; Zweck desselben ist die Er= möglichung:

    a) der höchsten forstlichen Ausbildung,

    b) der Heranbildung von Lehrkräften,

    c) der Erlangung entsprechender Kenntnisse auf dem Gebiete des Forstwesens auch für solche Studirende der Hoch= schulen, welche sich zunächst anderen Fächern widmen.

Zur Aufnahme befähigt die ordentlichen Schüler die Bei= bringung:

    a) des Maturitätszeugnisses oder

    b) des Zeugnisses der mit vorzüglichem Erfolge absolvirten Fachschule." —

Die Lokalvereine haben getagt

1. der elsaß=lothringische in Metz am 24—26 Juni (Eichen= schälwald in Lothringen. Grundsätze der Mittelwaldwirth= schaft in Lothringen).

2. der badische am 30. September in Lahr.[1]
3. der rheinische[2] in Königswinter am 11.—13. Juni (Eichenschälwaldbetrieb. Ausdehnung des Fichten-Anbaus im Reg.-Bez. Trier).
4. der Zeller (Mosel[3]) am 9. Mai zu Gassenhof bei Blankenreuth.
5. der hessische (Großherzogthum) am 27. und 28. August in Darmstadt (Verjüngungsmethoden für überhaubare Eichen- und Buchen-Bestände in der Rhein-Mainebene[4]).
6. der hessische (Hessen-Nassau[5]) am 10. und 11. September in Marburg (Bildung der Forstschutzbeamten, Fichten- und Eichen-Kampwirthschaft.)
7. der sächsische Forstverein[6] feierte sein 25jähriges Jubiläum (Waldschutzgesetz für Sachsen, Rothfäule der Fichte).
8. der thüringische Forstverein zu Ilmenau am 17. und 18. September.
9. der Württembergische am 14.—16. Juni zu Calw[7] (Weißtannen-Verjüngung; Nadelreisstreu; Schütte der Kiefer).
10. die 1876 neubegründete Wanderversammlung mittelfränkischer Forstwirthe im Juni in Nürnberg.[8]
11. der schlesische Forstverein[9] vom 9.—11. Juli in Glogau (Ursachen der Vermehrung der Nadelhölzer, Melioration der Bruchwaldungen, Anzucht der Edeltanne, Buttlar'sche Pflanz-

---

[1] Bericht über die 1876er Versammlung in Heidelberg s. bei Baur Monatschrift 1877 S. 543.

[2] Bericht in den forstl. Bl. 1877 S. 245 274 (Borggreve). Bericht über die 1876er Versammlung das. Januar-Heft.

[3] Bericht über die Versammlung am 19. August 1876 siehe in d. Zeitschrift d. deutschen Forstbeamten, 1877 S. 1 fgde.

[4] Baur, Monatschrift 1877 S. 412. Bericht über die erste Versammlung 1876 in Budingen, Forst und Jagd-Zeit 1877 S. 344.

[5] Forstl. Blätter 1877 S. 363.

[6] Centralbl. f. d. ges. Forstwesen 1877 S. 487.

[7] Bericht in den forstl. Bl. 1877 S. 327.

[8] Bericht bei Baur, Monatschrift, 1877 S. 259.

[9] Vergl. Jahrbuch des schles. Forstvereins für 1876, herausg. v. Oberforstmeister Tramnitz. Breslau 1877.

methode, Winterfütterung des Rothwildes, Hebung des Fischerei=
wesens).

12. der märkische im Juni in Eberswalde (Eichenschälwald.
Forstl. Vereinswesen und dessen Förderung).

13. der Insterburger Forstverein[1]) am 28. Januar in Inster=
burg und am 17. Juni zu Klein=Nuhr bei Wehlau (Exkursion
in dem Hospitalforst).

In Oesterreich:

14. der böhmische[2]) Forstverein am 6.—8. August in Pisek
(Forstschulfrage, Abnahme des Auer= und Birkwildes, Werth
der waldwirthschaftl. Nebennutzungen, Korbweidenkultur).

15. der mährisch=schlesische am 17. September zu Groß=Wister=
nitz bei Olmütz[3]) (Gemischte Bestände, Wasserabnahme der
Quellen und Flüsse 2c.).

16. der Forstverein für Oesterreich ob der Enns am 2. und
3. Juli in Lambach[4]) (Dauer des Lärchenholzes, Schädlich=
keit der Waldweide 2c.).

17. der krainisch=küstenländische[5]) am 15. Oktober zu Veldes.

18. der Manhartsberger Forstverein[6]) am 22.—24. Juli zu
Krems, mit Exkursion nach Aggsbach, wo der Verein eine
eigene Waldbauschule gegründet hat).

19. der österreichische Reichsforstverein[7]) am 12.—15. August
in der alten Bergstadt Eisenerz (Steiermark).

(Gesetzl. Bestimmungen, um das Verhältniß der Agrikultur
zur Waldkultur zu regeln; Kahlhieb und Plenterbetrieb im
Hochgebirge 2c.).

20. Der Forstverein für Tirol und Vorarlberg[8]) am 7. Dez.
1876 zu Innsbruck.

---

[1]) Zeitschr. d. deutschen Forstbeamten, 1877, S. 147. 385 fgde.

[2]) Centralbl. f. d. ges. Forstwesen 1877 S. 537. 578. 645.

[3]) A. a. O. S. 485. Vergl. Verhandlungen der Forstwirthe von Mähren
und Schlesien, herausg. von Forstinsp. H. Weeber. 1877. Brünn. Winiker.

[4]) Centralbl. 1877 S. 482.

[5]) A. a. O. S. 649.

[6]) A. a. O. S. 479.

[7]) A. a. O. S. 475.

[8]) A. a. O. 1876 S. 651 1877 S. 50.

21. Am 26. und 27. Oktober hielt in Hermannstadt im fernen Siebenbürgen die Forstsektion des siebenbürgisch-sächsischen Landwirthschaftsvereins zum erstenmal mit diesem Verein ihre Jahres-Versammlung ab.[1]

22. Unter der Firma „Niederösterreichischer Forstschutz-Verein" hat sich Anfangs des Jahres 1877 ein Verein gebildet, der die wirksamere Handhabung der Forstschutz-Gesetze durch Prämiirung verdienter Forstbeamten ꝛc. erstrebt.[2]

23. Der schweizerische Forstverein hielt am 9.—11. September seine Jahres-Versammlung in Interlaken ab, zu welcher mehrere Gäste aus dem deutschen Reiche erschienen waren.[3]

Ein neuer Holzhändler-Verein hat sich gebildet und am 30. Juli in München getagt (Tariffrage).[4]

In Bremen wurde am 13. Mai die von dem Moorkultur-Verein neuerrichtete Versuchsstation für Moorkultur eröffnet. Der um die Moorkultur sehr verdiente Oberförster Brüning (Kuhstedt) hielt dabei einen beifällig aufgenommenen Vortrag.

Die Ausstellungen drängen sich. Kaum ist die nordamerikanische Weltausstellung, welche nebenbei Veranlassung zum Zusammentritt des amerikanischen Forstvereins in Philadelphia gegeben hat,[5] beendet, so erscheint die Weltausstellung in Paris 1878 am Horizont. Das deutsche Reich als solches betheiligt sich an derselben nicht, wohl aber Oesterreich. Die Forstwirthschaft wird selbstverständlich vertreten sein.[6]

---

[1] Centralbl. f. d. ges. Forstw. 1877 S. 650.

[2] A. a. O. S. 541. Die Verhandlungen betrafen das forstl. Versuchswesen in der Schweiz und die nach dem schweizerischen Forstgesetz aufzustellenden provisorischen Wirthschaftspläne. Ein Bericht über die 1876er Versammlung des Vereins findet sich Forst- und Jagd-Zeit. 1877 S. 23 fgde.

[3] Centralbl. 1877 S. 166.

[4] Centralbl. S. 486. Forstl. Bl. 1877 S. 263.

[5] Der Verein, 1875 gegründet, trat am 15. September 1876 in Philadelphia zusammen und hielt Herr Franklin B. Hough einen Vortrag über die Waldverwüstung in den Unionsstaaten. Dieser Vortrag ist in der deutschen Uebersetzung abgedruckt in Danckelmanns Zeitschrift für Forst- und Jagdwesen IX. S. 109. fgde. Vergl. den Urtext in „The Lowville Times", einer in Lowville erscheinenden großen Zeitung.

[6] Centralbl. 1877 S. 163. 275.

In Prag wurde in der Zeit vom 8.—16. September eine land- und forstwirthaftliche Landesausstellung veranstaltet.[1]) In Lemberg (Galizien) fand in der Zeit vom 6. September bis 4. Oktober eine landwirthschaftliche und industrielle Landes-Ausstellung statt, bei welcher auch Forstproducte und forstliche Fabrikate in reicher Zahl zur Ausstellung gelangten.[2])

In Berlin wurde in der Zeit vom 8.—20. September durch den Centralverband der deutschen Leder-Industriellen eine wohlgelungene internationale Spezial-Ausstellung für Leder, Lederwaaren und Eichen-Kultur veranstaltet. In Gruppe VI. gelangten Eichenpflanzen, Gerb-rinden und Gerbstoffe zur Ausstellung, Oesterreichisch-ungarische Rinden-Collectionen erregten ganz besonders die Aufmerksamkeit der Besucher. Die Eichenschälwaldmänner unter den Forstwirthen hatten sich zahlreich ein-gefunden.[3])

Der niederösterreichische Jagdschutzverein hielt nach längerer Pause am 5. September wiederum eine Sitzung ab.[4]) Der deutsche Jagd-schutzverein erfreut sich zunehmenden Interesses.

---

9. Waldbeschädigungen durch Schnee- und Eisbruch, Sturm und Insekten.

Das Jahr 1877 hat große Waldzerstörungen durch Sturm oder Schneebruch in dem Maßstabe des Jahres 1876 glücklicherweise nicht gebracht. Schneebruch ist in erheblichem Maaße überhaupt nicht gemeldet worden. Sturmverheerungen in allerdings mäßigem Umfange sind dagegen zu registriren. Sie hatten meist die Natur kurzdauernder Cyklone und waren meist Gewitterstürme.

Winterstürme sind am 30. Januar und 12. Februar vorgekommen. Der erstere hat das Flach- und Hügelland der Provinz Hannover zwischen dem 25. und 28. Längsgrade und dem 51. und 53. Breiten-

---

[1]) Centralbl. S. 581.
[2]) Centralbl. 1877 S. 489. 583.
[3]) A. a. O. S. 276. 584. Ausführliche Berichte in der deutschen Gerber-zeitung (F. A. Günther, Berlin) und in der Gerberzeitung von Kampffmeyer (Berlin).
[4]) Centralbl. 1877 S. 591.

grabe betroffen, der letztere das weitausgedehnte Flachland zwischen dem 33. und 37. Längsgrade und dem 50. und 53. Breitengrade, ohne die schlesischen Gebirge wesentlich heimzusuchen. Nur die Reviere Reichenau und Grüßau haben starken Windbruch gehabt.

Von drei verheerenden Gewitterstürmen während der warmen Jahreszeit ist Kunde an mich gelangt. Am 12. Mai tobte im westlichsten Theile von Mecklenburg bei Rehna ein SW.=Gewittersturm, der in den Waldungen jedoch nur sehr geringen Schaden angerichtet zu haben scheint. Am 24. Juli traf ein ebenfalls aus SW. kommender Gewittersturm dieselbe Gegend von Mecklenburg und das südöstliche Holstein. Am 1. August endlich wurde ein schmaler Streifen etwa 50 Kilometer nördlich von Berlin durch einen Orkan betroffen, der in Bezug auf Heftigkeit und den Verlauf der meteorischen Erscheinungen zu den ungewöhnlichsten Phänomenen dieser Art in Deutschland gehören dürfte. Das Wirkungsgebiet dieses Orkans liegt mit der Mittellinie fast genau auf dem 53. Breitengrade, ist etwa 4 Kilometer breit und 35 Kilometer lang (30^0 55′ bis 31^0 40′). Am 1. August um $^1/_2$ 2 Uhr Nachmittags bei 25^0 C. Hitze bildete sich ein schweres Gewitter im W. Die Gewitterwolken zogen auffallend niedrig und hatten eine bleigraue, blauschwarze bis tiefschwarze Farbe. Sie wurden beim Herannahen durch die rasch und mit kleinem Radius um das barometrische Minimum kreisenden Wirbelwinde wild zusammengeballt und durch einander gewälzt. Der Augenblick, in welchem der Orkan den Ort der Beobachtung passirte, war von schrecklicher Pracht und geradezu sinnverwirrend. Alles mit Finsterniß bedeckend, begleitet von furchtbarem Geheul des Windes, rothen Blitzen und mächtigen Donnerschlägen, Hagel und Regen, ging das majestätische Phänomen vorüber, seinen Weg bezeichnend durch niedergeworfene Wälder, zerstörte Häuser, Verwüstungen aller Art. Das Städtchen Zehdenick hat schwer gelitten. Nicht wenige Menschenleben sind zu beklagen. In dem großen Staatswald=Komplexe der Grimnitzer Heide sind über 100,000 Festmeter des werthvollsten Holzes (Kiefern, Eichen, Birken) niedergeworfen, zerbrochen, auseinandergedreht. Die Sturmrichtung war W., NW., SW., stark pendelnd, mit heftiger Drehung von W. nach N.

Die im Ganzen von Neuem geworfenen Holzmassen sind in der anliegenden Uebersicht zusammengestellt. (Tabelle 2).

Uebersicht der Sturmschäden in den Preußischen und Mecklenburg-Schwerin'schen Staatsforsten im Jahre 1877.

Staat, Provinz, Regierungs-Bezirk.	Art und Zeit der Schäden.	Zahl der betroffenen Reviere.	Flächen-Größe der betroffenen Reviere. Hektar.	Jahres-Abnutzungs-Satz. Festm. Derbs.	Geworfene und gebrochene Holzmasse. Festm. Derbs.	Dies beträgt pro Hekt. Festm.	Pro-zente des Sates. Von.	Bemerkungen (Namen der betroffenen Reviere).
Preußen.								
Posen	Sturm v.12.Feb.1877(NW)	13	73.434	—	10.142	0,14	—	Mirau, Forschin, Taubenwalde.
Bromberg	desgl.	3	18.194	—	2.350	0,12	—	Stobernn.
Breslau	desgl.	1	4.950	—	6.000	1,21	—	Grüssau und Reichenau.
Liegnitz	desgl.	2	6.087	—	18.640	3,09	—	Dembio, Proskau, Murow, Sud-
Oppeln	desgl.	5	27.044	—	16.228	0,60	—	loch.
Hannover (Flachland, Solling, Hügelland)	Sturm v.30./31.Jan.1877	9	27.149	—	5.658	0,20	—	Osnabrück, Lingen und Bersenbrück; Wiese und Syke (Binnenland); Wildeshausen und Forstort (Hügelland; zc. Harz und Leutbürger Wald) und Hünefeld und Westerhof (Solling und Hügelland von Göttingen).
Kassel	desgl.	1	3.180	—	500	0,16	—	Rassel bei Gelnhausen.
Schleswig-Holstein .	Gewitterfturm vom 24.Juli 1877 (S.)	1	842	—	170	0,20	6,9	Grünholz, Gr. Schönwald, Meiers-
Potsdam	Orkan vom 1. Aug. 1877	6	42.203	69.502	109.500	2,60	158	dorf, Grünmiß, Reckröd, Glambeck.
	Summe Preußen 1877	41	203.023	—	169.187	—	—	
Mecklenburg-Schwerin.								
Forstinspektion Rehna . .	Gewitterfturm vom 12.Mai 1877 (SW.)	2	743	2.749	25	0,03	1	Cismar.
do. Schwerin	Gewitterfturm vom 24.Juli 1877 (SW.)	1	641	1.950	12	0,02	0,6	
	Summe Mecklenburg-Schwerin 1877	3	1.384	4.699	37	0,025	0,8	

Hieran möchte ich eine Betrachtung allgemeiner Art knüpfen. In Tabelle 3 ist der Versuch gemacht worden, den gesammten Anfall von Schnee= Eis= und Windbruch=Holz in den Staatsforsten einiger deutschen Staaten während der 10 Jahre 1868/77 überschläglich zusammenzustellen. Aus dieser Zusammenstellung ergiebt sich, daß während dieser 10 Jahre

in Preußen ¹/₁₂ (8,4 %)

in Bayern fest ¹/₅ (18,2 %)

in Sachsen ¹/₇ (14,2 %)

in Thüringen

(S. Weimar, Altenburg,

Koburg=Gotha, Meiningen,

beide Schwarzburg, beide

Reuß) .... mehr als ¹/₄ (26,3 %)

in Mecklenburg=

Schwerin weniger als ¹/₁₀₀ (0,7 %)

in Braunschweig ¹/₆ (16,9 %)

der planmäßigen 10jährigen Holzabnutzung in Schnee= Eis= und Windbruch=Holz erfolgt sind. Wenn wir uns erst im Besitze einer guten Statistik dieser Waldschäden nach natürlichen Waldgebieten befinden werden,[1] wenn eine Uebersicht gewonnen werden wird über die Häufigkeit aller dieser Schäden in den einzelnen Waldgebieten und in nicht zu kurz bemessenen Zeiträumen, so werden wir zu einem begründeten Urtheile darüber befähigt sein, welche Reserven eine gute Forsteinrichtung diesen Schäden gegenüber in den verschiedenen Waldgebieten schaffen muß. Diese Frage ist von sehr großem praktischen Interesse und kann nur gelöst werden auf Grund sorgfältiger und umfassender statistischer Vorarbeiten.

Insectenschäden verschiedener Art sind 1877 zu verzeichnen. Die Nonne hat in der Mark und in den Kiefernforsten an der Elbe (Glücksburg), sowie in Schlesien gefressen und vielfach Halbkahlfraß in den Kiefernbeständen hervorgebracht. Der gefährlichste Feind unserer Kiefernwälder, der große Kiefernspinner, hat besonders in Schlesien

---

[1] Eine solche bearbeite ich nach den Materialien der Hauptstation des forstlichen Versuchswesens in diesem Augenblick.

4*

Anfall von Schnee- und Windbruchholz in einigen überschläglicher

Jahr.	Preußen.			Bayern.		
	Fläche der Staatsforsten. (z. Holzzucht ben.)	Ange= fallene Holz= masse	pro Hektar der Fläche	Fläche der sämmt= lichen Forsten.	Ange= fallene Holz= masse.	pro Hektar der Fläche
	Hektar.	Festm. Derbh.	Fstm.	Hektar.	Festm. Derbh.	Fstm
1868	2,506,230	1,896,988	—	2,603,472	3,567,161	—
1869	„	544,685	—	„	—	—
1870	„	76,893	—	„	8,893,459	—
1871	„	—	—	„	—	—
1872	„	52,763	—	„	—	—
1873	„	—	—	„	—	—
1874	„	—	—	„	—	—
1875	„	218,565	—	„	—	—
1876	„	1,116,453	—	„	367,000	—
1877	„	169,188	—	„	—	—
Zusammen in 10 Jahren	2,506,230	4,075,535	1,6	2,603,472	12,917,620	4,96
Der Jahresabnutzungssatz beträgt Derbholz Fest= meter	4,825,097	jährlich im Mittel 407,554	—	7.066,061	jährlich im Mittel 1,291,762	—
Hiernach betrug die Schnee= und Windbruch = Holz= masse durchschnittlich jährlich	v. dem Jahres= Abn.=Satz pr. Hektar Waldfläche	8,4 —	— 0,16	— —	18,2 —	— 0,5

deutschen Staaten in den Jahren 1868 bis 1877 nach Berechnung.

Sachsen.			Thüringische Gruppe.			Mecklenburg-Schwerin.			Braunschweig.		
Fläche der Staats-forsten.	Ange-fallene Holz-masse.	pro Hektar der Fläche	Fläche der Staats-forsten.	Ange-fallene Holz-masse.	pro Hektar der Fläche	Fläche der Staats-forsten.	Ange-fallene Holz-masse.	pro Hektar der Fläche	Fläche der Staats-forsten.	Ange-fallene Holz-masse.	pro Hektar der Fläche
Hektar.	Fstm.Derbh.	Fstm	Hektar.	Festm.Drbh.	Fm.	Hektar.	Fstm.Dh.	Feßm.	Hektar.	Fstm. Dh.	Fm.
167,534	691,858	—	191,014	596,927	—	105,060	4,528	—	80,725	216,935	—
„	—	—	„	—	—	„	55	—	„	47,644	—
„	—	—	„	—	—	„	—	—	„	—	—
„	—	—	„	—	—	„	—	—	—	—	—
„	—	—	„	—	—	„	18,417	—	„	85,488	—
„	—	—	„	—	—	„	1,387	—	„	—	—
„	—	—	„	—	—	„	92	—	„	—	—
„	—	—	„	165,235	—	„	1,706	—	„	229,592	—
„	354,540	—	„	883,371	—	„	—	—	„	19,758	—
„	—	—	„	—	—	„	37	—	„	—	—
167,534	1,046,398	6,24	191,014	1,645,533	8,6	105,060	26,222	0,25	80,725	599,417	7,4
	jährlich im Mittel						jährlich im Mittel			jährlich im Mittel	
738,760	104,640	—	ca 625,000	164,553	—	381,698	2,622	—	357,595	59,942	—
—	14,2	—	—	26,3	—	—	0,7	—	—	16,9	—
—	—	0,6	—	—	0,9	—	—	0,025	—	—	0,7

die ganze Energie der Forstverwaltung zur Abwehr erfordert. In den Revieren Nimkau, Schöneiche, Bobiele, Kuhbrück, Kutholisch-Hammer Windischmarchwitz, Stoberau, Scheidelwitz und Peisterwitz des Reg.-Bez. Breslau,[1]) sowie in den Flachlandsrevieren des Reg.-Bez. Liegnitz war er in besorgnißerregender Menge vorhanden, wurde aber durch Theeren im Zügel gehalten. In einigen Revieren fraß die Nonne gleichzeitig. Die Orgya pudibunda trat in den westlichen Vorbergen des Vogelsberges (bei Laubach) auf,[2]) die Forleule im hannöverschen Flachlande (Oberf. Binnen). Der Fraß der letzteren scheint beendigt zu sein. Auch die Borkenkäfer-Epidemie ist beendet.[3]) Der Weiterverbreitung derselben in Steiermark und Tirol,[4]) im Königreich Sachsen,[5]) und in Galizien ist mit größter Energie entgegengetreten worden und es scheint gelungen zu sein, jede weitere Gefahr zu beseitigen. — Allgemeine Aufmerksamkeit hat das plötzliche massenhafte Vorkommen des Coloradokäfers in Deutschland erregt.

Dieses höchst gefährliche, durch eine, wie es scheint, unbegrenzte Vermehrungsfähigkeit, eine unerhörte Fraßgier und Widerstandsfähigkeit gegen klimatische Einflüsse ausgezeichnete bezw. berüchtigte Insekt[6])

---

[1]) Vergl. Dankelmann's Zeitschr. für Forst- und Jagdwesen, IX. S. 345 fgde. (Altum).

[2]) Allgem. Forst- u. Jagd-Zeitg. 1877. S. 278.

[3]) A. a. O. S. 350.

[4]) Eine sehr interessante Darstellung der in den österreichischen Kronländern gegen den Borkenkäfer ergriffenen Maßregeln findet sich in dem Bericht über die Thätigkeit des k. k. Ackerbau-Ministeriums in der Zeit vom 1. Juli 1875 bis 31. Dezbr. 1876. Wien. 1877. Hof- und Staatsdruckerei. S. 402 fgde.

[5]) Forstl. Blätter. S. 102. (Bericht des Försters v. Schönberg.) Die sächsische Regierung legte den Kammern ein besonderes Gesetz zum Schutz der Waldungen gegen Insekten 1876 vor, welches in abgeschwächter Form vereinbart wurde und dadurch einen Theil seiner Wirkung verloren hat. Dasselbe ist a. a. O. S. 104 fgde. abgedruckt. Mehrere Generalverordnungen (vom 21. April 1876 u. 27. April 1876) regelten die Sache weiter.

[6]) Wer sich über dies Insekt, seine Lebensweise, den Gang der bisherigen Verheerungen in Nordamerika und sein Auftreten in Deutschland unterrichten will, den verweise ich auf die vortreffliche Schrift des berufenen Sachverständigen unserer obersten Landesbehörde, Prof. Dr. Gerstäcker zu Greifswald „der Colorado-käfer (Doryphora decemlineata) und sein Auftreten in Deutschland, im Auftrage des k. preuß. Ministeriums für die landwirthschaftl. Angelegenheiten nach eigenen

aus der Familie der Blattkäfer, hat, nachdem es seinen Verheerungszug durch die Unionsstaaten in west=östlicher Richtung[1]) beendet hatte und am Ozean angelangt war, denselben überschritten und. ist im Jahre 1877 zunächst bei Mühlheim am Rhein, sodann aber an der Elbe bei Schildau erschienen. Unsere Kartoffel = Kultur schwebt in großer Gefahr, vor welcher man nicht die Augen verschließen sollte, wie der Strauß thut, um seine Feinde nicht zu sehen. Es gilt vielmehr die Gefahr fest in das Auge zu fassen, den Uebelthäter überall, wo er sich blicken läßt, mit allen Mitteln der Abwehr zu bekämpfen und von dem Erscheinen desselben ohne allen Verzug den öffentlichen Be= hörden Anzeige zu machen.[2])

Beobachtungen und amtlichen Quellen dargestellt." Cassel. 1877. Theodor Fischer. (84 S. Text, eine Farbendrucktafel und eine Karte.)

[1]) Seit 1824, wo die Doryphora decemlineata zuerst von Thomas Say bestimmt und beschrieben wurde, bis 1859 erregte der Käfer die Aufmerksamkeit nicht. Er lebte auf einer wild vorkommenden Nachtschatten=Art (Solanum rostratum) im Colorado = Gebiet im Innern des Felsengebirges (Rocky Mountains), ging aber, als der Kartoffelbau mit dem Bau der Pacific=Eisenbahn bis in seine Heimath vom Westen her vorgeschoben wurde, plötzlich auf die Eß=Kartoffel (Solanum tuberosum) über, und durchzog nun bis 1876 (in 18 Jahren) ein Gebiet (von 87—50° w. L. Ferro) von 430 geographischen Meilen und bis zu 165 Meilen Breite (35—46° n. Br.). Von einsichtsvollen Amerikanern längst (seit 1872) vorausgesagt, vollzog sich nun der Meeresübergang des Käfers aus allen an der Ostseeküste der Unionsstaaten belegenen Hafenplätzen nach Europa. Bei der Lebens= zähigkeit des Käfers war von vornherein nicht daran zu zweifeln, daß er die Ueberfahrt auf den Schiffen, auf welche er massenhaft anflog, gut überstehen würde. Er erschien am 24. Juni bei Mühlheim in nicht übermäßig großer Zahl und scheint man dort des Feindes Herr geworden zu sein. Anfang August wurde der Käfer in beängstigenden Massen bei Schildau (Gegend von Torgau) aufge= funden. Eine sehr ernste Gefahr liegt hier offenbar vor.

[2]) Radicale Vertilgungsmittel kennt man z. B. noch nicht. Man hat es mit dem Bestreuen oder Ueberschütten der Kartoffeln mit Pariser (oder Schweinfurter) Grün d. h. arsenig=essigsaurem Kupferoxyd versucht und hierin ein brauchbares Palliativ, aber kein Vertilgungs=Mittel erhalten. Die Gemeingefährlichkeit des äußerst giftigen Mittels schließt seine allgemeine Anwendung aus. Wo sich Käfer zeigen, ist das inficirte Kraut zu entfernen und vorsichtig zu verbrennen. Sodann ist der Boden mit dem Spaten 20 Cent. tief vorsichtig und langsam umzugraben, um die 10—15 Cent. tief im Boden sitzenden Puppen zu finden und zu ver= nichten. Mit Absuchen ist gar Nichts zu erreichen. Das inficirte Kartoffelfeld muß vernichtet werden.

Auch die Reblaus (Phylloxera vastatrix) zeigt sich hier und da. in Deutschland, bei Metz, in Erfurt, in Niederschlesien. Ein Gesetzentwurf, welcher die Staatsgewalt zu energischen Maßregeln gegen das Insekt autorisiren soll, liegt dem Landtage der Monarchie vor.

Waldbrände sind, wie alljährlich, auch 1877 hier und dort in den deutschen Forsten vorgekommen, doch hat keiner derselben einen vernichtenden Charakter erlangt.

Anfangs Januar brach auf einer Nadelholzkulturfläche am Bachern= gebirge in Untersteiermark (Waldungen des Fürsten Windischgrätz) Feuer aus, welches 3,5 Ha. derselben verzehrte.[1]) Bedeutender war ein Waldbrand, welcher am 19. Juni bei Wiener=Neustadt im städtischen Walde (Kiefernbestände) entstand und eine Fläche von 13 Ha. 50 jähriger und älterer Kiefernbestände ergriff. Etwa 1000 Mann (Militär, Feuerwehren, Bahnarbeiter) bekämpften das Feuer, dessen Lokalisirung vermittelst 8—10 Fuß breiter Durchhaue gelang.[2])

Am Aschermittwoch ging von Zahritzkampel (Obersteiermark 6702 Fuß u. d. M.) eine Lawine nieder, welche breite Streifen Wald rasirte. Ein 60 jähriger Fichtenstand war kräftig genug, die riesige Schneemasse bei Seite zu schieben. Die Lawine begrub gegen 40 Joch Holzriesen[3].)

Am 16. Februar gingen vom Bösensteiu bei St. Johann am Tauern (2430 m. hoch) zwei Schneelawinen nieder, welche an dortigen Bauernwaldungen großen Schaden anrichteten.[4])

---

[1]) Centralblatt 1877. S. 166.
[2]) Daf. S. 382.
[3]) Daf. S. 165.
[4]) Daf. S. 219.

10. Unsere Literatur.

Nach uns vorliegenden annähernd zuverläßigen statistischen An-gaben über den deutschen Buchhandel erscheinen im Deutschen Reiche jährlich etwa 15,000 neue Druckschriften aller Art, einschließlich der neuen Auflagen, Zeit= und Vereinsschriften u. s. w.

Forstliche Druckschriften erschienen

1873—1875 durchschnittlich jährlich 73

1876 78

1877 77

Die forstliche Literatur bildet nach der Zahl ihrer Druckschriften zur Zeit also etwa $^1/_2$ $^0/_0$ oder $^1/_{200}$ der gesammten deutschen Literatur. Im Jahre 1877 sind, soweit mir hierüber Notizen zu Gebote stehen, folgende forstliche Druckschriften erschienen:

Aus der allgemeinen Forstwirthschaftslehre (volkswirth= schaftliche Grundlagen der Forstwirthschaftslehre) 1

Encyklopädieen 2

Aus einzelnen Wissensgebieten:

Forstgeschichte 1

Forst= und Jagd=Statistik 1

Forstunterrichtswesen 5

Forstpolitik und Forstgesetzgebung 6

Forstverwaltungskunde 1

Forsteinrichtung 2

Waldwerthberechnung . . . . —

Statik der Forstwirthschaft . . . . . . —

Forstliches Versuchswesen 2

Bestandsbegründung und Waldpflege . . . 7

Forstschutz und Forstpolizei 4

Forstbenutzung und Technologie 2

Jagd 7

Forstvermessungskunde . . . . . —

Waldwegbau 1

Forstbotanik 3

Forstzoologie 2

Agrikulturchemie u. forstl. Gesteins= u. Bodenkunde 2

Mit den volkswirthschaftlichen Grundlagen der Forstwirthschafts-lehre beschäftigt sich ein neues interessantes literarisches Unternehmen des Forstmeisters Knorr in Münden. Unter dem Titel „aus Theorie und Praxis" soll dasselbe, in zwanglosen Heften erscheinend, einen missionären Zweck verfolgen und den Weg klarer zeigen, „den die nächste Zukunft zu gehen und auf welchem die Gegenwart mit mehr Bewußtsein und Sicherheit, als sie dies bereits thut, einzulenken hat." Der erschienene I. Band enthält drei Abhandlungen über die Arbeits-leistung der Natur in der Forstwirthschaft, die Natur des Kapitals in Bezug auf die Forstwirthschaft, den Waldbestand als Standorts-faktor.[1]) Ich wünsche dem Unternehmen das beste Gedeihen. Ohne Zweifel fehlt es vorerst unserer Wissenschaft an Arbeiten dieser Art.

Ueber das ganze weite Gebiet unserer Wissenschaft erstreckt sich das altbewährte „Lehrbuch für Förster" von G. L. Hartig, dessen 11. Auflage in 2 Bänden, herausgegeben von dem Sohne und Enkel des berühmten Verfassers erschienen ist.[2]) Von Th. Ebermayer's „Lehren der Forstwirthschaft" ist die 2. Auflage erschienen.[3])

Auf dem geschichtlichen Gebiete unserer Wissenschaft ist außer der „Chronik," welche hier ihren bescheidenen Platz einnimmt, keine selbst-ständige Druckschrift zu nennen.

---

[1]) Das Werk erscheint bei Springer in Berlin. Das 1. Heft kostet 2,40 M. Im 2. Hefte sollen Abhandlungen folgen über das Holz als Handelsartikel, über Holzpreisbildung, Umtriebsbestimmung, Einfluß der Waldplagen auf Umtriebs- und Abtriebsalter; im 3. Hefte sollen die Betriebsarten (Waldformen) besprochen werden.

[2]) Staatsrath u. Oberlandforstmeister Prof. Dr. G. L. Hartig, Lehrbuch für Förster und f. die, welche es werden wollen. 11. vielfach verm. u. verb. Auflage. Mit dem Portrait des Verf. in Stahlstich. Hrsgeg. von DD. Theodor und Rob. Hartig. 3 Bde. Stuttgart. Cotta. 18 Mk.

Der erste Band auch u. dem Titel: Luft-, Boden- und Pflanzenkunde in ihrer Anwendung auf Forstwirthschaft und Gartenbau. (6 Mk.)

[3]) Die Lehren der Forstwissenschaft v. Forstmstr. Th. Ebermayer. Ein Leit-

Auch die Forst= und Jagd=Statistik weist nur eine neuere Ver=
öffentlichung auf. Es ist dies der „Bericht über die Thätigkeit des
k. k. Ackerbau=Ministeriums in der Zeit vom 1. Juli 1875 bis
31. Dezember 1876".[1])

Reichlicher ist die literarische Produktion in Bezug auf das forst=
liche Unterrichtswesen. In erster Linie ist hier die bereits oben
besprochene „Denkschrift betr. den forstlichen Unterricht" des k.
bayerischen Ministeriums zu nennen.[2]) Ihr schließen sich Schriften
von Dr. R. Heß,[3]) Ministerialrath Dr. Lorenz v. Liburnau,[4])
Rinicker[5]) an. Ein Leitfaden für die in Preußen bestehenden Prüfungen
des unteren Forstpersonals hat G. Westermeier herausgegeben.[6])

Aus dem Gebiete der Forstpolitik und Forstgesetzgebung
sind neben einer umfassenden Arbeit von Weßely über das vielbe=
sprochene Karstgebiet[7]) einige kleinere Schriften von Dr. Calberla,[8])

---

faden für den Unterricht der Forsteleven und zum Selbstunterricht f. Forstgehülfen,
Förster, Waldbesitzer und Gutsverwalter. 2. umgearb. und verm. Aufl. Berlin,
Springer. 2,80 Mk. Vergl. Centralblatt f. d. ges. Forstwesen, 1877, S. 310.
Zeitschr. d. deutschen Forstbeamten, 1877, S. 159.

[1]) Wien. Hofbuchhandlung. Forstl. Bl. 1878, Februarheft.

[2]) Oben S. 35.

[3]) Ueber die Organisation des forstl. Unterrichts an der Universität Gießen.
Mit geschichtl. Einleitung. (24 S.) Teubner. (60 Pf.)

[4]) Anschauung, Uebung, Anwendung, Erfahrung, Praxis mit Bezug auf den
land= und forstwirthsch. Unterricht. (38 S.) Wien. Faesy & Frick. (1 Mk.)

[5]) Die Berufsbildung des Forstmannes. Vergl. Centralblatt f. d. ges. Forst=
wesen, 1877, S. 565.

[6]) G. Westermeyer, k. preuß. Oberförsterkandidat und Lieutenant im reit.
Feldjäger=Corps, Leitfaden für das preuß. Jäger= und Förster=Examen. Berlin,
Springer. 5 Mk., geb. 6 Mk. Vergleiche Zeitschrift der deutschen Forstbeamten
1877, S. 446.

[7]) Generaldom. Inspektor und Forstakademie=Direktor a. D. Jos. Wesely, das
Karstgebiet Militär=Croatiens und seine Rettung, dann die Karstfrage überhaupt.
Herszeg. v. k. k. General=Kommando in Agram als Landesverwaltungs=Behörde
der kroat. slavon. Militärgrenze. 366 S. Agram 1876, Suppen in Commiss.
(9,60 Mark.)

[8]) Die Trockenheit, die größte Feindin der Kultur. Vortrag v. Dr. G. Cal=
berla. Dresden, Schönfeld. 42 S. (1 Mk.) Ich mache auf diese interessante
Schrift besonders aufmerksam.

Lauterburg[1]) u. a.[2]) zu nennen, welche in der Hauptsache die große Frage von dem Einfluß der Wälder auf das Klima und die Bodenkultur behandeln.

Zwei Polizeibeamte, Behr und Glasemann, haben die preußischen Jagdgesetze und jagdpolizeilichen Verordnungen neuerdings zusammengestellt[3]) und der Oberförster Stutzer hat eine Schrift über „die Waldservitute" mit besonderer Berücksichtigung der neueren preuß. Gesetzgebung in der Provinz Hannover[4]) herausgegeben.

Die Forstverwaltung in Elsaß=Lothringen unterwarf H. Gerdolle, französischer garde général des forêts, später deutscher Forstverwaltungsbeamter, in einer französisch geschriebenen Schrift einer scharfen, aber meist objektiven Kritik.[5])

Aus dem Bereiche des Forsteinrichtungswesens hat das Jahr 1877 uns eine Schrift des Oberförsterkandidaten W. Weise (Assist. bei der forstl. Versuchsanstalt zu Eberswalde) über „die Texation des Mittelwaldes"[6]) und eine Abhandlung von Prof. Dr. T. Lorey[7]) „über Probestämme" gebracht. Die Statik der Forstwirthschaft und die Waldwerthrechnung sind in der Literatur von

---

[1]) Ingenieur Rob. Lauterburg, über den Einfluß der Wälder auf die Quellen und Stromverhältnisse der Schweiz. Kurzer Auszug aus einer ausführl. Schrift über den Gegenstand. Aus „Verhandlungen der 59. Jahresversammlung der schweizerischen naturforsch. Gesellschaft in Basel." 2. Ausg. Bern, Wyß. 51. S. (1 Mk.) Vergl. hierzu die 1857 erschienene Schrift des französ. Oberingenieur Vallée: Etudes sur les inondations, leurs causes et leurs effets. Gegen Vallée, der einen schädigenden Einfluß der Wälder in dieser Richtung behauptet, wendet sich Lauterburg.

[2]) Z. B. Die anspruchslose kleine Schrift von Fritz Pöhlmann „ein Schutzbrief für den Wald," welche aus dem Jahre 1876 noch nachzutragen ist. Forst= und Jagd=Zeitung 1877, S. 13.

[3]) 205 S. Posen 1878. (Leipzig, Wolff.) 1 Mark.

[4]) Hameln, Brecht. 2,75 Mark.

[5]) L'administration forestière allemande en Alsace-Lorraine. Courte esquisse du service forestier dans ce pays. Metz, Scriba. 76 S. Vergleiche Danckelmann's Zeitschrift f. F. u. J. W. IX. 363. Allg. Forst= u. Jagd=Zeit. 1877, S. 379.

[6]) Berlin, Springer, 1878. (2,40 Mk.)

[7]) Frankfurt a./M. Sauerländer (1,50 Mk.). Besprochen in Baur's Monatschrift f. Forst= und Jagdwesen. 1877. S. 431. Centralbl. f. d. ges. Forstw. 1877. S. 246. Forstl. Bl. 1877, S. 255. (v. Fischbach.)

1877 durch zahlreiche Abhandlungen in den Zeitschriften, aber nicht durch selbständige Werke vertreten.

Ueber das forstliche Versuchswesen sind die oben bereits genannten Schriften von Ganghofer und Freiherr v. Seckendorff erschienen[1]). Das Feld der Lehre von der Bestandsbegründung und Waldpflege ist in der Literatur des Jahres 1877 wenig bebaut worden. Von Landolt's trefflichem populären Buche, „der Wald, seine Verjüngung, Pflege und Benutzung, bearbeitet für das Schweizervolk" ist die 3. Auflage erschienen,[2]) ein Zeichen, wie sehr dasselbe sich Geltung bei den Bewohnern unseres schönen Nachbarlandes zu verschaffen weiß. Die Kultur der Korbweide behandelt eine kleine Schrift von Dr. Breitenlohner;[3]) der Hofgarten. Inspektor Jäger (Hannover) hat die 4. Auflage einer Schrift über den Baumschulen-Betrieb[4]) und eine Schrift „die Nutzholzpflanzung mit besonderer Rücksicht auf fremde Holzarten"[5]) herausgegeben; die Douglas-Fichte ist, wie schon bemerkt, von John Booth nnd Gut zum Anbau empfohlen worden.[6]) Die Eichenschälwaldwirthschaft behandelte ich in einem „Katechismus der Eichenschälwaldwirthschaft," welcher das Verständniß für diese einträgliche Betriebsform in thunlichst weite Kreise verbreiten soll.[7])

Dem Gebiete des Forstschutzes gehören das umfassende Werk von Prof. Dr. R. Heß,[8]) von welchem die zweite Lieferung erschienen ist, ein Abriß der gesammten Lehre vom Forstschutz von Forstmeister Guse[9])

---

[1]) Oben S. 32 in den Noten 2 und 1. Vergl. auch die Besprechungen der v. Seckendorff'schen Publikationen in den forstl. Bl. 1877, S. 312 (Borggreve), in d. allg. F. u. J. Z. 1877. S. 164.

[2]) Herausgegeben v. schweizerischen Forstverein. Zürich, Schulteß. 452 S. 3 Mark. Zeitschr. d. d. Forstb. 1877, S. 472.

[3]) Aus d. Jahrbuch für österr. Landwirthe v. 1878. Prag. Calve. 40 Pf.

[4]) Hannover bei Cohen. 3,75 Mk. Das Buch hat nur eine geringe Bedeutung für den praktischen Forstbetrieb.

[5]) Ebendaselbst. 2,50 Mk. Mehr für Handelsgärtner, als Forstleute.

[6]) Oben S. 15.

[7]) Besprochen Forstl. Bl. 1877, S. 349 v. Obstmstr. Grunert.

[8]) Vergl. Centralblatt für das ges. Forstwesen, 1877, S. 561. Leipzig bei Teubner (6 Mk.); die beiden ersten Lieferungen kosten zusammen 10 Mk. Vergl. Zeitschr. d. deutschen Forstbeamten. 1877, S. 401.

[9]) Achtes Heft der forstwirthsch. Bibliothek, welche bei Voigt erscheint. (2,50 Mark.) Besprochen in den forstl. Bl. 1877, S. 225 durch Prof. Dr. Borggreve.

und meine Darstellung der „Waldbeschädigungen durch Windbruch,
Schnee=, Eis= und Duftbruch in der Zeit vom 1. Oktober 1875 bis
dahin 1876" an.[1]) Von Giebel's Vogelschutzbuch ist die 4. Auf=
lage[2]) erschienen.

Eine umfassende und werthvolle Arbeit des Civil=Ingenieurs
K. Kobohm „Grundzüge für die Beseitigung der Ueberschwemmungen
mit gleichzeitiger Durchführung der künstlichen Bewässerungen nach
einem neuen System" will ich an dieser Stelle noch nennen, obwohl
sie nicht speciell forstwissenschaftlichen Inhalts ist.[3])

Ueber Gegenstände forsttechnologischer Art sind sehr wenige
Schriften erschienen. Dr. W. v. Hamm hat die „Sprengkultur" in
einer kleinen Schrift[4]) behandelt; mit demselben Gegenstande beschäftigt
sich eine umfassendere Arbeit[5]) des Ingenieurs Julius Mahler.
Von Moorkultur und der Ausbeutung der Moore handelt eine kleine
Schrift des Amtshauptmannes Eilers in Gifhorn (Hannover).[6])
Jagd und Waidwerk weisen auch 1877 eine stattliche Literatur auf.
Freih. v. Thüngen hat die Herausgabe einer Bibliothek für Jäger
und Jagdfreunde begonnen;[7]) E. Regeners „Jagdmethoden und
Fanggeheimnisse," sind in 5. Auflage erschienen;[8]) O. v. Riesen=
thal giebt eine neue Jagdzeitschrift „Aus Wald und Haide" heraus;[9])
Raoul v. Dombrowski giebt Jagdskizzen unter dem Titel „Aus

---

[1]) Separatabdruck aus Danckelmann's Zeitschrift f. F. u. J. W. 112 S.
Berlin, Springer. 3 Mk.

[2]) Berlin, Wiegandt Hempel und Parey. (1 Mk.)

[3]) Vergl. allg. Forst. und Jagd=Zeitung. 1877, S. 384.

[4]) Die Sprengkultur. Versuche 2c. über Bodenlockerung und Stockrodung
mittelst Dynamitsprengung. 44 S. Berlin und Leipzig. H. Voigt. 1,20 Mk.

[5]) Die Sprengtechnik im Dienste der Land= Forst= und Garten=Wirthschaft.
Wien. Fäsy u. Frick. Besprochen forstl. Blätter. 1877. S. 183. Die Schrift
enthält eine praktische Anleitung zur Ausführung von Dynamit=Sprengungen.

[6]) Das Gifhorner Moor, seine Ausbeutung und nationalökonomische Be=
deutung. Gifhorn, Schulze. 75 Pf.

[7]) Leipzig bei Schmidt u. Günther. Erschienen sind Lief. 1 (jagdhistorische
Rückblicke v. Dr. Foichtinger) bis 4 (Treibjagd 2c v. Dombrowski, Geschichte der
Fasanerien in d. Mark Brandenburg von Frhrn. v. Droste=Hülshof 2c) à Lfg 50 Pf.

[8]) Herausg. v. Oberförster E. v. Schlebrügge. Potsdam, Döring. 5 Mark.

[9]) Trier bei Lintz. Halbjährlich 6 Mark.

dem Tagebuch des Wildtödters" in anmuthiger Form;[1] der Forstaufseher Paul Friedrich beschreibt in einer kleinen Schrift von 32
Seiten[2] „Den Fang des Raubzeuges" und von dem altberühmten
Handbuche von aus dem Winckell ist die erste und zweite Lieferung
einer 5. Auflage, bearbeitet von Joh. Jac. v. Tschudi, erschienen.[3]
Die Jagd in ihrem ganzen Umfange bringt Aug. Göbbe im 9. Hefte
der forstwirthsch. Bibliothek von G. Voigt zur Darstellung. Die
Literatur über Forstvermessungskunde und Waldwegebau hat
1877 einen Zuwachs nur durch ein Handbuch für Praktiker „Wald-
wegebaukunde" von Forstmeister H. Stötzer erhalten.[4]

Forstbotanische Schriften sind von Dr. A. B. Frank, Dozent
an der Universität Leipzig, „Tafeln[5] zur Bestimmung der deutschen
Holzgewächse nach dem Laube," und vom Prof. Dr. N. J. C. Müller[6]
in Münden „Botanische Untersuchungen" I. Bd. 6. Lief. (Beiträge
zur Entwickelung der Baumkrone), erschienen. Daneben hat Prof.
Holzner (Weihenstephan) die Ansichten des verstorbenen Herrn von
Löffelholz-Colberg über die Schütte der Kiefer in neue Bearbeitung
genommen durch eine besondere Schrift über diese Baumkrankheit.[7]

Auf dem Gebiete der Forstzoologie setzt O. v. Riesenthal
die Herausgabe seines Prachtwerkes „Die Raubvögel Deutschlands
und des angrenzenden Mitteleuropas" fort.[8] Von R. v. Dombrowski
ist eine Monographie des Edelwildes erschienen.[9] Agrikulturchemische
bezw. bodenkundliche Schriften, welche für den Forstwirth von

---

[1] Wien, Gerold Söhne. 20 Mark. Mit 8 Holzschnitten u. 4 Kupfertafeln.
[2] Trier bei Lintz. 1 Mark.
[3] Leipzig, Brockhaus. à Lfrg. 2 Mk. Das Werk erscheint in 12 Liefrg.
[4] 170 S. Frankfurt a./M. Sauerländer. 3,60 Mark.
[5] Besprochen allg. Forst- u. Jagd-Zeitg. 1877. S. 343.
[6] Der I. Bd. kostet 12 Mk. Vergl. Zeitschr. d. deutsch. Forstb. 1877. S. 305.
[7] Beobachtungen über die Schütte der Kiefer und die Winterfärbung immer-
grüner Gewächse. Freising 1877. 3,56 Mk. Besprochen in d. Forst- u. Jagd-Z.
1877. S. 198. Forstl. Bl. 1877. S. 154. Centralbl. für das ges. Forstw. 1877.
S. 196. Zeitschr. der deutsch. Forstbeamten. 1877. S. 160.
[8] Kassel, Fischer. Erschienen sind 4. u. 5. Lfrg. à 1 Mk. und von dem
Atlas 4. u. 5. Lfrg. à 4 Mk. in der Prachtausgabe à 8 Mark.
[9] Wien, 1876. Gerold's Söhne. Gebunden 24 Mark.

Interesse sind, sind von Prof. Dr. Wollny in München und Prof.
v. Klenze erschienen.[1]

Aus dem Bereiche der forstlichen Meteorologie ist neben den
Arbeiten des Prof. Dr. Müttrich, welche bereits angeführt wurden,[2]
eine anregende Broschüre des Ministerialraths Dr. Lorenz v. Liburnau in Wien „über Bedeutung und Vertretung der land- und forstwirthschaftlichen Meteorologie" hervorzuheben.[3]

Die Forstmathematik behandelt Prof. Langenbacher (Eulenburg) im 5. 6. und 7. Hefte der forstwirthschaftlichen Bibliothek.[4]

Die Zeit der Massenerzeugung von Tabellenwerken und Rechen-
knechten ist vorüber. Das neue Maaß-System ist eingebürgert und
jeder Forstmann besitzt die nöthigen Hülfsmittel dieser Art. Ganz
jedoch ruht die literarische Produktion auch auf diesem Gebiete nicht.
Prof. Preßler[5] hat eine Ergänzung zu den in Sachsen amtlich
eingeführten Cubirungstafeln für Stämme und Stangen herausgegeben,
der Forst-Assistent E. Böhmerle[6] „Tafeln zur Berechnung der
Kubikinhalte" stehender Kohlenmeiler, der Kohlenausbeute und des
Festgehalts geschichteter Hölzer" und ist durch letzteres Hülfsbuch
namentlich eine fühlbare Lücke in unserer Literatur ausgefüllt. Vom
Forstmeister Skaba[7] sind Kubiktabellen für Rundhölzer und stehende
Stämme nach metrischem Maaße erschienen und die Verlagshandlung
von Grüninger in Stuttgart hat ihre ältere Kubiktafel in 4. Aufl.
herausgegeben;[8] die Kubiktafeln von Pabst sind in 3. Auflage er-

---

[1] I. u. II. Heft d. Mittheilungen aus d. agrikultur-physikalischen Laboratorium
und Versuchsfelde der polytechn. Hochschule zu München. Preis à 1 Mk. Prof.
Dr. Wollny: Untersuchuugen über Temperatur und Verdunstung des Wassers in
verschiedenen Bodenarten;

Prof. v. Klenze: Unters. über die kapillare Wasserleitung im Boden und
die kapillare Sättigungs-Kapazität desselben für Wasser.

[2] Oben S. 32. Note 3 und 4.

[3] Wien, Faesy & Frick. Centralbl. f. d. ges. Forstwesen, 1877, S. 87.

[4] Vgl. forstl. Bl. 1877, S. 227. (Neumeister.) Baur, Monatsch. 1877, S. 46.

[5] Im Selbstverlage. 80 Pf.

[6] 62 S. Wien, Braumüller, 2 Mark.

[7] Tabor 1876, Janski in Comm. 60 Pf.

[8] 30 Pf. 8 S.

ſchienen.[1]) Die Zeitſchriften=Literatur[2]) hat im vergangenen Jahre keinen Zuwachs erfahren. Daſſelbe gilt von den Vereinsſchriften.[3]) Auch die Forſt= und Jagd=Kalender[4]) ſind für 1878 ſämmtlich wieder erſchienen.

Noch ſei es geſtattet, darauf hinzuweiſen, daß ſich auch in dem bisher von forſtlichen Beſtrebungen wenig berührten England das Bedürfniß herausgeſtellt hat, eine forſtliche Zeitſchrift zu begründen. Dieſelbe erſcheint unter dem Titel „The Journal of Forestry and estates Management" bei W. Rider in London in Monatsheften à 1 Schilling und enthält forſt= und naturwiſſenſchaftliche Abhand= lungen, Nachrichten über die forſtlichen Einrichtungen und Verhältniſſe des Auslandes, Forſtbeſchreibungen, Holz=, Handels= und Marktbe= richte u. dgl. m. Wir Forſtmänner in Deutſchland wünſchen dem Unternehmen gewiß den beſten Fortgang.

---

[1]) Gera, Griesbach, 2 Mark.

[2]) Zur Zeit erſcheinen 18 forſtwirthſchaftliche Zeitſchriften einſchl. der land= und forſtwirthſchaftlichen und einſchl. des Anzeigeblattes f. d. Forſt= und Waidmann Holzhändler und Oekonomen, welches 1876, von Bayer redigirt, zum erſtenmal in Prag (Kosmak und Neugebauer) in 24 Nummern (2 Mk.) erſchienen iſt. Hier von ſind 11 (8 im deutſchen Reiche, 2 in Oeſterreich, 1 in der Schweiz) rein forſtwiſſenſchaftlichen Inhalts.

[3]) Vereinsſchriften ſind, ſoweit meine Kenntniß reicht, nur 5 erſchienen.

[4]) 2 in Deutſchland, 2 in Oeſterreich.

Druck von A. Haack in Berlin, NW. Dorotheenstraße 55.

Chronik

des

Deutschen Forstwesens

im Jahre 1878

von

August Bernhardt,

Oberforstmeister und Direktor der Königlichen Forstakademie zu Münden.

IV. Jahrgang.

---◇---

Berlin 1879.

Verlag von Julius Springer.

Monbijouplatz 3.

Inhalt.

~~~~

~~~~~~~~~~

Vorwort.

~~~~~~

Verhältnisse mancherlei Art — ein neues verantwortungs-
volles Amt, die Herausgabe einer monatlich erscheinenden
Zeitschrift — ließen mich noch im Herbste daran zweifeln,
ob die fernere Herausgabe der Chronik meine Kräfte nicht
übersteigen würde. Die freundliche Aufnahme jedoch, welche
die anspruchslose Jahresschrift gefunden[1]), der Gedanke, daß
sie vielleicht eine kleine Lücke in unserer Literatur ausfülle
und von dem Einen oder Anderen unserer Fachgenossen
vermißt werden würde, veranlaßten mich, die „Chronik" nicht
fallen zu lassen. Dabei schien es mir nothwendig, ihren
Inhalt durch eine Uebersicht über die Zeitschriften-Literatur
und die in derselben sich kundgebende wissenschaftliche Bewegung zu erweitern, und denjenigen Forstmännern, welche
durch Kraft und Zeit erschöpfende Berufsgeschäfte an dem
Studium der zahlreichen Zeitschriften gehindert sind, ein

---

[1]) Man vergl. u. A. folgende Beurtheilungen in den Zeitschriften: Literarisches Centralbl. 1878. Nr. 51. — Schweiz. Zeitschrift f. Forstwesen. S. 96.
— Centralbl. f. d. ges. Forstwesen. 1878. S. 143.

knappes Bild der forstwissenschaftlichen Bestrebungen, des Kampfes der Meinungen über wichtige Tagesfragen und einen Wegweiser zu geben, der sie bei dem Studium irgend einer Specialfrage zu den Quellen leitet.

Möge denn die Chronik sich das dauernde Wohlwollen der deutschen Forstmänner erwerben.

Münden, am Neujahrstage 1879.

August Bernhardt.

Gott erhielt uns unſern Kaiſer!

Mit dieſem Ruf des Dankes und der Freude beginne ich die Chronik des deutſchen Forſtweſens für das Jahr 1878. Wer vermag den Blick rückwärts zu wenden auf den Weg, welchen wir gegangen ſind in dieſem Jahre, ohne dem Allmächtigen zu danken, der das Entſetzliche abgewendet hat von unſerem Volke? Wir haben hinab= geſchaut in eine furchtbare Tiefe ſittlicher Verworfenheit; vor uns offen liegen die Zeichen ſchwerer Krankheit, die in unſerem Volke um= herſchleicht, Gift ablagernd in den Lebensadern, ſeine Kraft lähmend und verzehrend.

Weſſen iſt die Schuld und wer kann die Heilung finden? Das ſind die Fragen, die das ſcheidende Jahr dem neuen Jahre zurückläßt, eine Erbſchaft voll ſchwerer Bedeutung und Verantwortung. Traurige Thatſache iſt, daß die Verbrechen und Vergehen im größten deutſchen Staate in der Zeit von 1873 — 77 um 40% zugenommen haben (Zahl der Unterſuchungen 1873: 104878, 1877: 145587). Mag dabei auch zuzugeben ſein, daß hauptſächlich die leichteren Vergehen, Feldfrevel und Forſtdiebſtähle ſich gemehrt haben, mag man die Noth der Zeit als einen Erklärungsgrund dieſer Erſcheinung gelten laſſen; dennoch müſſen wir eine zunehmende Verwilderung der unteren Volks= klaſſen und auch bis in die Kreiſe der Gebildeteren hinein eine ab= nehmende Achtung vor dem Geſetze konſtatiren. Fand die ſocial= demokratiſche Agitation ihre Werkzeuge nur in den Schichten der Arbeiter? jene Agitation, die unverhüllt das Ziel verfolgt, jede Autorität zu leugnen und zu bekämpfen?

Weſſen die Schuld iſt, wir wiſſen es nicht, aber jedes patriotiſche Herz ahnt es. Eine intellektuelle Urheberſchaft läßt ſich ſelten ju= riſtiſch beweiſen; aber ſie wird oft gleichſam inſtinktiv aufgefunden.

Ein großer Krieg, eine Zeit ſchwindelhafter Spekulationswuth haben nicht dazu dienen können, unſere Sitten zu mildern, unſere solide und bedürfnißlose Arbeitslust zu erhöhen. Die dann folgende Erwerbslosigkeit hat viel materielles Elend hervorgebracht. Aber das Alles reicht nicht aus, die entsetzlichen Symptome zu erklären, welche in den Verbrechen des 11. Mai und 2. Juni hervorgetreten sind und die ein unbefangenes Auge in tausenden von Merkmalen unserer socialen Entwickelung ebensogut erkennt, wie in jenen Verbrechen. Haben wir es in übermäßiger Milde der Gesetzgebung verlernt, die Stellen sittlicher Fäulniß rechtzeitig und entschlossen an dem Körper der Nation auszuschneiden, oder ist gar das eine Wahrheit, daß die Verweltlichung unserer geistigen Kultur zur Verachtung des Ewigen und Göttlichen geführt hat?

Nicht wir Deutsche allein sind es, die solche Fragen einer ernsten und tiefen Prüfung unterziehen müssen. Der verbrecherische Wahnwitz zieht weitere Kreise. Für uns hat der beste Mann des Reiches geblutet, der erhabene und verehrungswürdige Träger der Krone. Der laute Ruf der Freude, der am 5. December, am Tage der Heimkehr unseres ruhmgekrönten Kaisers des Reiches Hauptstadt und das ganze deutsche Land, alle deutschen Herzen durchbrauste und bewegte, war der Dank gegen Gott, der den Kaiser beschützte, war der Dank dem Kaiserlichen Herrn, der das Schwerste getragen, ohne an seinem Volke irre zu werden.

Vergangen ist das Jahr der schwarzen Thaten. Indem wir den Blick zurückwenden an der Schwelle des neuen Jahres, erfüllt Trauer unser Herz. Aber auch der feste, mannhafte Wille, das zu thun, was unsere Pflicht ist. Fest und treu wollen wir uns schaaren um das Kaiserbanner. Furchtlos wollen wir der drohenden Gefahr gegenüberstehen. Ohne Haß und mit ruhigem Geiste wollen wir die Heilung der socialen Krankheit suchen, rastlos und unentwegt, Jeder an seiner Stelle und mit seiner Kraft. An der Schwelle des neuen Jahres aber wird in dem Herzen aller Forstmänner, wie in dem aller Vaterlandsfreunde der Wunsch und das Wort tief eingegraben sein:

Gott erhalte unsern Kaiser!

Rückschau.

~~~~~~

Wenig erfreuliche Bilder sind es, die wir bei der Rückschau auf das Jahr 1878 erblicken. Wie ein Alp lastet die Geschäftslosigkeit auf allen europäischen Ländern. In Deutschland ist es just am schlimmsten. Alle politische Weisheit will nicht ausreichen, den Punkt zu finden, an dem die Hebel der Besserung eingesetzt werden können. Zwei große Parteien stehen einander auf dem wirthschaftspolitischen Gebiete gegen- über. Die Einen sehen in dem System des absoluten Freihandels den Grund aller wirthschaftlichen Uebel und fordern von der Staats- gewalt „den Schutz der nationalen Arbeit." Die Anderen erwarten alles wirthschaftliche Heil von der vollkommensten Freiheit des Verkehrs. Viele einsichtige Männer stehen zwischen beiden Parteien, indem sie theoretisch den Freihändlern Recht geben, sobald dies System einmal allgemeine Anerkennung bei allen Völkern gefunden haben werde, in praxi aber zur Zeit noch einen gewissen Schutz der inländischen Produktion für unabweisbar halten, bis eben die volle Gegenseitigkeit hergestellt sein wird.

In diesem ganzen Streite spielt persönliches Interesse und der Erwerbstrieb der einzelnen Produktionszweige eine sehr bemerkens- werthe Rolle. Der reine Kern der Frage tritt selten hervor. Ein bestimmtes und klares Urtheil zu gewinnen, ist darum nicht ganz leicht.

Wir Forstmänner sind von dieser Frage nicht unberührt geblieben. Die mit derselben in engem Zusammenhang stehende Angelegenheit der Eisenbahn=Tarife ist wiederholt mit spezieller Bezugnahme auf die Produkte der Forstwirthschaft erörtert worden. Zu einem befriedigenden Abschlusse aber ist sie nicht gelangt.

Die Marktpreise unserer Produkte sind inzwischen nicht um einen kleinsten Bruchtheil gestiegen; sie haben vielmehr ihre sinkende Tendenz in unheimlichem Maaße bewahrt. Die außerordentlichen Preis= schwankungen der letzten Jahrzehnte geben viel zu denken. Mit dem Theuerungszuwachs unserer Holzbestände in den letzten Jahren war es übel bestellt; er dürfte sehr stark unter 0 gefallen sein.

Mitten in aller Geschäftslosigkeit und Verkehrsstockung erschallte Frankreichs Ruf zum Stelldichein aller Völker. Im Prunkgewande em= pfing Paris seine Gäste, welche aus allen Fernen der Erde gekommen waren, um in dem Industrieschlosse auf dem Marsfeld und Trokadero die Wunder der schaffenden Menschenkraft anzustaunen.

An bescheidener Stelle nahm auch die Forstwirthschaft an der Wettwerbung menschlicher Arbeit Theil. Aber der Forstmänner sah man Wenige. Sie sind wenig geschaffen für das Gewühl des Völker= Jahrmarktes und selbst als ein internationaler Kongreß für Land= und Forstwirthschaft sich im Trokadero=Palast versammelte, waren aus Deutschland nur zwei Forstleute gekommen, um mit den Berufsgenossen anderer Länder Gedanken auszutauschen und den Versuch zu machen, mit den französischen Forstleuten, von denen uns die Ereignisse 1870/71 getrennt hatten, neutrale Gebiete der Verständigung aufzufinden.

Das Letztere ist besser gelungen, als man erwarten durfte. Unseren französischen Berufsgenossen aber sei auch an dieser Stelle Dank gesagt für die feine Art des Entgegenkommens, welche die Anbahnung eines ersprießlichen Verkehrs so überaus leicht machte und die Hoffnung berechtigt erscheinen läßt, daß wir uns wieder verstehen lernen.

Die wissenschaftliche Bewegung im Bereiche des deutschen Forst= wesens ist im Jahre 1878 eine reiche gewesen. Immer schwerer wird es, derselben zu folgen, zumal da der Schwerpunkt wissenschaftlicher Arbeit sich bei uns mehr und mehr, wie es scheint, in die Zeitschriften= Literatur verlegt, da der Mitarbeiter immer mehr werden und die einzelnen Fragen an Ausdehnung und namentlich an Tiefe gewinnen.

Dennoch muß der denkende Forstmann, sei es, daß sein Beruf ihn in die Stätten der Wissenschaft geführt oder in die Wirthschaft im Walde gestellt hat, der wissenschaftlichen Entwicklung im Ganzen folgen, wenn er nicht von der Mitarbeit an der Lösung unserer

Hauptaufgaben ausgeschlossen sein will. Dieser Aufgaben aber sind viele und es bedarf der Mitarbeit aller, die es ernst meinen mit der Zukunft der deutschen Wälder, um ihnen gerecht zu werden.

Der Streit um die berechtigten und vernünftigen Ziele der Forst=wirthschaft, um ihre volkswirthschaftlichen Grundlagen und das Maaß von Berechtigung, welches der mathematischen Methode bei Herleitung dieser Grundlagen zuzuerkennen ist, ist noch unentschieden. Noch fehlt uns die faktische Grundlage statistischer Natur für die Diskussion dieser Fragen. Auf dem Gebiete der forstlichen Organisationen ist noch kein befriedigender Abschluß erreicht; die Frage unserer Betriebsformen, ihrer relativen wirthschaftlichen Berechtigung, ihrer Verfeinerung und Veredelung ist noch lange nicht erschöpft.

Weniger intensiv, als auf dem wissenschaftlichen Gebiete, war der Fortschritt in der Wirthschaft. Die schlechten Holzpreise lasten schwer auf der Hand des Forstmannes. Von einer Vermehrung der Kulturmittel in den Staatsforsten kann keine Rede sein.

In Gesetzgebung und Organisationen verschiedener Art hat das Jahr 1878 das Seinige geleistet. Im größten deutschen Staate stehen eingreifende Organisations=Veränderungen in Bezug auf die centrale Leitung des Forstwesens bevor; an der Universität München ist eine Forsthochschule errichtet; eine Reihe wichtiger forstlicher Gesetze ist in verschiedenen Bundesstaaten zu Stande gekommen.

Unser Boden hat uns im Jahre 1878 reichlich Früchte getragen; wir haben mehr geerntet, als im Jahre 1877[1]); aber wir sind auch von schweren Landplagen wiederum heimgesucht. Der Colorado=Käfer hat keine weitere Verbreitung gefunden; aber die Rinderpest ist über unsere Ostgrenzen eingedrungen; die Reblaus bedroht hier und da unsere Weinberge.

----

[1]) Nach einem von Geheimrath Dr. Engel in der volkswirthschaftlichen Gesellschaft in Berlin gehaltenen Vortrage betrug der Durchschnittsertrag an Weizen 1238 kg pro ha, des Roggens 1694 kg. An Roggen sind in Preußen 1878 gewonnen 1,734,000 Tonnen à 1000 kg im Werth von 315 Mill. Mark. Kartoffeln sind 1878 produzirt im Werthe von 831 Mill. Mk., Stroh von 369 Mill. Mk., Wiesenheu 560 Mill. Mk. Der Gesammtertragswerth an Weizen, Roggen, Gerste, Hafer ist 1714 Mill. Mk. Der Gesammtproduktionswerth in Preußen betrug 4402 Mill. Mk. Derselbe ist um 220 Mill Mk. geringer, als 1877.

Die Preise der wichtigsten Lebensmittel standen niedriger, als im Vorjahre. Die Getreide-Einfuhr hat sich vermehrt.[1] Unsere Bodenwirthschaft im Ganzen ist nicht vorwärts gekommen.

Man thut gut, in jedem Jahre einmal das Facit zu ziehen, um zu sehen, ob wir vorwärts oder rückwärts gehen. Für das Jahr 1878 fällt der Abschluß schlecht genug aus. Wir sind rückwärts gegangen an fast allen Punkten, rückwärts in wirthschaftlicher Beziehung, rückwärts vor Allem auf dem sittlichen Gebiete und in der Achtung unseres Volkes vor Recht und Gesetz. Mag die ernste Mahnung, welche hieraus hervorgeht, im Jahre 1879 ihre erhebende und bessernde Wirkung in vollem Maaße äußern!

---

[1] Es wurden eingeführt folgende Gewichte

	Weizen			Roggen		
1872:	306 Mill. Kg.;			950 Mill. Kg.		
1873:	363	⸗	⸗	700	⸗	⸗
1874:	477	⸗	⸗	—	⸗	⸗
1875:	499	⸗	⸗	105	⸗	⸗
1876:	580	⸗	⸗	—	⸗	⸗
1877:	940	⸗	⸗	1190	⸗	⸗
1878:	960	⸗	⸗	674	⸗	⸗

1877 sind 1014 Mill. Kg. Getreide mehr ein- als ausgeführt.

1. Unsere Todten.

Das Jahr 1878 hat die Reihen der hervorragenden Männer unseres Vaterlands stark gelichtet. Mancher geistige Führer unseres Volkes auf den Gebieten der Politik, der Kunst und Wissenschaft weilt nicht mehr unter den Lebenden und greift nicht mehr mit starker Hand in unsere intellektuelle Entwickelung ein. In aller Gedächtniß ist das tief schmerzliche Geschick, welches das erlauchte hessische Fürstenhaus betroffen; das ganze deutsche Volk hat ja um die allverehrte treffliche Frau Großherzogin von Hessen getrauert, welche der Tod im blühendsten Alter mit ihrer lieblichen Tochter hinwegraffte.

Wir Forstmänner haben unter den hervorragenden Mitgliedern unseres Faches nur verhältnißmäßig wenige herbe Verluste zu beklagen. Am 24. März starb Anton Hartmann, Fürstlich Fürstenbergischer Forstrath zu Donaueschingen[1]), nur 61 Jahre alt, ein Forstmann von jenem besonnenen praktischen Wesen und soliden Gepräge, welches unseren jungen Fachgenossen als ein Muster hingestellt zu werden verdient. Am 28. Juni schloß der Tod die mühe- und segensreiche Lebensarbeit des fast 80jährigen Forstraths von Wunderbaldinger in Wien[2]). Hoch verdient um das österreichische Forstwesen, besonders um die Befreiung der Waldungen von Servituten und um den Ausbau des Forsteinrichtungswesens, war der Verstorbene seit 1866 pensionirt, doch damals noch vielfach literarisch thätig, in den letzten Lebensjahren

---

[1]) Vergl. den Nekrolog von Oberforstrath Roth in Donaueschingen in Baur's Monatschrift. 1878. Seite 289.

[2]) Oesterreich. Monatschrift für Forstwesen. 1878, Seite 491. Centralblatt für das gesammte Forstwesen. 1878, Seite 445.

faſt ganz des Augenlichtes beraubt und dadurch zu trauriger Un=
thätigkeit gezwungen. Am 24. Auguſt ſtarb, 77 Jahre alt, Dr. Franz
von Fleiſcher in Hoheuheim[1]), ſeit 39 Jahren an der dortigen
land= und forſtwirthſchaftlichen Akademie thätig (ſeit Frühjahr 1840),
zuerſt mit den Vorträgen über faſt alle Naturwiſſenſchaften belaſtet,
zuletzt Profeſſor der Botanik und Pflanzen=Phyſiologie, ein Mann
von hervorragender Lehrbegabung, und ſchriftſtelleriſch ebenfalls mit
Erfolg thätig. In der Schweiz iſt ein Mann aus dem Leben ge=
ſchieden, der, wenn auch nicht ſelbſt Forſttechniker im eigentlichen Sinne,
doch thätigen und wirkungsvollen Antheil an der Geſtaltung des
ſchweizeriſchen Forſtweſens genommen hat. Johannes Weber,
Mitglied des Regierungsraths des Kantons Bern, Präſident des ſtän=
digen Komite's des ſchweizeriſchen Forſtvereins, ſtarb am 23. April
noch nicht 50 Jahre alt, in Luzern. Sein Name iſt mit allen ſeit=
herigen Beſtrebungen und Leiſtungen des ſchweizeriſchen Forſtvereins
eng verbunden. Das eidgenöſſiſche Forſtgeſetz, die Leiſtungen des
Bundes betreffs der Verbauung von Wildbächen, die Aufforſtungen
in Hochgebirge ſind größtentheils dem thätigen Eingreifen Weber's
zu danken. Er hat ſich damit ein unvergängliches Denkmal geſetzt.[2])

---

2. Aus der Wirthſchaft.

Das Jahr 1878 begann mit Froſtwetter bei nördlichen und
nordweſtlichen Luftſtrömungen; aber ſchon Anfangs Januar gelangte
milderes Wetter zur Geltung und von da ab wurde der Polarſtrom
in Deutſchland wenig bemerklich. Mitte Februar wurde es überhaupt
milde; gegen Ende des Monats trat ſelbſt in Norddeutſchland Früh=
lingswitterung ein, welche, von ſtürmiſchen Erregungen der Atmoſphäre
begleitet, auch in den März hinein anhielt (in Norddeutſchland Stürme
am 7. und 8. März bei W. und NW.). Nur kurzdauernd trat
am 9. März Froſt ein, um nach kaum 24 Stunden milderem Wetter

---

[1]) Nekrolog ſiehe Baur's Monatſchrift, 1878, Seite 481.
[2]) Schweizeriſche Zeitſchrift für Forſtweſen, 1878, Seite 97.

Platz zu machen. Aber die zum Erwachen der Vegetation erforder=
liche Wärme wurde doch erst im April erreicht. Feuchtwarm verlief
die erste Hälfte dieses Monats[1]), die zweite regnerisch und kühl.
Die von 1877 reichlich vorhandenen Bucheln liefen in den Schlägen
sehr gut.

In der Nacht vom 9. auf den 10. Mai traf ein scharfer Frost[2])
Nordost=Deutschland. Die Buchenverjüngungen in allen etwas ge=
lichteten Schlägen erfroren. Große Wärme, welche vom 12. Mai
ab eintrat, wich bald einer Regenperiode, welche im ganzen Westen
und Südwesten bis tief in den Juni hinein andauerte, während im
deutschen Nordosten noch Mitte Juni große Hitze eintrat.

Juli und August behielten die wechselnde Witterung, welche die
ganze Vegetationsperiode des Jahres kennzeichnete. Der September
war bereits herbstlich, der Oktober brachte schöne Tage, dann viel
Regen, der November war ungewöhnlich milde, namentlich im Norden,
während ungeheure Schneefälle mit heftigem Sturm den Süden (Wien,
Donaulinie, Elsaß) heimsuchten. Der erste Wintertag im nördlichen
Deutschland war der 2. Dezember. Nach Mitte Dezember wurde
es bei starkem Schneefall, besonders im Südwesten, kalt, in den letzten
Tagen des Jahres aber überaus milde.

Während im Monat Dezember Kälte und starke Schneefälle im
nördlichen und westlichen Deutschland herrschten, sahen die russischen
Landwirthe bei überaus milder Witterung mit Schrecken, daß das
Wintergetreide sich anschickte, Aehren zu treiben, und in Schweden und
Norwegen war Frühlingswetter, so daß Bäume und Sträucher Blätter
und Blüthen entwickelten. —

Die feuchtkühle Witterung des Sommers war nach allen hierher
gelangten Nachrichten im Ganzen dem Kulturbetriebe günstig. Doch

---

[1]) Am 15. April trat in Eberswalde der Spitzahorn in Blüthe, am 17. hatten
die Roßkastanien entfaltete Blätter, am 18. blühten die Ribes=Arten und Kirschen,
am 22. die Pflaumen, am 26. sah ich die ersten entwickelten Buchenblätter, am
27. hatten die Fichten entwickelte junge Triebe, am 29. die ersten entwickelten
Eichenblätter, am 5. Mai blühten einzelne Roßkastanien.

[2]) In der Nacht vom 8. auf den 9. Mai war der Frost leicht und schadete
wenig. In der folgenden Nacht erreichte das Thermometer — $3\frac{1}{2}^{0}$ C. Die Weiß=
tannen= und Fichten=Triebe erfroren.

führte dieselbe in manchen Laubholzgegenden eine erhebliche Vermehrung einiger Schneckenarten herbei, welche den Buchenkeimpflänzchen hart zusetzten. Im Ganzen jedoch hat die Buchenmast von 1877 viele Schläge gefüllt.

Von den wichtigsten Holzsämereien sind Eicheln vielerorts in erheblicher Menge reif geworden; im Nordosten von Deutschland ist die Eichenblüthe durch den Spätfrost vernichtet worden. Buchelmast ist nur sehr vereinzelt gereift.

Die niedrigen Holz= und Rindenpreise haben sich noch nicht zu heben vermocht. Die Hoffnung, daß die Beendigung des russisch= türkischen Krieges einen belebenden Einfluß auf Handel und Wandel üben werde, hat sich nicht erfüllt. Es ist unsäglich viel Elend in der Welt, in allen Schichten der Gesellschaft und es scheint uns auch nicht ein Tropfen von dem bittern Tranke, den wir nach dem schäumenden Sekt der Schwindeljahre als Medizin einnehmen müssen, geschenkt zu werden.

Das Sinken der Holzpreise — volkswirthschaftlich betrachtet, ein Symptom der allgemeinen Erwerbslosigkeit — ist zum Theil auch herbeigeführt durch starkes Angebot ausländischen Holzes auf den deutschen Märkten. Dies Holz hat einen überaus geringen Werth am Orte seiner Entstehung; der Import in Deutschland wird offenbar durch eine falsche Eisenbahntarif=Politik begünstigt.

Was die Eichenjungrinde anbelangt, so ist ein sehr bedeutendes Defizit der inländischen Produktion an diesem Rohmaterial aus dem Auslande zu decken, und man kann darüber sehr verschiedener Ansicht sein, ob eine Erschwerung der Einfuhr, welche auf der einen Seite allerdings die inländischen Rindenpreise in die Höhe treiben würde, nicht auf der anderen Seite die Leder=Industrie sehr erheblich schädigen würde.

Ungarn z. B. produzirt zur Zeit etwa 550,000 Zollcentner Eichenrinde und exportirt davon 400,000 nach Deutschland, ohne daß der Preis dieser Rinden loco Fabrik den Preis der inländischen Rinden, welche eines viel geringeren Transports bedürfen, überstiege. Dieser 400,000 Centner und außerdem weiterer großer Massen Rinde aus Frankreich, Belgien bedarf die inländische Leder=Fabrikation ohne

Zweifel, da Deutschland weitaus zu wenig Rinde produzirt. Frankreich, in welches Land wir importirten

im Jahre 1876 Holz im Werthe von 26,9 Mill. Mk.,
„ „ 1877 „ „ „ „ 20,2 „ „

während wir aus Frankreich nur bezogen

1876 Holz im Werthe von 3,3 Mill. Mk.,
1877 „ „ „ „ 4,8 „ „

so daß unsere Holzausfuhr Frankreich gegenüber die Einfuhr erheblich übersteigt, importirte bei uns Gerberlohe

1876 und 1877 jährlich im Werthe von 4,6 Mill. Mk.,

während unser Export an Gerbrinde nach Frankreich gar nicht
der Rede werth ist[1]. Zwingen wir die ungarischen und französischen Waldbesitzer und Rindenhändler, theurer zu transportiren,
so muß die Leder-Fabrikation theurere Rinde kaufen und kann mit
ihren Produkten um so weniger mit französischem und amerikanischem
Leder konkurriren. Wollen wir sie konkurrenzfähig erhalten, so müssen
wir durch einen hohen Eingangszoll das fremdländische Leder theurer
machen; die Folge ist, daß alle Konsumenten, d. h. alle Menschen
überhaupt das Leder theurer bezahlen müssen.

Ich führe dies nur an, um zu zeigen, daß in diesen Fragen,
auf welche ich unten zurückkomme, die größte Umsicht nothwendig ist,
um nicht mehr zu schaden, als zu nutzen. Mit ein paar Schlagwörtern ist Nichts gethan. Die statistisch genau zu erforschenden
einander widerstreitenden Interessen müssen vorsichtig gegen einander
abgewogen werden. Ohne sich in den Rahmen eines wirthschaftlichen
Parteiprogramms einschnüren zu lassen, müssen die Gesetzgeber und
die Verwaltungen das thun, was die berechtigten Interessen der gesammten inländischen Produktion, nicht eines einzelnen Zweiges derselben auf Kosten der anderen, am meisten zu heben geeignet ist und
zugleich das Recht der Konsumenten achtet.

Ueber die Bewegung der Holzpreise im Ganzen fehlen leider zuverlässige Zusammenstellungen.

---

[1] Nach dem „Tableau général du commerce de la France", herausgegeben
von der General-Direction der Douanen in Paris. Kölnische Zeitung vom 28.
Dezember 1878.

Die Rindenpreise sind, wie aus den nachstehenden Angaben her=
vorgeht, im Ganzen (um 8—20%) gegen das Vorjahr gesunken.

Auf den Rindenmärkten wurden folgende Preise für Eichen=
Glanzrinde erzielt:

in Heilbronn[1])   1876: 8,143 Mk.

                  1877: 7,14   „

(18. Febr.) 1878: 6,557   „   (7,80 — 4,20 Mark),

in Heidelberg[2])   1876: 9,06   „

                  1877: 9,17   „

(18. März) 1878: 7,74   „

in Hirschhorn[3])   1876: 9,79   „

                  1877: 9,25   „

(1. April) 1878: 7,38   „

in Kaiserslautern[4]) 1876: 8,48   „

                  1877: 7,63   „

                  1878: 6,80   „

In Kreuznach[5]) wurde die Versteigerung durch eine Coalition
der Gerber gestört. Die Preise werden mit etwa 20% niedriger,
als im Vorjahre notirt. Auch in Friedberg in Hessen wurden nach
dem vorliegenden Berichte[6]) die Preise durch eine Gerber=Coalition
stark gedrückt, so daß nur wenige Versteigerungsposten genehmigt
werden konnten. In Erbach im Odenwalde waren die Preise eben=
falls sehr gedrückt.[7]) In den Staatsforsten des Regierungsbezirks
Trier[8]) endlich wurden folgende Mittelpreise incl. Schälerlohn erreicht

in den Staatswaldungen Rinden I. Kl. 6,93 Mk. pro Ctr.

   „   „   „   „   II.   „   3,45   „   „   „

   „   „   „   im Ganzen   6,41   „   „   „

---

[1]) Baur's Monatschrift. 1878. S. 290, nach dem Gewerbeblatt aus
Württemberg.

[2]) A. a. O. S. 296.

[3]) A. a. O. S. 298.

[4]) A. a. O. S. 302.

[5]) A. a. O. S. 300.

[6]) A. a. O. S. 308.

[7]) A. a. O. S. 306.

[8]) Bericht des Oberforstmeister Grunert in den forstl. Blättern. 1878. S. 282.

Der Durchschnittspreis sank gegen das Vorjahr um 1,10 Mk. Auch im Regierungsbezirk Wiesbaden sind die Preise sehr stark gesunken.

Daß die Leder-Industriellen es jetzt hier und da versuchen, durch Coalitionen die Preise noch mehr zu drücken, ist im höchsten Grade thöricht. Sie werden dadurch nur das Eine erreichen: Verminderung der Geneigtheit, die Schälwaldkultur zu fördern und werden sich nicht wundern dürfen, wenn man in leitenden forstlichen Kreisen gegen ihre bis zu einer gewissen Grenze zweifellos berechtigte Agitation zu Gunsten des Eichenschälwald-Betriebes mißtrauisch wird. Im Ganzen werden die Gerber zugeben müssen, daß ihre Interessen von den Forstwirthen durchaus nicht gering geachtet oder gar mißachtet werden.

In Württemberg wird die Eichenschälwirthschaft auf allen geeigneten Standorten begünstigt. Aus Baden meldet Oberforstrath Roth in Donaueschingen,[1]) daß der landwirthschaftliche Bezirksverein Wolfach (Kinzigthal) durch Anlage einer Pflanzschule diese Wirth= schaftsart anbahnte und daß in den Forstbezirken Gengenbach, Otten= höfen, Petersthal, Renchen, Waldkirch und Wolfach 1877 mit einem Kostenaufwande von 2036 Mark Eichen-Pflanzschulen angelegt wurden, aus welchen Pflanzen zu ermäßigten Preisen gegeben werden sollen. In Preußen wendet die Staatsregierung der Eichenschälwaldfrage fort= dauernd ihr Interesse zu. Mit Staatsunterstützung wird auf An= regung des Landraths Knebel ein großer Central-Pflanzen-Erziehungs= Garten für die mittlere Saargegend (Kreis Merzig) angelegt; in den Staatsforsten werden vielerorts die für den Schälwaldbetrieb ge= eigneten Standorte diesem Betriebe überwiesen.

Wenn der schlesische Forstverein in seiner Jahresversammlung von 1877[2]) (auf Antrag des Forstmeisters Guse) sich dahin aus= sprach, daß die Eichenschälwaldwirthschaft ihrer wirthschaftlichen und finanziellen Natur nach vorzugsweise den Privatwaldbesitzern zu über= lassen sei, daß der Staat auf seinen besten Waldstandorten in erster Linie die Verpflichtung habe, Eichenstarkholz zu erziehen, daß in Schlesien der Eichenschälwaldbetrieb bei den dortigen Standortsver= hältnissen nur ausnahmsweise angezeigt erscheine — so läßt sich nicht

---

[1]) Baur's Monatschrift. 1878. S. 560.

[2]) Jahrbuch des schlesischen Forstvereins. 1878. S. 14—24.

verkennen, daß diese Resolutionen der Berechtigung nicht entbehren, wenngleich nur der ganz und gar Ortskundige zu beurtheilen im Stande ist, ob sie in dieser Ausdehnung gerechtfertigt sind.

Man kann es nicht oft genug betonen: die Eichenschälwaldwirth= schaft ist die geeignetste Form der kleineren Privatwaldwirthschaft und der Weg der Selbsthülfe muß auch von den Leder=Industriellen be= treten werden. Alles vom Staate, den Gemeinden und den Groß= waldbesitzern zu erwarten, ist nicht billig.

An manchen Orten regen sich die Gerber tüchtig. Im Sieger= lande zahlen die Gerbereibesitzer pro Haut einen kleinen Betrag in eine besondere Kasse, aus welcher Samen und Pflanzen für den ge= nossenschaftlichen Schälwald=(Haubergs=)Betrieb beschafft werden. Man kann dies Beispiel nur zur Nachahmung empfehlen. —

Welchen finanziellen Nutzen übrigens das Borken der Eichen= hölzer schafft, hat neuerdings der Herzogl. Braunschweigische Ober= förster von Bultejus in Walkenried nachgewiesen.[1]) Ich empfehle den Aufsatz allen Berufsgenossen zur freundlichen Beachtung. —

Die Frage der Akklimatisation fremder Holzarten beschäftigt die forstlichen Kreise lebhaft. In der am 17. und 18. Juni 1878 zu Neu=Brandenburg (Mecklenburg) abgehaltenen Versammlung des märkischen Forstvereins[2]) trat Herr Both aus Flottbeck für die Möglichkeit der Akklimatisation mehrerer exotischer Holzarten ein (A. Donglasii, Wellingtonia gigantea, A. Nordmanniana, Cupressus Lawsoniana). Er gab zu, daß die seitherigen Versuche nicht ermuthigend seien, war aber der Ansicht, es habe seither die Methode des Anbaus und der Pflege gefehlt. Aus dem bisherigen Mißerfolge dürften abschließende Schlußfolgerungen nicht gezogen werden.

Man kann dies vollkommen zugeben. Die Folge wird lehren, ob mit Hülfe verbesserter Methoden die Akklimatisation im großen forstlichen Betriebe gelingen wird.

Inzwischen kommen aus dem Süden (Dalmatien) interessante Nachrichten über den Anbau von Eucalyptus globulus[3]) (Fieber=

---

[1]) Allg. Forst= und Jagd=Zeitg. 1878. S. 403.

[2]) Vergl. den von Oberförster Dantz verfaßten Bericht über die Versammlung. Eberswalde. 1878. (Müller) S. 50 fgd.

[3]) Centralblatt f. d. ges. Forstwesen. 1878. S. 370.

heilbaum, Blaugummibaum). Oberförster Aichholzer aus Görz berichtet, daß die dort in reichlicher Ausdehnung angebauten Eucalyptus-Stämmchen den Winter selbst jener warmen Gegenden 1876 und 1877 nicht überdauert haben, obwohl die Temperatur nicht unter — 6° C. sank.

Bezüglich der Wellingtonia gigantea dagegen berichtet Forstmeister Karbusch aus Oesterreichisch-Schlesien, daß sie im dortigen rauhen Klima vollkommen winterhart sei. Dasselbe meldet er von Abies balsamea Mill. (Canada) Abies obovata (Altai) und anderen Arten. Die Frage der Akklimatisation ist jedenfalls noch nicht spruchreif. —

Im Kulturbetrieb sind wenig Neuerungen zu melden. In Paris[1]) auf der Weltausstellung (Marsfeld, nahe bei der Porte-Rapp) konnte man einen kleinen Eichen-Kamp sehen, in welchem die Pflänzchen nach einer eigenthümlichen Methode, nämlich in Kompost über einer Lage poröser Steine erzogen waren. Den Stengelkeim hatte man abgekniffen (pincé), um zunächst die ganze Saftfülle der Wurzelbildung zu gute kommen zu lassen. Die so erzogenen einjährigen Eichen waren im Mittel 25—30 cm. lang, vorzüglich entwickelt.

An neuen Geräthen zum forstwirthschaflichen Betriebe sind zu nennen: Ein von dem Oberförster Müller in Gehlert construirter, in der Oberförsterei Hachenburg seit 4 Jahren mit gutem Erfolg gebrauchter Riesenabschneider für ziemlich ebenen verheideten oder verbeerkrauteten Boden[2]), und der Weber'sche Wegehobel; letzterer ist ein starker Eichenbalken mit pflugsterzenartigen Griffen und vorstehender, in scharfe Schneide endigender Platte (dem Hobel) und wird an dem Vorderwagen eines gewöhnlichen Arbeitswagens angehängt. Der Hobel ebenet und wölbt zerfahrene Wege; er bearbeitet den Weg 1,5 m. breit, wird auf jeder Strecke hin und her gezogen und die Mitte

---

[1]) Eine Mittheilung hierüber s. in Bernhardt's forstliche Zeitsch., 1879, S. 48.
[2]) Vergl. darüber Forst- und Jagdzeitung, 1877, S. 37 von Oberförster Kehrein. Der Riesenabschneider ist eine zweiräderige Karre mit zwei durch Steine beschwerten starken Stahlmessern, welche beiderseits den Riesenrand abschneiden. Derselbe ist für den Preis von 55 Mk. loco Bahnstation Au der Deutz-Giessener Bahn von Schmiedemeister Schulz in Hachenburg zu beziehen. Gewicht 60 Kilo.

(Wegkrone) wird dann ohne deu Hobel eingreifen zu laſſen, durch
Druck auf die Griffe abgeplattet.[1]

Die Abſatzfähigkeit der kürzeren, mittelſtarken Nutzhölzer in größeren Maſſen iſt zur Zeit weſentlich abhängig von dem Bedarf an
Eiſenbahnſchwellen und Grubenhölzern. Was die erſteren anbelangt,
ſo iſt ſeit langer Zeit die Möglichkeit, den inländiſchen Bedarf durch
die inländiſche Produktion an Eichenholz zu decken, nicht mehr vorhanden. Die Imprägnirungsverfahren, welche dazu dienen könnten,
auch andere Holzarten zur Verwendung als Bahnſchwellenholz ge-
ſchickt zu machen, haben keinen ganz befriedigenden Erfolg gehabt.
Dagegen ſcheint der ganz eiſerne Oberbau in neueſter Zeit von den
Eiſenbahntechnikern für empfehlenswerth erachtet zu werden. Ein
Erlaß des Handelsminiſters empfiehlt den Staatseiſenbahn-Ver-
waltungen, den eiſernen Oberbau anzuwenden. Sollte dies allgemein
geſchehen, ſo würden die Preiſe des kürzeren Eichen- und auch Kiefern-
Nutzholzes der mittleren Stärken wahrſcheinlich ſinken, was im Intereſſe der deutſchen Waldbeſitzer zu beklagen wäre.[2]

Auch von anderer Seite droht einem wichtigen, waldwirthſchaft-
lichen Produkte Konkurrenz. Die Methode der Lederbereitung mit
Eiſenſalzen, von Profeſſor Knapp erfunden, wird in der Verſuchsſtation
des Herrn Gottfriedſen in Braunſchweig praktiſch angewendet und
lebhaft in der Literatur empfohlen.[3] Von anderer Seite freilich wird
die Brauchbarkeit der Methode geleugnet und Profeſſor Müntz in
Paris behauptet, daß es ihm gelungen ſei, die Eiſenſalze, welche gar

---

[1] Vergl. Forſt- und Jagdzeit., 1878, S. 408, Bericht von Prof. Dr. Lorey.
Erfinder iſt Herr G. Weber zu Hummel-Radeck bei Lüben in Schleſien. Er ver-
ſendet den Hobel, ſtandhaft gebaut, 1,75 m. lang, cr. 100 Kilogr. ſchwer, ab
Bahnhof Lüben für 45 Mk., liefert auch auf Verlangen die Anſpannketten à 5 Mk.
und giebt eine gedruckte Gebrauchsanweiſung bei. Der Wegehobel kann nach
einer Notiz im „Lübener Stadtblatt" in den kurzen Tagen, mit zwei Pferden be-
ſpannt, ½ bis ¾ Stunden Wegelänge ebnen, je nachdem mehr oder weniger
Steine den Gang deſſelben hemmen. Herr Weber hat in Deutſchland und Oeſterreich Patent.

[2] Vergl. eine Notiz hierüber in den forſt. Bl., 1878, S. 190.

[3] Vergl. u. A. Baur's Monatſchrift, 1878, S. 97, 485. — Allg. Forſt-
und Jagdzeit., 1878, S. 217. Mehrere Artikel der „deutſchen Gerberzeit." von
1878 und der „Halle anx cuirs", einer Pariſer Zeitſchrift.

keine chemische Verbindung mit der thierischen Haut eingingen, aus=
zuwaschen. Die Forstwirthe haben alle Veranlassung, den Ausgang
des hierüber entbrannten Streites mit Spannung zu erwarten. Vor=
läufig aber dürfte noch keine gegründete Veranlassung vorliegen, diesen
Vorgängen irgend eine Einwirkung auf die waldwirthschaftlichen Ziele
zu gestatten und es ist immerhin nur räthlich, daß die Privatwald=
besitzer ernstlich prüfen, ob nicht auf den von ihnen bewirthschafteten
Standorten Eichenrindenwirthschaft allen anderen Betriebsformen vor=
zuziehen ist. Alle früheren Methoden der Mineralgerbung haben
Fiasko gemacht. Warten wir ab, ob der Gerbmethode des Herrn
Professor Knapp ein besseres Schicksal beschieden ist. —

Inzwischen gewinnen andere Holzverwendungen auch weitere Aus=
dehnung. Die Holzcellulose=Fabrikation ist im Aufblühen, die so=
genannte Holzwolle (lange, feine Holzspähne besonders aus Linden=
holz) finden mehr und mehr Anwendung,[1]) der Bergbau begehrt grö=
ßere und größere Quantitäten von Kleinbauhölzern und für unsere
Stark=Nutzhölzer sind noch keine Surrogate erfunden.

Hier liegt die Hauptaufgabe des Forstmannes unserer Zeit.
Den Betrieb auch im Brennholzwalde so zu gestalten, daß im ge=
mischten Bestande stärkere Nutzholzstämme mit erzogen werden (Fichte,
Tanne, Lärche im Buchenwalde), Erforschung aller jener Momente,
welche das Wuchsverhalten der einzelnen Holzarten im Mischwalde
bedingen, Feststellung der Methode der Mischung, Pflege aller jener
Betriebsformen, welche bei voller Bodenkrafterhaltung die Erziehung
der schweren Nutzholzsortimente gestatten (Lichtungsbetriebe in Eichen
und Kiefern, Ueberhaltbetriebe, plenterartige Betriebe 2c.), auf diesen
Gebieten liegen unsere waldbaulichen Aufgaben, die zugleich unsere
finanziellen sind. Die Umtriebe bei der Gesammtlage unserer Absatz=
verhältnisse verkürzen wollen jetzt, wo nur die starken Nutzholzsortimente
die Zukunft für sich zu haben scheinen, wäre sicherlich das Gegentheil
von vernünftiger Wirthschaftsführung. Alles thun aber, was möglich ist,
um die Kraft unserer Waldstandorte zur Erziehung der vollwerthigen,
marktfähigen, starken Nutzholzsortimente voll auszunutzen und zwar zur
thunlichst raschen Erziehung dieser Sortimente, ohne alle Verluste an

---

[1]) Vergl. Forst= und Jagdzeit., 1878, S. 192.

Bodenkraft, das heißt, wie ich meine, allen Forderungen genügen,
die unsere Zeit mit Recht an uns stellt. —

Wie viel bleibt uns auf diesem Gebiete noch zu thun! Ja, welche
ausgedehnten Flächen veröbeten Waldlandes bei uns in Deutschland,
in der Schweiz, in Oesterreich warten noch der waldbegründenden
Thätigkeit deutscher Forstmänner!

In der Schweiz hat vor Jahren ein Mann gelebt, der Professor
an der Universität und dem Polytechnikum in Zürich, Dr. Arnold
Escher von der Linth, der in seinem Testamente ein Legat von
15000 Frcs. (12000 Mk.) zu forstwirthschaftlichen Zwecken in den
ärmeren Bergkantonen aussetzte. Mit diesem Gelde hat man eine
„Escherwaldung" bei St. Carlo (1600 m. ü. d. M., zwischen Ober=
saxen und Morissen) und eine solche auf der Realp begründet und
außerdem arme Gemeinden bei ihren Aufforstungs=Arbeiten im Hoch=
gebirge mit Pflanzen und Sämereien unterstützt.[1] Konnte dem ver=
dienten Patrioten ein schöneres Denkmal der Ehren gesetzt werden?

Auch aus anderen Gebirgsländern hört man auf diesem Gebiete
manches Erfreuliche. Der kärntnerische Forstverein[2] hat zur Ver=
besserung des Kulturzustandes namentlich der kleinen bäuerlichen
Waldungen in den Kärntner Bergländern seit dem Jahre 1873 über
2 800 000 Pflanzen (Fichten, Kiefern, Schwarzkiefern, Lärchen) ab=
gegeben. Im norddeutschen Flachlande könnte in dieser Beziehung
viel mehr geschehen. Aber auch hier ist manches Erfreuliche zu melden.
Die Heide=Aufforstungen in Hannover, durch die Provinzialverwaltung,
die Königl. Klosterkammer und die Herzoglich Aremberg=Meppensche
Forstverwaltung betrieben, schreiten rüstig vorwärts. Der Heide=
Kultur=Verein in Schleswig=Holstein, über dessen Geschichte und
Thätigkeit jüngst Oberförster Emeis zu berichten begonnen hat[3],
fährt fort, erhebliche Geldmittel auf die Bewaldung bezw. Urbar=
machung der Heiden zu verwenden, und die preußische Staatsforst=
verwaltung kultivirt alljährlich erhebliche Flächen armen Sandlandes
im Nordosten. Aber ungeheure Flächen warten noch der Kultur und

---

[1] Eine Beschreibung dieser „Escherwaldungen", welche nun schon heran=
gewachsen sind, findet man in der schweizerischen Zeitschr. f. Forstwesen von 1878.

[2] Centralblatt f. d. ges. Forstwesen, 1878, S. 325.

[3] Allg. Forst= u. Jagd=Zeit., 1878, S. 279.

die Aufgabe, welche uns auf diesem Gebiete gestellt ist, bedarf zu ihrer Lösung noch gewaltiger Anstrengungen.

Aus Oesterreich[1]) hören wir, daß der Wald=Industrie=Verein in seiner Generalversammlung vom 11. Dezember 1877 Liquidation des Geschäftes beschlossen hat. Der Waldbesitz dieser Gesellschaft wird also unter den Hammer kommen. Wird er der Spekulation, Zerstückelung und Zerstörung verfallen? Es scheint mehr und mehr, daß die Waldwirthschaft nicht Sache der Spekulationsgesellschaften auf Aktien sein sollte.

---

3. Waldbeschädigungen durch Schnee- und Eisbruch, Sturm und Insekten.

Das Jahr 1878 hat keine erheblichen Waldbeschädigungen durch Elementarereignisse und Insekten gebracht. Zwar steht zu fürchten, daß die ungeheuern Schneemassen, welche gegen das Ende des Jahres im süd= und westdeutschen Gebiete abgelagert worden sind, hier und da in den Waldungen Schaden verursacht haben; aber von eingreifenden Waldzerstörungen hat man bisher wenigstens noch Nichts gehört.

Zahlreiche Lawinen[2]), die theilweise großen Schaden auch an den Holzbeständen der Hochlagen angerichtet haben, sind 1878 namentlich an den Südabhängen der Alpen niedergegangen. In der Schweiz hat der eidgen. Forstinspektor Coaz die Anregung zur regelmäßigen Aufnahme einer Lawinenstatistik gegeben.[3]) Das Departement des

---

[1]) Oesterr. Monatschr. f. Forstwesen, 1878. S. 37.

[2]) Vergl. österr. Monatschrift f. Forstwesen, 1878, S. 509. — Centralbl. f. d. ges. Forstwesen, 1878, S. 105, 106, 168, 447. An der zuletzt genannten Stelle findet sich eine Statistik der im Winter 1877/78 im Sammelgebiete des Traunflusses und der Steyer niedergegangenen Lawinen und des dadurch herbeigeführten Bruchschadens von Forstmeister Förster in Gmunden. 5 Staublawinen, 67 Oberlawinen und 57 Grundlawinen sind dort niedergegangen und haben über 16000 Rmmtr. Holz zerbrochen. In Tirol sind durch Lawinen über 4500 Festmeter Holz in den Staatsforsten zerbrochen, über 40 Alpengebäude zerstört, viele Gemsen und Rehe zu Grunde gegangen. Auch ein Mensch wurde in Tirol durch eine Lawine getödtet.

[3]) Centralbl. f. d. ges. Forstwesen, 1878, S. 518.

Innern hat sich der Sache angenommen und man darf von diesen Erhebungen werthvolle Ergebnisse erwarten.

In einem Theile von Mähren und Böhmen (Czaslauer und Budweiser Kreis) hat am 24. April ein Südsüdoststurm von lokaler Ausdehnung große Verheerungen namentlich an den Schlagrändern angerichtet. Die ungewöhnliche Sturmrichtung spottete jeder Hiebsrichtung und Bestandsordnung.[1])

Der furchtbare Schneesturm in der Nacht vom 2. auf den 3. November[2]), welcher einen großen Theil von Oesterreich=Ungarn durchtobte und sicherlich auch in den Forsten großen — bisher jedoch noch nicht ziffermäßig festgestellten — Schaden angerichtet hat, Telegraphenstangen in großer Zahl umwarf und dadurch die telegraphischen Verbindungen der Reichshauptstadt auf viele Tage hinaus vollständig unterbrach, hat in Wien schreckliche Verwüstungen angerichtet. Ein Mensch wurde durch eine fallende Telegraphenstange erschlagen. Die herrlichen Alleen und Parkanlagen auf dem Ring, deren Bäume noch belaubt waren, sind in beklagenswerther Weise zerstört worden. Sturm und Schneefall dauerten während des ganzen 3. November fort.

Von Insektenschäden hat man wenig gehört. Zwischen den periodisch wiederkehrenden Fraßepidemieen scheint eine — hoffentlich langdauernde — Pause eingetreten zu sein.

Der Eschenborkenkäfer[3]) zeigte sich in bedrohlicher Menge bei Königsberg i. Pr. Hylesinus polygraphus, allein und mit bostrichus abietis trat in Folge der Windbruchschäden von 1876 in Oberhessen auf, ohne jedoch eine gefahrbringende Verbreitung zu gewinnen.[4])

Ein erheblicher Waldbrand (Zündung durch Lokomotivfunken) hat bei Littai in Krain über 20 österr. Joch Wald zerstört.[5])

---

[1]) A. a. O., S. 379, 517.

[2]) Nach der Kölnischen Zeit. von 1878, Nr. 309, 2. Blatt.

[3]) Centralbl. f. d. ges. Forstwesen, 1878, S. 519.

[4]) Bericht des Forstaccessisten Joseph in der allg. Forst= u. Jagd=Zeit., 1878, S. 443.

[5]) Centralbl. f. d. ges. Forstwesen, 1878, S. 275.

4. Die Gesetzgebung in Bezug auf die Waldungen.

Die größte legislatorische Frage, welche auch die Interessen der Forstwirthschaft eng berührt, ist diejenige unserer Handels- und Zoll-Politik. Ein wirthschaftspolitischer Umschwung hat sich langsam, aber um so kräftiger, im Lande vorbereitet. Er kam schon im Monat März im preußischen Abgeordnetenhause zum Ausdruck. Der Vice-präsident des Staatsministeriums, Finanz-Minister Camphausen trat zurück. Der Fürst-Reichskanzler entwickelte in zwei mächtigen Reden am 23.[1]) und 27. März 1878 die Unhaltbarkeit unserer Eisenbahn-Tarif-Verhältnisse.

Von Seiten der Königlichen Forstverwaltung, sagte Fürst Bismarck wörtlich am 23. März, sind mir Klagen zugegangen, die mit Zahlen belegt werden können, wie die Erträge der Forsten zurückgegangen sind und wie namentlich in der Provinz Schlesien von der österreichischen Grenze bei Ratibor bis etwa zur Warthe herunter die Preise gerade dort gefallen sind, und das Holz unverkäuflich geworden ist, wo früher der beste Absatz war, nämlich dort, wo die großen Verkehrsadern der Eisenbahn und der Oder liegen. Es kommt dies davon, daß die Königlichen Forsten dort der Konkurrenz des österreichischen Holzes aus Galizien u. a. unterliegen, welches von den Eisenbahnen und zwar von den Eisenbahnen, die unter Königl. Verwaltung stehen, zu einem Preise gefahren wird, daß es nach der Meinung der Königl. Forstverwaltung zu dem Preise nicht auf dem kürzesten Chausseewege gefahren werden kann.

Es geht daraus hervor, daß wir zu Gunsten der österreichischen Staatswaldungen und Forstbesitzer zu der Zeit, wo der Raupenfraß und Käferfraß das Holz wohlfeiler macht — daß wir da Ausfälle, ich will die Ziffer von 2 Millionen einmal nennen, in unseren Forsten erhalten, die nicht alle hierher treffen werden. Aber wie decken wir diese

---

[1]) Stenograph. Berichte der Session 1877/78, S. 1960.

Ausfälle in unseren Staatsrevenüen? Doch dadurch, daß wir, da wir
indirekte Hülfsmittel im Lande nicht haben, den direkten Steuern,
sagen wir der Klassensteuer, der Einkommensteuer, das zuschlagen,
was uns an Forstrevenüen ausfällt, hauptsächlich wegen der wohl-
feileren Beförderung österreichischen Holzes. Bezahlen wir auf diese
Weise nicht unsere Klassensteuer an den österreichischen Forstfiskus?
Sind solche Zustände vernünftig? — — —

Ein anderes Beispiel aus Forsten bietet in der Gegend von
Eschwege die ungarische Lohe, die zu einem geringeren Preise als aus
der 1½ Meilen von dort entlegenen Forst gefahren werden kann.
Das sind so unrichtige Verhältnisse, durch die die ganze natürliche
wirthschaftliche Gravitation und Stätigkeit unserer Zustände nach der
Willkühr einzelner Eisenbahn-Verwaltungen verschoben wird in einer
Weise, auf die kein Mensch sich einrichten kann, wo keine menschliche
Möglichkeit richtiger Berechnung einer Produktion mehr möglich ist."

In der Sitzung vom 27. März[1]) kam Fürst Bismarck auf
diese Verhältnisse zurück. Er verlas bruchstückweise eine die
Differentialtarife betreffende Denkschrift der Centralforstbehörde und
fügte hinzu:

„Wie weit das zurückwirkt auf unsere Ernährungsverhältnisse,
das könnte ich Ihnen durch Briefe aus Oberschlesien beweisen, wo
darüber geklagt wird, daß in den dortigen Wäldern alle kleinen
Industrieen, die auf den Schneidemühlen und Holzschneiden beruhen,
augenblicklich auch die Holzhauer brodlos sind. Die Leute, die von
den Fuhren zu den Schneidemühlen und von den Schneidemühlen
ihren Broderwerb haben, sind brodlos, sie haben dabei die Annehmlich-
keit, tagtäglich durch ihre Wälder vorbeifahren zu sehen die Bahnzüge
aus Oesterreich, von denen jeder 30—40 Waggons galizischer und
ungarischer Hölzer durchfährt, während sie in Folge der schlechten
Ernte aus Arbeitslosigkeit Hunger leiden müssen. Eichene Parquette
gehen jetzt vorzugsweise nur noch aus Ungarn nach Paris, während
die nähergelegenen Parquettfabriken in Sachsen, Westfalen und Rheinland aus Mangel an Absatz still stehen und zwar lediglich durch die

---

[1]) Stenograph. Berichte der Session 1877/78, S. 1986 fgde.

Differentialtarife, weil unsere Fabriken die Frachten, die sie treffen, nicht tragen können."

Diese Vorgänge waren wohl geeignet, eine erhebliche Erregung im ganzen Reiche hervorzurufen. Das „Für" und „Wider" die Differentialtarife[1]) und Refaktien[2]) wurde allüberall in Landesvertretungen, Versammlungen, politischen und technischen Zeitschriften laut und mit oft heftiger Anfeindung der Gegner besprochen. Die 7. Versammlung deutscher Forstmänner in Dresden[3]) beschloß eine Reihe von Resolutionen, welche im Wesentlichen dahin gehen, daß

1. Das Holz folgendermaßen in die Spezialtarife eingestellt werden soll a) im Spelialtarif 1: Außereuropäisches Bau= und Nutzholz, ausschließlich Fournieren, ferner Holzessig, Holzgeist, Holzröhren, Holzstoffpappe; b im Specialtarif 2: Nicht deutsches europäisches Bau= und Nutzholz (auch roh bearbeitet), ferner ohne Rücksicht auf den Ursprung: Werk=, Daub=, Faßholz, Faschinen=, Korb=, Floßweiden, Heidebesen, Reiserbesen, Salzkisten, Schiffsnägel, Cigarrenkistenbretter, Holzdrath, Holzzeugmasse; c) im Specialtarif 3: Deutsches Bau= und Nutzholz (auch roh bearbeitet), ferner ohne Rücksicht auf den Ursprung: Brennholz bis 2,5 m. Länge, Eisenbahnschwellen, Telegraphen= Grubenholz, Holzmehl, Sägemehl, Sägespähne.

2. In jenen Bahngrenzstationen, welche das Recht deutscher Kartirung erlangen, ist eine hohe Expeditionsgebühr festzustellen und für jede Specialtarifklasse die Sätze so zu bestimmen, daß Güter derselben Tarifklasse für gleiche Mengen bei gleichen Entfernungen auf denselben Linien nicht verschiedene Frachtsätze zahlen.

3. Die Gewährung von Refaktien ist unzulässig.

Diese Resolutionen sind der Reichsregierung und den deutschen Landesregierungen vorgelegt worden.

Ein bestimmtes, klares Programm trat zunächst, von maßgebender

---

[1]) Tarife, welche für dieselbe Gütermenge mit zunehmender Transportweite sinken.

[2]) Theilweise Wiedererstattung der ohnehin niedrigen Frachtgelder an die Verfrachter großer Gütermengen.

[3]) Bericht in Baur's Monatschrift, 1878, S. 507 fgde.

Stelle ausgehend, nicht hervor. Der Bundesrath beschäftigte sich ein=
gehend mit den einschläglichen Fragen. Am 15. December richtete
Fürst Bismark ein Schreiben an den Bundesrath, welches das Pro=
gramm der deutschen Zoll= und Handelspolitik der Zukunft nach der
Auffassung des ersten Beamten des Reichs enthält und eine neue
Epoche unserer wirthschaftspolitischen Entwickelung bezeichnet.[1])

Der Fürst=Reichskanzler entwickelt zunächst, wie sehr Deutschland
in der finanziellen Fortbildung seines Zollwesens hinter anderen
Staaten zurückgeblieben sei. Das Wesen der für nothwendig erkannten
Finanz=Reform beruhe nicht in der Vermehrung der öffentlichen Lasten,
sondern in der Uebertragung eines größeren Theiles der unvermeidlichen
Lasten auf die weniger drückenden indirekten Steuern. Es empfehle
sich, die Zollpflichtigkeit aller über die Grenze eingehenden Gegenstände
auszusprechen. Auszunehmen seien diejenigen für die Industrie un=
entbehrlichen Rohstoffe, welche in Deutschland gar nicht (z. B. Baum=
wolle) oder nur in ungenügender Qualität und Quantität erzeugt
werden können.[2]) Eine Mehreinnahme von 70 Millionen Mark werde
sich auf diese Weise erzielen lassen (bei einem Zollsatze von 5% des
Werthes der einzuführenden Güter). Dies finanziell empfehlenswerthe
System sei auch volkswirthschaftlich nicht zu verwerfen. Eigentliche
Schutzzölle wirken einseitig wie Privilegien einzelner Industriezweige;
der ganzen inländischen Produktion sei gegen das Ausland ein Vor=
zug einzuräumen. Die Rückkehr zu dem Princip der allgemeinen
Zollpflicht entspreche der jetzigen Lage unserer handespolitischen Ver=
hältnisse. Nachdem der Versuch, mit Oesterreich=Ungarn einen neuen
Zolltarif zu vereinbaren, bezw. den bisherigen zu prolongiren, gescheitert,
seien wir (abgesehen von den in den Verträgen mit Belgien u. der Schweiz
enthaltenen Tarifbestimmungen) in das Recht selbständiger Gestaltung
unseres Zolltarifs wieder eingetreten. Neue Verhandlungen auf diesem
Gebiete würden nur dann mit der Aussicht auf einen für Deutsch=
land günstigen Erfolg begonnen werden können, wenn vorher auf dem
autonomen Wege ein Zollsystem geschaffen sei, welches die gesammte

---

[1]) Das Schreiben ist in allen größeren politischen Zeitungen abgedruckt. Oben=
stehender Auszug nach der „Kölnischen Zeitung".

[2]) Hierher würde z. B. auch Eichenjungrinde gehören.

inländische Produktion der ausländischen gegenüber in die möglichst
günstige Lage bringe.

Es ist sehr wahrscheinlich, daß die mit der Revision des Zoll=
tarifs betraute Kommission des Bundesraths sich im Großen und
Ganzen den Auffassungen des Fürsten=Reichskanzlers anschließen wird.
Hiermit ist dann die wirthschaftspolitische Reform auf eine feste Grund=
lage gestellt. —

Diesen Vorgängen gegenübnr, welche wahrhaft vitale Interessen
der Nation betreffen, erblassen die übrigen im Reiche vorbereiteten
legislatorischen Arbeiten in Bezug auf das Forstwesen einigermaßen.
Das oft besprochene Vogelschutzgesetz ist im Entwurfe dem Bundes=
rathe wieder vorgelegt worden. Die Vorlage umfaßt 11 §§ und
schließt sich im Wesentlichen den früheren Vorlagen an.[1])

In Preußen hat man zweifellos in den letzten 5 Jahren an
dem Ausbau der forstlichen Gesetzgebung wacker gearbeitet. Das Wald=
schutzgesetz, ein Gemeindewaldgesetz, ein neues Forstdiebstahlsgesetz liegen
als Früchte dieser Bestrebungen vor. Aber man ist noch lange nicht
am Ziele.

Dem Landtage waren in seiner Session 1877/78 drei auf das
Forstwesen bezügliche Gesetzentwürfe vorgelegt worden: Ein Forst=
diebstahlsgesetz, ein Feld= und Forstpolizeigesetz und eine Haubergs=
ordnung für den Kreis Siegen[2]).

Das Herrenhaus berieth diese drei Gesetzentwürfe durch; dem
Abgeordnetenhause jedoch war es nur noch möglich, das Forstdiebstahls=
gesetz zu erledigen. Dasselbe ist vom 15. April 1878 datirt und
tritt mit dem Gerichtsverfassungsgesetze (voraussichtlich am 1. Oktober
1879) in Kraft[3]). Der Entwurf eines Feld= und Forstpolizeigesetzes

---

[1]) Vergl. über den Gegenstand: Altum, über den Entwurf eines Vogelschutz=
gesetzes im deutschen Reichstage in Danckelmanns Zeitschrift IX., S. 8. — Borg=
greve, die Vogelschutzfrage nach ihrer bisherigen Entwickelung und wahren Be=
deutung. Berlin und Leipzig, 1878.

[2]) Chronik des deutsch. Forstwesens. III. Jahrg., S. 20.

[3]) Vergl. zu dem Gesetz folgende Commentare: Geheimer Oberjustizrath
Oehlschläger und Forstmeister Bernhardt: Gesetz betr. den Forstdiebstahl vom
15. April 1878. Berlin, Spinger. 1878. 1 40 M. — Günther (Staatsanwalt und
Abgeordneter) das preuß. Gesetz vom 15. April 1878 betr. den Forstdiebstahl mit

ist dem Landtage wiederum vorgelegt worden und einer Kommission von 21 Mitgliedern übergeben. Die Haubergsordnung für den Kreis Siegen fand in der Form, wie sie in der Session 1877/78 vorgelegt worden war, vielfachen Widerspruch. Der ganzen Richtung unserer Zeit entsprechend, war die überwiegende Zahl der Abgeordneten der Ansicht, daß ein größeres Maaß von Selbstverwaltungsrecht jenen seit vielen Jahrhunderten bestehenden, in allen ihren Institutionen mit dem Volksbewußtsein fest verwachsenen Waldgenossenschaften zuzugestehen sei. Eine aus Wahl hervorgehende Selbstverwaltungsbehörde, Haubergs-Schöffenrath, solle unter dem Vorsitze des Landraths konstituirt und mit wichtigen Entscheidungsbefugnissen ausgestattet werden.

Die Staatsregierung trat diesen Bestrebungen keineswegs entgegen. Auch dem weiterhin betonten Wunsche, daß vor der endgültigen Formulirung des Gesetzes die Genossenschaften selbst durch gewählte Vertreter gehört werden möchten, verschloß sie sich nicht. Im Vorsommer wurden vielmehr durch Ministerial-Kommissarien die Gegenden bereist, in welchen die Haubergswirthschaft von Genossenschaften betrieben wird (Kreis Siegen, Amt Dillenburg, nördlicher Theil des Kreises Altenkirchen) und die Interessenten gehört. Der nach diesen Berathungen und Verhandlungen umgeformte Entwurf dürfte nunmehr bald Gesetzeskraft erlangen. Damit wird eine Frage im konkreten Falle praktisch gelöst, welche von größter präjudizieller Bedeutung ist, die Frage der Erhaltung der noch bestehenden deutschrechtlichen Waldgenossenschaften unter Einfügung ihrer Verfassung in unsere neuen Rechtsordnungen.

Bei Berathung des Entwurfs der Haubergs-Ordnung wurde eine andere hochwichtige Frage angeregt. Ein Antrag des Abgeordneten Knebel unterstellte die Verhältnisse der Gehöferschaften im Regierungsbezirk Trier der Beachtung durch die gesetzgebende Versammlung.

Erläuterungen. Breslau. 1878. 1,60 Mark. — Ueber die Verhandlungen vergl. meinen Bericht über die das Forstwesen betreffenden Verhandlungen des Landtags in Danckelmanns Zeitschrift, X. Bd. S. 377. Die Verhandlungen selbst nach dem stenograph. Berichte sind in Danckelmanns Jahrbuch der preuß. Forst- und Jagdgesetzgebung 2c., redigirt von O. Mundt. X S. 50 (Herrenhaus) und 157 (Abgeordnetenhaus) abgedruckt.

Die Gehöferschaftswaldungen, ähnlich den Haubergen, in genossen=
schaftlichem Besitz, aber nicht wie diese, durch Specialgesetz vor der
Zerstückelung geschützt, sind bereits großentheils getheilt und devastirt.

Den von dem Chef des landwirthschaftlichen Ministeriums ent=
sendeten Kommissarien wurde die Aufgabe, auch die Verhältnisse dieser
uralten Genossenschaften zu studiren, die Interessenten zu hören und
so Material für eine Reform der bezüglichen Gesetzgebung zu sammeln.
Aber es zeigte sich bald, daß gemeinschädliche Waldtheilungen noch an
vielen anderen Orten des Westens der Monarchie zu verhindern sind
und daß die Frage der Gehöferschaften nicht wohl einseitig gelöst
werden könne. In einer ausführlichen Denkschrift[1]) legte die Staats=
regierung der Landesvertretung gegenüber die Verhältnisse der Ge=
höferschaften dar. Zu einer Gesetzesvorlage aber gelangte man noch
nicht, da zunächst die ganze Frage der Waldtheilungen statistisch zu
erforschen und in umfassender Weise vorzubereiten ist.

Hier liegt die dringendste Aufgabe, welche die Gesetzgebung in
Preußen in Bezug auf das Forstwesen des Landes zu lösen hat.
Wer, wie ich, die wirthschaftlichen Schäden kennen gelernt hat, welche
die Theilung der Genossenschaftswaldungen gebracht haben und mit
Sicherheit noch bringen werden, wenn die Gesetzgebung nicht eingreift,
der wird mir zustimmen, daß eine der vornehmsten und dankbarsten
Aufgaben des neuen Ministeriums für Landwirthschaft, Domänen und
Forsten auf dem Gebiete der Waldtheilungen liegt. Wer den
Genossenschaften ihren Wald rettet, rettet die wirthschaftliche Kraft
der bäuerlichen Genossen selbst und ist des Dankes der zukünftigen
Geschlechter gewiß. —

Die gesetzliche Regelung der Ressortverhältnisse der preußischen
Ministerien der Finanzen, des Handels und der landwirthschaftlichen
Angelegenheiten rief gegen das Ende der Session 1877/78 eine leb=
hafte Erregung im Abgeordnetenhause hervor. Eine Regierungs=
Vorlage,[2]) welche auf dem Wege der Budget=Berathung die Frage

---

[1]) Drucksachen des Hauses der Abgeordneten. Session 1878—79. Nr. 54.

[2]) „Entwurf eines Gesetzes, betr. die Feststellung eines Nachtrags zum
Staatshaushaltsetat." Drucksachen des Abgeordnetenhauses, Session 1877/78,
Nr. 299, 302. Herrenhaus Nr. 135.

regeln wollte, wurde nach lebhaften Kämpfen verworfen.[1]) In der
Session 1878/79 wurde die Regelung auf dem Wege eines besonderen
Gesetzes angestrebt.[2]) Gegen den Uebergang der centralen Leitung
der Domänen= und Forst=Verwaltung an ein Ministerium für Land=
wirthschaft, Domänen und Forsten wurden materielle Einwendungen
von keiner Seite erhoben.[3]) In den Sitzungen des Abgeordneten=
hauses vom 18. und 19. Dezember wurde die Frage von dem einen
Faktor der Gesetzgebung entschieden. Die Zustimmung des Herren=
hauses vorausgesetzt, wird Preußen vom 1. April 1879 ab ein
Ministerium besitzen, welchem die Pflege der Landeskultur im weitesten
Umfange obliegt.[4]) Die epochemachende Bedeutung dieses Ereignisses,
besonders auch für das preußische Forstwesen, bedarf weiterer Er=
läuterung nicht. —

Das Landes = Oekonomie = Kollegium, welches nach dem am
1. Mai 1878 erlassenen neuen Regulativ (§ 1) die Bestimmung hat,
„den Minister für die landwirthschaftlichen Angelegenheiten als dessen
regelmäßiger Beirath in der Förderung der Land= und Forstwirth=
schaft zu unterstützen," ist neu gebildet und es sind zum erstenmal
auch zwei Forsttechniker[5]) in dasselbe berufen worden. — In Württem=

---

[1]) Sitzungen vom 23. und 27. März 1878, Stenograph. Berichte S. 1956
bis 2030. Vergl. meine Abhandlung hierüber im Centralblatt f. d. ges. Forstwesen,
1878, S. 348, 403, und den Bericht in Danckelmann's Zeitschr., X. Bd., S. 377.

[2]) Gesetzentwurf, betr. Abänderungen der gesetzlichen Bestimmungen über die
Zuständigkeiten des Finanz=Ministers, des Ministers für die landwirthschaftlichen
Angelegenheiten, des Ministers für Handel, Gewerbe und öffentliche Arbeiten.

[3]) Die Budget=Kommission beantragte: „Das Haus der Abgeordneten wolle
der Uebertragung der Domänen= und Forst=Verwaltung von dem Finanz=
Ministerium auf das Ministerium für landwirthschaftliche Angelegenheiten, welches
demnächst die Bezeichnung „Ministerium für Landwirthschaft, Domänen und
Forsten" zu führen haben wird, zustimmen." Dieser Antrag fand allseitige Annahme.

[4]) Ueber die Richtung, in welcher sich dies Ministerium entwickeln wird, giebt
das kürzlich erschienene umfassende Werk: Preußens landwirthschaftliche Verwaltung
in den Jahren 1875, 1876, 1877, Berlin, Verlag von Wiegandt, Hempel und
Parey, 1878, authentische Auskunft. Wir finden dort S. 4. den Satz: (das
Ministerium f. d. landwirthschaftl. Angelegenheiten) „betrachtet als seine Aufgabe
für Gegenwart und Zukunft: Die staatliche Pflege der Landeskultur in der weitesten
Bedeutung des Wortes."

[5]) Die beiden Direktoren der Forst=Akademieen.

berg sind durch Königliche Verordnung vom 22. August 1878 die
Hege= und Schonzeiten des Wildes neu bestimmt worden.[1]) In
Sachsen=Meiningen hat die Regierung eine Verordnung gegen
das Einfangen und Tödten der nicht jagdbaren Vögel erlassen.[2]) —

In der braunschweigischen Landesversammlung kam gegen
Ende des Jahres eine hochwichtige Landeskultur=Frage zur Ver=
handlung.[3]) Braunschweig hat über 30% Wald, darunter einige
tausend Hektaren auf sehr gutem Boden im Flachlande. Das Forst=
hoheitsgesetz von 1861 verbietet jede Rodung ohne Genehmigung der
Landesregierung. Es sind nun Klagen darüber laut geworden, daß
die Rodungs=Erlaubniß auch in solchen Fällen versagt worden sei,
wo es sich um Boden handle, der zu jeder landwirthschaftlichen Kultur
dauernd unzweifelhaft geeignet sei und daß damit ein schwerwiegender
volkswirthschaftlicher Fehler begangen werde.

In der Sitzung der Landesversammlung vom 17. Dezember 1878
beantragte der Abgeordnete (Kammerdirektor) Griepenkerl: „die
h. Landesversammlung wolle beschließen, die Herzogliche Landes=
Regierung zu ersuchen, dem gegenwärtigen Landtage den Entwurf
eines Gesetzes vorzulegen, welches die Ertheilung der Erlaubniß zur
Rodung von Forstgrund, dessen anderweite Benutzung unzweifelhaft
einen überwiegenden Nutzen gewährt, als Regel sicher stellt und für
die Ausnahmefälle der Versagung wegen entgegenstehender öffentlicher
und privater Interessen bestimmte Normen giebt." Der Antrag ist
einer besonderen Kommission übergeben und kommt im Februar 1879
zur Entscheidung. Man darf auf dieselbe gespannt sein. Sie hat
eine große allgemeine Bedeutung. Der Grundgedanke des Antrags,
für die Waldwirthschaft alle Schutzmeldungen und allen absoluten
Waldboden zu erhalten, der Landwirthschaft aber den Kulturboden zu
übergeben, ist unzweifelhaft richtig. Die gesetzgeberische Ausformung
dieses Gedankens aber bietet große Schwierigkeiten, wie wir in Preußen
bei den Berathungen über das Waldschutzgesetz vom 6. Juli 1875
erfahren haben und wie man es in diesem Augenblicke in Oesterreich,

---

[1]) Centralbl. f. d. ges. Forstwesen, 1878, S. 577.
[2]) Berliner Tageblatt v. 24. Novbr. 1878.
[3]) Braunschweiger Tageblatt, 1878, Nr. 300.

Bayern, Sachsen 2c. erfährt, wo es sich um die Reform der Forst=
gesetze, bezw. um den Erlaß neuer derartiger Gesetze handelt.

———

5. Aus der Verwaltung.

Die Chronik darf in diesem Jahre mit Freude an die Spitze
dieses Abschnittes den Bericht über ein schönes Fest setzen, welches
unser Altmeister Dr. H. Burckhardt am 19. November feierte:
den schönen Tag des 50jährigen Amts=Jubiläums. Von Sr.
Majestät dem Kaiser und Könige mit dem rothen Adler=Orden II. Kl.,
von Sr. Königl. Hoheit dem Großherzog von Sachsen=Weimar mit
dem Komthurkreuze des Ordens der Wachsamkeit (von dem weißen
Falken) geschmückt, von Freunden, Deputationen, Behörden begrüßt
und beglückwünscht, schaute der Jubilar festen und klaren Blickes,
frisch und freudig, auf den arbeits= und erfolgreichen Weg zurück, den
er in diesem Halbjahrhundert gegangen, auf das Werk seines bis=
herigen Lebens, gewidmet unserer Wissenschaft und Wirthschaft, welches
den schönsten Lohn in sich selbst trägt. Möge H. Burckhardt noch
ein langes, gedeihliches Wirken beschieden sein![1])

Dr. Theodor Hartig in Braunschweig, der hochverdiente und
unermüdliche Forscher auf dem Gebiete der forstlichen Naturwissen=
schaften, erster Professor der Forstwissenschaft an der technischen Hoch=
schule Carola=Wilhelmina von 1838 bis 1877, ist in den wohlver=
dienten Ruhestand getreten. Seine Verdienste sind durch die Ver=
leihung des Titels „Oberforstrath" anerkannt worden. Noch aber
lebt in ihm die „schaffende Kraft," wie wir aus einer neuesten Publikation
(s. unter Literatur) ersehen. Möge er uns noch lange erhalten
bleiben! —

Umfassende neue Verwaltungs=Organisationen sind 1878 nicht
ins Leben getreten. In Preußen ist durch Allerhöchsten Erlaß vom

———

[1]) Berichte über das Jubiläum siehe in meiner „Forstl. Zeitschrift," 1879,
S. 64. — Allg. Forst= u. Jagd=Zeit., 1879, S. 36. — Baur's forstwiss. Central=
blatt, 1879, S. 76.

21. Oktober 1878 den Königlichen Oberförstern der Rang der Räthe V. Klasse (Richter I. Instanz, Assessoren der Provinzial-Behörden rc.) verliehen worden.[1]

In Bayern ist die Vorbildung für den Königlichen Staatsforstdienst neu geregelt worden. Ich werde auf die bezüglichen Vorschriften unten bei 7 (forstliches Unterrichtswesen) zurückkommen.

In Württemberg ist eine neue „Anweisung, betreffend die Aufstellung, den Vollzug und die Erneuerung (Revision) der Wirthschaftspläne für die Waldungen der Gemeinden, Stiftungen und sonstigen öffentlichen Köperschaften" von der Forstdirektion, Abtheilung für Körperschaftswaldungen, erlassen worden,[2] welche allgemeine Beachtung verdient. Diese Anleitung schließt sich den Grundsätzen an, welche sich bei der Einrichtung der württembergischen Staatsforsten allmählig herausgebildet haben. Die Nachhaltigkeit wird für die späteren Perioden durch gleichwerthige Flächen gesichert. Die Darstellung der Forsteinrichtung wird durch einfache, leicht übersehbare Formulare bewirkt. Die Anleitung selbst vermeidet breite Auseinandersetzungen und gruppirt den Stoff in kurzer, präciser Darstellung. Dies sind Vorzüge einer zum allgemeinen praktischen Gebrauch bestimmten Dienstinstruktion, welche nicht unterschätzt werden dürfen.

Im Herzogthum Anhalt ist die Ausbildung und Prüfung für den Landesforstdienst durch eine Ministerial-Verordnung, welche gutem Vernehmen nach aus der Feder des technischen Chefs der dortigen Forstverwaltung, Oberforstmeisters von Rössing, herrührt und vom 20. Oktober 1877 datirt, neu geregelt worden. Die Verordnung schreibt eine einjährige Vorlehre, zweijähriges Studium, Ableistung eines forstwissenschaftlichen Tentamens und der Feldmesserprüfung, ein zweijähriges Praktikum und die Ablegung eines forstlichen Staats-Examens vor, schließt sich also im Wesentlichen den preußischen Bestimmungen an.

Für die Anwärter der unteren (Schutzbeamten-)Laufbahn fordert die Verordnung als Vorbildung die Reife für quarta gymnasialis oder die entsprechende Klasse einer Realschule und Mittelschule oder

---

[1] Meine „Forstliche Zeitschrift," 1879, S. 47.
[2] Vergl. Allg. Forst- und Jagd-Zeit., 1878, S. 351.

endlich den Nachweis der anderweit erworbenen erforderlichen Schul=
bildung, eine 2jährige praktische Lehre, Militairdienst, Ablegung der
Försterprüfung vor.

Im Großherzogthum Hessen ist der auch als Schriftsteller all=
bekannte verdiente Ober=Forstdirektor Bosse an die Spitze der
Domänen= und Forst=Direktion getreten. Der Uebergang der
Cameral=Domänen an die Forst=Verwaltung[1]) hat sich im Ganzen
vollkommen bewährt, giebt aber zu lebhaften Erörterungen Anlaß,
welche wesentlich darauf zurückzuführen sein dürften, daß die finanzielle
Stellung der Oberförster der vermehrten Geschäftslast nicht ganz ent=
sprechend geregelt worden ist.[2])

In Oesterreich sind neuester Zeit neben den Landes=Forst=
Inspektoren auch Landeskultur=Inspektoren bestellt worden, welche als
Staatsaufsichtsorgane zur Pflege der Landeskultur im weiteren Sinne
durch die Landesbehörden verwendet werden. Sie sind gehalten, von
ihren Wahrnehmungen auf dem Gebiete des Forstwesens, von Ueber=
tretungen des Forstgesetzes 2c. den Landes=Forst=Inspektoren Kenntniß
zu geben.[3]) Diese neue Institution kann die besten Früchte bringen,
wenn es gelingt, die richtigen Männer für den Vollzug dieser Staats=
aufsicht über die Landeskultur zu finden.

Den Gang der praktischen Ausbildung der Anwärter für den
österreichischen Staatsforstdienst erläutert eine amtliche Vorschrift „die
Vorbereitung der Eleven für den Staatsforstdienst," welche 1878 in
der k. k. Hof= und Staatsdruckerei gedruckt worden ist. Ein
2½jähriges Praktikum ist vorgeschrieben.

Eine neue „Instruktion für die Begrenzung, Vermarkung, Ver=
messung und Betriebseinrichtung der österreichischen Staats= und
Fonds=Forste" ist ebenfalls 1878 erschienen.[4])

---

[1]) Chronik d. deutschen Forstwesens für 1876, S. 19.
[2]) Vergl. Forst= und Jagd=Zeit., 1878, S. 133.
[3]) Oesterreich. Monatschrift f. Forstwesen, 1878, S. 38.
[4]) Vergl. meine „Forstl. Zeitschr.," Februarheft, wo die Instruktion näher
besprochen ist.

6. Das forstliche Versuchswesen.

Die Reorganisation des forstlichen Versuchswesens in Bayern ist gleichzeitig mit der Organisation des forstlichen Studiums in München erfolgt. An die Spitze der forstlichen Versuchs-Anstalt tritt Professor Dr. von Baur. Derselbe übernimmt daneben zwar eine Lehrthätigkeit; doch scheint die Leitung des Versuchswesens für ihn die Haupt-Funktion zu sein.

In Braunschweig entwickelt sich die unter Leitung des Kammerrath Horn stehende, mit reichlichen Arbeitskräften (Oberförster Ulrichs, Forstgehülfe Grundner) ausgestattete forstliche Versuchsanstalt, welche mit dem Forsteinrichtungsbureau verbunden ist, in sehr anerkennenswerther Weise. Die hier getroffene Einrichtung dürfte allgemeine Beachtung verdienen.

Das Forsteinrichtungswesen hat mit dem forstlichen Versuchswesen zahlreiche Berührungspunkte, die Aufgaben, welche dem ersteren zufallen bei der Untersuchung der Masse, des Zuwachses, des Geldertrags der Bestände und Betriebsverbände, fallen bis zu einer gewissen Grenze mit wichtigen Aufgaben des Versuchswesens geradezu zusammen. Die mit der Ausführung von Forsteinrichtungsarbeiten betraute Hülfsarbeiter und Kommissionen sind die geeignetsten Ausführungsorgane auch für die Versuchs-Arbeiten und derjenige obere Beamte, welcher die Forsteinrichtungsarbeiten leitet und beaufsichtigt, kann ohne erhebliche Mehrbelastung auch die Versuchsausführung leiten und beaufsichtigen. Nur so aber werden brauchbare Versuchsergebnisse überhaupt erzielt werden. Versuchsausführungen, welche — selbst auf Grund der allerbesten Arbeitspläne — durch Beamte erfolgen, welche nur ad hoc dazu verwendet werden, diesen oder jenen Versuch auszuführen, ohne in der Sache selbst vollkommen informirt zu sein, werden beim besten Willen oft die Vergleichbarkeit der Versuche durch die Ausführung in Frage stellen, wenn nicht eine genaue Revision durch den Vorstand der Versuchsanstalt als Korrektiv wirkt. Daß die Forsthochschulen theilnehmen an den Arbeiten des Versuchswesens, scheint mir daneben selbstverständlich. Keine derselben kann ihren Aufgaben ganz gerecht werden, wenn ihr das Rüstzeug des exakten Versuches fehlt. Aber das Versuchsgebiet der Hochschule kann naturgemäß nicht weiter ausgedehnt sein, als die Forschung in demselben durch die akademischen Lehrer selbst und die ihnen speziell und dauernd überwiesenen Hülfskräfte vollzogen wird. Die größten, umfassendsten Aufgaben des Versuchswesens (Aufstellung von Ertrags- und Massen-Tafeln, Zuwachs-Tafeln, Untersuchungen über das Wuchsverhalten der Hauptholzarten auf allen verschiedenen Standorten, über die Fähigkeit derselben, Schatten zu ertragen, ebenfalls ausgedehnt auf alle vorkommende Standorte, Kulturversuche in erschöpfender Vollständigkeit u. d. m.) können in größeren Staaten auf diesem Wege niemals gelöst werden. Zu ihrer Lösung muß vielmehr der Verwaltungsorganismus mitwirken, dessen Leitung, wenn auch nur in dieser einen Beziehung, man naturgemäß nicht den Forsthochschulen überlassen kann, wenn man sie nicht, ihrer innersten Natur entgegen, zu bureaukratischen Verwaltungs-Instanzen machen will.

Der Verein der deutschen forstlichen Versuchsanstalten, vertreten durch je zwei Delegirte von Preußen, Bayern, Württemberg, Sachsen, Baden und einen von Braunschweig, hielt 1878 seine Jahresversammlung vom 6.—10. Juni in Stuttgart ab[1]). Neben Berathung der auf der Tagesordnung stehenden Gegenstände (Abschluß und Veröffentlichung der Untersuchungen über den Festgehalt der Holzraummaaße, Methode der Aufstellung von Holzertragstafeln, Prüfung des Weiserbestands-verfahrens bei Aufstellung von Holzertragstafeln, Unterscheidung von Schlußklassen bei den Formzahl-Untersuchungen, ·Beschlußfassung über einige beantragte Abänderungen der Arbeitspläne, Bericht über den Stand der Vereinsarbeiter, Vereinbarung einer gleichmäßigen Methode für die forstlich-meteorologischen Beobachtungen) besichtigte der Verein verschiedene Versuchseinrichtungen in den württembergischen Forsten und die Versuchsgärten ꝛc. der Akademie Hohenheim. Der K. württembergische Herr Kultusminister hatte in Hohenheim selbst die Führung des Vereins übernommen.

---

[1]) Berichte über die Vereinsversammlung in Stuttgart sind veröffentlicht: Centralblatt für das gesammte Forstwesen, 1878, S. 505. — Danckelmann's Zeitschrift, X. Bd. S. 409.

Durch den Verein sind bis zum 1. Januar 1878

  Ertragsuntersuchungen in 887 Beständen (Buchen 223, Kiefern 293, Fichten 294),

  Formzahluntersuchungen an 27326 Stämmen (Buchen 5434, Kiefern 6708, Fichten 10978, Tannen 2723, Eichen 1073),

  Durchforstungsversuche auf 163 Flächen

  Streuversuche   auf   71   „

  Kulturversuche   auf   77   „

  Höhenwuchs=Untersuchungen in Preußen an 1016 Stämmen

ausgeführt.[1])

---

7. Die forstliche Statistik.

Mit der Statistik der Bodenwirthschaft geht es im deutschen Reiche langsam und kümmerlich vorwärts. Aber es geht doch vorwärts. Die landwirthschaftliche Anbau = Statistik ist ins Leben gerufen und die bezüglichen Erhebungen haben 1878 zum erstenmal stattgefunden. In den bezüglichen Anbauflächen=Tabellen erscheinen unter VI auch „Forsten und Holzungen" in einer Summe für jeden Erhebungsbezirk. Nach der Veröffentlichung der Erhebungs=Ergebnisse werden wir also wissen, wieviel „Forsten und Holzungen" wir im Ganzen haben.

Die Forststatistik in ihrem sachgemäßen Ausbau ist hierdurch leider um nichts gefördert. Aber sie hat wenigstens im deutschen Reichstage einen beredten Vertreter gefunden in dem Reichstags= abgeordneten Sombart[2]). Derselbe beantragte in der Sitzung vom 28. Februar 1878 bei Berathung des Etats des Reichskanzler=Amtes, statistisches Amt, Folgendes:

Der Reichstag wolle beschließen,

     den Herrn Reichskanzler aufzufordern, dahin zu wirken,

     daß baldthunlichst der Beschluß des Bundesraths vom

---

[1]) Danckelmann's Zeitschrift, X. Bd. S. 413—414.

[2]) Vergl. meinen Aufsatz: „Die land= und forstwirthschaftliche Statistik im deutschen Reiche" in der von mir herausgegebenen „forstlichen Zeitschrift", 1879, S. 50 fgde.

30. Juni 1873 — § 479 der Protokolle — die Aufstellung einer deutschen Forststatistik betreffend zur Aus=führung gelange.

Nach eingehender Begründung dieses Antrages durch den Herrn Antragsteller erwiederte der Kommissar des Bundesraths, Kaiserliche Geheime Regierungsrath Weymann, die Vorschläge der 1874 zur Berathung der Bestimmungen über die Forststatistik im deutschen Reiche zusammengetretenen Kommission seien so umfassend und ins Einzelne gehend gewesen, daß die Ausführung sich aus diesem Grunde als unthunlich erwiesen habe. Namentlich seien Anforderungen gestellt worden an die Organe der staatlichen und der privaten Forstverwaltun=gen, welche deren Kräfte bei Weitem überstiegen. Bereits bei den Erörterungen des mit der Prüfung des Gegenstandes betrauten Aus=schusses des Bundesraths habe man die Ueberzeugung gewonnen, daß der Plan, wie er vorlag, sich zur Durchführung nicht eigne, daß es vielmehr einer weitgehenden und einschneidenden Umarbeitung der Vorlage bedürfen würde, nachdem bereits der Bundesraths=Ausschuß selbst die nöthige Vorarbeit hierfür geschaffen hatte. Unter diesen Umständen und mit Rücksicht darauf, daß damals näherliegende und dringlichere statistische Aufgaben sich herausstellten, sei einstweilen der Sache Fortgang nicht gegeben worden.

Der Antrag Sombart wurde sodann vom Reichstage an=genommen.

Durch diese Vorgänge ist konstatirt

1. daß die Reichsregierung eine einschneidende Umarbeitung des von der Kommission von 1874 ausgearbeiteten Planes für nothwendig hält

2. daß für diese Umarbeitung die nöthigen Vorarbeiten bereits vorliegen, wenn auch nicht zur Kenntniß der betheiligten Kreise im Reiche gebracht worden sind

3. daß man gegenüber den „näherliegenden und dringlicheren statistischen Aufgaben (welche?) die Sache vertagt hat.

Bis heute hat man nicht gehört, daß die Reichsregierung irgend einen Schritt gethan habe, um jenem Beschlusse des Reichstages zu entsprechen. Es müssen offenbar schwerwiegende Gründe sein, welche sie daran hindern, es zu thun, Gründe, welche sich unserer Kenntniß draußen im Lande vollständig entziehen, weil es sonst nicht wohl einzusehen wäre, warum man einem Zweige der Statistik, welcher neuerlich bei den Verhandlungen über die Differential=Tarife im preußischen Abgeordnetenhause recht sehr in den Vordergrund getreten ist, nicht die Berechtigung zugestehen sollte, zu existiren.

Geben wir einmal zu, daß der Plan von 1874 sich zur Ausführung nicht eigne. In diesem Falle kann es unmöglich schwer werden, denselben umzuarbeiten, da ja hierzu eine wesentliche Vorarbeit, der Bericht des Bundesraths=Ausschusses, bereits vorhanden ist. Wenn die Kommission von 1874 ihre Aufgabe nicht richtig erfaßt hat, wenn man Bedenken trägt, dieselbe Kommission mit der Umarbeitung des Planes nach Maßgabe des mehrerwähnten Berichtes des Bundesraths= Ausschusses zu beauftragen, so werden diese Bedenken doch wohl einer neuen Kommission gegenüber nicht bestehen und alle denkenden Forst= männer im Reiche würden der Reichsregierung dankbar sein, wenn durch Berufung einer solchen anderweit gebildeten Kommission, in welcher u. A. zweckmäßig auch Württemberg und Baden neben Preußen, Bayern, Sachsen, Thüringen und Hessen vertreten sein würden, die Angelegenheit zum Abschluß gebracht würde.

Wer einen Blick auf die zahlreichen forststatistischen Publikationen aus Frankreich, Rußland, Oesterreich=Ungarn, Schottland, Dänemark, Belgien ꝛc.[1]) wirft, welche in neuester Zeit entstanden sind und bei Gelegenheit der Pariser Weltausstellung vorgelegt wurden, der wird sich des Gedankens nicht erwehren können, daß wir auf diesem Gebiete im Begriff stehen, von diesen Ländern weit überholt zu werden und die geistige Führerschaft zu verlieren, welche wir bisher unbestritten besaßen. Aber noch viel näherliegende Motive sollten Veranlassung sein, mit geregelten, forststatistischen Erhebungen nicht länger zu zögern. Die Verhältnisse der Holzeinfuhr und Holzausfuhr, der Druck, welchen der Massenimport fremder Forstprodukte auf die deutsche Wald= wirthschaft übt, ist in neuester Zeit wiederholt Gegenstand der Be= sprechung gewesen. Die großen Fragen unserer Zoll= und Handels= politik können nur gelöst werden auf der Grundlage genauer statistischer

---

[1]) Vergl. darüber unten, Abschn. 12 „Uebersicht über die Zeitschriften=Lite= ratur", wo ein Theil dieser Schriften aufgeführt ist.

Durchforschung unserer Produktions- und Verkehrsverhältnisse. Man
wird die deutsche Forstwirthschaft nicht ausschließen dürfen aus dieser
großen Regelung. Ohne die Aufstellung einer deutschen Forststatistik
aber wird man niemals zu einer gerechten Würdigung der maßgebenden Verhältnisse derselben gelangen.

8. Das forstliche Unterrichtswesen.

In Preußen ist das gesammte gewerbetechnische Unterrichtswesen,
soweit dasselbe dem Handelsministerium unterstellt ist, in der Umformung
begriffen. Die Staatsregierung beabsichtigt einestheils eine größere
Concentrirung dieser Anstalten in großangelegten Polytechniken, andrer-
seits die Unterstellung derselben unter das Unterrichts-Ministerium.
Es handelt sich dabei wesentlich um die Bauakademie, Bergakademie,
Gewerbeakademie, Kunstschule ꝛc. Eine hierauf bezügliche Vorlage
der Staatsregierung begegnete jedoch im Abgeordnetenhause von einfluß-
reicher Seite ernstlichen Bedenken. Namentlich hat der Abgeordnete
Miguel die Befürchtung ausgesprochen, daß beim Uebergang dieser
Hochschulen an das Unterrichtsministerium die specifisch technische Ausbildung zurücktreten würde hinter die humanistische, (allgemeine) Bildung, was nicht wünschenswerth sein könnte.

Für die landwirthschaftlichen Akademien zu Poppelsdorf
und Proskau ist durch Ministerial-Verfügung vom 14. September 1877
eine Kollegialverfassung des Lehrkörpers bewilligt.[1])

Die preußischen Forstakademieen werden vom 1. April 1879 ab
mit den landwirthschaftlichen Akademieen dem neuen Ministerium für
Landwirthschaft, Domainen und Forsten unterstellt sein.

In dieser Beziehung brachten einige große politische Tageblätter
unter anderen auch die „Kölnische Zeitung"[2]) jüngst die Nachricht,

---

[1]) Vergl. „Preußens landwirthschaftliche Verwaltung in den Jahren 1875,
1876, 1877". Nach einem Sr. Majestät dem Könige von dem Minister für die
landwirthschaftl. Angelegenheiten erstatteten Berichte. Berlin, Wiegand, Hempel
und Parey. 1878, Abschn. IV. Anlage 4.

[2]) No. 319 von 1878.

daß auch die Forſtakademieen dem Reſſort des Unterrichts-Miniſteriums zugetheilt werden ſollten. In einem Aufſaße, „die Löſung der forſtlichen Unterrichtsfrage" knüpft Profeſſor Dr. Borggreve[1]) an dieſe Zeitungs-Nachrichten und im Hinweis auf die ſ. 3. in Freiburg von ihm vertretenen die forſtliche Unterrichtsfrage betreffenden Reſolutionen verſchiedene Folgerungen und Wünſche, deren theoretiſcher Werth hier keineswegs beurtheilt werden ſoll, welche jedoch einer jeden thatſächlichen Unterlage entbehren, da jene Zeitungsnachricht eine irrige iſt. In Wirklichkeit iſt gar nicht die Rede davon, daß die preußiſchen Forſtakademieen dem Unterrichtsminiſterium unterſtellt werden ſollen. —

Die erſte Förſterſchule iſt in Preußen und zwar in der Oberförſterei Groß-Schönebeck bei Eberswalde in das Leben getreten. Dieſelbe enthält 3 Klaſſen. In der erſten Klaſſe wird der forſtliche Unterricht durch die Königlichen Oberförſter Witte und Sachſe ertheilt. Die zweite Klaſſe iſt eine Fortbildungsſchule für Knaben von 14—16 Jahren, welche ſich für die Forſtlehre vorbereiten. Die dritte Klaſſe endlich gewährt iſolirt wohnenden Förſtern die Möglichkeit, ihren Söhnen die nöthige Schulbildung zu geben. Der Unterricht wird von den Ortsſchullehrern ertheilt. Dieſer überaus ſegensreichen Einrichtung, welche auch eine bedeutende Staatsſubventiva erhält, wünſchen wir ein fröhliches Gedeihen.

Der harte Kampf um die Organiſation des forſtlichen Unterrichtsweſens in Bayern iſt durch ein — wahrſcheinlich als Proviſorium aufzufaſſendes — Komprommiß zwiſchen Regierung und Landesvertretung zum Friedensſchluß geführt worden. Die Forſtſchule in Aſchaffenburg iſt reorganiſirt worden und bleibt beſtehen. Der Univerſitäts-Unterricht in München, in Verbindung mit der ſtaatswirthſchaftlichen Fakultät iſt eingerichtet. Aſchaffenburg bildet die Vorſchule, München gewährt das Hauptſtudium. Ein bisher noch nie realiſirtes Syſtem der Verkettung des Studiums auf einer iſolirten Fachſchule mit dem auf einer Univerſität iſt damit ins Leben getreten. Auf den Erfolg darf man geſpannt ſein.

Aber der lange Streit iſt zu Ende und ein poſitives und ſicherlich fruchtbringendes Schaffen auf dem Gebiete des Forſtunterrichtsweſens

---

[1]) Forſtliche Blätter, 1878, S. 353.

in Bayern beginnt. Diese Thatsache wird Jeder mit Freuden be=
grüßen.

In Aschaffenburg hat der bisherige Kreisforstmeister H. Fürst
(bei der Regierung in Regensburg) die Direktorstelle übernommen.
Die Professuren für Forstwissenschaft haben außer dem Direktor Ober=
förster Dr. Schwappach unn Dr. Weber, für Mineralogie und
Chemie Prof. Dr. Conrad, für Botanik Prof. Dr. Prantl, für
Zoologie Professor Dr. W. Graff erhalten. Professor Dr. Bohn
und Dozent Hauser verbleiben in ihren Stellungen, während Prof.
Dr. Albert zum Ministerial=Forstbureau in München versetzt worden
ist, Oberförster Eßlinger aber in die Verwaltung zurücktrat.

In München sind die Lehrstühle folgendermaßen besetzt: Forst=
liche Produktionslehre (Waldbau, Forstbenutzung 2c.) Professor Gayer;
forstliche Betriebslehre (Forsteinrichtung, Waldwerthrechnung, Statik):
Geheimer Regierungsrath Prof. Dr. G. Heyer; forstliches Versuchs=
wesen, Holzmeßkunde, Encyklopädie der Forstwissenschaft: Professor
Dr. Franz von Baur; forstliche Bodenkunde, Pflanzenchemie, Ar=
beiten im chem. Laboratorium: Prof. Dr. Ebermayer; botanischer Theil
der Forstwissenschaft (Anatomie, Physiologie und Pathologie der Holz=
pflanzen, mikrosk. Praktikum): Prof. Dr. R. Hartig; für den juri=
stischen und historischen Theil der Forstwissenschaft: Prof. Dr. Carl
Roth (seither schon in München); Mathematik, Naturwissenschaften,
Rechts= und Staatswissenschaften, auch Jagd= und Vermessungkunde
werden von Professoren der Universität und des Polytechnikums vor=
getragen. Für forstliche Insektenkunde und Forstdiensteinrichtung stand
die Bestellung der Dozenten vor Kurzem noch aus.[1])

In München werden somit alle Forstwissenschaften, sowie alle
Grund= und Hülfswissenschaften vorgetragen. Laboratorien für
Pflanzenchemie, Bodenkunde, Botanik und Mineralogie, ein kleiner
Versuchsgarten und der große Forstgarten in Planegg treten als
Unterrichts= und Demonstrationsmittel hinzu; Wald=Exkursionen er=
gänzen das Unterrichtsprogramm.

Die veränderte Organisation des forstlichen Unterrichtswesens in
Bayern hat einen etwas veränderten Gang der Ausbildung für die

---

[1]) Vergl. Baur's Monatschrift, 1878, S. 474.

Forstbeflissenen in Bayern nothwendig gemacht. Für den Staats=
forstdienst ist unter Wegfall der praktischen Vorlehre ein zweijähriger
Kursus in Aschaffenburg und ein zweijähriges Studium in München
vorgeschrieben. Prüfungen finden statt beim Uebergang von Aschaffen=
burg nach München und nach beendigtem Studium in München. Dem
Studium folgt ein Praktikum und die Ablegung einer Staatsprüfung.

In Oesterreich ist die Hochschule für Bodenkultur aus dem
Ressort des Ackerbau=Ministeriums in dasjenige des Unterrichts=
Ministeriums übergegangen.[1])

Noch darf ich erwähnen, daß in Italien der verdiente deutsche
Forstmann, welcher um die Organisation und Blüthe der Forstschule
in Vallambrosa sich bleibende Verdienste erworben hat, Adolf von
Berenger, im Winter 1877/78 in den Ruhestand getreten ist.[2])

Herr von Berenger, als Schriftsteller rühmlichst bekannt, ist
in München geboren, hat seine forstwissenschaftliche Ausbildung in
Mariabrunn empfangen, war in Oesterreich längere Zeit im praktischen
Forstdienste thätig und übernahm bei Begründung der italienischen
Forstschule die Direktion dieser Anstalt.

9. Das Vereinswesen.

Die Versammlung deutscher Forstmänner tagte am 13.—15.
August 1878 in dem schönen Dresden[3]) und fand dort eine überaus
gastliche Aufnahme. Seine Majestät der König von Sachsen beehrte
die erste Sitzung fast $2\frac{1}{2}$ Stunden lang mit seinem Besuche. Die
Zahl der Theilnehmer an der Versammlung betrug etwa 250 (gegen
420 in Eisenach, 407 in Bamberg); besonders schwach war Preußen
vertreten (33). Zu Präsidenten wurden Forstrath Ganghofer
(München) und Geh. Oberforstrath Dr. Judeich (Tharand) gewählt.

---

[1]) Forstliche Blätter, 1878, S. 224.

[2]) Oesterreichische Monatschrift für Forstwesen, 1878, S. 191.

[3]) Vergl. folgende Berichte über die Versammlung: von Dr. Schwappach,
in Baur's Monatschrift, 1878, S. 491. Centralblatt f. d. ges. Forstwesen, 1878,
S. 562, 637.

Die in Bamberg nicht zu Ende geführte Verhandlung über die Grund=
sätze, nach welchen bei Ablösung von Forstservituten die Abfindung zu
bemessen ist, wurde hier zum Abschluß gebracht und die Ansicht der
Mehrheit der Versammlung in 6 Resolutionen formulirt.[1])

In der zweiten Sitzung wurde die Frage der „Eisenbahntarife

---

[1]) Bei der Wichtigkeit dieser Frage lasse ich die Resolutionen nach dem
Berichte von Dr. Schwappach nachstehend folgen:

1. Theils aus staats= und volks=, theils aus privat=wirthschaftlichen Gründen
ist die baldigste Beseitigung der auf den Waldungen ruhenden Gerechtsame drin=
gend geboten.

2. Das Recht, die Ablösung zu beantragen, steht sowohl dem Pflichtigen wie
Berechtigten zu, letzterer muß jedoch als Provokant sich gefallen lassen, daß die
Abfindung nach dem Vortheil bemessen wird, welcher dem Pflichtigen aus der
Ablösung erwächst.

3. Die Abfindung kann geleistet werden

a) in Geld und zwar in Kapitalzahlung oder Zahlung einer ständigen Rente.
b) durch wirthschaftlich gelegene Feld= Wiesen= und Waldstücke.

4. Der Ablösungspreis bezw. das Ablösungskapital ist in der Weise zu be=
stimmen, daß der durch die Expertise (Sachverständigen) ermittelte kostenfreie Jahres=
werth der Gerechtsame nach Abzug aller Gegenleistungen der Berechtigten mit dem
nach Maßgabe einer sicheren Geldanlage durch die Landesvertretung festzusetzenden
Zinsfuß kapitalisirt wird.

Die an Stelle von Geld zu gebenden Feld= Wiesen= oder Waldstücke müssen
einen dem Ablösungskapital nach Haupt= und Nebenertrag gleichstehenden Kapital=
werth haben.

5. Wofern nicht ein gütliches Einvernehmen unter den Interessenten stattfindet,
sind in Geld abzufinden die Berechtigungen, welche

a) Einzelnen zustehen
b) sich auf Waldnebennutzungen, Bau= und Nutzholz beziehen.

In Geldkapital, Geldrente oder Waldland sind abzufinden

Berechtigungen zum Bezug von Brennholz, welche Gemeinden oder Genossen=
schaften zustehen.

Waldabtretung ist nur statthaft, wenn nach sachverständigem Gutachten eine
forstlich nachhaltige Bewirthschaftung nach Lage, Bestand, Holzart und der Lage der
Gesetzgebung gesichert ist und keine Zersplitterung des belasteten Waldes eintritt.
Im Einverständniß beider Interessenten kann auch landwirthschaftliches Gelände
abgetreten werden. Steht die wirthschaftliche Existenz der Berechtigten in Frage,
so darf gegen deren Wunsch die Leseholznutzung nicht abgelöst werden.

6. Die Verwandlung der Geldrente durch eine Landrentenbank eintreten zu
lassen, wird als dringend wünschenswerth bezeichnet.

für Holz" verhandelt. Die Exkursionen führten nach Moritzburg und Tharand, sowie in das erzgebirgische Revier Olbernhau.[1]

Der österreichische Reichsforstverein tagte in Verbindung mit dem Forstverein für Tirol und Vorarlberg am 15. bis 18. September 1878 zu Brixlegg-Rattenberg in Tirol.[2] Verhandlungs-Gegenstände waren: Kahlhieb und Plenterbetrieb im Hochgebirge; Servituten der Aelpler; Bewirthschaftung der Legföhren-Bestände.

Der schweizerische Forstverein hielt seine Jahresversammlung vom 25. bis 28. August 1878 in Aarau ab. Die „Vermarkung und Vermessung der Hochgebirgswaldungen" und die „Weidenkultur" bildeten die Hauptgegenstände der Verhandlung.[3]

In Deutschland haben außerdem folgende Lokalforstvereine 1878 getagt:

1. der württembergische Forstverein am 14. und 15. Juni zu Urach (Buchenverjüngung auf der schwäbischen Alb);[4]

2. der Forstverein für das Großherzogthum Hessen am 27. und 28. August in Gießen (Unterbau im Eichenhochwalde, Steinspur-wege, nach dem System Koltz);[5]

3. der pfälzische Forstverein am 31. August und 1. September zu Pirmasenz (Schütte. Schneebruch von 1854. Schwarz-wildfrage. Unterbau in Eichen-Orten);[6]

4. der hessische Forstverein gemeinschaftlich mit dem Vereine

---

[1] S. den Bericht über die Exkursionen von Fmstr. Schott v. Schottenstein in der Zeitschr. des Vereins nassauisch. Land- und Forstwirthe. Forstl. Beil. 1878, No. 11 u. 12.

[2] Vergl. über die Geschichte des 1852 begründeten Reichsforstvereins die österreich. Monatschrift für Forstwesen, 1878, S. 377.

[3] Bericht s. in der schweizerischen Zeitschrift für Forstwesen, 1878, S. 158. Centralbl. f. d. ges. Forstwesen, 1878, S. 513. Die Protokolle der Versammlung von 1877 in Interlaken sind abgedruckt a. a. O. S. 49. Vergl. über die letztere außerdem den von Muhl erstatteten Bericht in Baur's Monatschrift, 1878, S. 113.

[4] Vergl. Baur's Monatschrift, 1878, S. 444, wo der Vortrag des Revierf. Sigel über das Hauptthema der Verhandlung abgedruckt ist. — Forstliche Blätter, 1878, S. 219.

[5] Bericht in der allg. Forst- u. Jagd-Zeit., 1878, S. 396, 438. — Centralbl. f. d. ges. Forstwesen, S. 572.

[6] Bericht in dem forstwiss. Centralbl. von Dr. Baur, 1879, S. 65.

nassauischer Forstwirthe am 5. bis 7. September in Hanau[1]) (doppelte Riesen nach Genth; Bedeutung der Fischerei für die Forstwirthschaft);[2])

5. der Hils-Sollings-Forstverein am 12. u. 13. Juni in Münden[3]) (Exkursion in die Reviere Cattenbühl nnd Gahrenberg; Vortrag des Prof. Dr. N. J. C. Müller „über die Arbeit der grünen Farbe"; Fischerei in den Forsten);

6. der märkische Forstverein am 17. und 18. Juni in Neubrandenbnrg (Mecklenburg). Verhandlungs-Gegenstände waren: Bodenschutzholz, Einführung fremder Holzarten;[4])

7. der Verein mecklenburgischer Forstwirthe am 5. und 6. Juli zu Malchin (Hecken- und Knickwirthschaft, Maßregeln gegen freijagende Hunde, Besenpfrieme in Kiefernkulturen, Viehweide in den Waldungen);[5])

8. der altberühmte schlesische Forstverein am 8. bis 10. Juli in Pleß (36. General-Versammlung. Berathungsgegenstände waren: Waldbeschädigungen durch Naturereignisse, Insekten 2c., natürliche Verjüngung der Kiefer in Schlesien, Lärchen-Anbau in Schlesien, Ursachen des Sinkens der Holzpreise, rationeller Durchforstungsbetrieb und Verwerthung der Durchforstungshölzer, Farbe der Edelhirschgeweihe);[6])

---

[1]) Bericht in der forstlichen Beilage zu der Zeitschrift des Vereins nassauischer Land- und Forstwirthe, Nr. 12 v. 1. Dezbr. 1878.

[2]) Der Vortrag des Prof. Dr. Metzger über diesen Gegenstand ist abgedruckt in meiner „forstlichen Zeitschrift", 1879, S. 13.

[3]) Bericht noch nicht erschienen. Der Vortrag des Prof. Dr. Müller ist zu Helmstedt bei Schmidt im Druck erschienen.

[4]) Bericht über die VI. Versammlung des märkischen Forstvereins 1878 in Neubrandenburg. Verfaßt von Oberförster Carl Dantz in Eberswalde. Eberswalde, Müller, 1878.

[5]) Gegen den Verein mecklenburgischer Forstwirthe hat die Chronik ein Unrecht begangen, wegen dessen ich hierdurch Indemnität erbitte. Die Aufführung des Vereins ist im vorigen Jahrgang übersehen worden. Der Verein hat 1878 seine 6. Jahresversammlung abgehalten. Er tagte bereits in Bützow, Ludwigslust, Doberan, Schwerin und giebt gedruckte Berichte heraus, welche in Schwerin erscheinen. Protektor des Vereins ist S. Königl. Hoheit der Großherzog von Mecklenburg-Schwerin. Aus den Vereinsschriften hebe ich hervor: Aus dem Bericht von 1876 einen werthvollen Aufsatz von Forstgeometer Bölte über die Mecklenb. Jagdthiere in alter und neuer Zeit.

[6]) Das „Jahrbuch des schles. Forstvereins für 1877," herausgegeben vom Oberforstmstr. Ab. Tramnitz, ist 1878 in Breslau (Morgenstern) erschienen.

9. der Infterburger Forftverein am 17. Februar zu Infter=
burg (Anbau der Efche, Ulme, des Ahorn, der Weymouthskiefer und
Lärche in Oftpreußen, Dienftverhältniß des Förfters zum Forftauf=
feher) und am 16. Juni (Exfurfion in den Norkitter Forften);[1]

Der badifche Forftverein hat in diefem Jahre nicht getagt.
Die Verfammlung deffelben in Lahr am 1. Oktober 1877 hat be=
fchloffen, die Vereinsverfammlungen nur alle 2 Jahre abzuhalten.[2]

Von Verfammlungen des Harzer, Zeller (Mofel=) Forftvereins
und des elfaß=lothringifchen, thüringifchen und rheinifchen Forftvereins
habe ich keine Kenntniß erhalten.

Die Lofalvereine in Oefterreich haben getagt:

1. der böhmifche Forftverein am 5. bis 7. Auguft in Böhmifch=
Skalitz (Holztariffrage);[3]

2. der oberöfterreichifche Forftverein am 17. und 18. Juni
in Gmunden (Kahlhiebe im Hochgebirge, Bewirthfchaftung des Plenter=
waldes im Hochgebirge, Bodenbenutzung in Pflanzgärten);[4]

3. der mährifch=fchlefifche Forftverein vom 10. bis 12. Auguft
in Nikolsburg, Mähren (Holzabfatz, die Wafferftandsfrage in ihrem
Verhältniß zur Ab= und Zunahme des Waldareals, Einfchätzung des
Waldareals zur Grundfteuer, Mittel gegen das Schälen des Hoch=
wildes);[5]

4. der kärntnerifche Forftverein am 22. September in Tarvis
(forftliche Unterrichtsfrage für Kärnten, namentlich Errichtung einer
Waldbaufchule, Wildfchadenerfatz);[6]

5. der Manhartsberger Forftverein am 21. Juli zu Weitra[7]
(der Antrag, den Verein in einen „niederöfterreichifchen Forftverein"
umzuwandeln, wurde zur Befchlußfaffung durch die Verfammlung von
1879 vertagt);

---

[1] Zeitfchrift der deutfchen Forftbeamten, 1878, S. 51, 73, 529.

[2] Vergl. die „Verhandlungen des badifchen Forftvereins bei feiner 28. Ver=
fammlung in Lahr am 1. Oktober 1877." Karlsruhe, 1878, Gutfch. 1877 hat
der Verein über folgende Gegenftände verhandelt: Zahlungsfriften und Sconto
beim Holzverkauf. Kultur der Reutberge. Forftfchutzperfonal in den Gemeinde=
waldungen.

[3] Centralbl. f. d. gef. Forftw., 1878, S. 564, 639.

[4] A. a. O. S. 509. — [5] A. a. O. S. 566. — [6] A. a. O. S. 569.

[7] A. a. O. S. 511 und 568 (Großbauer).

6. der krainisch-küstenländische Forstverein am 7. und 8. Oktober in Triest (Wiederbewaldung des Karst, Entwurf des neuen österreichischen Forstgesetzes);[1]

Zu bemerken bleibt noch, daß sich im Sommer 1878 zu Brünn (Mähren) ein Aufforstungs- und Verschönerungs-Verein[2] gebildet hat, der sich namentlich die Aufgabe gestellt hat, die kahlen Höhen in der Umgegend der Stadt wieder zu bewalden. Möge dies Beispiel viele Nachahmer finden!

Die Jagdschutzvereine mehren sich. Der allgemeine deutsche Jagdschutzverein blüht kräftig empor. Er zählt etwa 2000 Mitglieder und hat 1877 vom 1. April bis zum Jahresschluß 5357 Mark an Prämien vertheilt.[3] Neue Jagdschutzvereine haben sich in Oesterreich gebildet, im Innkreis (am 28. April 1878) und zu Rumburg in Böhmen (4. August).

Der deutsche Fischerei-Verein mit seinen Lokal-Vereinen, unter denen namentlich der hessische große Rührigkeit zeigt, erfreut sich ebenfalls einer wachsenden Entwickelung. Ersterer zählt über 750 Mitglieder und beabsichtigt, 1880 in Berlin eine große Fischerei-Ausstellung zu veranstalten, zu welcher mit amtlicher Unterstützung in Bezug auf Fischerei-Statistik 2c. große Vorbereitungen getroffen werden.

Der Verein zur Veredelung der Hunderaçen in Hannover hielt am 5. Dezember 1878 seine vierte ordentliche Versammlung in Hannover ab. Die Erhaltung reiner und edler Hunderaçen hat nicht allein eine große praktische Bedeutung, sondern auch ein erhebliches wissenschaftliches Interesse und ist dem Vereine, der seine Ziele in rationeller, wissenschaftlich begründeter Art verfolgt, das beste Gedeihen zu wünschen. Der Verein hat Herrn Forstdirektor Dr. Burckhardt jüngst zum Ehren-Mitgliede ernannt.[4]

Eine große allgemeine Bedeutung kann mit der Zeit der Verein für deutsche Volkswirthschaft erlangen, welcher sich die Aufgabe gestellt hat, nach allen Richtungen hin die Vorbedingungen und Mittel für die thunlichste Vermehrung des deutschen National-Wohl-

---

1) A. a. O. S. 571, 641.
2) A. a. O. S. 458.
3) Centralbl. f. d. ges. Forstwesen, 1878, S. 519.
4) Nach dem „Hannöverschen Kourier" vom 8. Dezember 1878.

standes zu erforschen und die staatlich nothwendige Harmonie der wirthschaftlichen Interessen aller inländischen Gewerbsklassen vermittelnd zu fördern. Der Verein hat seinen Sitz in Berlin und sucht sein Ziel zunächst durch öffentliche Vorträge und Verhandlungen zu erreichen. Er wird es erreichen, wenn er sich von Verfolgung eines einseitigen Partei-Programms (etwa bloßer schutzzöllnerischer Auffassung) frei erhält.

Die Holzhändler-Vereine in Deutschland und Oesterreich haben sich in diesem Jahre besonders lebhaft mit der Eisenbahn-Tarif-Frage, allerdings der Kernfrage des Holzhandels in diesem Augenblicke, beschäftigt. Der Wiener Holzhändler-Tag hat am 21. Oktober 1878 in Wien eine besondere Kommission niedergesetzt, welche diese Frage für spätere Beschlußfassungen vorbereiten soll.[1]

Noch eines Vereines möchte ich gedenken, dessen segensreiche Tendenz von Jedem gern anerkannt werden wird, des preußischem Beamten-Vereins. Auf Grund des Statuts vom 7. September 1875 durch Allerh. Kabinetsordre vom 29. Oktober 1875 mit den Rechten einer juristischen Person ausgestattet, hat der Verein am 1. Juli seine Thätigkeit begonnen, welche darauf gerichtet ist, den Beamten Gelegenheit zu bieten, unter den denkbar günstigsten Bedingungen ihr Leben oder ein bestimmtes Kapital zu versichern. Der bisherige Erfolg des Vereins ist ein über Erwarten günstiger. Bis Ende 1877 waren ca. 7 Millionen Mark Lebensversicherungen abgeschlossen. Der Verein gewährt seinen Mitgliedern einen Theil der gezahlten Prämien allmählig in Form von Dividenden zurück, was bei dem äußerst einfachen Verwaltungs-Apparate möglich ist. In Hannover, dem Sitze der Vereinsleitung, und 8 anderen Städten haben sich Lokalcomités zur Förderung der Vereinszwecke gebildet.[2]

---

[1] Oesterreich. Monatschrift f. Forstwesen, 1878, S. 592. Handelsblatt f. Walderzeugnisse, 1878, Nr. 83. Interessant war es bei den Verhandlungen zu sehen, wie Jeder für sich den vortheilhaftesten Tarif haben möchte. In West-Oesterreich (Salzburg) will man selbst gegen Ostösterreich Tarifvorzüge u. s. w.

[2] Ueber den Verein vergl. u. A. eine Mittheilung vom Oberforstmeister Schimmelpfennig in Danckelmann's Zeitschrift, X. Bd., S. 184. Die Statuten sind gedruckt zu beziehen (Klindworth's Hof-Druckerei in Hannover) durch die Direktion in Hannover und die Lokalkomités.

Das Bewußtsein, nach Kräften für unsere nächsten Angehörigen gesorgt zu haben, ist ein hohes Gut. Möge keiner unserer Berufs= genossen die Gelegenheit unbenutzt lassen, welche ihm der preußische Beamten=Verein bietet, in dieser Beziehung seine Pflicht zu thun!

---

10. Forstliche Ausstellungen.

Fünf Jahre nach der internationalen Ausstellung in Wien, nur zwei Jahre nach der von den nordamerikanischen Unionsstaaten in Philadelphia veranstalteten Weltausstellung öffnete Paris allen Völkern seine gastlichen Thore zur Darstellung der Errungenschaften unserer Kulturstufe — das so lebensfrohe schöne Paris, wohin Jeder gern zurückkehrt, der einmal in diese feenhafte Welt der eleganten Grazie hineingeschaut hat. Auch die Forstwirthschaft war auf der Ausstellung vertreten, die deutsche insofern, als Oesterreich in Gruppe 44 — Forstindustrie — ausgestellt hatte.[1]) Das deutsche Reich hatte sich nur durch eine Ausstellung von Kunstwerken betheiligt.

Die französische forstliche Ausstellung bot namentlich des Inter= essanten Vieles; besonders werthvoll waren die auf die Wiederbewaldung und Wiederberasung der Berge und die Verbauung der Wildbäche bezüglichen Darstellungen.[2])

In Anlehnung an die Pariser Weltausstellung fanden eine Reihe internationaler Kongresse statt, unter anderen auch ein bodenwirthschaft= licher Kongreß, zu welchen Deutschland auf erfolgte Einladung eine Delegation von 21 Mitgliedern (19 Landwirthe, 2 Forstwirthe) ent= sendete. Der Kongreß[3]) tagte vom 11. bis 20. Juni. Geheimer

---

[1]) Prämiirt sind aus dieser Gruppe u. vielen A. die Fürsten Joh. Adolf Schwarzenberg, Colloredo=Mansfeld, Johann Lichtenstein, der Forstverein in Buda= pest, die Forstschule in Lemberg, Prof. Dr. Marchet=Wien, Oberforstmeister Hoydar u. s. w. Vergl. Centralbl. für das gesammte Forstwesen, 1878, S. 514.

[2]) Ueber die Ausstellung im französischen chalet forèstier und dem pavillon des gardes vergl. den Bericht des Landraths und Landtags=Abgeordneten Knebel in meiner „forstlichen Zeitschrift", 1879, S. 22.

[3]) Ueber den Kongreß vergl. meinen Bericht in Danckelmanns Zeitschrift, X., S. 387.

Oberforstrath Dr. Judeich hatte mit mir den ehrenvollen Auftrag erhalten, die deutsche Forstwirthschaft zu vertreten. Der Kongreß arbeitete in 11 Ausschüssen und in Plenarsitzungen. In dem 4. Ausschuß (Waldbau) wurde Deutschland in der ersten und vierten Sitzung der Ehrenvorsitz zu Theil, eine Artigkeit, die wir Deutsche, glaube ich, hoch aufzunehmen haben. Unter den Berathungsgegenständen des 4. Ausschusses war der wichtigste: Die Wiederbewaldung der Berge in ihren Beziehungen zu den Ueberschwemmungen. Der Kongreß nahm im Uebrigen einen von mir eingebrachten Antrag, betreffend die internationale Bewaldungs=Statistik ohne Widerspruch an.[1]) Ein internationales Banket, an welchem die Vertreter fast aller Kulturländer der Erde theilnahmen, vereinigte den Kongreß am 18. Juni. —

In Deutschland haben im Jahre 1878 mehrere forstliche Ausstellungen stattgefunden. In der Stadt Hannover wurde in dem schönen Georgengarten während des Juli 1878 eine allgemeine Provinzial=Gewerbe=Ausstellung veranstaltet, bei welcher sich auch die Königliche Klosterkammer, die Forstverwaltung des Gutes Schwöbben, Graf Bernstorff, einer der größten Grundbesitzer der Provinz, u. A. mit forstwirthschaftlichen Gegenständen betheiligten.[2])

In Breslau fand im September eine Ausstellung schlesischer Garten= Forst= und Feld=Produkte statt. Die forstliche Ausstellung, um deren Zustandekommen sich Geheimrath Prof. Dr. Göppert, Oberforstmeister Tramnitz, Forstmeister Guse u. A. große Verdienste erworben haben, war nach dem uns vorliegenden Berichte[3]) wohl die größte und gelungenste, welche in Deutschland bisher veranstaltet worden ist. Vom höchsten Interesse war auch derjenige Theil der Ausstellung, welcher sich auf die in der Stein= und Braunkohle uns erhaltenen Wälder bezog.

In München wurde mit den berühmten Oktoberfesten eine Ausstellung von Gegenständen des land= und forstwirthschaftlichen Betriebs und der Landbau= und Forstwissenschaft verbunden, um deren forstlichen Theil sich u. A. der kurz vorher nach München übergesiedelte Professor Dr. R. Hartig große Verdienste erworben hat.

---

[1]) Der Antrag ist abgedruckt in Danckelmanns Zeitschrift X. Bd., S. 394.
[2]) S. den Bericht in der allg. Forst= und Jagd=Zeitung, 1878, S. 330.
[3]) Im Centralblatt f. d. ges. Forstwesen, 1878, S. 642.

Noch ist nachträglich einer forstlichen Ausstellung Erwähnung zu thun, welche im Herbste 1877 in Detmold (Fürstenthum Lippe) stattgefunden und über welche bisher in den forstlichen Zeitschriften nirgends Bericht erstattet worden ist. Dieselbe schloß sich an eine allgemeine Gewerbe-Ausstellung des dortigen Produktionsgebietes an und war sehr reich und geschmackvoll ausgestattet. Das Forsteinrichtungswesen (Instrumente, Karten, Schriftwerke), Modelle von Forsthäusern und Wildscheunen, Darstellungen aus dem Waldwegebau, Kulturgeräthe, Holzabschnitte, Darstellungen des Wuchsverhaltens ververschiedener Holzarten auf verschiedenen Bodenarten, Forstnebennutzungsprodukte aller Art bis zur Blumenerde, Pilze, die im Lippischen vorkommenden Land- und Süßwasser-Conchylien u. s. w. waren ausgestellt und man wird anerkennen müssen, daß hier in kleinen Verhältnissen Großes geleistet worden ist.[1]

Das Princip der lokalen Ausstellungen scheint mehr und mehr zur Geltung zu kommen und es darf die Bedeutung derselben für die wirthschaftliche Entwickelung einzelner Produktionsgebiete und die intellektuelle Fortbildung besonders der Landwirthschaft und des Kleingewerbe-Betriebs nicht unterschätzt werden. —

11. Unsere Literatur.

Im Jahre 1878 sind 60 neue, selbstständige, nicht periodische Druckschriften forstwissenschaftlichen Inhalts erschienen, 8 in neuer Auflage, 13 forstliche und 5 Jagdzeitschriften kommen hinzu, sowie 11 periodisch erscheinende Vereinsschriften und Kalender. Hiervon gehören den einzelnen Theilen unserer Wissenschaft an:

1. Der allgemeinen Forstwirthschaftslehre 2
2. Der Forstgeschichte 1
3. Der forstlichen Statistik 7
4. Dem Gebiete des Forstunterrichtswesens . . . . —
5. Der Forstpolitik und forstlichen Gesetzgebung . . 10
6. Der Forstverwaltungskunde 1

---

[1] Vergl. den Bericht im „Lippischen Volksblatt" vom 21. September 1877.

Das Gebiet der allgemeinen Forstwirthschaftslehre weist eine streitbare Schrift von B. Borggreve,[1]) und eine an neuen Gedanken reiche Arbeit von Prof. Heitz (Hohenheim) „Forstregal und Wald= rente" auf.[2]) Ueber Knorr's „Aus Theorie und Praxis", welches

<hr>

[1]) Forstwissenschaftliche Tagesfragen herausgegeben von Prof. Dr. B. Borg= greve, I. Die Forstreinertragslehre, insbesondere die sogenannte forstliche Statik Prof. Dr. G. Heyer's nach ihrer wissenschaftlichen Richtigkeit und wirthschaft= lichen Gefährlichkeit. Studien über die Grundbedingungen und Endziele der Forst= wirthschaft, Bonn, 1878, 5 Mk. Angezeigt Forstl. Bl., 1878, S. 316 (Borggreve) Forst= und Jagd=Zeitung 1878, S. 427 (Lehr). Centralblatt für das gesammte Forstwesen, 1878. S. 616.

[2]) Forstregal und Waldrente. Als Programm zur 60. Jahresfeier der k. württemb. land= und forstwirthschaftlichen Akademie Hohenheim bearbeitet von Prof Dr. E. Heitz, Stuttgart, Müller.

Werk im vorigen Jahrgang der Chronik bereits angezeigt ist, sind eine Reihe von Besprechungen in den forstlichen Zeitschriften erschienen.[1])

Forstgeschichtliche Werke außer der „Chronik des deutschen Forstwesens" sind 1878 nicht herausgegeben worden.

Forststatistische Veröffentlichungen in Buchform liegen vor vom preußischen landwirthschaftlichen Ministerium ein umfassendes Werk „Preußens landwirthschaftliche Verwaltung in den Jahren 1875, 1876, 1877," in welchem statistische Daten über den Vollzug der Forstgesetze und über die staatlichen Beihülfen zu Forstkulturen im IV. Abschnitt enthalten sind[2]); von der k. k. österreichischen statistischen Central-Kommission eine „Denkschrift über Holzproduktion, Holz= industrie und Holzhandel Oesterreichs"[3]), von dem Komité für die land= und forstwirthschaftliche Statistik des Königreichs Böhmen „Mittheilungen für das Jahr 1877"[4]); von dem K. Ungarischen Finanz=Ministerium eine „wirthschaftliche und kommerzielle Beschreibung der Königl. Ungarischen Staatsforste", bearbeitet von Oberforstrath A. Bedo" (in deutscher Sprache)[5]); von dem schweizerischen Kantons= forstmeister Hans Rinicker in Aarau endlich, „das Forstwesen des Kantons Aargau. Für die Versammlung des schweizerischen Forst= vereins, die Behörden und das Volk"[6]) von der Badischen Domänen= direktion: Beiträge zur Statistik der inneren Verwaltung. 40. Heft. Uebersicht der Hauptergebnisse der Forsteinrichtung in den Domänen= Gemeinde= und Körpersch. Forsten des Großherzogthums Baden (Calsruhe, Müller, 1878).

Hierher gehört auch das 1877 erschienene, aber in der Chronik bisher nicht aufgeführte „Statistische Jahrbuch des k. k. (österreich.) Ackerbau=Ministeriums für 1876, 2. Heft, Forst= und Jagd=Statistik.[7])

---

[1]) Baur's Monatschr. 1878, S. 331 (Teßmann). Forst= und Jagd=Zeit. 1878, S. 386 (Lehr). Centralbl. f. d. ges. Forstw. 1878, S. 621. Literarisches Centralblatt 1878, Nr. 51.

[2]) Berlin, Verlag von Wiegandt, Hempel und Parey, 1878.

[3]) Mit 2 Karten. Wien 1878. Forstl. Bl. 1878, S. 313 (Grunert).

[4]) 56 u. 32 S. Prag, Calve in Komm. 2 Mk.

[5]) 10 Mk. Mit vortrefflich gearbeiteter Uebersichtskarte. Centralbl. f. d. ge= sammte Forstwesen 1878, S. 625.

[6]) Aarau 1878. Bespr. Centralbl. f. d. ges. Forstw. 1878. S. 491.

[7]) Wien 1877. 4 Mk. Forstl. Bl. 1878, S. 314 (Grunert). Centralblatt f. d. ges. Forstw. 1878, S. 306.

Zu der Diskussion über die forstliche Unterrichtsfrage ist ein Schluß-Antrag angenommen. Die Literatur von 1878 enthält keine Schrift über diesen Gegenstand. Dagegen bedingt die noch immer lebhafte Erörterung wirthschaftspolitischer und namentlich forstpolitischer Fragen und der rasch fortschreitende Ausbau der forstlichen Gesetzgebung immer noch eine ziemlich starke literarische Produktion auf diesen Gebieten.

Aus Böhmen wird in einer Schrift von Vincenz Hevera „die Wälder Böhmens[1]), Erörterung der Frage: Welche sind mit besonderer Rücksichtnahme auf die Verhältnisse Böhmens die geeigneten Mittel und Wege, um nicht nur der Entwaldung vorzubeugen, sondern auch die Aufforstung derzeit kahler Bergkuppen, Bergabhänge und Uferlehnen zu fördern?" die Waldschutzfrage erörtert. Demselben Gebiete gehört eine Preisschrift von Ant. v. Schouppé: „Bewaldungsfrage Böhmens" an.[2])

Das preußische Gesetz, betreffend den Forstdiebstahl, vom 15ten April 1878, ist von vier Seiten herausgegeben und kommentirt worden, von mir in Verbindung mit Herrn Geh. Ober-Justizrath Dehlschläger,[3]) von dem Staatsanwalt Günther[4]), von einem Anonymus[5]) und v. Höinghaus.[6]) Die preußischen Gemeindewald-

---

[1]) Prag, Mikelás u. Knopp. 1,80 M. Die Schrift hat den Staatspreis erhalten.

[2]) Prag, André. 1,60 Mk.

[3]) Die preußischen Forst- u. Jagd-Gesetze mit Erläuterungen, herausgegeben von O. Dehlschläger, Geh. Ober-Justizrath und vortragender Rath im Justiz-Ministerium, und A. Bernhardt. Berlin, Julius Springer, I. Bd., Gesetz, betr. den Forstdiebstahl vom 15. April 1878, 1878 in 1. und 2. Auflage erschienen, 1,40 Mk. (Vergl. d. Besprechungen in Baur's Monatsschr., 1878, S. 565. Forst- u. Jagd-Zeit., 1878, S. 432. Forstl. Bl., 1878, S. 381. Schweizerische Zeitschr. f. Forstwesen, 1878, S. 142. Zeitschr. d. deutsch. Forstbeamten, 1878, S. 254); II. Bd., Gesetze über: I. Die Verwaltung und Bewirthschaftung von Waldungen der Gemeinden und öffentl. Anstalten, II. über Schutzwaldungen und Waldgenossenschaften, 1878 (ders. Verlag), 2,40 Mk.

[4]) Günther, das preuß. Gesetz vom 15. April 1878, betr. den Forstdiebstahl, mit Erläuterungen. Breslau, 1878. 1,60 Mk. Besprochen forstl. Bl., 1878, S. 381 (Borggreve).

[5]) Gesetz, betr. den Forstdiebstahl v. 15. April 1878, nebst dem Gesetze über den Waffengebrauch d. Forst- und Jagdbeamten vom 31. März 1837 ꝛc. Brandenburg, Müller. 70 Pf.

[6]) Das neue Forstdiebstahlsgesetz, ausführlich ergänzt und erläutert durch die

Waldgenoffenfchafts = und Waldfchutzgefetze habe ich ebenfalls in Gemein=
fchaft mit Herrn Oehlfchläger mit Erläuterungen herausgegeben.[1]
Ein Theil diefer Gefetze ift auch mit Motiven und Verhandlungen ab=
gedruckt in der Gefetzfammlung für Landwirthe, welche bei Wiegandt,
Hempel und Parey in Berlin erfcheint.[2] Mit der Vogelfchutzfrage
und der diefelbe betreffenden Gefetzgebung befchäftigt fich eine Schrift
von Prof. Dr. B. Borggreve.[3]

Die „Jagdgefetze und jagdpolizeilichen Verordnungen für die
älteren Provinzen der preußifchen Monarchie und die mit denfelben
vereinigten Landestheile (Schleswig=Holftein, Heffen=Naffau, Hannover)"
haben der Polizei=Kommiffar Behr und Polizei=Infpektor Glafe=
mann neuerdings zufammengeftellt und fo ein für Forftverwaltungs=
Beamte brauchbares Hülfsbuch hergeftellt.[4]

Aus dem Gebiete der Forftverwaltungskunde ift nur eine
amtliche Schrift aus Oefterreich[5] zu nennen: „Die Vorbereitung der
Eleven für den Staatsforftdienft."

Die Literatur über die Lehre von der Forfteinrichtung ift
1878 durch drei felbftftändige Schriften bereichert worden. Oberförfter
und Verfuchsdirigent W. Weife hat die „Taxation des Mittelwaldes"
monographifch behandelt[6] und in Oefterreich ift eine „Inftruktion für
die Begrenzung, Vermarkung, Vermeffung und Betriebseinrichtung"

amtlichen Motive, Landtagsverhandlungen 2c. v. R. Höinghaus. Berlin, Guftav
Hempel. 1878.

[1] Oben Note 2.

[2] Gefetzfammlung für Landwirthe. 6 Bd. Das Gefetz, betr. Schutzwaldungen
und Waldgenoffenfchaften vom 6. Juli 1875, nebft Haubergsordnungen für Siegen,
Olpe, Freusberg und Friedewald, fowie das Gefetz, betr. die Verwaltung der den
Gemeinden und öffentlichen Anftalten gehörigen Holzungen v. 14. Aug. 1876 2c.
Berlin, Wiegandt, Hempel und Parey. 1878. Cart. 3 Mk.

[3] Die Vogelfchutzfrage nach ihrer bisherigen Entwickelung und wahren Be=
deutung mit bef. Rückficht auf die Verfuche zu ihrer Löfung durch Reichsgefetz=
gebung und internationale Vereinbarungen. Berlin u. Leipz., Voigt. 1878. 1,20 M.

[4] Pofen. 1878. Vergl. Forftl. Bl., 1878, S. 23 (Grunert).

[5] Wien. Aus der Hof= und Staats=Druckerei. 1878. Vergl. Forftl.
Bl., 1878, S. 345 (Grunert).

[6] Berlin, Julius Springer. 2,40 Mk. Befprochen Forftl. Bl., 1878,
S. 208 (Sprengel). Centralbl. f. d. gef. Forftw., 1878, S. 138 (v. Guttenberg).

der Staats = und Fondsforste erschienen,[1]) welche letztere wissenschaft=
lichen Werth beanspruchen darf. Hierher gehört weiter eine kleine Schrift
des preuß. Forstkandidaten Kalk: „Die Sicherung der Forstgrenzen."[2])

Ueber Waldwerthrechnung und forstliche Reinertrags=
Berechnung sind neue Schriften nicht erschienen. Doch gehört die
obengenannte Schrift von B. Borggreve dem letzteren Gebiete zum
Theil an.

Die weiteren Arbeits = Ergebnisse des forstlichen Versuchswesens
in Oesterreich enthält das IV. Heft der „Mittheilungen aus d. forstl.
Versuchswesen Oesterreichs," herausgegeben von Prof. Dr. Frhr.
v. Seckendorff.[3])

C. Heyer's Waldbau ist in neuer Auflage erschienen, bearbeitet
von Prof. Dr. G. Heyer.[4]) Ein epochemachendes Werk auf diesem
Gebiete ist: Der Waldbau von Prof. K. Gayer (München), von
welchem der erste, die Bestandsdiagnostik enthaltende Band 1878 er=
schienen ist.[5]) Dieses Werk, der wissenschaftliche Ausdruck der in
vielen forstlichen Kreisen langsam entwickelten Reaktion gegen die
mechanisirte Betriebsarten=Wirthschaft und die General=Schablone
vieler Lehrbücher, verspricht, eine Neugestaltung dieses wichtigen Wissens=
gebietes anzubahnen und darf als eine Leistung ersten Ranges be=
zeichnet werden. Einzelne Theile der Lehre von der Bestandsbegründung
und Waldpflege behandeln Schriften von Forstmeister Homburg „die
Nutzholzwirthschaft im geregelten Hochwald=Ueberhaltbetriebe und ihre
Praxis;"[6]) von Bürgermeister Krahe in Prummern „die Korkweiden=

---

[1]) Wien. 1878. Fasey und Frick. 4 Mk. Angez. Centralbl. f. d. ges.
Forstw., 1878, S. 546. Vergl. hierzu die Erklärungen des Oberlandforstmeisters
Micklitz a. a. O., S. 606. Bernhardt, forstl. Zeitschr., 1879, Februarheft.

[2]) Eberswalde, Rust. 1879. 1,20 M. Angez. forstl. Bl., 1878, S. 346 (Grunert).
Centralbl. f. d. ges. Forstw., 1878, S. 427. Forst= u. Jagd=Zeit., 1878, S. 315.

[3]) Mit 6 Tafeln u. 5 Abbild. Wien, Braumüller. 1878. Fl. 3,72 ö.
W. Ueber Heft I. u. II. s. noch folgende Besprechungen: Forst= u. Jagd=Zeit.,
1878, S. 168. Forstl. Bl., 1878, S. 268. Baur's Monatsschr., 1878, S. 188.

[4]) Leipzig, Teubner. 1878. 6,80 M. Vergl. Forstl. Bl., 1878, S. 346 (Grunert).

[5]) Berlin, Wiegandt, Hempel und Parey. 1878. 7 Mark. Vergl Schweiz.
Zeitschr. f. Forstw., 1878, S. 141.

[6]) Cassel. Waisenhaus=Druckerei. 1878. 2 M. Besprochen in Baur's
forstwissenschaftlichem Centralbl., 1879, S. 70 (Gayer). Bernhardt's forstl. Zeit=
schrift, 1879, S. 63 (Kohli).

Kultur".[1])   Den Plenterwald behandelt eine in Wien erschienene
offizielle Schrift[2]); ebenso „die Anlage und Behandlung der
Saat und Pflanzkämpe[3]).

Aus dem großen Gebiete der Forstbenutzung und Technologie
liegen eine Reihe neuer selbstständiger Arbeiten vor.   Professor Dr.
Exner (Wien) hat die Werkzeuge und Maschinen zur Holzbearbeitung
in einem umfassenden Werke zu beschreiben begonnen; im ersten Bande
finden wir die Handsägen und Sägemaschinen (deskriptiver Theil) mit
einem von Walla gezeichneten Atlas in 43 lithographirten Folio-
tafeln und 181 Holzschnitten.[4])   Die „Bauhölzer" behandelt eine
Schrift von Wilh. v. Dokoupil, Direktor der Gewerbeschule in
Bistritz (Siebenbürgen);[5]) den „Wassertransport der Hölzer in Oester-
reich-Ungarn" ein kleines Buch von Forstrath Wondrak;[6]) das
„Futterlaub, seine Zucht und Verwendung" eine Monographie von
Jos. Wessely;[7]) die „Holzcellulose in ihrer geschichtlichen Entwickelung,
Fabrikation und seitherigen Verwendung" stellt der Civil-Ingenieur
C. M. Rosenhain dar.[8])   Die Waldstreufrage behandelt Gabriel
Belleville, Mitglied der k. k. Landwirthschaftsgesellschaft in Wien,
in einer bemerkenswerthen Schrift,[9]) „der Stalldünger und die Wald-
streu," in welcher er auf den Unwerth der Waldstreu für den Land-
wirth aufs Neue hinweist.   Mit der Moorkultur beschäftigt ist eine
Schrift des Kultur-Ingenieurs Schweder.[10])

Von K. Gayer's „Forstbenutzung" ist die 5te Auflage erschienen.[11])

---

[1]) Aachen, Barth. 1879. 1,20 Mk.

[2]) Der Plenterwald und dessen Behandlung. Wien, Faesy und Frick, 1878.
1,60 Mk.   Die Schrift ist eine Instruktion.

[3]) Wien, 1878. Hof- und Staatsdruckerei. Auch diese werthvolle Schrift
ist eine wissenschaftlich gehaltene Instruktion.

[4]) Ein starker Band von 549 S. Weimar, Voigt. Fl. 14,88 ö. W.

[5]) Vergl. Centralbl. f. d. ges. Forstw., 1878, S. 143.

[6]) Linz. Eurich in Comm. 2 Mk. Forst- u. Jagd-Zeit., 1878, S. 276.

[7]) Wien. 1877. 2,40 Mk. Centralbl. f. d. ges. Forstw., 1878, S. 366.

[8]) Berlin. Polytechn. Buchhandlung (Seydel). 1878. 1,20 Mk.

[9]) 2. Aufl. Wien. 1878. 2,40 M. Vergl. Forstl. Bl., 1878, S. 262 (Grunert).

[10]) Die Moorkultur in ihrer land- und volkswirthschaftlichen Bedeutung.
Bremen, Heinsius. 1,20 Mk.

[11]) Berlin, Wiegandt, Hempel und Parey. 1878. 12 Mk.

Die Lehre vom Forstschutz und der Forstpolizei ist 1878 in der Literatur vertreten durch ein Lehrbuch: der „Forstschutz" von Augustin Buchmayer, Direktor der mährisch = schlesischen Forstschule zu Eulenberg,[1]) durch einen sehr zweckmäßig eingerichteten Insekten= Kalender vom preuß. Forstmeister von Binzer,[2]) eine populäre Schrift des k. sächs. Oberförsters Paul Sperling[3]) „die Erzfeinde des Waldes," und vor Allem durch das nunmehr vollendete umfassende Werk „der Forstschutz" von Professor Dr. R. Heß (Gießen), dessen Er= scheinen bereits im vorigen Jahrgang der Chronik angekündigt ist. (16 M.)

Die Befreiung der Wälder von Servituten bildet den Gegen= stand von zwei 1878 erschienenen Schriften von Forstmeister Heiß und Oberförster von Bodungen. Ersterer giebt einen Beitrag zu der Frage über die Art der Abfindung bei der Ablösung der Forst= Servituten[4]) und Herr von Bodungen behandelt die Waldrechte in Elsaß = Lothringen, ihre Entstehung Regelung und Ablösung.[5])

Die Zahl der auf die Jagd bezüglichen Schriften ist 1878 nicht so groß gewesen, wie 1877. Aus dem Jahre 1877 habe ich noch nachzutragen die von Oberforstrath Dr. Th. Hartig herausgegebene 10. Auflage des G. L. Hartig'schen Lehrbuchs für Jäger.[6]) Ein neues illustrirtes Jagdbuch ist von Biermann und Dr. Oberfeld herausgegeben worden.[7]) Die neue Ausgabe des altberühmten

---

[1]) Olmütz. 1878. 2 Mk. Vergl. Forstl. Bl., 1878, S. 311 (Grunert). Centralbl. f. d. ges. Forstw., 1878, S. 422.

[2]) Insekten = Kalender, Lebensphasen und Fraßperioden der wichtigsten schäd= lichen Forstinsekten, dargest. durch v. Binger, k. preuß. Fmstr. Berlin, Wiegandt, Hempel und Parey. 1878. 0,40 Mk. Vier Seiten Carton mit 2 Tafeln in Buntdruck und Schrift. Man ersieht daraus Zustand des Insekts, Fraßholzart, besonders gefährdetes Baumalter und die wichtigsten biologischen Momente. Vergl. Forst= u. Jagd=Zeit., 1878, S. 133.

[3]) Dresden, Schönfeld. 1878. 3 M.

[4]) Die Art der Abfindung bei der Ablösung der Forstservituten. Der Ein= fluß des Staates auf die Privatwaldwirthschaft. Ein Beitrag zur Lösung dieser Fragen. Berlin. 1878. 1,20 Mk. Vergl. Forstl. Bl., 1878 (Grunert), S. 344.

[5]) Straßburg, Trübner. 1878. 2,50 Mk.

[6]) Stuttgart, Cotta. 13 Mk. Vergl. Baur's Monatschrift, 1878, S. 186.

[7]) Hannover und Leipzig, Ph. Cohen. 1878. 5 Mk. Vergl. Forst= und Jagd=Zeit., 1878, S. 350.

Winckell'schen Handbuchs von Herrn von Tschudi ist vollendet.[1]) Von der im vorigen Jahrgange der Chronik schon angeführten „Bibliothek für Jäger und Jagdfreunde" (Frhr. von Thüngen) sind bis jetzt meines Wissens 11 Hefte erschienen.[2]) Der deutsche Jagdschutzverein hat ein kleines „deutsches Jagdbuch" herausgegeben, welches sehr empfohlen zu werden verdient.[3]) E. v. d. Bosch hat ein stattliches Buch „der Fang des einheimischen Raubzeugs" geschrieben,[4]) Frhr. v. Thüngen eine Monographie des Hasen.[5])

In das Gebiet der Forstvermessungskunde gehört 1878 eine Schrift des bayer. Forstamts-Assistenten Carl Crug: Die Anfertigung forstlicher Terrainkarten auf Grund barometrischer Höhenmessung und der Wegenetzprojektirung.[6])

Ueber Waldwegebau ist mir 1878 eine neue selbständige Publikation nicht bekannt geworden.

Beschreibende forstbotanische Schriften sind streng genommen ebenfalls nicht erschienen. Doch kann man hierher rechnen einige Beschreibungen von dendrologischen Gärten: von Gielen „die Nadelhölzer des Wörlitzer Gartens",[7]) von Gartenmeister Zabel[8]) „Systematisches Verzeichniß der in den Gärten der Königl. Preuß. Forstakademie zu Münden kultivirten Pflanzen" und von Prof. Dr. Heß in Gießen:[9]) „der akademische Forstgarten bei Gießen".

Die „Zersetzungserscheinungen des Holzes der Nadelholzbäume

---

[1]) Leipzig, Brockhaus. Komplet gebunden 28 Mk. Vergl. Centralbl. f. d. ges. Forstw., 1878, S. 490.

[2]) Vergl. Forstl. Bl., 1878, S. 253 (Grunert).

[3]) Berlin, Verlag von Wiegandt, Hempel und Parey, 1878. 0,50 Mk. Das Büchlein enthält die Schonzeiten, Weidmannsausdrücke, Fährtenkunde, gedrängte weidmännische Thierkunde u. s. w. auf 32 Seiten in 12-Format.

[4]) Berlin, Verlag von Wiegandt, Hempel u. Parey. 1879. 100 Abbild. 7 Mk.

[5]) Der Hase (Lepus timidus L.), dessen Naturgeschichte, Jagd und Hege. Mit 20 Holzschnitten. Berlin, Wiegandt, Hempel u. Parey. 8 Mk.

[6]) Berlin, Julius Springer. 1878. 3 Mk. Besprochen Forstl. Bl., 1878, S. 112 (Grunert); Baur's Monatschrift, S. 373; Centralbl. f. d. ges. Forstw., S. 253; Forst- und Jagd-Zeit., S. 310 (Stötzer); Schweiz. Zeitschr. f. Forstwesen, 1878, S. 142.

[7]) Dessau. Reißner in Comm., 1,20 Mk.

[8]) Münden. Heidelberg, C. Winter, 1,40 Mk.

[9]) Gießen. Ricker, 1878. 0,60 M.

und der Eiche in forstlicher, botanischer und chemischer Richtung"[1]) hat Prof. Dr. Robert Hartig in einem Prachtwerke (151 S. Text, in 4°, 21 Tafeln Abbildungen, großentheils Farbendruck) behandelt, welches diesem unermüdlichen Forscher die höchste Anerkennung aller denkenden Forstmänner sichert. Der von Hartig begonnene Aufbau einer wissenschaftlichen Pathologie der forstlichen Kulturholzgewächse ist durch das Werk mächtig gefördert worden.

Von Dr. Th. Hartig, Oberforstrath in Braunschweig, ist als die Frucht vieljähriger Forschung eine „Anatomie und Physiologie der Holzpflanzen" erschienen.[2])

Prof. Dr. Joseph Böhm hat einen vor der K. K. Gartenbau-Gesellschaft in Wien gehaltenen Vortrag über die Frage: Warum steigt der Saft in den Bäumen? veröffentlicht;[3]) mit der vielbesprochenen Schütte der Kiefer beschäftigt sich eine Schrift des Prof. Dr. Holzner.[4])

Forstzoologische Werke sind von Prof. Dr. Altum[5]) „Unsere Spechte und ihre forstliche Bedeutung", von C. F. v. Homeyer, Präsidenten der allgemeinen deutschen ornithologischen Gesellschaft zu Berlin:[6]) „Deutschlands Säugethiere und Vögel, ihr Nutzen und Schaden"; von Wilh. Vesely, Lehrer an der Forstschule zu Eulenberg,[7]) „Nomenklatur der Forstinsekten" und von Dr. H. F. Keßler: „Die Lebensgeschichte der auf Ulmus camprestis L. vorkommenden Aphiden-Arten und die Entstehung der durch dieselben bewirkten Mißbildungen auf den Blättern".[8])

---

[1]) Berlin bei Julius Springer, 36 Mk.

[2]) Berlin bei Julius Springer, 20 Mk. Besprochen: Centralbl. f. d. ges. Forstwesen, 1878, S. 306, 365. Forst- und Jagd-Zeit., 1878, S. 312. Schweiz. Zeitschrift f. Forstwesen, 1878, S. 143.

[3]) Wien. Faesy u. Frick, 1878, 0,80 Mk.

[4]) Freising bei Datterer. 2,80 M. Vergl. Baur's Monatsch. 1878, S. 561.

[5]) Berlin bei Julius Springer, 1878, 2,40 Mk. Forst- u. Jagd-Zeit., 1878, S. 432. Centralbl. f. d. ges. Forstwesen, 1878, S. 621.

[6]) Im Selbstverlag. Comm. Rey-Leipzig. 2 Mk. Forstl. Bl., 1878, S. 117 (Borggreve).

[7]) I. Abth. Käfer u. Schmetterlinge. Olmütz, Slawik, 1878, 4 Mk. Centralbl. f. d. ges. Forstwesen, 1878, S. 425.

[8]) Separatabbdruck aus dem Jahresbericht des Vereins für Naturkunde zu Cassel. Cassel, Kay, 1878, 25 S.

Fortlaufende Publikationen „Forschungen auf dem Gebiete der Agrikulturphysik" hat Prof. Dr. Wollny unter Mitwirkung namhafter Forscher begonnen. Die 3 ersten Hefte sind erschienen.[1]) Agrikultur= chemische und bodenkundliche Werke mit spezieller Bezugnahme auf die Forstwirthschaft sind meines Wissens 1878 nicht erschienen.

Auf dem Gebiete der forstlichen Meteorologie ist auch in diesem Jahre nur der von Prof. Dr. Müttrich herausgegebene „Jahres= bericht über die Beobachtungsergebnisse der im Königreich Preußen und in den Reichslanden eingerichteten forstlich=meteorologischen Stationen" zu erwähnen. Der Bericht umfaßt das Jahr 1877.[2])

Tabellenwerke sind in mäßiger Zahl erschienen, von Prof. M. R. Preßler: Forstliche Kubirungstafeln nach metrischem Maaß;[3]) forstliche Zuwachs= Ertrags= und Bonitirungstafeln mit Regeln und Beispielen (2. bezw. 6. Aufl.);[4]) von Forstmeister Danhelovski: Forst= liche Hülfstafeln zur Berechnung des Inhaltes walzenförmiger und ent= gipfelter paraboloidischer Rundhölzer, dann vierkantiger Balken 2c. nebst Zins= und Rententafeln zur Lösung der Aufgaben forstlicher Finanz= rechnung (2. metrische Aufl.);[5]) von A. E. Seibert „Sicherster Rechnenmeister im Kubikmaaß der Rundhölzer" (2. Aufl.)[6])

In der Zeitschriften=Literatur sind 1878 große Veränderungen vorgegangen. Mit dem Weggange des Geheimeraths und Professors Dr. G. Heyer von Münden ging die Herausgabe und Redaktion der allgemeinen Forst= und Jagd=Zeitung an Prof. Dr. Lehr (Karlsruhe) und Prof. Dr. Lorey (Hohenheim) über. Die Monatschrift für das

---

[1]) München u. Heidelberg, C. Winter, à Heft 2,40 Mk. Vergl. Forst= u. Jagd=Zeit., S. 174.

[2]) Berlin. Julius Springer, 1878, III. Jahrg., 2 Mk.

[3]) Tharand u. Leipzig. Preßler, 1878, 5 Mk. Vergl. Danckelmanns Zeitschr. X., S. 443, (Weise). Forst= u. Jagd=Zeit., 1878, S. 245. Schweiz. Zeitschr. f. Forst= wesen, 1878, S. 142.

[4]) Tharand u. Leipzig. Preßler, 1878, 2 Mk. Vergl. Danckelmanns Zeitschr. X., S. 436 (Weise).

[5]) Essek. Fritsche, 1878, 4,40 Mk. Vergl. Centralbl. f. d. ges. Forst= wesen, 1878, S. 304.

[6]) Wels. Haas. 1,40 Mk.

Forst- und Jagdwesen von Prof. Dr. Franz v. Baur ging mit Ende des Jahres ein.

Als neue Folge derselben giebt Prof. Dr. von Baur vom 1. Januar 1879 ab das „Forstwissenschaftliche Centralblatt" unter Mitwirkung sämmtlicher Professoren der Forstwissenschaft an der Universität München in Monatsheften heraus[1]). Ebenfalls vom Jahre 1879 ab gebe ich unter Mitwirkung des forstakademischen Lehrkörpers der Forstakademie Münden die „forstliche Zeitschrift" in Monatsheften heraus[2]). Alle übrigen forstlichen Zeitschriften erscheinen unverändert fort. Die Zeitschriften-Literatur gestaltet sich demgemäß folgendermaßen: Wöchentlich zweimal erscheint: Das Handelsblatt für Walderzeugnisse; monatlich zweimal: Zeitschrift der deutschen Forstbeamten; monatlich: Allgemeine Forst- und Jagd-Zeitung; Centralblatt für das gesammte Forstwesen (Wien); forstliche Blätter von Grunert und Leo; österreichische Monatschrift für Forstwesen; Baur's forstwissenschaftliches Centralblatt; meine forstliche Zeitschrift.

In Quartalsheften: Tharander forstliches Jahrbuch, schweizerische Zeitschrift für Forstwesen.

In zwanglosen Heften: Burckhardts „Aus dem Walde"; Danckelmanns Zeitschrift für Forst- und Jagdwesen.[3])

---

[1]) Das Januarheft ist erschienen. Berlin, Wiegand, Hempel und Parey. Jährlich 12 Mk.

[2]) Das Januarheft ist erschienen. Berlin, Julius Springer. Jährl. 16 Mk.

[3]) Als dreizehnte Zeitschrift ist die „forstliche Beilage zu der Zeitschrift des Vereins nassauischer Land- und Forstwirthe", welche wiederholt im Jahre erscheint und als ein eigentlich forstwissenschaftliches Organ anzuerkennen ist, mitgezählt.

In Bezug auf die weidmännischen Zeitschriften habe ich die folgenden bei der obigen Zusammenstellung berücksichtigt:

1. Illustrirte Jagdzeitung von Oberförster Nitzsche in Rauterkranz, monatlich zweimal, Preis jährlich 6 Mk.

2. Der Waidmann von v. Schmiedeberg, monatlich zweimal, Preis jährlich 12 Mk.

3. Die Wiener Jagdzeitung von Newald, monatlich zweimal.

4. Die „Deutsche Jagdzeitung", Organ des deutschen Jagdschutzvereins, Preis jährlich 8 Mk.

5. Riesenthal's Zeitschrift „Aus Wald und Heide"; Preis jährlich 12 Mk.

Diese Aufzählung ist unvollständig, wie mir wohl bekannt ist. Die voraufgeführten Jagd-Zeitschriften dürften aber die bedeutendsten sein.

Außer den oben Seite 50 bis 55 schon angeführten Vereinsschriften[1]) sind noch folgende zu verzeichnen: Der Bericht über die VI. Versammlung deutscher Forstmänner zu Bamberg 1877[2]); der Bericht über die Verhandlungen des österreichischen Forstkongresses von 1877[3]); Jahresbericht und Programm der von dem Forstschulverein für Mähren und Schlesien gegründeten Forstschule zu Eulenberg (Mähren) vom Forstschuldirektor Buchmeyer[4]).

Forst- und Jagdkalender sind im Jahre 1878 für 1879 erschienen: Vom Geheimen Oberforstrath Dr. Judeich[5]) und Rechnungsrath Behm (früher Schneider)[6]) für das deutsche Reich; von Petraschek (Fromme)[7]) und Oberforstmeister Schmidl[8]) für Oesterreich. Encyklopädieen endlich der ganzen Forstwissenschaft, welche nach dem heutigen Stande derselben nur noch in populärer Darstellung oder in Beschränkung auf die Elemente geschrieben werden können, sind von G. Henschel[9]) und Alex. Thieren (2. Aufl.)[10]) erschienen. Von Westermeyer's „Leitfaden für das preußische Jäger- und Förster-Examen[11]) ist die 2. Auflage nothwendig geworden, ein Zeichen, wie sehr es an solchen elementaren Lehrbüchern fehlt.

Die oben gegebene Uebersicht zeigt[12]), daß die Bücher-Literatur des Jahres 1878 sich quantitativ nahezu derjenigen der Vorjahre

---

[1]) Verhandlungen des märkischen, badischen, schlesischen und mecklenburgischen Forstvereins.

[2]) Berlin, Julius Springer. 1878, 3,60 Mk.

[3]) Wien. Faesy und Frick. 1878, 3 Mk.

[4]) Olmütz 1877. Vergl. Forstl. Bl. 1878, S. 113 (Grunert).

[5]) 7. Jhrg. 2 Thle. Berlin, Wiegand, Hempel u. Parey, kompl. 3 Mk.

[6]) 7. (29.) Jhrg. Berlin, Julius Springer.

[7]) Wien, Fromme. 3,20, in Leder 4,20 Mk.

[8]) Herausgegeben vom böhm. Forstverein, redig. v. Oberforstmeister Schmidl (Prag). Prag, André in Komm. 2,80 Mk.

[9]) „Der Forstwart", Lehrbuch der wichtigsten Hilfs- und forstlichen Fachwissenschaften zum Selbststudium für Forstwarte, Eleven und Kleingrundbesitzer. In 4 Lieferungen. Wien, Braumüller, 4 Mk. Vergl. Centralbl. für das ges. Forstwesen, 1878, S. 194.

[10]) „Anleitung zur Forstwirthschaft." 84 S. Dorpat. Schneckenburg. 1,50 M.

[11]) Berlin, Julius Springer. 5 Mk., fest gebunden 6 Mk.

[12]) Bei derselben ist zu beachten, daß zwei der aufgeführten Schriften dem Jahre 1877 zuzurechnen sind. Die Gesammtzahl derselben beträgt 85.

gleichstellt. Der Schwerpunkt der wissenschaftlichen Verhandlung aber scheint sich mehr und mehr in die periodische Literatur zu verlegen. Es erscheint daher gerechtfertigt, der letzteren in der Chronik des deutschen Forstwesens eine größere Beachtung zu schenken als seither. In einem besoderen Abschnitte habe ich es versucht, die wissenschaftliche Bewegung in unserem Fache, so wie sie sich in der Zeitschrifteu=Literatur darstellt, in kurzen Zügen zusammenzufassen. Bei der Schwierigteit der Aufgabe und der Nothwendigkeit, die Darstellung in sehr engen Grenzen zu halten, hoffe ich auf nachsichtige Beurtheilung dieses Versuches.

---

12. Wissenschaftliche Bewegung, insbesondere in der Zeitschriften-Literatur.

Keine audere Gruppe wissenschaftlicher Fragen nimmt die gebildeten Forstmäuner nach wie vor mehr in Anspruch, als diejenige, welche auf dem Gebiete der allgemeinen Forstwirthschaftslehre liegen. Hier handelt es sich um die Feststellung der fundamentalen Grund=sätze, der berechtigten Ziele unserer Wirthschaft, hier um die Betrachtung der Waldwirthschaft als integrirenden Theils der gesammten Volks=wirthschaft. In der Volkswirthschaftslehre finden wir die Ausgangs=punkte unserer wissenschaftlichen Arbeit und den Prüfstein für die Wahrheit unserer Arbeitsergebnisse. In den Vertretern jener alle Gebiete menschlicher Wirthschaftsthätigkeit umspannenden allgemeineren Wissenschaft finden wir unsere natürlichen Bundes= und Arbeits=Genossen.

Dies Gebiet forstlicher Forschung wird solange von hervor=ragenden Vertretern unserer Wissenschaft eifrig bebaut werden, als es noch nicht gelungen ist, jene Grundsätze und Ziele endgültig fest=zustellen.

Der unerläßlichen Vorarbeiten sind viele, unter ihnen steht die Frage nach der wirthschaftlichen Natur des Holzvorrathskapitals nicht an letzter Stelle. Die Lösung dieser Frage suchte Professor Schuberg-Carlsruhe schon 1877[1]) anzubahnen, indem er in einer sehr bemerkenswerthen Abhandlung die wirthschaftliche Natur des Holzvorrathskapitals, welches er als ein wirkliches stehendes Kapital ansieht, untersucht, das Verhältniß, in welchem Bodenwerth und Holzvorrathswerth in einzelnen realen Fällen stehen, fixirt, die Rechnung nach dem Bodenerwartungswerth als einen Zirkelschluß darthut und die Rechnung mit Kostenwerthen, welche durch korrekte statistische Untersuchungen gewonnen werden, empfiehlt. Schuberg kommt dabei zu der Differenzirung zweier hervorragender Ziele der Waldbesitzer — hohe Rente und Ansammlung großer Gütermassen, weist beide als berechtigt nach und stellt sich damit auf den neueren volkswirthschaftlichen Standpunkt, der von dem des Adam Smith, Pfeils und Preßlers sehr wesentlich abweicht.

Diese werthvollen Untersuchungen hat Schuberg auch 1878 fortgesetzt[2]). Indem er sich nunmehr einigen spezielleren Fragen zuwendet, behandelt er zunächst die Vorrathskapitalien im einfachen und kombinirten Wirthschaftsbetriebe (in den Ueberhalt- und mehrhiebigen Betrieben aller Art), giebt interessante Daten über den Lichtungszuwachs der Weißtanne und Fichte und weist auf die wichtigen Fragen hin, welche noch zu behandeln sind, ehe die in Rede stehenden Hauptfragen gelöst werden können. Mit Recht betont hierbei Schuberg die statistische Erhebung als ein Mittel, diese Lösung vorzubereiten.

Unmittelbar an diese Arbeiten Schuberg's knüpft sich eine Abhandlung Judeichs[3]) über das Waldkapital an. Judeich vertritt jetzt die Auffassung, daß das Waldkapital als umlaufende Gütermasse zu betrachten sei, definirt das Waldkapital als die Grundlage der jährlichen Vermögensbilanz, welche er auch für den forstlichen Betrieb empfiehlt und entwickelt die Methoden der Kapitalbestimmung im Sinne der forstlichen Reinertrags-Berechnung.

Gegen das von G. Heyer aufgestellte System der Reinertrags-Lehre und -Berechnung wendet sich die oben genannte Streitschrift von

---

[1]) Centralblatt für d. ges. Forstwesen 1877. S. 57. 111. 173.
[2]) Centralblatt für d. ges. Forstwesen. 1878. S. 225. 284. 342.
[3]) Tharander Jahrbuch. 29. Band. 1. Heft. 1879.

B. Borggreve[1]). Die Frage der Waldrente untersucht eine geistvolle Schrift von Professor Dr. Heitz in Hohenheim[2]). Heitz verwirft, von volkswirthschaftlichen und historischen Betrachtungen ausgehend, das Prinzip der Reinertragslehre, weist nach, daß die ganze Verzinsungslehre ebenso wie die angewandten Rechnuugsmethoden (z. B. die Belastung des Waldertrags mit den vernachwertheten Kulturkosten) sehr angreifbar sind, und daß das öffentliche Interesse in der Waldwirthschaft unserer heutigen Kulturstufe weitaus das privatwirthschaftliche Jnteresse überwiege, ja daß dies zu allen Zeiten so gewesen sei. Walderhaltung durch den Staat (Forstregal) im öffentlichen Jnteresse, intensive Pflege des Waldes auf Grund genauer forststatischer Untersuchnngen (forststatisch nicht im Sinne Gustav Heyers, dessen Begriffsbestimmung Heitz verwirft, sondern Karl Heyers) weist Heitz nach als die berechtigten forstwirthschaflichen Ziele, die Waldrente als umtriebbestimmendes Motiv im Sinne der Reinertragslehre verwirft er.

Auch G. Wagener[3]), der Verfasser einer Reihe trefflicher Arbeiten über die Forstertragslehre, hat neuester Zeit in einem noch uicht abgeschlossenen Cyclus von Aufsätzen sich mit den prinzipiellen Aufgaben der Forstwirthschaft beschäftigt. Wagner sieht mit Recht die Zukunft der Waldwirthschaft in der höchsten Verfeinerung des Betriebes (Vorverjüngungs= und Lichtungs=Betriebe), nicht in der Kapital=Verminderung (Verkürzung des Umtriebes). Zur Geschichte der Waldwirthschaft und Forstwissenschaft haben neuester Zeit Bausteine geliefert: Klingner[4]) in Schleusingen (die Waldkultur in der Graffchaft Henneberg im 18. und 19. Jahrh."), Forstkommissar Pawesch in Judenburg[5]) („ein alter Waldbrief aus Obersteiermark) Prof. Dr. Roth in München[6]) („zur Geschichte der königl. und

---

[1]) Oben S. 57 Note 1.

[2]) Forstregal und Waldrente. Als Programm zur 60jährigen Jahresfeier der K. Württemb. land= und forstwirthschaftlichen Akademie Hohenheim, bearbeitet v. Prof. Dr. E. Heitz. Stuttgart. Müller.

[3]) Centralblatt f. d. ges. Forstwesen. 1878. S. 483. 536. 590.

[4]) Burckhardt's „aus dem Walde." VIII. Heft. 1877. S. 17.

[5]) Forstliche Blätter. 1878. S. 44.

[6]) Allg. Forst= und Jagd=Zeit. 1878. S. 77.

aiſerl. Waldungen in Deutſchland"), Oberförſter Görges[1]) („die
auf den Staatswaldungen der ehemaligen Grafſchaft Dagsburg be=
ſtandenen Berechtigungen") und Oberförſter Boden[2]) („Betrachtungen
über die Schickſale eines Reichwaldes [des Flamersheimer Erben=
waldes]"). Von hohem Werthe für die Agrar=Geſchichte überhaupt und
ſomit auch für die Geſchichte der Waldwirthſchaft iſt eine von Profeſſor
Hanßen[3]) begonnene Unterſuchung „Agrarhiſtoriſche Fragmente zur
Erkenntniß der deutſchen Feldmarkverfaſſung von der Urzeit bis zur
Aufhebung der Feldgemeinſchaft." Die forſtliche Statiſtik, deren prak=
tiſche Förderung anſcheinend in faſt allen Staaten mit geordnetem
Forſtweſen energiſcher betrieben wird[4]), als in Deutſchland, iſt im
Jahre 1878 ebenfalls durch einzelne werthvolle Beiträge gefördert
worden; Oberforſtmeiſter Schimmelpfennig[5]) hat eine treffliche
Schilderung von „Volk, Wald und Jagd in Oſtfriesland" veröffentlicht;
den Donauverkehr in dem Forſthaushalte Oberöſterreichs betrachtet
aus ſtatiſtiſchen Geſichtspunkten Forſtmeiſter Rauſch in Greinburg[6]);
Reiſe=Notizen aus den Waldungen des Ober=Elſaß und der Haute=

---

[1]) Supplemente zur Allg. Forſt= und Jagd=Zeit. X. S. 3.
[2]) Danckelmann's Zeitſchrift. X. Bd. S. 186.
[3]) Zeitſchrift f. d. geſammte Staatswiſſenſchaft. Tübingen. 1878. Laupp.
34. Jahrg. 4. Heft. S. 617.
[4]) Eine Reihe intereſſanter forſtſtatiſtiſcher Publikationen aus dem Auslande,
welche bei Gelegenheit der Weltausſtellung in Paris erfolgten, beweiſen dies. Ich
nenne nur folgende:
1) L'agriculture belge par E. de Lavelaye. Bruxelles. 1878. (Auch
eine vollſtändige Forſtſtatiſtik.)
2) L'agriculture de l'Ecoſſe et de l'Irlande. Paris 1878. (Bewaldung
Schottlands S. 173—181.)
3) Atlas ſtatiſtique et forèſtier de la Ruſſie d'Europe. Publiè par la
ſociété forèſtière à St. Petersbourg (unter Redaction von P. Werekha und
A. Matern). 8 Kartenblätter und Tabelle.
4) Wirthſchaftliche und kommerzielle Beſchreibung der K. Ungariſchen Staats=
forſten, im Auftrage des Herrn K. Ungariſchen Finanz=Miniſters Colomann Széll
herausgegeben, verfaßt vom Oberforſtrath A. Bedö.
Auch aus Italien und England liegen ähnliche Schriften mit allerdings
dürftigen forſtſtatiſtiſchen Notizen vor.
[5]) Danckelmann's Zeitſchrift. X. Bd. S. 261.
[6]) Centralblatt f. d. geſ. Forſtweſen. 1878. S. 187.

Saône stellte Oberförster Fribolin[1]) zusammen; den in Bezug auf
seine bodenwirthschaftliche Entwickelung hochinteressanten Drömling
(eine ausgedehnte wald= und sumpfreiche Einsenkung 5 Meilen von
Magdeburg am Südwestrande der unter dem Namen Colbitz=Letzlinger
Heide bekannten Waldlandschaft) schildert uns Forstmeister Alers
in Helmstädt[2]).

Im Auslande nahmen im vergangenen Jahre besonders die mehr
und mehr beachteten Waldverwüstungen in Nordamerika und die dort
hervortretenden Anstrengungen einzelner bessergesinnter Männer, den
noch vorhandenen Waldbestand gegen die gemeine Habgier der stumpfen
Masse zu schützen, die Aufmerksamkeit deutscher Forstmänner in An=
spruch. Ueber nordamerikanische Waldzustände haben Prof. Schuberg[3])
("ein Blick auf die forstlichen Verhältnisse in den vereinigten Staaten von
Nordamerika") und Prof. Dr. Exner[4]) ("Bestrebungen zur Hebung
und Verbreitung der Forstkultur in Amerika") Aufsätze geschrieben.

Mit russischen Waldzuständen beschäftigt sich eine Arbeit von
Forstmeister Guse[5]) ("der Waldreichthum Rußlands"), mit dem
Riga'schen Stadtwalde speziell eine solche von Oberförster Fritsche.[6])

Die von der preußischen Versuchsanstalt veröffentlichen statistischen
Arbeiten, namentlich über „das Ergebniß der Holzsamen=Ernte von
den wichtigsten Holzarten in Preußen 1877" (von mir verfaßt),[7])
über „die Ergebnisse des Betriebs der Kiefern=Samendarren in den
preuß. Staatsforsten"[8]) (amtliche Mittheilung) und eine Uebersicht
über den Eichenschälwaldbetrieb in den preuß. Staatsforsten[9]) (amtl.
Mitth.) seien hier noch erwähnt und endlich sei noch einer fleißigen
Arbeit des Oberförsterkandidaten Riebel (Eberswalde): „Aus der

---

[1]) Baur, Monatschrift. 1878. S. 35.
[2]) Allg. Forst= und Jagd=Zeit. 1878. S. 185. Der Aufsatz hat den Titel:
„Der Drömling. Ein land= und forstwirthsch. Fragment."
[3]) Centralblatt f. d. ges. Forstwesen. 1878. S. 542. 613.
[4]) A. a. O. S. 20.
[5]) Danckelmann's Zeitschrift. X. Bd., S. 348.
[6]) A. a. O., IX. Bd., S. 31.
[7]) Danckelmann's Zeitschrift. X. Bd., S. 132.
[8]) A. a. O. S. 148.
[9]) A. a. O. S. 152.

preußischen Eisenbahn=Statistik des Jahres 1875"[1]) Erwähnung gethan.

Forstpolitische Fragen sind im Jahre 1878 mehrfach Gegen=stand der wissenschaftlichen Diskussion gewesen. In erster Linie steht hier zur Zeit die Eisenbahntariffrage, über welche Prof. Dr. J. Lehr[2]) und Prof. Dr. Borggreve[3]) orientirende Abhandlungen veröffentlicht haben. Beide Verfasser warnen vor der Präponderanz einseitiger Interessen=Vertretung und nehmen den Standpunkt gemäßigten Frei=handels ein. Die Diskussion ist übrigens nicht abgeschlossen.

Die Waldschutzfrage wurde erörtert unter besonderer Bezugnahme auf die in Oesterreich bevorstehende Reform der bezüglichen Gesetzge=bung von Prof. Dr. Marchet[4]) („der Entwurf eines neuen öster=reichischen Forstgesetzes") und anonym im Wiener Centralblatt.[5]) Die hochwichtige Landeskulturfrage der Wasserabnahme in den Flüssen, Quellen und Strömen bei gleichzeitiger Steigerung der Hochwasser in den Kulturländern behandelt H. Burckhardt mit gewohnter Frische und umfassender Sachkenntniß,[6]) mit den Bannwaldungen im Hoch=gebirge, ihrer Bedeutung, Anlage und Bewirthschaftung beschäftigt sich ein sehr lesenswerther Aufsatz des Landesforstinspektors Volkmann in Salzburg,[7]) die Beziehungen der neuesten Lehren der Nationalökonomie endlich zur Forstpolitik untersucht Oberförster Dr. Schwappach.[8]) (Aschaffenburg). Er stützt sich hierbei auf die „allgemeine oder theoretische Volkswirthschaftslehre mit Benutzung von Rau's Grund=sätzen der Volkswirthschaftslehre von Adolf Wagner" und stellt die Ansichten Wagner's in Bezug auf Forstpolitik, welche als diejenigen der neueren, gegen das Manchesterthum streitenden Schule der Volks=wirthschaftslehre zu betrachten sind, in einigen präcisen Sätzen zu=

---

[1]) A. a. O., IX. Bd., S. 523.

[2]) Allg. Forst= und Jagd=Zeit., 1878, S. 375, 420.

[3]) Forstl. Bl., 1878, S. 285, 372.

[4]) Forstl. Bl., 1878, S. 225.

[5]) „Eine Prinzipfrage bei der Reform des österreichischen Forstgesetzes." Centralbl., 1878, S. 469, und „Gesetzlicher Schutz zur Erhaltung einer ge=nügenden Bewaldung," daf. S. 73.

[6]) Aus dem Walde, VIII. Heft, 1877, S. 66.

[7]) Centralblatt f. d. ges. Forstwesen, 1878, S. 239, 294, 355.

[8]) Baur's Monatschrift, 1878, S. 172.

sammen. Die Tendenz dieser neueren Schule steht derjenigen der obigen Schrift von Heitz sehr nahe,[1]) und ich darf auf das dort Gesagte verweisen.

Mit wichtigen Landeskultur=Fragen hatte sich die am 2. und 3. Juli von dem preußischen Herrn Minister für Landwirthschaft berufene Kommission zu beschäftigen, zu welcher als Vertreter der preuß. Staatsforstverwaltung Landforstmeister Haas, als Mitglied Geh. Oberforstrath Dr. Grebe gehörten. Die Kommission beschäftigte sich mit der Wasserstandsfrage. Ueber die bezüglichen interessanten Verhandlungen hat Geh. Oberforstrath Dr. Grebe berichtet.[2])

Die in Spanien[3]) und Italien[4]) erlassenen Waldschutzgesetze sind in der allgemeinen Forst= und Jagd=Zeitung abgedruckt bezw. erläutert, die auf der Pariser Welt=Ausstellung in interessanter Weise zur Darstellung gelangten Schutzarbeiten zur Deckung und Wiederbewaldung entwaldeter Hochgebirgsgelände schildert uns Landrath und Abgeordneter Knebel;[5]) Die Lehre von der Waldverschönerung, einst von G. König in seiner „Waldpflege" mit so viel Frische und anmuthender Wärme behandelt, findet in dem Herrn Rittergutsbesitzer von Salisch,[6]) einem früheren Eberswalder Commilitonen, einen eifrigen Vertreter und Förderer. Auch 1878 hat er seine Gedanken über „Forst=Aesthetik" im Anschluß an frühere Aufsätze, veröffentlicht.

Auf dem Gebiete der Forstverwaltungs=Kunde und Organisations=Lehre ruht die Frage des forstlichen Studiums. Nur zwei Aufsätze über diesen Gegenstand finden sich in der Journal=Literatur 1878, beide von Prof. Dr. B. Borggreve. In dem ersten betont derselbe neuerdings die Nothwendigkeit des praktischen Lehrjahres für die Oberförster=Aspiranten;[7]) in dem zweiten bespricht er die Unterstellung der preußischen Forst=Akademieen unter das Unterrichts=

---

[1]) Oben S. 70 Note. 4.

[2]) Danckelmann's Zeitschrift, X., S 405.

[3]) „Das spanische Wiederbewaldungsgesetz v. 11. Juli 1877." F.= u. J.=Z., 1878, S. 271.

[4]) „Das neue italienische Waldschutzgesetz" von v. Naerfeldt. F.= u. J.=Z., 1878, S. 303.

[5]) Meine „forstliche Zeitschrift," 1879, S. 22.

[6]) Danckelmann's Zeitschrift, X., S. 92.

[7]) Forstl. Bl., 1878, S. 109. Ueber den zweiten Auff. vergl. oben S. 45.

Ministerium. Dafür ist die Frage der Ausbildung der Schutz- und Hülfs-Beamten des forstlichen Betriebes in den Vordergrund getreten. Auf der Bamberger deutschen Forstversammlung 1877[1]) wurde die Frage diskutirt und ich wies gleich im Anfange der Verhandlung darauf hin, daß die Frage: Wie ist die Ausbildung des Schutz- und Hülfs-Personals für den forstlichen Betrieb einzurichten? in dieser Allgemeinheit gar nicht zu beantworten sei. Man müsse bei dieser Frage ausgehen von einem bestimmten Organisationsbilde, von einem nach genauen Prinzipien abgegrenzten Amtskreise des Schutz- und Hülfspersonals. Die spätere Diskussion in der Versammlung und seither in den Zeitschriften hat mir Recht gegeben. Oberförster Fürst[2]) vertrat seine schon in Bamberg begründete Ansicht, welche auf ein höheres Maaß von Schulbildung für die unteren Forstbeamten hinausgeht, im Uebrigen wesentlich auf die bayerische Verwaltungsorganisation Bezug nimmt, in einem eingehende Aufsatze in der allgemeinen Forst- und Jagdzeitung; Forstmeister Heiß[3]) präcisirte dem gegenüber seinen in Bamberg eingenommenen Standpunkt und warnte vor Ueberbildung der Forst-, Schutz- und Hülfsbeamten; aus dem Großherzogthum S.-Weimar[4]) wurde, wiederum mit spezieller Beziehung auf die dortige Forstorganisation der Standpunkt vertreten, daß die Heranbildung gut geschulter Forstaufseher aus den Kreisen der besser gebildeten Waldarbeiter genüge; Forstmeister Dr. Ed. Heyer[5]) entwickelte in einem Aufsatze: „Ueber Ausbildung, Ausnutzung und Beschaffung qualifizirten Schutzpersonals" ebenfalls seine Ansichten über diesen Gegenstand.

Aus den Kreisen der preußischen Förster liegen eine Reihe von Veröffentlichungen über diesen Gegenstand bereits vor. 1878 hat Förster Stahl[6]) in einem umfassenden Aufsatze die Errichtung obligatorischer Försterschulen neuerdings vertreten.

Oberförster Saalborn (Wiesbaden) forderte, auf die Verhältnisse

---

[1]) Bericht über die IV. Versammlung deutscher Forstmänner zu Bamberg am 3., 4. u. 5. September 1877. Berlin, 1878. Springer, S. 27.

[2]) Allg. Forst- und J.-Zeit., 1878, S. 9.

[3]) A. a. O. S. 121, 268.

[4]) A. a. O. S. 126.

[5]) A. a. O. S. 409.

[6]) Zeitschr. d. deutschen Forstbeamten, 1878, S. 146, 176, 200.

der preußischen Forstverwaltung und zwar speciell in den westlichen Theilen der Monarchie Bezug nehmend, die Begründung von Forst= lehrrevieren und Förster=Präparandenschulen[1]); in einer eingehenden und sehr lesenswerthen Abhandlnng endlich behandelte Finanz=Assessor Speidel die Frage der Ausbildung und dienstlichen Stellung des Forst=Schutz= und Hilfspersonals in Württemberg[2]). Auch er hält einfache, auf der empirischen Lehrmethode beruhende Försterschulen für nothwendig.

Einig ist man in dieser Frage, wie in vielen anderen, nur in der Negatirn der Brauchbarkeit der jetzigen Zustände. Für die Staaten mit dem Oberförstersystem wird wohl allgemein eine bessere systematische, wenn auch wesentlich empirische und auf das Können gerichtete Vorbildung der unteren Forstbeamten für ganz unabweisbar gehalten.

Unter den übrigen Forstorganisationsfragen ist der Uebergang der centralen Leitung des preußischen Forstwesens an das Ministerium für Landwirthschaft, Domänen und Forsten von mir besprochen worden[3]), ebenso in Baur's forstwissenschaftlichem Centralblatt[4]). In einem Auf= satze: „Ueber Forstorganisation"[5]) wird ein neues Verwaltungssystem entwickelt, in welchem der Schwerpunkt der Verwaltung ausschließlich in der Oberförsterei ruht, Kontrolbeamte, welche jedoch nicht zugleich eigentliche Vorgesetzte des Oberförsters sind, sondern nur Verwaltungs= Revisionen abhalten, im Bezirke wohnen, angestellt und die obere Leitung und Aufsicht in die Hand einer kollegialisch geordneten Direktiv= Behörde gelegt wird, während ein aus dem zuständigen Kontrol= Beamten (Forstinspektor) und den Oberförstern eines einheitlichen Wirthschaftsgebietes gebildeter Wirthschaftsrath die generellen Wirth= schaftsgrundlagen feststellt. —

---

[1] „Zur Försterfrage". In den forstl. Bl. 1878. S. 65. Vergleiche auch a. a. O. S. 281.

[2] Baur's Monatsschrift. 1878. S. 385.

[3] Centralblatt für das ges. Forstwesen. 1878. S. 348. 403. Danckelmann's Zeitschrift. X. S. 377.

[4] Januarheft 1879.

[5] Baur's Monatsschrift. 1878. S. 546, Fortsetzung eines Artikels in ders. Zeitschrift. 1877. S. 155 fgde.

Sehr groß ist die Zahl von Aufsätzen und Mittheilungen in den forstlichen Zeitschriften des Jahres 1878 über Gegenstände aus dem Gebiete der Standortslehre und des Waldbaues. Auf dem ersteren Gebiete bewegen sich einige Arbeiten von Dr. Breitenlohner[1]) (Wien) „Beiträge zur Untersuchung der standörtlichen Verhältnisse der Rothbuche des Wienerwaldes", von Forstrath und Professor von Guttenberg[2]) (Wien) „Beiträge zur Kenntniß der in Süd= österreich heimischen Holzarten" (Tilia argentea, acer monsspesu= lanum, acer opulus, Colutea, Loniceren etc.) von Forstmeister Beling in Seesen[3]) „über die Abhängigkeit mancher Pflanzen von den Standortsverhältnissen" (interessante Mittheilungen über die Flora alter Erzschlackenplätze). Von der „Eiche im alten Mast= und Hutwalde (Pflanzwalde) und ihr Verschwinden aus dem Baum= betriebe" handelt Dr. Burckhardt mit bekannter Meisterschaft[4]). Die Lehre der Lichtungsbetriebe und des Bodenschutzholzes ist durch Mittheilungen von Forstdirektor Dr. Burckhardt und Forstmeister Kraft[5]) „über die Materialerträge ꝛc. des Eichen=Lichtungsbetriebes, Forstdirektor Burckhardt[6]) „der Lichtungsbetrieb der Buche und Eiche" und Prof. Preßler[7]) „Zur Lichtungs=Zuwachs= und Durchforstungs= frage im Fichtenwalde und deren Einfluß auf Betrieb, Zuwachskurve und Ertragstafeln"' endlich durch eine Mittheilung in den forstlichen Blättern „Reinigungshiebe und Bodenschutz"[8]) weiter ausgebaut worden.

Mit der Femelschlagwirthschaft in Buchen und Kiefern be= schäftigen sich Aufsätze von Revierförster Sigel (Württemberg)[9]) „Die Verjüngung des Buchenhochwaldes auf der schwäbischen Alb" (Vortrag im württemb. Forstverein zu Urach 1878), Dr. Kienitz[10]) „über die Verjüngung der Kiefer in Besamungsschlägen in der

---

[1]) Centralblatt f. d. ges. Forstwesen. 1878, S. 69, 178.

[2]) A. a. o. S. 242, 362, 418.

[3]) Baur's Monatschrift. 1878, S. 183.

[4]) Burckhardt „Aus dem Walde", IX. Heft, S. 31.

[5]) A. a. O. S. 57 (Burckhardt) und 69 (Kraft).

[6]) A. a. O. VIII. Heft, S. 88.

[7]) Tharander Jahrbuch. 28. Bd. S. 170.

[8]) Jahrg. 1878, S. 161.

[9]) Baur's Monatschrift. 1878, S 444.

[10]) Allg. Forst= und Jagd=Zeit. 1878, S. 41.

K. (preuß.) Hausfideikommiß = Oberförsterei Schwenow" und ein anonymer Aufsatz „Der Kiefernbesamungsschlag im Schutzbezirk Cappe Oberförsterei Zehdenik"[1]). „Ueber die Verjüngung der Hochgebirgs= wälder" handelt Landolt in einem trefflichen Aufsatze[2]).

Einen werthvollen Beitrag zu der Lehre von der Fähigkeit unserer Hauptholzarten, Schatten zu ertragen, hat 1878 Forstmeister Kraft in Hannover geliefert. Er stellt eine neue Skala des Schatten= erträgnisses auf[3]). Auf dem Gebiete des Kulturbetriebes bewegen sich Aufsätze von Forstmeister Alers[4]) „Schutz den jungen Kiefern in den Saat= und Pflanzkämpen gegen Frühfrost" (Verf. empfiehlt Schutz= horden aus Fichtenzweigen), Prof. Dr. Heß[5]) „comparative Unter= suchungen über die Wirkung von Dungmaterialien iu Forstgärten auf das Längen= und Stärke=Wachsthum" (am besten wirkte Buchenmoder, dann eine Mischung von Holzasche, Guano und Knochenmehl), Ober= förster Quaet=Faslem[6]) (Hannover) „Zur Dampfpflugkultur", Oberförster Claudit[7]) (Meppen), „Zur Kultur des Flugsandes" (mit einer Vorbemerkung von H. Burckhardt), Oberförster Saal= born[8]) „Aphoristische Bemerkungen über die Kultur, Bewirthschaftung und Pflege der Eiche", Prof. Dr. Borggreve[9]) „Gedanken und Versuche über die Beschneidung der Holzpflänzlinge", und Professor Dr. Moeller (Mariabrunn)[10]) „über die Bedeutung der Saatkämpe". Der Eichenschälwald und die Bemühungen der Gerber, die weitere Ausdehnung dieses Betriebes in Deutschland anzubahnen, beschäftigen mit Recht die wissenschaftliche Erörterung lebhaft. Forstmeister Heiß[11]) untersuchte neuerdings die Frage: Inwieweit ist das Verlangen der

---

[1]) A. a O. S. 45.
[2]) Schweizerische Zeitschrift f. Forstwesen. 1878, S. 13.
[3]) Allg. Forst= u. Jagd=Zeit. S. 164 „über das Beschattungsertägniß der Waldbäume".
[4]) Centralbl. f. d. ges. Forstwesen. 1878, S. 132.
[5]) Centralbl. f. d. ges. Forstwesen. 1878, S. 174, 230, 290.
[6]) Burckhardt, aus dem Walde, VIII. Heft, S. 153.
[7]) A. a. O. S. 167.
[8]) Forstl. Bl. 1878, S. 289.
[9]) A. a. O. S. 306.
[10]) Allg. Forst= u. Jagd=Zeit. 1878, S. 416.
[11]) Allg. Forst= u. Jagd=Zeit. 1878, S. 333.

Gerber nach Ausdehnung des Eichenschälwaldbetriebes gerechtfertigt? und gelangt zu dem Ergebniß, daß der Staat keinen einzelnen Produktionszweig, also auch nicht die Lederfabrikation auf Kosten anderer berechtigter Bedürfnisse unterstützen dürfe, daß seine Aufgabe als Waldbesitzer vielmehr sei, alle wirthschaftlichen Bedürfnisse gleichmäßig zu befriedigen. Aus dem württembergischem Schälwalde berichtete der verdiente Oberförster Fribolin[1]).

Die Mineralgerbung, deren Mitwerbung mit der Rindengerbung eine noch offene Frage ist, welche jedoch unter Umständen je nach der einstigen Entscheidung großen Einfluß auf die Ausdehnung des Eichenschälwaldbetriebes gewinnen könnte, bildet den Gegenstand zweier bemerkenswerther Aufsätze in der Baur'schen Monatschrift.[2])

Noch gedenke ich hier einiger Aufsätze, welche sich auf die Kultur der Heiden und Moore beziehen und in Burckhardt's „Aus dem Walde", Heft IX. abgedruckt sind. F. Enkhausen, Direktor der landwirthschaftlichen Lehranstalt zu Ebsdorf bespricht (S. 89 fgde.) „Die Heideflächen und ihren Nutzungswerth", Oberförster Gerdes (Jever) „Die flüchtigen Moorflächen, sog. Mullwehen, in der Provinz Hannover und in Oldenburg" (S. 159 fgde.), Dr. Burckhardt in einem Aufsatze „die Forstkultur in Jütland" (S. 167) die Heide-Aufforstungen durch die dänische Heidegesellschaft.

Aus dem Gebiete der Forstbenutzung liegen nur wenige in den Zeitschriften veröffentlichte Arbeiten vor. Die Waldarbeiterfrage behandelt Oberförster Saalborn[3]), die Wirkung und Führung der Bogensägen Forstaccessist Dieffenbach (Hessen)[4]), über Fällungs-versuche mit der Dampfquersäge durch A. Ransome u. Co. in den Staatsforsten zu Mendon im Sommer 1878 berichtet Professor Dr. Exner[5]), über Versuche mit Stocksprengungen Prof. Schuberg[6])

[1]) A. a. O. S. 369.

[2]) „Lohkultur und Mineralgerbung" S. 97 des Jahrg. 1878 und „die Roth-gerberei und die Mineralgerbung v. Gottfriedsen u. Co. in Braunschweig" Seite 485 a. a. O.

[3]) Forstl. Bl. 1878, S. 200 „über ständige Waldarbeiter".

[4]) Allg. Forst- u. Jagd-Zeit. 1878, S. 162.

[5]) Centralbl. f. d. ges. Forstwesen, 1878, S. 544. Der Versuch gelang wegen verschiedener Umstände nur unvollkommen.

[6]) Baur's Monatschrift. 1878, S. 337.

und Mahler in Wien[1]), von anonymer Seite wird über den Anbau von vaccinium macrocarpum Mittheilung gemacht[2]), exakte „Untersuchungen über das Gewicht verschiedener Nutz= und Brennholzsortimente der häufigeren Holzarten im grünen und waldtrockenen Zustande" veröffentlichte Oberförster Bultejus in Walkenried[3]). Werthvolle Angaben über „Massengehalt und das Gewicht des Kleinnutzholzes, Brennholzes und der Rinde der Weißtanne" machte nach Materialien der Großherz. Badischen forstl. Versuchsanstalt Prof. Schuberg[4]), Untersuchungen über die Brauchbarkeit verschiedener Numerirapparate veröffentlichte Dr. Heß (nach Arbeiten des stud. der Forstwissenschaft und Assistenten am Forstinstitut Grünewald[5]).

Ueber Waldwegebau und Holztransportwesen handeln Aufsätze von Forstmeister Dr. Ed. Heyer[6]) „Wegnetz und Wirthschaftsnetz", von einem Anonymus „Praktische Erfahrungen in Sachen des Waldwegebaus"[7]), von Forstverwalter Hampel[8]) „Projekt einer transportabeln Holzrollbahn", von Oberförster Th. Heyer „Wegebau=Arbeiten in der Oberförsterei Eichelsdorf"[9]), Oberforstrath Lippert (Wien) „Projekt einer Rollbahn für den Transport von Holz".[10])

Die Holzverwerthung und den Holzverkauf betreffen einige Arbeiten von Oberforstrath Roth=Donaueschingen[11]) „Ueber Zahlungsfristen und Skontiren beim Holzverkaufe", Forstmeister Uhlig[12]) „Ueber die Bildung von Holzversteigerungsposten nach Stärkeklassen und Holzarten mit Rücksicht auf die Ergebnisse des Stammholzverkaufes auf dem Tharander Revier in den Jahren 1872—76", und Oberforstmeister Fleck=Tschopau „Einige Fingerzeige, welche aus der Gestaltung der Holzverwerthung für die praktische Forstwirthschaft folgen".[13])

---

[1]) Forstl. Bl. 1878, S. 42.

[2]) Baur's Monatschrift, S. 87.

[3]) Forstl. Bl. 1878, S. 249.

[4]) Baur's Monatschrift. 1878, S. 529.

[5]) Forst. Bl. 1878, S. 216.

[6]) A. a. O. S. 36. — [7]) A. a. O. S. 260.

[8]) Centralblatt f. d. ges. Forstwesen, 1878, S. 4.

[9]) Allg. Forst= u. Jagd=Zeit., 1878, S. 155.

[10]) Centralblatt f. d. ges. Forstwesen, 1878, S. 609.

[11]) Baur's Monatschrift, 1878, S. 207.

[12]) Tharander Jahrbuch, 28. Bd., S. 27. — [13]) A. a. O., S. 287.

Hierher kann auch gerechnet werden ein Aufsatz von Prof. Dr. Borggreve: „Ueber unschädlich sein sollende sogenannte „Forstnebennutzungen", insbesondere die Entnahme der blauen Schmiele (Melica coerulea L.)[1] und eine Beschreibung des Teltschik'schen Sägegatters in der österr. Monatschrift.[2]

Einzelne Kapitel aus der Lehre von den technischen Eigenschaften der Hölzer haben durch Nördlinger=Hohenheim („Zug und Säulenfestigkeit der Weymouthsföhre"[3]), „Dauer des Holzes verschiedener Monate"[4]), „schwindet das Holz weniger, nachdem es ausgelaucht oder geflößt worden?"[5]), „Vergleichung des Werthes böhmischen, sächsischen und Harzer Fichtenholzes für Grubenbau"[6]), durch die Versuche von Dr. E. Hartig in Dresden[7]) „Untersuchungen über den Einfluß der Fällungszeit auf die Dauerhaftigkeit des Fichtenholzes, V. Festigkeitsversuche" und durch Arbeiten des Professor Hanausek in Wien über „die wissenschaftliche Begründung der Arbeits= und Gewerbseigenschaften der Hölzer" (österr. Monatschrift f. Forstwesen, 1878, S. 206, 575) weiteren Ausbau erhalten. Die Fichtenrinde als Gerbmaterial untersuchte Versuchsleiter Eitner (Wien).[8]

Die Ursache unserer schlechten Nutzholzpreise findet ein „Eingesandt" in Burckhardt's „aus dem Walde" großentheils in den Eisenbahn=Tarif=Verhältnissen.[9]

Interessante Versuche über die Resistenz von nach dänischer Methode imprägnirten Dachschindeln gegen Feuer hat Oberförster Sprengel (Proskau) in Oppeln angestellt und die Ergebnisse veröffentlicht.[10]

Die Lehre vom Forstschutz ist in der periodischen Literatur

---

[1] Forstl. Bl., 1878, S. 166.
[2] Oesterr. Monatschrift f. Forstwesen (Weßely), 1878, S. 8.
[3] Centralblatt f. d. ges. Forstwesen, 1878, S. 353.
[4] Centralblatt f. d. ges. Forstwesen, 1878, S. 1.
[5] Centralblatt f. d. ges. Forstwesen, 1878, S. 533. Das Schwinden betrug nicht ganz 1 pro Mille.
[6] A. a. O., S. 600, v. Nördlinger fand, daß böhmisches und sächsisches Holz in Bezug auf spezif. Trockengewicht und Säulenfestigkeit besser war, als das Harzer Holz.
[7] Tharander Jahrbuch, 29. Bd., 1. Heft, S. 53.
[8] Centralblatt f. d. ges. Forstwesen, 1878, S. 183.
[9] Aus dem Walde, IX., S. 141.
[10] Handelsbl. f. Walderzeugnisse, Nr. 90 v. 20. Novbr. 1878.

mehrfach weiter ausgebaut worden. Forstmeister Forster (Gmunden) handelt in einer umfassenden Abhandlung von „Verbauungen der Wildbäche"[1], Forstmeister Pfizenmayer[2] vom „Schutz gegen Schaden durch Mäuse", ein anonymer Aufsatz[3] von den „Schneebruchbeschädigungen in den Waldungen", Prof. Dr. Altum bespricht monographisch einige Forstinsekten in Danckelmann's Zeitschrift: die forstschädlichen Elateren (X. S. 73), die langschnäbelige Baumlaus (X. S. 81), den Kiefernstangen-Rüsselkäfer, pissodes piniphilus (X. S. 85), Hylesinus crenatus (X. S. 397), den Alpenbockkäfer, Rosalia alpina (X. S. 402), Oberforstmeister Grunert handelt von dem Engerlingsschaden sonst und jetzt.[4]

Auf dem Gebiete der Forsteinrichtungslehre steht die Methode der Aufstellung von Holzertragstafeln im Vordergrunde. Seitdem das verdienstvolle, wenn auch diese große Frage nicht abschließende Werk von Prof. Dr. v. Baur „die Fichte in Bezug auf Ertrag, Zuwachs und Form" eine starke Anregung gegeben hatte, sich mit der Methode nunmehr eingehend zu beschäftigen, nach welcher in einer kürzeren Zeit praktisch verwendbare Normalertragstafeln aufgestellt werden können, begann man von allen Seiten eine wissenschaftliche Verhandlung des Gegenstandes, an welcher sich G. Heyer[5], Preßler[6], Danckelmann[7], v. Baur[8], Weise[9], Kunze[10], Grundner (Braunschweig)[11] u. A. betheiligten.

Den gegenwärtigen Stand der Frage in wenigen Worten zu

---

[1] Centralblatt f. d. ges. Forstwesen, S. 113, 169, 234, 302, 397, 478.
[2] Baur's Monatschrift, 1878, S. 309. — [3] A. a. O. S. 258.
[4] Forstl. Blätter, 1878, S. 243.
[5] Allg. Forst- u. Jagd-Zeit., 1877, Inniheft.
[6] Die Normalertragstafeln, ihre Bedeutung und Bedeutungslosigkeit, mit Hinblick auf das Baur'sche Werk „die Fichte". Centralblatt f. d. ges. Forstwesen, 1878, S. 57.
[7] Bei Besprechung des Baur'schen Werkes. Danckelmann's Zeitschrift. IX. S. 155.
[8] Ueb. die Aufstellung v. Holzertragstafeln. Baur's Monatschr. 1878, S. 1, 49.
[9] „In welchen Punkten bedürfen die Baur'schen Angaben über Ertrag, Zuwachs und Form der Fichte einer Revision?" In Danckelmann's Zeitschr. IX. S. 473 und: „Ueber Aufstellung von Kiefern-Ertrags-Tafeln." Das. X., S. 225.
[10] Beiträge zur Kenntniß des Ertrages der Fichte auf normal bestockten Flächen. Suppl. z. Thar. Jahrb., I. Bd., 1878, S. 1.
[11] Untersuchungen über die Verwendbarkeit des Huber'schen Mittelstammes bei Aufstellung von Holzertragstafeln. Veröffentlicht von der forstl. Versuchsanstalt in Braunschweig in der allg. Forst- u. Jagd-Zeit., 1878, S. 113.

kennzeichnen, ist bei der großen Zahl kontroverser Punkte, welche noch der
Klärung bedürfen, unthunlich. Die von mehreren Seiten gegen die all=
gemeine Anwendung der Baur'schen Methode für alle Holzarten erhobe=
nen Bedenken sind noch nicht widerlegt, auch noch nicht soweit bestätigt,
daß eine Entscheidung möglich ist. Die Frage der Methode ist daher
noch nicht spruchreif. In einzelnen Punkten jedoch dürfte die Ent=
scheidung bereits erfolgt sein. So haben die Braunschweigischen
Untersuchungen erwiesen, daß das Huber'sche Mittelstammverfahren
unbrauchbar ist. Die Burckhardt=Baur'sche Hypothese, nach welcher
die mittlere Bestandshöhe als Weiser für die Ertragsklasse benutzt
werden kann, ist durch die bisherigen Untersuchungen mindestens sehr
wahrscheinlich geworden.

Die „mittlere Bestandshöhe" nach ihrem wissenschaftlichen Be=
griff hat Prof. Dr. Lorey in einer besonderen Abhandlung betrachtet[1]),
die Rentabilitäts= und Ertragsberechnung im Mittelwalde Forstmeister
Kraft[2]); ein besonderes Verfahren der Holzmassenaufnahme veröffent=
lichte 1877 Forstrath von Guttenberg (Wien)[3], (Aufnahme nach
3 nach den besonders hervortretenden Höhenunterschieden gebildeten
Stärkeklassen), welches Anlaß zu mehrfachen Verhandlungen bot, mit
dem Mittelstamm= nnd dem Draudt'schen Verfahren verglichen und
empfohlen[4]), von Prof. Dr. T. Lorey jedoch[5]) unter Hinweis auf
seine Schrift „Ueber Probestämme[6])" bekämpft wurde. Letzterer Autor
erklärt vielmehr das Draudt'sche Verfahren für das allein berechtigte.
Mehrere Veröffentlichungen der beiden genannten Herrn beschäftigen
sich dann noch mit dieser, wie zuzugeben ist, wichtigen Frage[7]); an
der Diskussion betheiligte sich auch Forstmeister Urich[8]). Einen
„Beitrag zur Vergleichung der Erträge verschiedener Umtriebszeiten"
veröffentlichte Forstmeister Guse[9]).

Zur Zuwachslehre hat Preßler einen neuen Beitrag geliefert[10]).

[1]) Allg. Forst= u. Jagd=Zeit. 1878, S. 149. — [2]) Das. S. 221.
[3]) Centralbl. f. d. ges. Forstwesen, 1877, Juliheft. — [4]) Das. 1878, S. 117.
[5]) Allg. Forst= u. Jagd=Zeit. 1877, S. 421.
[6]) Frankfurt a. M. Sauerländer. 1877.
[7]) Allg. Forst= u. Jagd=Zeit. 1878, S.107 (v. Guttenberg), das. S.254 (Lorey).
[8]) Baur's Monatschrift, 1878, S. 364.
[9]) Forstl. Bl. 1878, S. 193.
[10]) Zur Lehre von den Erleichterungen bei Berechnung der Zuwachs=Prozente.
Centralbl. f. d. ges. Forstwesen. 1878, S. 596.

„Die Anrechnung der Totalitätsnutzungen auf den Abnutzungssatz" untersuchte Forstmeister Kraft[1]) von der „Trennung der Haupt= und Zwischen = Nutzungserträge bei gemischten Holzhieben" handelt eine Arbeit von Oberförster Knorr=Schorndorf.[2])

Das Forstvermessungswesen war 1878 Gegenstand einer Abhandlung von Landolt[3]): „Die Vermessung der Hochgebirgswaldbungen" und von Oberförster und akademischen Dozenten Eßlinger[4]) (Aschaffenburg) über „forstliche Terrainkarten".

Ueber einzelne Fragen der Waldwerthrechnung brachte uns das Jahr 1878 auch einige Arbeiten in der Journal=Literatur, von Oberforstkalkulator Roth[5]) die „Durchführung eines praktischen Beispiels der Abtretung von Waldgelände zu öffentlichen Zwecken", von Oberförsterkandidaten W. Keßler[6]) „eine Abhandlung über die Beleihung von Forstland seitens der deutschen Bodenkredit=Institute, insbesondere der deutschen Grundkreditbank in Gotha."

Die Verhandlungen der Versammlungen deutscher Forstmänner zu Bamberg (1877) und Dresden (1878) über die Art der Abfindung bei Ablösung von Forstservituten haben zu großer Erregung der Gemüther Anlaß gegeben und eine Reihe von Publikationen hervorgerufen. Prof. Dr. von Baur (München), welcher in Bamberg neben dem Referenten, Forstmeister Urich, in erster Reihe an den Verhandlungen betheiligt war, entwickelte[7]) in einem Aufsatze „Zur Frage des Zinsfußes, insbesondere bei Servituten=Ablösungen" seine Ansicht über diesen wichtigen Punkt, welche dahin geht, daß man bei Geldabfindungen mit dem landesüblichen, bei Ablösungen in Wald aber mit dem in der Waldwerthrechnung üblichen Zinsfuße rechnen solle. Die Versammlung der deutschen Forstmänner in Dresden hat die Frage des Zinsfußes dadurch zu lösen gesucht, daß sie die Fest=

---

[1]) Burckhardt, aus dem Walde, VIII. S. 137.
[2]) Baur's Monatschrift, 1878, S. 558.
[3]) Schweizerische Zeitschrift f. Forstwesen, 1878, S. 99.
[4]) Baur's Monatschrift, 1878, S. 241.
[5]) Baur's Monatschrift, 1878, S. 145.
[6]) Allg. Forst= u. Jagd=Zeit. 1878, S. 257. Die Abhandlung bespricht die zulässigen und zweckmäßigen Berechnungsmethoden und der V. empfiehlt für Berechnung des Boden= und Holzbestandswerthes die Methoden des Erwartungswerthes.
[7]) Baur's Monatschrift, 1878, S. 193.

stellung desselben nach Maßgabe einer sicheren Geldanlage der Landes=
vertretung überlassen will. [1])

Gegen den von Oberforstmeister Danckelmann[2]) aufgestellten
„Berechtigungszinsfuß" wendet sich Dr. Burckhardt[3]) und verlangt
Abfindung nach der Höhe der Rente.

Eine forstrechtliche Abhandlung liegt aus dem Jahre 1878
vor von Forstassessor von Bornstedt[4]) „die gesetzlichen Bestimmungen
über die Veräußerung der preußischen Domänen und Forsten, ihre
rechtliche Bedeutung gegenüber dem Grunderwerbsgesetz und der Grund=
buch=Ordnung vom 5. Mai 1872 und ihre administrative Zweck=
mäßigkeit".

Die „Bedeutung der Volkswirthschaftslehre für das Studium
der Forstwissenschaft" hat Prof. Dr. Lehr in einem sehr bemerkens=
werthen Aufsatze den Forstmännern in das Gedächtniß gerufen.[5])

Zeitschriften = Artikel über Gegenstände aus dem Gebiete der
Forstbotanik und Pflanzenphysiologie liegen vor von Th. Hartig;
„Ueber Verdunstung[6])", von Nördlinger[7]); „Liegt an schiefen
Bäumen das bessere Holz auf der dem Himmel zugekehrten oder auf
der unteren Seite?", Prof. Dr. Hoffmann (Gießen)[8]); „Ueber die
Blätter=Verfärbung" und[9]) „Ueber anomale Holzbildung", Dr. Fr.
Resa[10]): „Untersuchungen über die Periode der Wurzelbildung".
Pflanzenpathologische Abhandlungen veröffentlichen von Nörd=
linger: „die Schütte junger Föhren[11])" und „Trockenrisse (falsche
Frostrisse) an der Fichte auch ein Grund der Rothfäule"[12]); und

---

[1]) Bericht über die Dresdener Versammlung von Dr. Schwappach in Baur's
Monatschrift, 1878, S. 505, Resolution 4.

[2]) Danckelmann's Zeitschrift, X. S. 419 bei Besprechnng der Stutzer'schen
Schrift: „die Waldservitute".

[3]) Aus dem Walde. IX. S. 199, auch S. 135.

[4]) Danckelmann's Zeitschrift, X. S. 329.

[5]) Forst= und Jagd=Zeitung, 1878, S. 336.

[6]) Allg. Forst= und Jagd=Zeit., 1878, S. 1.

[7]) Centralbl. für das ges. Forstwesen, 1878, S. 276. Nördlinger fand, daß
bei der Eiche und anderen ringporigen Holzarten (Esche, Ulme, Robinie) das schwe=
rere und bessere Holz an der dem Himmel zugekehrten konvexen Seite lag, bei
den Nadelhölzern an der unteren Seite.

[8]) A. a. O. S. 337. — [9]) A. a. O. S. 612.

[10]) Forstl. Bl., 1878, S. 322.

[11]) Centralbl. für das ges. Forstwesen, 1878, S. 389.

[12]) A. a. O. S. 281.

Forstmeister Beling in Seesen[1]): „Die sogenannte Ringelkrankheit der Bäume und ihre Ursache". Dem Gebiete der Zoologie gehören einige Arbeiten von Prof. Henschel[2]): „Entomologische Beiträge; von Oberförster Gaßmann in Kiew[3]): „Zur Naturgeschichte des gemeinen oder Rothluchses" und die oben schon genannten entomologischen Monographieen von Altum und Brachmann an.

Chemisch-physiologische Untersuchungen mit Bezug auf forstwirthschaftliche Fragen sind von dem Versuchsdirigenten Schütze (Eberswalde), von Dr. Schröder (Tharand) und Forstverwalter Hampel veröffentlicht worden.

Schütze hat Untersuchungen über den Gerbstoffgehalt der Eichenrinde[4]), über den Aschengehalt einjähriger Kiefern und über die Düngung der Kiefernsaatbeete[5]), sowie über die Menge und den Aschengehalt der monatlich abfallenden Nadeln in Kiefernbeständen[6]) publizirt; Dr. Schröder berichtet über zahlreiche forstchemische und pflanzenphysiologische Untersuchungen[7]), welche sich auf den Mineralstoffgehalt der Tanne und der Birke, den Stickstoffgehalt des Holzes und der Streu, die Wanderung des Stickstoffs in der Frühjahrsperiode (Spitzahorn), auf die Untersuchung erfrorenen Buchenlaubes, auf Wasser und Kohlensäure in ihrer Einwirkung auf die Mineralstoffe der Streumaterialien beziehen und giebt außerdem Aschenanalysen der einzelnen Waldstreusortimente[8]). Forstverwalter Hampel veröffentlicht Gerbstoff-Untersuchungen[9]).

Forstlich-meteorologische Beobachtungsergebnisse liegen von Professor Dr. Müttrich für Preußen und Elsaß-Lothringen vor[10]), für Bodenbach (Böhmen) von Oberforstmeister Seidl, erläutert von Professor Dr. v. Purkyne[11]), über das ombrometrische Beobachtungs-

---

[1]) Tharander Jahrbuch, 28. Bd. S. 1.
[2]) Centralbl. für das ges. Forstwesen, 1878, S. 11.
[3]) Forstl. Bl., 1878, S. 106.
[4]) Danckelmann's Zeitschrift, X, S. 1.
[5]) Daf. S. 51. Zerriebene schwefelsaure Kali-Magnesia und Knochenmehl oder auch Superphosphat wird von Schütze für den Sandboden empfohlen.
[6]) Daf. S. 63.
[7]) Supplemente zum Tharander Jahrb. I. Bd., S. 97
[8]) Supplem. zum Tharander Jahrb. I. Bd. S. 204.
[9]) Centralbl. für das ges. Forstwesen, 1878, S. 298.
[10]) Beilagen zu Danckelmann's Zeitschrift.
[11]) Tharander Jahrb. 28. Bd. S. 50, 97.

neh auf den kaiserlichen Privatgütern in Böhmen berichtete Dr. Breitenlohner[1]), über neuere und ältere Regenbeobachtungen im Walde und im Freien in Böhmen Prof. Dr. v. Purkyne (Weißwasser)[2]), über komparative Beobachtungen der Niederschläge nach Faudrat's Methode Oberförster Johnen[3]), über den Einfluß der Laub= und Nadelholz=Hochwälder auf die Regenmenge, den Feuchtigkeitsgehalt und die Temperatur der Luft nach weiteren Untersuchungen von Faudrat, Professor Kunze (Tharand)[4]), über die Temperaturverhältnisse eines Torfmoores in verschiedenen Tiefen Professor Dr. Krutzsch.[5])

Noch sei über diejenigen Artikel der eigentlichen forstlichen Zeit= schriften berichtet, welche das Waidwerk betreffen. Oberforstmeister Grunert[6]) erörterte die Waidmannssprache, Prof. Dr. Borggreve gab[7]) „neue Daten über das Wintergewicht der Sauen." — Graf Frankenberg=Ludwigsdorf veröffentlichte einen bemerkenswerthen Aufsatz über Wildfütterung[8]), über „eine Wildseuche in den k. Parken bei München" berichtet Kreisforstmeister Freih. v. Raesfeldt in München[9]), über „Saujagden mit der Findermeute im Fürstenthum Waldeck Oberforstmeister Hotzen in Arolsen[10])," Dr. Burckhardt giebt Berichte „aus den Hofjagdrevieren in Preußen 1877[11])" und aus den Gemsgebieten in Graubündten[12])."

Man wird, indem man so einen Blick über die Gesammtheit der literarischen Produktion in den Zeitschriften wirft, zugeben müssen, daß wirklich der Schwerpunkt der wissenschaftlichen Diskussion mehr und mehr in die Zeitschriften verlegt wird und daß die letzteren sich einer großen Vielseitigkeit und reicher Mitarbeit von Gelehrten und Praktikern erfreuen.

---

[1]) Centralbl. für das ges. Forstwesen, 1878, S. 407. Sehr interessante Mit= theilungen über Niederschlagmengen.
[2]) Allg. Forst= u. Jagd=Zeit. 1878, S. 293.
[3]) Centralbl. f. d. ges. Forstwesen. 1878, S. 16.
[4]) Tharander Jahrb. 29. Bd. S. 87. — [5]) Daf. S. 76.
[6]) Forstl. Bl. 1878, S. 97, 331. — [7]) Daf. S. 338.
[8]) Jahrb. d. schles. Forstvereins. 1878, S. 312.
[9]) Aus dem Walde von Burckhardt. IX. S. 177.
[10]) A. a. O. S. 182. — [11]) A. a. O. S. 186. — [12]) A. a. O. S. 195.

Druck von A. Haack in Berlin, NW. Dorotheenstr. 55.

Chronik

des

Deutschen Forstwesens

im Jahre 1879.

Begründet von

August Bernhardt,

w. Oberforstmeister und Direktor der Königlichen Forstakademie zu Münden,

fortgesetzt

von

Friedrich Sprengel,

Königlicher Forstmeister zu Bonn und Docent der Forstwissenschaft an der mit der
Universität Bonn verbundenen landw. Akademie Poppelsdorf.

V. Jahrgang.

❖

Berlin 1880.
Verlag von Julius Springer.
Monbijouplatz 3.

Vorwort.

~~~~~~

Das Jahr 1879, abnorm in seinen Witterungserscheinungen und deren Folgen, arm an der Ernte des Schnitters, reich an derjenigen, welche der Todesengel, vielfach an den Besten unseres Faches, zu den ewigen Hütten einbrachte, war ein arbeitsreiches und für Deutschland hochbedeutendes in Gesetzgebung und Verwaltung. Der Chronik lag daher auf dem ganzen historisch zu umfassenden Gebiete ein ungewöhnlich weites Feld zur Bestellung vor. Die Absicht früherer Beendigung wurde durch mein neues Amt und alte mithinübergenommene Arbeiten vereitelt. Ich habe jedoch die Ueberzeugung gewonnen, daß erst nach dem Jahresschluß die eigentliche Arbeit des Chronisten beginnen kann, wenn er die gesammten Thatsachen und Erscheinungen des verflossenen Jahres voll würdigen will.

Der Stoff der Chronik hat sich im Abschnitt „aus der Wirthschaft" erheblich erweitert; er wuchs aus dem Wurzelraum meines persönlichen Standortes heraus. Jagd und Fischerei traten neu in den Kreis der Darstellungen.

Der in dem IV. Heft der Chronik zum ersten Male enthaltene Abschnitt über die „wissenschaftliche Bewegung" eignet sich nicht zur alljährlichen Bearbeitung; diese Materie darf sich nur in längeren Perioden von etwa 3 Jahren wiederholen, weil sie sonst leicht zu einem mit Stylfloskeln mehr oder weniger paraphrasirten Literatur=Nachweis wird.

Die Journal-Literatur ist in allen einzelnen Abschnitten mannigfach benutzt und auf dieselbe verwiesen, um für die einzelnen Materien „zu den Quellen zu leiten".

So möge denn das Schifflein der Chronik unter neuem Namen und alter Flagge der „Familien-Chronik" des Stifters in die grüne Welt hineingleiten und auch Einiges für die Frauen im Walde in der Ladung sich finden, wenn Jene dem von der Tagesarbeit heimgekehrten Gatten oder Vater vorlesen, was sich im Jahre 1879 Alles in den Kreisen Derer zutrug, die dem Walde angehören und — angehörten mit ihrem ganzen Wesen und Wirken.

Bonn, im Mai 1880.

Fr. Sprengel.

Inhalt.

～～～～

1. Rückschau.

Mit dem Gebete: „Gott erhalte unseren Kaiser!" rüstete sich der Begründer dieser Chronik, unser leider zu früh dahingeschiedene August Bernhardt, zu dem letzten Jahres-Abschnitt. Die Bitte ist gnädig erhört worden: Gott hat das deutsche Volk einen Freudentag ohne Gleichen am 11ten Juni 1879 erleben und feiern lassen, den Tag der goldenen Hochzeit unseres Kaiserpaares.

Er ist festlich begangen von einem dankbaren Volke, ohne Unterschied der Stände und des Glaubens, in Stadt und Land, in den Kirchen und Tempeln, auf Märkten im lichten Sonnenglanz und im Schatten des Waldes mit Lob- und Dankliedern in ernster Feier und im Jubelchor der geeinten deutschen Nation.

Auf öffentlichen Plätzen und in Hainen sind zum Andenken an jenen Jubeltag des ersten Deutschen Kaiser-Ehepaares an vielen Orten Bäume gepflanzt worden.

Möge unter dem Schirm jener Eichen und Linden echter deutscher Biedersinn und Ahnentugend nach Jahrhunderten noch eine gesicherte Stätte behalten!

Aber nicht Freudenrufe allein waren es, welche den deutschen Kaiserthron umtönten, auch die Trauer-Glocken klangen mit ihrem Weheruf erschütternd dazwischen. Einige Tage vor dem Jahreseintritt, am 14ten Dezember 1878 hatte der unerbittliche Tod eine junge erlauchte deutsche Fürstin von der Seite ihres Gatten genommen, den genesenden Kindern die liebende von treuer Pflege ermattete Mutter, — ihrem Volke die fürsorgliche Landesmutter — geraubt.

1

Die Großherzogin Alice von Hessen, die Tochter eines deutschen Fürsten, den Albion betrauert, folgte ihrem Vater in die Ewigkeit an demselben Tage, an welchem der Prinz-Gemahl von Großbritannien im Jahre 1861 abgerufen wurde. An demselben Tage stand 1873 der Todesengel neben unserer viel betrauerten Königin Elisabeth, um die Vereinsamte zu ihrem vorangegangenen Gatten in die lichten Gefilde der Seligen zu geleiten. Das über den Tod der Schwester trauernde Herz unserer geliebten Kronprinzessin wurde nach wenigen Monden von Neuem verwundet durch den unersetzlichen Verlust eines hoffnungsvollen Sohnes, des Prinzen Waldemar von Preußen, welcher nach nur dreitägigem Krankenlager am 27. März 1879 seinen erlauchten Eltern und dem Vaterlande durch Gottes allmächtige Hand genommen wurde. Neben seinem vorangegangenen Bruder, dem Prinzen Siegismund, ist seine sterbliche Hülle in der von Wald umhüllten Friedenskirche von Sanssouci zur Grabesruhe gebettet.

In Italiens mildem Klima trauert das Kronprinzliche Paar noch heute um diesen geliebten Sohn und begleitet mit treuen Gebeten ihren auf fernen Meeren seinem seemännischen Berufe für den Dienst in Deutschlands Flotte sich widmenden Sohn, den Prinzen Heinrich von Preußen.

Durch den unerwartet schnellen Hintritt des Prinzen Heinrich der Niederlande am 13. Januar 1879 war über das ganze Preußische Königshaus schweres Leid gebracht. Dieser in seinem Heimathlande allgeliebte Fürst hatte erst einige Monate vorher, am 27. August 1878, die blühende Tochter des Prinzen Friedrich Karl von Preußen Königliche Hoheit, Prinzessin Marie von Preußen, unter dem Jubel des niederländischen Volkes, welches große Hoffnungen an diesen Ehebund knüpfte, als Gemahlin heimgeführt, welche heute den Gatten nach so kurzem Glück beweint. — Auf einer Reise durch Holland[1]) war ich Zeuge von den Freudenfesten, welche das niederländische Volk feierte beim Einzug der Hohenzollern-Prinzessin in die Städte des Landes.

Möchte Gott unser preußisches Königshaus und mit ihm das Preußenvolk im neuen Jahre, mit welchem das zweite Jahrzehnt des

---

[1]) Siehe meine „Forstliche Studienreise". Berlin, 1878. Julius Springer.

wiedererstandenen deutschen Reiches anhebt, vor ähnlichen Verlusten, wie sie das vergangene uns auferlegte, in Gnaden bewahren!

Blicken wir nun zurück auf das durchlebte Jahr, so haben wir wenig frohe, aber viele unheilschwere Tage zu verzeichnen.

Noch ist der ersehnte Friede im Lande, das Vertrauen auf den Frieden nach Außen nicht wiedergekehrt. Der Kredit, welcher die Geschäfte eines betriebsamen Volkes belebt und hebt, ist noch nicht wieder in dem Grade vorhanden, um die großen Verluste der letzten Jahre auszugleichen. Die Produkte aus Feld und Wald haben nach einer die Existenz vieler Landwirthe schwer erschütternden, durch andauernde Nässe herbeigeführten Mißernte durch höhere Verwerthung der geringen Erntefrüchte einen auskömmlichen Gelderlös für den Landmann und seine Arbeiter zu erzielen nicht vermocht. Tausende von Landwirthen blicken sorgenvoll der nächsten Saatzeit entgegen.

Das vielgeprüfte Oberschlesien hat in Folge großer Wassersnoth schon seit mehreren Jahren durch Viehseuchen, vom östlichen Nachbarlande eingeschleppt, und durch mangelnden Holzabsatz aus den waldreichen Kreisen in seinen Erwerbsquellen geschwächt, die Wohlthätigkeit von ganz Deutschland angerufen und — zur Ehre der Nation sei's gesagt — in reichem Maaße erfahren. Die Staatshülfe ist durch eine vom Landtage bereit gestellte Summe von 6 Millionen Mark erforderlich geworden. Viele Hände sind thätig gewesen. Der vaterländische Frauen-Verein hat seine Samariterdienste in den Werken des Friedens bethätigt.

Die Wassersnoth hat aber nicht allein an der Oder ihre tiefen Furchen gezogen, auch die Weichsel hat Unheilstätten geschaffen. Für Schwetz und seine schwer heimgesuchte Landschaft haben sich viele Hände geöffnet, und nur eine Katastrophe, wie die von Szegedin, für welche von der Erde weggespülte große Stadt, die zweite Ungarns, ganz Deutschland, wie für seine eigenen Stammesgenossen, eingetreten ist durch wohlorganisirte Sammlungen, konnte das Interesse für jene Unglücksstätten an der Weichsel vermindern.

Zum Wiederaufbau von Szegedin sind durch das Königlich-Ungarische Commissariat schon außer 7 Millionen Ziegeln 47,000 Festmeter Bauholz den 70,000 obdachlosen Bewohnern zur Verfügung gestellt.

Der unablässige Regen hat die Weinernte, von welcher das Rheinland seine Einnahmen zum großen Theile bezieht, in weiten Weinbaugebieten vernichtet, so daß in den Städten am Rhein die Speisetrauben aus Frankreich und Italien bezogen wurden. Der Obstertrag hat den völligen Ausfall an Trauben in diesem Landstrich einigermaßen ersetzt. Die früh. im Oktober eintretende Kälte hat verhängnißvolle Verheerungen in den Weinbergen veranlaßt. Hierdurch ist der Winzer darauf hingewiesen worden, sein „Lebensglück nicht in ein einzig Schifflein zu laden" und dem rationellen Obstbau mehr, als bisher geschehen, eine andauernde Pflege zu widmen.

Durch Hebung des Unterrichtes auf pomologischen Instituten läßt sich Deutschland die Hebung auch dieser Landeswohlfahrts-Quelle nach Kräften angelegen sein.

Möchten diese gebotenen Lehren namentlich durch die Volksschullehrer auf dem Lande gewissenhafte Verwerthung finden, und auch die zahlreichen Forstbeamten durch zweckmäßige Wahl der anzubauenden Obstsorten in ihren Hausgärten und rationelle Baumpflege sich selbst und ihren ländlichen Nachbaren Nutzen stiften! [1])

Die neue deutsche Zollgesetzgebung hat durch entsprechende Steigerung der Schutz- und Finanzzölle bisher noch nicht die Einnahmequellen in dem erhofften Umfange verstärken können.

Die Arbeitslöhne sind erheblich gesunken. Erst in den letzten Herbstmonaten zeigten sich in den Hütten und den Maschinen-Werkstätten der Montandistrikte erfreuliche Zeichen des Besserwerdens. Eine auffallend hohe Ziffer der Unfälle durch schlagende Wetter hat die Gruben-Statistik zu verzeichnen.

Der Pauperismus erhebt in vielen deutschen Distrikten und im Nachbarlande Frankreich sein trauriges Haupt. Isaac Pereire in Paris hat 100,000 Franc's als Preis für „die wissenschaftliche Erforschung der Mittel, wie der Noth der niederen Klassen (dem Pauperismus) zu steuern ist", ausgeschrieben. Die vielfach in der Landes-

---

[1]) Siehe die von dem Vereine zur Beförderung des Gartenbaues in den Königl. Preuß. Staaten mit dem ersten Staatspreise gekrönte Schrift: „Anlage, Bepflanzung und Pflege der Hausgärten auf dem Lande" von Conrad Heinrich, Berlin, 1878. Wiegandt, Hempel & Parey.

vertretung ventilirte Frage über das Schankgewerbe und den Wucher steht zweifellos mit jenen Erscheinungen in ursächlichem Zusammenhange.

Die staatliche Fürsorge in Preußen wird mit dem beginnenden Frühling Arbeit zu schaffen suchen durch größere Kanalbauten. Auch dem Projekt des Schiffsmakler H. Dahlström zu Hamburg, welcher für den Nord-Ost-See-Kanal um eine Vorkonzession nachgesucht hat, dürfte im Interesse der westphälischen Steinkohlen wohl näher getreten werden. Diese würden den englischen Steinkohlen, welche jetzt die Ostsee-Häfen versorgen, auf dem Wasserwege des Nord-Ost-See-Kanals mit Erfolg Konkurrenz machen. Der jetzige Bahntransport ermöglicht eine solche nicht. Als Rückfrachten würden sich die Nutzhölzer der preußischen Ostsee-Provinzen lohnend erweisen.

Das großartigste Unternehmen der geeinten Nationen Mittel-Europa's — die Durchbohrung des Gotthard durch einen Tunnel von 2696 Meter Länge geht nach 7jähriger Arbeit seinem Abschluß entgegen. Man hoffte bereits am ersten Tage des Jahres 1880 sich von Nord und Süd die Hand zu reichen. Die gesteigerte Temperatur im Tunnel hat aber die Arbeit verzögert. Gleichwohl soll am 1. Oktober 1880 die ersehnte Eröffnung der St. Gotthard-Bahn ermöglicht werden. 210,000 Stück Schwellen sind meist aus deutschen Wäldern in den letzten Monaten geliefert worden.

Der eiserne Unterbau der Bahnen (auf eisernen Längsschwellen), wie solcher auch auf Sekundärbahnen bereits (von der Rheinischen Eisenbahn-Gesellschaft Bonn — Euskirchen) ausgeführt wird, scheint sich auch finanziell zu empfehlen. Der Absatz von hölzernen Schwellen muß dadurch erheblich sinken. Das Grubenholz erreichte kaum oder so eben die sonst gewohnten Brennholzpreise.

Die Erzeugung starker Sortimente in hohen Umtrieben findet erneute Unterstützung.

Der Eichenschälwald, welchem schon zahlreiche haubare Bestände des deutschen Westens in überraschend schnellem Vollzug das Feld geräumt haben, sieht sich immer mehr vor die Alternative gestellt, entweder zum Hoch- oder Mittelwalde sich wieder aufzuschwingen, oder mit Reinerträgen sich zu begnügen, welche nicht — oder wenig — höher sind als die aus Betrieben mit höherem Material-Kapital resultirenden.

Die deutsche Gerberei fängt bereits an, gegenüber den chemischen Gerbemitteln sich nicht mehr völlig abwehrend zu verhalten. Die Wissenschaft beschäftigt sich eingehend mit dieser Frage. Es wird nachzuweisen versucht, daß der Gerbeprozeß vorzugsweise auf physikalischem Wege sich vollzieht. Bisher wurde Leder lediglich als das Produkt eines chemischen Vorganges betrachtet.[1])

Diese Frage ist für den deutschen Wald von solcher Bedeutung, daß die Entscheidung, ob das loh= oder das eisengare Leder den Sieg davon trägt, zugleich über Tausende von Hektaren, welche heute der Loh=Produktion dienen, ein in seinen Folgen kaum zu übersehendes Werthminderungsverdikt aussprechen muß.

Möchte es deshalb dem Herrn Kriegsminister des deutschen Reiches gefallen, zu dieser Entscheidung recht bald geeignete Maß= regeln zu treffen! Die Armee hängt in ihrer Wehrkrafterhaltung auf's Engste mit der Produktion des Leders zusammen. Ein Gerbeprozeß, in 3 bis 4 Wochen vollendet, kann in einem Kriege von weittragen= tragender Bedeutung sein im Verhältniß zu dem bisher nur für die lohgaren Sohlleder erforderlichen Zeiträume von 5 bis 6 und mehr Monaten. Ein einziges Train=Bataillon kann bei seinem vielseitigen Gebrauch von Leder — zur Fußbekleidung der Mannschaften, dem Reitbesatz, dem Zaum und Sattelzeug, endlich den Sielenzeugen der Zugpferde — alle Eigenschaften des Leders vergleichsweise erproben, wenn zwei gleich starke Abtheilungen an demselben Tage mit beiden Ledersorten den Versuch beginnen und komparativ fortsetzen.

Die wissenschaftlichen und gewerblichen Differenzen können nur durch den praktischen Erfolg dieses Versuches eine sichere und heil= bringende Lösung finden.

Die deutsche Arbeit hat — wie kompetente Berichte darthun bei dem ersten großen Wettbewerb Australiens sich bewährt. Die Scharte von Philadelphia fängt an durch deutschen Gewerbefleiß ausgewetzt zu werden.

Berlin's vorjährige Gewerbe=Ausstellung hat glänzende Beweise geliefert.

---

[1]) Vergl. W. Schütze, Die Gerbung mit Eisenoxydsalz als Ersatz der Loh= gerberei. Zeitschr. f. Forst= u. Jagdwesen, Oktbr. 1879. S. 209.

Möchte die Nation durch den bevorzugten Ankauf inländischer Erzeugnisse diesen Fleiß belohnen! Die Produkte des Waldes haben zu Sidney in der Möbelbranche eine hervorragende Erwähnung gefunden. Schon vor Beginn dieser Weltausstellung hatte sich ein schwunghafter Export von Möbeln aus gebogenem Holz nach Australien zu entwickeln begonnen, wodurch für unsere Buchen ein gesteigertes Ausbringen von Nutzholz ermöglicht wird.

Welche verhängnißvollen Folgen die ausgedehnte Verwendung des Eisens zum Schiffs- und Brückenbau unter Verdrängung des jenes Material an Elastizität übertreffenden Holzes herbeiführen kann, haben zwei furchtbare Ereignisse gezeigt, — der Untergang des großen deutschen Panzerschiffes „Großer Kurfürst" im englischen Kanal und der Einsturz der Tay-Brücke in Schottland, das schrecklichste Eisenbahnunglück, womit das Jahr 1879 zu Ende ging. Hunderte von Menschenleben sind in beiden Katastrophen in den Fluthen begraben worden, — grause Leichenfelder ohne Grabsteine! An Eisenbahnunfällen hat dieses Jahr, vorzugsweise durch Radfelgen-Brüche bei der andauernden Kälte des Winters, mehr, als alle Vorjahre, in der Unfalls-Statistik zu verzeichnen.

Nun zum Schluß noch ein Rückblick auf das landeshochverrätherische Treiben und das über die europäischen Kulturstaaten geworfene Netz der Internationale. — Ist auch durch den sichtlichen Schutz der Vorsehung die Hand des Meuchelmörders in Italien, Spanien und Rußland gelähmt worden, so sind doch die deutlichsten Beweise an's Licht gebracht — und auch unsere deutsche Metropole hat trotz der gesetzlichen Maßnahmen[1]) nicht freigehalten werden können von geheimnißvollen Brutstätten des Hochverrathes, — daß es an der Zeit ist, daß alle Bürger sich immer fester zusammenschließen zu einer Ringmauer um den Thron unseres Kaisers, und Jeder an seinem Theile gewappnet stehe zum Kampf gegen die Feinde innerhalb und außerhalb der deutschen Marken. Und nun Du holdes Achtzig — enthülle uns ein friedlich Angesicht!

---

[1]) Gesetz gegen die gemeingefährlichen Bestrebungen der Socialdemokratie v. 21. Octbr. 1878.

2. Unsere Todten.

„Wie Gras auf dem Felde sind Menschen
Dahin, wie Blätter! Nur wenige Tage
Geh'n wir verkleidet einher!"

M. Claudius.

Neben manchem Entschlafenen senkt heute am Jahresschluß jener Jüngling, den die Griechen — in ruhiger Stellung mit gesenktem trübem Blicke — neben ihre Todten stellten, die Fackel des Lebens nieder. Das scheidende Jahr hat viele Wittwen und noch mehr Waisen unserer Freunde und Genossen am Walde an deren Gräbern gesehen, — viel mehr — als die Chronik bisher in einem Jahre in ihren Spalten zu verzeichnen hatte.

Heute, wo ich diese Zeilen der Theilnahme dem Andenken an die Entschlafenen widme, ist unter den Vielen der Erste, dem meine Worte gelten, der Begründer dieser Chronik, welcher noch vor einem Jahre diesen Dienst an den Gräbern that — August Bernhardt —, welcher am 14. Juni 1879 aus einem reichen Leben abgerufen wurde. Die deutschen Forstjournale haben Nekrologe gebracht, in welchen Freunde in treuem Gedenken sein thatenreiches Leben schildern.[1]

Schon am 29. Juni ging von der Stätte seines Grabes — seines letzten kurzen Wirkens auf einem Lehrstuhle, wie er an dieser Stelle noch nicht zahlreicher von Jüngern umringt wurde, — ein Aufruf[2] in die forstliche Welt, um Beiträge — auch in kleinsten Beträgen von Vielen — zu erbitten für ein „dem Verstorbenen würdiges Denkmal." Beim Erscheinen des Novemberheftes der forstlichen Blätter waren bereits 683 Mark eingesendet, und bis zum Jahresschluß sind diese zur Summe von 749 Mark angewachsen. Obwohl die Sammlung noch nicht geschlossen ist, so läßt sich schon jetzt erwarten, daß auf Bernhardt's Grabe sich ein Denkmal von Granit erheben wird.

---

[1] Danckelmann in der Zeitschrift für Forst= und Jagdwesen, August 1879, S. 117, mit A. Bernhardt's Bildniß. Grunert in den Forstl. Blättern, 1879, S. 287. Allg. Forst= u. Jagdzeitung, Oktbr. 1879, S. 373.

[2] Allg. Forst= u. Jagd=Zeit., Aug. 1879, S. 300. Forstl. Blätter, 1879, S. 288.

Auf Veranlassung des Geheimen Kommissionsrath Guenther zu Berlin wird auch Seitens der deutschen Leder=Fabrikanten, für deren Interessen Bernhardt seit seiner Verwaltungsthätigkeit im Siegener Lande stets ein warmer Fürsprecher in Schrift und Wort gewesen ist, ein Akt gemeinsamen Dankes materiellen Ausdruck finden.

Wenngleich meine Beziehungen zu dem Verstorbenen, welche durch eine 5jährige gemeinsame Examinationsthätigkeit bei der Prüfung der Forsteleven vielfach neue Nahrung fanden, zu einem eingehenden Rückblick auf das kurze aber reiche Leben Bernhardts mich veran=lassen könnten, so läßt doch die Form der Chronik, wie sie ihr Be=gründer selbst für „unsere Todten" vorgebildet hat, nur eine Rekapitu=lation seines Lebens in historischer Kürze zu. Eingehendes Material ist in den ausführlichen Nekrologen, namentlich demjenigen des Ober=Forstmeisters Danckelmann, welcher durch die Berufung Bernhardt's an die Akademie Eberswalde den Hauptwendepunkt in dem Leben desselben herbeiführte, — für den künftigen Geschichtsschreiber nieder=gelegt.

Bernhardt wurde geboren zu Sobernheim an der Nahe am 28. Sep=tember 1831. 5 Jahre alt, verlor er den Vater, welcher als Gymnasial=Ober=lehrer zu Saarbrücken 1836 starb. Am Gymnasium daselbst machte Bernhardt 1850 sein Maturitäts=Examen, absolvirte in Siegen sein forstliches Lehrjahr, trat nach seiner Militair=Dienstzeit 1851/52 in das preußische reitende Feldjägercorps. Nach Ablegung der Feldmesserprüfung und längerer Beschäftigung mit forstgeo=metrischen Arbeiten wurde er 1855 bis 57 zur Forstakademie nach Neustadt=Eberswalde commandirt. 1859 bestand er das forstwissenschaftliche Tentamen und 1862 das Staatsexamen. 1863 finden wir ihn als Feldjäger auf der Station in London, an welche Periode seiner militairischen Laufbahn er gern zurückdachte. Eine Vertretung des bekannten Oberförsters Stahl zu Rüdersdorf während dessen längerer Krankheit ging seiner Ernennung als Oberförster zu Hilchenbach in der Provinz Westphalen im August 1864 voran. In dieser Stellung lag ihm außer seiner Revier=Verwaltung auch die Wirthschaftsleitung der umliegenden Haubergs=waldungen ob, welche Veranlassnng wurde zu seinem ersten öffentlichen Vortrage, dessen Inhalt unter dem Titel:

„Die Haubergswirthschaft im Kreise Siegen, Münster 1867 bei Theißing" im Drucke erschien.

Auf der Versammlung der süddeutschen Forstwirthe zu Neuwied 1868 bethei=ligte sich B. zuerst lebhaft an der Debatte über die Eichen=Schälwaldfragen und trat durch seine glänzende Rednergabe in fröhlicher Festes=Stimmung zuerst her=vor. Die auf dem volkswirthschaftlichen Congreß zu Breslau 1868 ausgesprochenen, aus der liberalen Strömung hervorgegangenen Anschauungen der meisten National-Oekonomen über die unbeschränkte Freiheit der Waldwirthschaft fanden in Bernhardt einen entschiedenen Gegner, welcher in seinem Werke:

> „Die Waldwirthschaft und der Waldschutz mit besonderer Rücksicht auf die Waldschutz-Gesetzgebung in Preußen (Berlin 1869 bei J. Springer)"

sehr entschieden die staatliche Bevormundung des Waldeigenthums der Communen und der Privaten[1]) verlangte.

Dieser Anschauung gab Bernhardt bei Gelegenheit der letzten (20.) Versammlung der süddeutschen Forstwirthe zu Aschaffenburg 1869 in einem klaren, von hoher Beredsamkeit zeugenden Vortrage Ausdruck. Bernhardt's Auftreten in Aschaffenburg wurde die Veranlassung seiner durch Danckelmann befürworteten spätern Versetzung an die Akademie Neustadt-Eberswalde, woselbst ihm die demnächst errichtete Stellung als Dirigent der Abtheilung für das forstliche Versuchswesen später verliehen wurde. Inzwischen wurde er 1869 zuerst, und dann wiederholt zum Mitgliede der „Ministerial-Commission für die Prüfung der Forsteleven" ernannt.

Während des französischen Krieges 1870 dem Civil-Commissar zu Metz als Forstinspectionsbeamter für Elsaß-Lothringen beigegeben, legte er seine aus der Thätigkeit in dem eroberten Reichslande geschöpften Erfahrungen in einer Schrift nieder unter dem Titel:

> „Die forstlichen Verhältnisse von Deutsch-Lothringen und die Organisation der Forstverwaltung der Reichslande. Berlin 1871."

1871 trat Bernhardt sein neues Amt in Neustadt-Eberswalde an, wo ihm außer der Thätigkeit im Versuchswesen auch die Vorlesungen über Forststatistik und Forstgeschichte zufielen.

Seine Antrittsvorlesung erschien im Druck:

> „Ueber die historische Entwickelung der Waldwirthschaft und Forstwissenschaft in Deutschland." Berlin 1871. Julius Springer.

ferner daselbst 1872, als Leitfaden für seine Vorlesungen:

> „Die Forststatistik Deutschlands."

Am 14. Juni 1872 wurde Bernhardt zum Forstmeister ernannt.

In den Jahren 1872 bis 1875 erschien in 3 Bänden das aus andauerndem Fleiß und beharrlichen Studien hervorgegangene größte Werk, welches seinen Namen bis in die spätesten Zeiten mit dem Studium der Forstwissenschaft eng vereinigen wird:

> „Geschichte des Waldeigenthums, der Waldwirthschaft und Forstwissenschaft in Deutschland."

Diesem, in Rücksicht auf die äußeren Umstände und die Amtsgeschäfte des Verfassers als eine Riesenarbeit dastehenden Werke folgte als Jahres-Ergänzung die

> „Chronik des deutschen Forstwesens",

---

[1]) Vergl. Verhandlungen der deutschen Forstmänner zu Wiesbaden. 1879.

welche für die Jahre 1873 bis 75 in einem gemeinsamen, für die ferneren Jahre 1876, 1877, 1878 in Jahresheften erschien.

Vom Jahre 1873 ab finden wir Bernhardt, dem das abhängige Dienstverhältniß in Eberswalde durchaus nicht behagte, auf der Staffel, welche strebsamen Naturen mit Arbeitstrieb und Arbeitskraft in constitutionellen Staaten „außer der Tour" den Weg zu höheren Stellungen mit Sicherheit öffnet, namentlich, wenn außer jenen Eigenschaften eine hohe Redebegabung, das erste Mittel auf dem Kampfplatz der Wahlen, hinzutritt. Die liberale Partei des Wahlkreises Ober- und Nieder-Barnim wählten Bernhardt 1873 und 1876 für das preußische Haus der Abgeordneten.

Sein späterer Ausritt aus der national-liberalen Fraction und Uebertritt zu den Freiconservativen wurde anfänglich veranlaßt durch persönliche Reibungen mit dem Hauptredner der ersteren Fraction, dem Abgeordneten Lasker. Beide, Bernhardt wie Lasker, hatten in ihrem Streben, durch rastlose Arbeit und vollendete Redeform im Repräsentantenhause wie im Lande Einfluß zu gewinnen, mannigfache Aehnlichkeit. Für den ferneren Wettkampf entzog sich die Arena unserem Freunde durch die Mandatsniederlegung in Folge seiner Ernennung zum Akademie-Director in Münden.

Bernhardt hat sich redlich gemüht, auch den Vorwurf seiner altgeschulten Fractionsgenossen zu entkräften, daß er leicht den Mangel an juristischer Schärfe unter der gewandten Redeform verhülle. Von jenem Streben zeugen sowohl seine legislatorischen Arbeiten als Berichterstatter des Gesetzes über Schutzwaldungen und Waldgenossenschaften vom 6. Juli 1875, ferner über das Forstdiebstahlsgesetz vom 15. April 1878, als auch — in literarischer Beziehung — die Commentare für jene Gesetze und für ein anderes, vom 14. August 1876, „betreffend die Waldungen der Gemeinden und öffentlichen Anstalten" für die östlichen Provinzen des preußischen Staates. Dieselben gab Bernhardt 1878 in Gemeinschaft mit dem damaligen Geheimen Justizrath Oehlschläger[1]) bei Julius Springer heraus. Die Thätigkeit, welche Bernhardt als Forsttechniker bei den Etatsberathungen des Abgeordnetenhauses, zu Gunsten der Forsten und deren Diener, freimüthig entwickelt hat, ist ihm mannigfach von betheiligten Kreisen dankbar anerkannt und wird dort unvergessen bleiben. Wie ihm die in der Praxis gewonnenen Eindrücke seines ersten Verwaltungslebens leitend geblieben, und wie er aus diesen mannigfache Veranlassung zu weiterem literarischem Streben gewonnen, davon zeugt außer seiner Thätigkeit für den Erlaß der Haubergsordnung des Kreises Siegen, Bernhardt's „Eichen-Schälwald-Katechismus." Berlin, Günther 1877.

Die Thätigkeit für die Interessen der deutschen Gerber hat er durch Wort und Schrift in derem Organ[2]) bekundet. Die letzte Rede, welche er im Reichstage zu halten beabsichtigte, galt demselben Gewerbe durch die Vertheidigung des Eichenschälwaldes. Der disponirte Inhalt derselben ist mit der Ueberschrift „des ver-

---

[1]) Jetzt General-Auditeur der preußischen Armee.
[2]) Deutsche Gerber-Zeitung, F. A. Günther.

storbenen Oberforstmeisters Bernhardt „Schwanenrede" über Lohn" in Nr. 84 der deutschen Gerberzeitung vom 19. Octbr. 1879 mitgetheilt.

Am 28. Mai sprach Bernhardt vom Tische des deutschen Bundesrathes aus für Holz- und Rinden-Zoll seine — letzten Worte im Reichstage, ein schönes Ziel seines Strebens, leider auch die Grenzmarke seines Erdenlebens.

Seine letzte literarische Thätigkeit gehörte der von ihm als Director der Akademie Münden unter Mitwirkung der Lehrer der Forstakademie herausgegebenen „Forstlichen Zeitschrift." Sie erschien in monatlichen Heften vom Januar bis zum Juni 1879 mit dem Motto: „das Höchste schafft vereinte Kraft."

Die Vorarbeiten für das nicht edirte Juli-Heft waren von Bernhardt noch begonnen, und übergab mir der Herr Verleger als die letzten Zeilen seiner Hand für die „Zeitschrift" die überaus wohlwollende Besprechung meiner „Studien-Reise durch Moor und Haide 1878."

August Bernhardt ist weit über die Grenzen unseres großen Vaterlandes auch persönlich bekannt geworden. Außer seiner spontanen Thätigkeit in Forstvereinen übernahm er für die verschiedenen Versammlungen der deutschen Forstmänner meistens bedeutende Referate und leitete einmal (zu Eisenach 1876) als Vice-Präsident fast ausschließlich die Verhandlungen der großen Versammlung. Als der Strom der Debatte über die Ufer zu wogen drohte, wußte B. mit großer rhetorischer Gewandtheit und parlamentarischer Erfahrung ihn in ruhige Bahnen zurückzuführen.

Auf dem internationalen Congreß der Land- und Forstwirthe zu Wien 1873 erwarb er durch sein Referat über die Waldschutzfrage hohe Anerkennung, und auf dem gleichen Congreß zu Paris 1878 wußte er als Einer der Delegirten des deutschen Landwirthschaftsrathes, versöhnend in der Materie und schmeichelnd durch den Gebrauch der französischen Sprache, unseren leicht erregten Nachbaren Wohlwollen und Achtung abzugewinnen und sie in dem Bestreben gemeinsamen Wirkens für die Wälder, der Nationen theuersten Schatz, mit uns zu einigen. Einen Ruf an die Hochschule für Bodencultur zu Wien, 1875, lehnte er ab in dem Bewußtsein seiner Kraft in der parlamentarischen Thätigkeit und in der Hoffnung, daß ihm aus dem Erfolge der vom deutschen Reichskanzeramte 1874 berufenen Commission — zur Ausarbeitung eines Organisationsplanes der deutschen Forststatistik —, deren Mitglied Bernhard gewesen war, eine große selbstständige Aufgabe erwachsen werde.

B. wurde 1874 durch den österreichischen Orden der eisernen Krone und 1876 durch das Ritterkreuz des Schwedischen Wasa-Ordens decorirt.

Mehr aber als durch auszeichnende Anerkennungen und staatliche Rangerhöhungen wird Bernhardt's Name in seinen Werken fortleben, denen man als Motto voranstellen kann —

„Das Genie ist der Fleiß!"

wie auch in der dankbaren Verehrung von Tausenden einsamer Wald-

bürger, für deren Interessen er stets ein offenes Wort von öffent=
licher Stätte herab bereit gehabt hat.

Hierdurch hat er sich ein Denkmal errichtet, welches auch das
eherne auf dem Friedhofe zu Münden zum Trost und Stolz seiner
Nachkommen überdauern wird.

Der treuen Erinnerung an den Begründer dieser „Chronik,"
welche ich mit geringerer Kraft und aus weniger begünstigter Stellung,
als es der Centralpunkt des deutschen Versuchswesens war, fortzu=
setzen unternommen habe, — glaubte ich es schuldig zu sein, den
historischen Abriß seines Lebens an die Spitze meiner eigenen Arbeit
zu setzen, um nun die Wanderung über die Friedhöfe am Saume
der deutschen Wälder fortzusetzen, „schnellere Flügel zu geben dem
Abendstern nach den Pflichten des Tags."

Eine der hinterlassenen Notizen von der Hand Bernhardt's er=
innert daran, daß die Chronik des Jahres 1878 eines Heimgegangenen
nicht erwähnt hat, des am 2. November 1878 verstorbenen Preußischen
Oberforstmeisters Friedrich Adolph Olberg zu Cöslin, wo der=
selbe als Nachfolger des leider zu früh verstorbenen Oberforstmeisters
Kohli seit dem Jahre 1863 zum Segen der Forsten des Regierungs=
bezirkes gewirkt hat.[1]

Geboren am 5. Oktober 1803 zu Aken an der Elbe, 1821 reitender Feldjäger,
1838 Oberförster zu Limmritz, Regierungs=Bezirk Frankfurt, 1847 Forstinspektor
in Königsberg in Preußen, 1851 Forstmeister in Stettin für die Inspektion
Wollin, wo er für den Dünenbau an der Ostsee lebhaftes Interesse bekundete,
1863 Oberforstbeamter in Cöslin, 1865 dort zum Oberforstmeister ernannt, feierte
Olberg sein 50jähriges Dienstjubiläum am 28. August 1871. Bis zum plötz=
lichen Tode am Lungenschlage war er in seinem Amte thätig. Seine Gebeine
ruhen im Walde bei Zerrin, einem dem Verstorbenen besonders werthen Reviere
des Cösliner Bezirkes.

Mit Olberg ist ein rastlos fleißiger Beamter der altpreußischen Art zu Grabe
gegangen.

Am Neujahrstage 1879 verschied der Mecklenburgische Ober=
forstmeister Baron von Nettelbladt zu Jasnitz,[2] in weiteren
Kreisen bekannt geworden durch die in dem seiner Pflege unterstellten

---

1) Nekrolog von Grunert, Förstl. Blätter, Februar 1879, S. 64.
2) Nekrolog Forstwissenschaftl. Centralblatt, F. Baur, S. 207.

Wildpark zu Jasnitz abgehaltenen Jagden zu Ehren Seiner Majestät des deutschen Kaisers.

1812 geboren, 1833 Jagdjunker, 1851 Förster zu Testorf (Verwaltungs=Beamter), 1853 Forstmeister, 1857 als Forstinspektions=Beamter nach Jasnitz versetzt, woselbst er 1866 zum Oberforstmeister und 1877 zum Chef des Hofjagd=Departements mit dem Titel Oberjägermeister ernannt wurde. Im Leichenzuge begleitete der Landesherr persönlich seinen treuen Diener zur letzten Ruhestätte im Erbbegräbniß der Familie zu Ludwigslust.

Außer diesem sind im Jahre 1879 (von den im Ganzen 18 Inspektionsbeamten des Landes Mecklenburg=Schwerin 20 pCt.) noch drei unter grünem Rasen gebettet, nämlich Oberforstmeister von Wickede in Doberan, 71 Jahre alt, ein auch außerhalb des engeren Vaterlandes bekannter Forstmann, Oberforstmeister Plüschow in Wismar, 72 Jahre alt, und Forstmeister Mecklenburg in Wabel.

Am 20. Januar 1879 wurde der Forst=Oekonomie= und Stadt=Rath Dr. Friedrich Wilhelm Ludwig Fintelmann zu Breslau aus seiner Arbeit zum großen Feierabend abgerufen.

Nicht blos unter den Forstleuten Schlesiens, von denen das fleißige Mitglied des Forstvereines besonders betrauert wird, sondern von größeren Kreisen bis nach Skandinavien, wo im fernen Norden ein jetzt schön bewaldeter Berg in der Gräflich Trolle=Wachtmeister=schen Majoratsherrschaft seinen Namen trägt, endlich von den Landwirthen, als deren ersten forstlichen Docenten an der 1804 begründeten landwirthschaftlichen Akademie Preußens ihn einst Albrecht Thaer berief, war der liebenswerthe bescheidene Mann werth gehalten. Sein Andenken wird insbesondere unter seinen Breslauer Mitbürgern, denen Fintelmann in dem erweiterten Park zu Scheitnig einen Schatz, der Menschenalter überdauert, geschaffen hat, treu bewahrt werden. In jenen schattigen Anlagen hat treuer Bürgersinn dem Heimgegangenen durch einen Marmorblock seine Dankbarkeit besiegelt.

Fintelmann wurde geboren zu Berlin am 29. Oktober 1809, bei seinem Oheim, dem Königlichen Hofgärtner Ferdinand Fintelmann auf der Pfaueninsel erzogen, wo er 2 Jahre lang der Spielkamerad des hochseligen Prinzen Albrecht von Preußen, Königliche Hoheit, Bruders Seiner Majestät des deutschen Kaisers, war. Nach dem Besuch des Gymnasiums zu Potsdam machte er zu Berlin das Abiturientenexamen. Seine Vorlehre absolvirte F. im Spandauer Reviere bei dem Königlichen Jagdzeugmeister und Oberförster Schröder, vom 5. April 1825 bis 12. Oktober 1827, diente als Einjährig=Freiwilliger beim Garde=Jäger=Bataillon zu Potsdam, studirte Forstwissenschaft an der Akademie in Berlin von 1828 Mich. bis 1830 Ostern, dann bis 1832 Michaelis an der Universität Staats= und Natur= wissenschaften und wurde 1833 als Doktor der Philosophie promovirt.

Schon im Oktober 1832 wurde F. an die Akademie Möglin berufen, woselbst er die forstlichen Disciplinen, Jagdverwaltung, Forst=Zoologie und Forstbotanik, sowie praktisches Feldmessen lehrte und Landwirthschaft lernte, wie A. Thaer dieses besonders anerkannte. 1834 erschien als Resultat dieser Studien der Landwirthschaft unter dem geistvollen Thaer, die Schrift: „Ueber die Verbindung der Landwirth= schaft mit der Forstwirthschaft." Bis zum Jahre 1837 schrieb Fintelmann eine Zahl von Aufsätzen für die Möglin'schen Annalen, die Märkisch=ökonomischen Blätter[1], für Carl Spreugel's Landw. Zeitschrift, Pfeil's kritische Blätter, für die „Verhandlungen der Kaiserlich Leopoldinischen Akademie" und lieferte zahlreiche Beiträge für Ratzeburg's großes Forst=Insekten=Werk. Vom Jahre 1837 ab ent= hält die schwedische Literatur Arbeiten von Fintelmann.

Später arbeitete er für die Annalen der Landwirthschaft, für die Schneitler'sche Zeitschrift und für andere Fachjournale. Vier seiner Vorträge in der Gesellschaft für vaterländische Cultur zu Breslau gehalten, sind unter dem Titel: „Baum= pflanzungen in den Städten" im Druck erschienen.

Auf einer Studienreise durch Schweden, Norwegen und die dänischen Inseln 1836, knüpfte Fintelmann Unterhandlungen wegen Uebernahme einer größeren Verwaltung in Schweden an und siedelte dorthin 1837 über als Direktor der gräflich Trolle=Wachtmeister'schen Majoratswaldungen in der Provinz Schonen. Allmälig erweiterte sich sein Wirkungskreis in Forst=Einrichtungsarbeiten auf einem Gebiete von 155000 Hectaren. Ein Sohn des Grafen Trolle studirte 1878 in Proskau und rühmte die Folgen der Fintelmann'schen Einrichtungen an dem väterlichen Besitz und dem Walde seiner Heimath=Provinz. 1839 gründete F. für die Provinz Schonen ein Forst=Institut in Sagesholm, dessen Abiturienten nach dem Bericht des Grafen Trolle=Wachtmeister vom Jahre 1853 „sich in der Forst= Verwaltung durch ihre Verdienste auszeichneten." 1843 wurde F. zur Gründung eines eigenen Heerdes selbst Grundbesitzer in Schweden. Familien=Verhältnisse trieben ihn jedoch 1850 nach seinem Vaterlande zurück, und kaufte er sich in der Mark Brandenburg an (Eichholz bei Storkow). Der Storkower landwirthschaft= liche Verein verdankt Fintelmann seine Entstehung und Blüthe. 1860 wurde er als Stadtrath nach Breslau berufen, wo er bis zu seinem Tode am 26. Januar 1879 zum Besten des Communalbesitzes und der Verschönerung der zweitgrößten Stadt Preußens segensreich gewirkt hat.

Se. Majestät der König hat 1876 Fintelmann's Verdienste durch die Deko= ration mit dem Rothen Adler=Orden anerkannt. R. i. p.!

Am 18. April wurde im 52. Lebensjahre von langjährigen Leiden welche er in rastloser Thätigkeit ertrug, der Landforstmeister Rudolph

---

[1] Fintelmann war eines der ältesten Mitglieder der märkisch=ökonomischen Gesellschaft.

Müller zu Berlin durch den Tod erlöst.[1]) Alljährlich suchte er während seiner letzten Lebensjahre Heilung und Erholung in Carlsbad und darauf am Ostseestrande in Misdroy, woselbst Freundes-Gedenken an einer schönen, dem Verstorbenen lieb gewordenen Stätte im Warnower Walde mit dem Blick auf das weite Meer ihm einen Denkstein errichten wird.[2])

Rudolph Müller wurde in Stettin am 29. Oktober 1827 geboren, wo sein Vater, ein hochgeachteter Jurist, Oberlandes-Gerichts- (später Apellations-Gerichts)- Rath war. Sein gastfreies Vaterhaus verließ er erst, als er 1846 nach dem Maturitäts-Examen auf dem heimischen Gymnasium zu dem damals vielgesuchten und besuchten Oberförster Klingner zu Schleusingen in die forstliche Vorlehre trat.

Was er aus dem Elternhause mit ins Leben genommen, eine liebenswürdige, Freunde gewinnende Herzlichkeit, hat ihn treu durch's Leben begleitet. Nach einer zweijährigen Universitätsstudienzeit bezog Rud. Müller 1849 die Akademie Neustadt-Eberswalde, war 1851 unter den ersten, welche das damals angeordnete Tentamen bestanden, und absolvirte 1854 die Staats-Prüfung, bald darauf in Stettin das Examen als Regierungs- und Forst-Referendar. Sein durch vortreffliche Anlagen unterstützter gewissenhafter Fleiß während der Studienzeit, und eine stete Benutzung der Ferien zu forstlichen Studienreisen trugen die erstrebten Erfolge ein.

Im Jahre 1855 wurde M. in das Finanzministerium als forstlicher Hülfsarbeiter berufen, wo seine Thätigkeit sich über die bloßen Büreauarbeiten hinaus auch auf Taxations-Revisions-Commissarien in den Revieren der Provinz Westphalen ausdehnte. 1859 wurde ihm die herrliche Oberförsterei Mühlenbeck bei Stettin verliehen, in deren Verwaltung er die die glücklichsten Jahre seines Lebens in der Nähe seiner Vaterstadt verlebte, wohin der Ruf als Forstinspektor ihn im Jahre 1863 zurückführte. Schon 1865 wurde Müller als Oberforstmeister und vortragender Rath in das Finanz-Ministerium berufen, welchem Rufe die Ernennung zum Landforstmeister im Jahre 1872 folgte. Durch Verleihung des Rothen Adler-Ordens 3. Klasse wurde weiterhin sein Wirken und Walten Allerhöchst anerkannt.

Bis an seinen Lebensabend fand er seine höchste Befriedigung in seiner Arbeit, seine reinste Freude in seiner Familie und sein Glück in treuer Fürsorge für seine Freunde. „Wer den Besten seiner Zeit genug gethan, der hat gelebt für alle Zeiten.„ — Dieses sei ein Trostwort für die hinterlassene Wittwe und die 3 Kinder, welche den besten Vater verloren haben.

Am 4. Mai d. J. stand Freund Hain an der Seite unseres vielgeehrten Oberlandforstmeisters Deyßing zu Gotha.[3]) Seinen

---

[1]) Nachruf in den forstlichen Blättern 1879, von Borggreve, S. 287.

[2]) Aufruf für einen Denkstein im Warnower Plänter-Walde. Danckelmann Zeitschrift, August 1879, S. 144.

[3]) A. F.- und J.-Zeitung, August 79, S. 279.

Nachruf kann der Chronist nur mit einem klaſſiſchen Dichterwort ein=
leiten, welches den Verſtorbenen ſeinen vielen Freunden in die Er=
innerung zurückbringt mit allen reichen Gaben, die er aus himmliſchen
Höhen empfangen.

„Den ſegne Lied — ihn ſegne beim feſtlichen
Entgegengeh'n mit Freudenbegrüßungen,
Der über Wingolfs hohe Schwelle
Heiter, im Haine gekränzt, hereintritt!“

Was Deyßing am Walde ſeines engeren Vaterlandes Sachſen=
Coburg=Gotha gethan, was er ſeinen Untergebenen und Fachgenoſſen
in Deutſchland war, wird nimmermehr vergeſſen werden! In dieſem
Gelöbniß fühlen wir uns eines mit Allen, die dem Verſtorbenen im
Leben näher getreten ſind. H. Stötzer hat ihm einen würdigen Ne=
krolog geſchrieben.

Carl Chriſtian Deyßing wurde am 5. Februar 1806 zu Sonnefeld bei
Coburg im Forſthauſe geboren. Auf dem Gymnaſium Caſimirianum zu Coburg
vorgebildet, ſtudirte er auf der Forſtakademie Dreißigacker. 1827 bis 31 finden
wir ihn als Acceſſiſt auf der Forſtplankammer zu Coburg, von 1831 im Bureau
des Oberlandforſtmeiſters von Wangenheim daſelbſt, 1834 als Forſtgeometer bei
der herzoglichen Kammer zu Gotha, zugleich Referent in Forſteinrichtungsarbeiten.
1839 zum „Forſtcommiſſär“, 1843 zum „Forſtſecretair“ ernannt, erhielt er 1849
die Verwaltung der Forſtmeiſterei Tenneberg und 1850 daſelbſt den Charakter als
Forſtmeiſter.

1856 nach dem Tode des Oberforſtrath Salzmann als Forſtrath an die
Landesregierung zu Gotha berufen, wurde D. 1858 vortragender Rath mit dem
Prädicat „Regierungs= und Forſtrath“ im Miniſterium; als ſich im Lande eine
Reorganiſation der Behörden vollzog, erhielt er hier 1865 den Titel „Oberforſtrath“
mit dem Range eines Geheimen Regierungsrathes. Bei Gelegenheit ſeines in
der Waldesſtille zu Oberhof am 3. März 1877 gefeierten 50jährigen Dienſtjubi=
läums ernannte ihn ſein Landesherr zum „Oberlandforſtmeiſter“ und zugleich zum
Komthur des Erneſtiniſchen Hausordens, nachdem er ſchon 1862, 1870, 1875 und
1876 mit einheimiſchen, preußiſchen, ſchwarzburgiſchen und weimariſchen Ordens=
decorationen geehrt war. Ein conſervativer Zug bezeichnet Deyßing's diri=
girende Thätigkeit in der gothaiſchen Forſtverwaltung. Preishebung der Wald=
producte durch eingehende Fürſorge für den Waldwegebau, welcher als muſterhaft
bezeichnet werden kann, ſtreng überwachte Culturthätigkeit, unterſtützt durch reich=
liche Mittel, weiſe Vorſicht in allen Hiebsdispoſitionen, ſtreng — doch von hohem
Gerechtigkeitsſinn geleitete Beamte, eigener raſtloſer Fleiß, vorbildlich für die
Jüngeren, bilden die Signatur ſeiner Verwaltung der heimiſchen Forſten.

Der Literatur hat D. durch aus reicher Erfahrung niedergeſchriebene Auf=
ſätze auf dem Gebiete des Forſtſchutzes und des Waldwegebaues gedient. Seine

2

rege Theilnahme am Forstvereinswesen hat ihm in weiten Kreisen Einfluß und viele Freunde und Verehrer verschafft.

Der gesellige Theil der Versammlungen wird noch lange den Verlust dieses Mannes betrauern. Sein Improvisationstalent war siegreich in jeder Stimmung. Nie gab es einen Moment, in welchem Deyßing auch die erregteste Stimmung durch seine gewandten, vom Humor getragenen Verse iu ruhige und gehobene Bahnen zurückzuversetzen vergeblich versucht hätte. Classisch war die statistische Aufzählung der fast 100 Titulaturen deutscher Forstbeamten in fließenden Reimen, welche der Verstorbene auf einer Versammlung der deutschen Forstmänner vortrug und deren Concept sich, wie ich aus einem Briefe des Verstorbenen entnehmen darf, sich unter den hinterlassenen Papieren außer vielen anderen Dichtungen noch vorfinden dürfte. Ihre Veröffentlichung würde den deutschen Forstmännern zu großer Freude gereichen.

Am 25. Mai starb zu Berlin im noch nicht vollendeten 71sten Lebensjahre (geb. 7. Juni 1809 zu Weimar) Dr. Karl Heinrich Emil Koch, a. o. Professor der Botanik an der Universität Berlin, nach einem rastlosen vielbewegten Leben, nachdem er noch 2 Tage vor seinem Tode das Manuskript seines letzten Werkes „Die Bäume und Sträucher des alten Griechenlands" vollendet hatte. Dieses 17 Bogen umfassende und bei F. Enke in Stuttgart erschienene Werk ist Koch's Schwanengesang. Seine dendrologischen Studien füllten sein ganzes Leben aus, und war diese Richtung seines Wirkens auch der Grund, daß Koch mehrere Jahre der Ministerial=Kommission zur Prüfung der Forsteleven angehörte. Hier war es, wo ich dem Entschlafenen seit meiner Studienzeit wieder näher trat und bei dem Greise den Fleiß und das wissenschaftlich=rastlose und eigenartige Streben, welches den jungen vielgereisten Professor, den Durchforscher der orientalischen Flora auszeichnete, zu bewundern Gelegenheit hatte. Seine literarisch bekannten Orientreisen machte Koch in den Jahren 1836—38 und 1843—44; dieser Episoden seines Lebens, von Romantik erfüllt, gedachte Koch gern und mit Stolz auch in Freundeskreisen. Seine fruchtbare Feder hat in mannigfacher Form die Resultate seiner Wander=Forschungen geschildert. In geographischer Beziehung hat er den „Zug der Zehntausend" nach Xenophon's Anabasis in einer besonderen Schrift dargestellt, welche bei Hinrichs in Leipzig 1850 erschien.

Koch's spezielle Studienrichtung gehörte dem Gartenbau; es war die biblisch=prophetische von ihm gepflegte Idee der Landesver=

schönerung neben der Landesverbesserung: es soll die Welt ein Garten Gottes werden! — In diesem Streben sollte er alle Forstmänner als Gehülfen haben!

Eine jahrelange Thätigkeit entwickelte Koch in der Redaction der Verhandlungen des Vereins zur Beförderung des Gartenbaues in den Kgl. preuß. Staaten von 1852—57 und der „Wochenschrift" dieses Vereins von 1857—73. Sein bedeutendstes Werk ist die auch für Forstleute werthvolle „Dendrologie" von 1869—73. Seine „dendrologischen Vorlesungen" des Winter-Semesters 1874/75 gab er 1875 in Stuttgart bei Enke heraus, weil Krankheit ihn an der Vollendung der Vorträge verhinderte. Wir finden hierin abgehandelt 1) die Geschichte der bildenden Gartenkunst und der Gärten, 2) Bau und Leben des Baumes und der Wald in seinem Einfluß auf den Menschen, auf Luft und Wasser, 3) die Nadelhölzer, in fünf Familien der Araucariaceen, Sequojaceen, Abietaceen, Cupressaceen und Taxaceen abgehandelt.

Am 28. Juli v. J. endete das sorgen- und mühevolle, arbeitsreiche Leben des wirklichen Oberforstmeisters und Mitdirigenten der Regierungsabtheilung für direkte Steuern, Domainen und Forsten zu Minden, Wilhelm Alexander Helmuth von Wedelstaedt,[1] eines Mannes, dessen Pflichttreue — auch im Kleinen — ihn zu einem Vorbilde für den jüngeren Nachwuchs in der Schule des preußischen Beamtenthums gemacht hat, und von dem Alle mit Hochachtung sprechen, welche jemals unter seiner Leitnng dem Walde gedient haben.

Geboren am 31. December 1807 zu Salviat bei Lupow in Hinterpommern als Sohn eines Hauptmanns a. D., wurde er vom 6. Jahre im Hause seines Großvaters erzogen, bis zum 13. Jahre durch Privatunterricht, später auf der Ritter-Akademie zu Liegnitz bis zur Secunda vorgebildet. Für die angestrebte Militair-Laufbahn damals nicht stark genug, brachte er in der Forstlehre zu Tschiefer 2 Jahre von 1824 bis 26 unter dem sehr tüchtigen Oberförster Engelke zu. 1827 trat er beim Garde-Jäger-Bataillon zu Potsdam ein in der Absicht, zur Akademie commandirt zu werden. 1830 jedoch zur Reserve beurlaubt, verdiente v. W. durch forstgeometrische Arbeiten die Subsistenzmittel für die Studienzeit und bezog zwei Jahre später die Akademie Neustadt-Eberswalde, absolvirte von hier aus das Abi-

---

[1] Nachruf vom Forstmeister von Salmuth und von Grunert, Forstl. Blätter, November 1879, S. 357.

turienten-Examen, studirte 1833—35 auf der Universität Berlin, machte 1836 das Oberförster- und 1837 bei der Regierung zu Frankfurt a. O. das Referendar-Examen. Während seiner hier erfolgenden Beschäftigung verwaltete er kurze Zeit das Revier Dammendorf, war 1839—42 Forstsecretair bei der Regierung zu Cöslin und 1842—45 interimistischer Forstassessor wiederum zu Frankfurt a. O., 1845—50 Oberförster zu Alt-Reichenau, Reg.-Bez. Liegnitz, 1850—58 Forst-Inspector und späterer Forstmeister zu Oppeln, 1858 als Oberforstbeamter nach Minden berufen, zugleich Forstmeister in Münster, 1864 charakterisirter, 1868 wirklicher Oberforstmeister. Hier wurden auch die Forsten der Grafschaft Schaumburg seiner Leitung überwiesen. Betrauert von seiner Wittwe und 9 erwachsenen Kindern (aus 2 Ehen) starb v. W. in Folge einer Erkältung im Alter von 71 Jahren.

Am Hubertustage 1879 geleitete man unter reichem Leichengepränge zu Ballenstedt am Harz die Leiche eines alten Grünrockes, des dort am 31. Oktober gestorbenen Herzoglich-Bernburgischen Ministers a. D. Max von Schaetzell zu Grabe,[1] welcher nach einem bewegten Leben seinen Feierabend in dem kleinen Bergstädtchen und auf dessen waldigen Höhen verbracht hatte, nachdem er lange im preußischen Staatsforstdienste gestanden und 1852 als Minister nach Bernburg berufen worden war, woselbst v. Schaetzell bis zum Tode des kranksinnigen Landesherrn die Zügel der Regierung gelenkt hatte.

Geboren zu Clausdorf am 24. Mai 1804, hatte Max von Schaetzell, durch die Scheidung der Eltern veranlaßt, unter der Pflege der fast mittellosen Mutter eine von Liebe und Güte getragene, oft aber von Noth und Kümmernissen erfüllte Jugend durchlebt. Während seine hoch begabte Schwester, die spätere Gattin des Geheimen Oberhofbuchdruckers Rudolph von Decker zu Berlin, Siege in der Kunst errang, trieb es den Bruder in den Wald, in welchem sich das anfängliche Dunkel auch zu lichter Klarheit einer schönen Zukunft gestalten sollte. —

Vom Oberförster Götting zu Rothehaus, — aus dessen Schule auch einst der allen preußischen Forstleuten wohlbekannte, im Mai 1877 verstorbene Geheime Kanzleirath Zimmermann, Chef der Forst-Registratur im preußischen Finanz-Ministerium, hervorgegangen ist, — practisch vorgebildet, war Herr von Schaetzell 1821 einer der ersten Schüler Pfeil's in Berlin. 1827 legte er mit Auszeichnung die forstliche Staatsprüfung ab, wurde Regierungs- und Forstreferendar zu Frankfurt a. O., dann Hülfsarbeiter im Finanz-Ministerium, später mehrere Jahre Oberförster zu Peetzig bei Schwedt a. O., dann Forstinspector zu Labiau, Reg.-Bez. Königsberg, und 1842 zu Rheinsberg, Reg.Bez. Potsdam, hier zum Forstmeister ernannt. 1846 Oberforstbeamter zu Danzig mit dem Titel Reg.- und Forstrath, von wo 1852 die Berufung als Anhalt-Bernburgischer Staatsminister

---

[1] Nekrolog von Grunert, Forstl. Blätter, Dezember 79, S. 139.

erfolgte, veranlaßt durch die energische Thätigkeit des Herrn von Schaetzell in politischer wie wirthschaftlicher Beziehung in jener für das Vaterland verhängnißvollen Zeitepoche, wo Herr von Schaetzell gezeigt hatte: „was ein Mann kann werth sein."

Als am letzten Hubertustage die akademische Jägerei durch die frühen Jagdfanfaren zusammengerufen wurde, lag in unserer grünen Musenstadt Eberswalde unser ältester Lehrer, auch ein alter Waidmann vom Leder, „Papa Schneider", — hochgeehrt, vielgeliebt und oft gefeiert in seinem langen akademischen Leben, auf dem Sterbelager. Jene Fanfaren riefen den lieben Mann zu den himmlischen Heerschaaren. Als er sie vernommen, schwanden seine Sinne, um für die Welt nicht wieder zu erwachen.

Im Walde aber wird sein Andenken fortleben und von seinen Schülern muß es erhalten bleiben durch Tradition bis in die fernsten Zeiten, unser Schneider war der bravsten Einer, die dem vaterländischen Walde gedient haben!

Friedrich Wilhelm Schneider wurde im Forsthause Rothensee bei Magdeburg am 12. Februar 1801 geboren, der letzte in der langen Geschlechtsreihe, seiner forstmännischen Ahnen.

Des Vaterlandes Schmerz und Schmach ging über Schs. Jugendleben dahin. Sein Vater verließ seine Stellung in Rothensee, wo die „westphälische Zeit" und Regierung ihm unerträglich wurde, kehrte 1812 nach Hessen-Darmstadt zurück und erhielt als Oberförster zuerst die Verwaltung des Revieres Wasserlos, jetzt zu Bayern gehörig, — 1815 das Revier Schaafheim. Von hier aus besuchte Schneider das Pädagogium zu Gießen, wo er 1817 das Maturitäts-Examen bestand. Einer der 3 Zöglinge Carl Heyer's auf dessen Privat-Forstlehranstalt in Darmstadt, folgte er seinem Lehrer 1817 (Winter) nach Babenhausen bei Starkenburg und beendete 1818 seinen Lehrcursus.

Mit einem Reiseplan Wedekinds ausgerüstet, wanderte Schn. im Frühling 1819 als „vacirender Jäger" durch Spessart, Rhön, Thüringer-, Franken-Wald, Erzgebirge über Aschaffenburg, Dreißigacker, Tharand zur Musenstadt Berlin, studirte hier 3 Semester 1819/20 Natur- und Staatswissenschaften. Hermbstädt, Weiß, Heyne, Lichtenstein, Link und Eiselen waren seine Lehrer. Zu Fuß mit geringen Ausnahmen kehrte Schn. durch Norddeutschland nach Darmstadt zurück, um dann nach vergeblichem Harren auf die Berufung zur Fachprüfung 1821 nach Berlin zurückzuwandern. Hier studirte er Mathematik und diente als Volontair bei den Neufchateller Schützen 1822/23, wurde durch Prof. Lichtenstein dem 1821 die Berliner Forstakademie dirigirenden Pfeil empfohlen. 1825, bis zu welcher

---

¹) Grunert, in Forstl. Blätter. Dezember 1874, S. 391.

²) Danckelmann, Zeitschr. f. F.- u. J.-Wesen. Dezember 1879, S. 571.

Zeit er sich durch Privatunterricht und literarische Arbeiten (es erschienen 1. die Lehre von den Kegelschnitten für denkende Anfänger, Berlin 1824, 2. Anweisung zum Gebrauch eines logarithmischen Rechenstabes für Forstmänner 2c. Berlin 1824,) ernährte, hielt Sch. als Privatdocent mathematische Vorlesungen, und erhielt 1830, als die Akademie von der Universität getrennt und nach Neustadt-Eberswalde verlegt wurde, die 3. Lehrstelle der mathematischen Disciplinen durch Kabinets-Ordre vom 27. März 1830. Er hat zum Schmerze Vieler, welche zum Jubiläum der Akademie in den nächsten Monaten nach Eberswalde pilgern werden, diesen schönen Tag nicht erleben sollen.

1831 wurde Schn. nach vorheriger Ablegung der Feldmesser-Prüfung zum Professor der Mathematik ernannt (Kabinets-Ordre vom 3. Juli 1831), und nach einer 43jährigen Lehrthätigkeit unter Ernennung zum Geheimen Regierungs-Rath am 16. Juli 1873 pensionirt.

Müßig hat wohl Niemand den theuren Lehrer und Freund gesehen, Gründlichkeit bis zur Kraftaufreibung in seinen Arbeiten zeichnete ihn aus.

Aus Schneiders literarischer Thätigkeit in Eberswalde sind hervorgegangen:

Taschenbuch für Maaß- und Gewichtskunde. 1837.

Erfahrungstafeln über den Massengehalt der in Deutschland in reinen Beständen vorkommenden Holzarten, nach den Angaben von Pfeil. 1843.

Anweisung zum Gebrauche eines Flächenmaaßstabes für Feldmesser und Forstgeometer. 1844.

Bibliothek der Forst- und Jagdliteratur von 1842 bis 1856, (bis 1860 im „Repertorium zum Forst- und Jagdkalender" fortgesetzt. —)

Schneiders mühsamste Arbeit war die nachträglich auch von mehreren Seiten unternommene — von ihm jedoch zuerst begründete

Forst- und Jagdkalender für Preußen 1852 bis 1872 und Jahrbuch der Preußischen Forst- und Jagdgesetzgebung, von 1852 bis 1867. Vor 1868 erschien letzteres mit Danckelmann's Zeitschrift für Forst- und Jagdwesen.

Forst- und Jagdkalender für das Deutsche Reich 1873—1875. [1]

Als Bibliothekar seit Pfeil's Tode wirkend, verfaßte er 1872 den Catalog der umfangreichen forstlichen Bibliothek zu Eberswalde.

Decorirt wurde der Verstorbene 1842 durch den Rothen Adlerorden 4. Klasse und 1852 durch denselben Orden 3. Klasse mit der Schleife.

Möchten für diese Anerkennung ihres Königs in den preußischen Forsten noch Viele gefunden werden, welche mit Schneider um die Palme ringen: „Gerechtigkeit, welche vor Gott gilt."

Und nun zu dem größten Todten, den uns das Jahr 1879 geraubt, — einem Ober-Baum in Freund Hain's Plänter-Walde vergleichbar, der nicht größer mehr erscheint, nachdem er gefällt ist,

---

[1] Seit 1876 von G. Behm, Geheimer Rechnungsrath im Preußischen Ministerium für Landwirthschaft, Domainen und Forsten, fortgesetzt.

und man an ihn herantritt, um seine Größe zu messen, und zu er=
messen.

> Auf Burkhardt's Grab will ich ein Blümlein pflanzen,
> Das still den Wand'rer grüßt, wenn aus dem Walde
> Die Welfenstadt er aufsucht, und zum Todtenhaine
> Hinausgeht. — Sein Denkmal steht im Walde.

Heinrich Burckhardt ist am 14. Dezember 1879 ge=
storben! Diese Trauerbotschaft ist uns von vielen Seiten gebracht.
Was uns der Geschiedene gewesen, werden zahlreiche Nekrologe uns
verkünden.

Heute soll der Chronist der erste sein, welcher ihm die Hand
über's Grab zum Abschied reicht, dem Vielgefeierten — dem Hoch=
geehrten — dem Tiefbetrauerten! —

Burckhardt wurde am 26. Februar 1811[1]) zu Adelebsen am Hannöver=
schen Solling geboren. Sein Vater war Privatförster im Dienste der in dortigen
Gegenden reich begüterten Familie von Adelebsen. In die Nähe des Waldes, in
dem Burckhardt unter bescheidenen Verhältnissen aufwuchs, hatte ein gütiges Ge=
schick im Jahre 1825 den damaligen Chef der Forstinspektion Uslar, Christian
von Seebach, geb. 1793, gest. 1865,[2]) den Begründer des „modificirten Buchen=
hochwaldbetriebes", geführt. Burckhardt's Vater hatte für seinen Sohn wohl keine
höheren Pläne, als ihn das Ziel des Vaters erreichen zu lassen. Die Fähigkeiten
des letzteren erkannte jedoch von Seebach, und ihm verdankt Burckhardt seine Lauf=
bahn, soweit sie auf äußerem Zuthun beruht. Privatunterricht und Privatstudien
haben seine Bildung begründet. In der praktischen Vorlehre stand Burckhardt
bei dem Reitenden Förster Braun in Ertinghausen. Am 19. November 1828
wurde Burckhardt als Feldjäger vereidet und trat somit in die Reihe der Aspiranten
für den Revierförster=Dienst, für welchen die Feldjäger während ihrer militärischen
Uebungen durch Unterricht auf der Forstschule in Clausthal und (da hier der
Exerzierplatz nicht ausreichte) — später, von 1844 ab, in Münden vorgebildet
wurden.

B. trat aus diesem Rahmen heraus, 1833/4 finden wir ihn als Student in
Göttingen, und hiernächst als Gehülfen bei der Forstinspektion Westerhof, 1843 er=
folgte seine Anstellung im Unterforst Bühren bei Münden; 1840 wurde er zum
Förster zu Landwehrhagen bei Münden ernannt, und 1843 nach Relliehausen am
Solling versetzt, 1844 als Lehrer an die Mündener Forstschule und zugleich als
Revierverwalter berufen, bis die Vereinigung mit dem Militärdienst die Unhaltbar=
keit der Forstschule darthat und ihre Auflösung 1849 zugleich mit dem Feldjäger=

---

[1]) Bernhardt's Geschichte d. W. Eigenth. III, S. 93 — führt fälschlich 1810
als sein Geburtsjahr an.

[2]) Bernhardt a. a. O. III, S. 223.

Corps herbeiführte. B. erhielt 1849 den Titel Forstrath, als er in die Central-Verwaltung berufen wurde. Pfeil's Wunsch, ihn für Neustadt-Eberswalde zu gewinnen, ging nicht in Erfüllung. Burckhardt zog die Verwaltung dem Lehramte vor. Er wäre ohne die Revolution von 1848 gleichwohl nicht Mitglied der Centralbehörde (Königlichen Domänen-Kammer) geworden, weil ihm der alte Adel fehlte. Indessen in der damaligen Verlegenheit griff man auf diese neue, damals noch oberförsterliche Kraft, und — man hatte nicht fehlgegriffen.

Es gelang dem neuen Mitgliede rasch, sich Vertrauen zu erwecken, und mit seinen Leistungen stiegen Einfluß und Avancement bis auf die höheren und höchsten Stufen. Burckhardt wurde Chef der Forstverwaltung, ohne jedoch den damit verbundenen höchsten Titel „General-Forst-Direktor" zu erwerben. Er hat überhaupt die Chargen der hannöverschen adeligen Forstcarriere (Forstmeister, Oberforstmeister, General-Forst-Direktor) niemals bekleidet. Aber er hat der Adels-Laufbahn ein Ziel gesetzt. Forstmeister, Oberforstmeister, ohne Ansehung der Geburt gewählt, empfahl er seinem Könige zur Ernennung. Burckhardt reorganisirte den Forstdienst Hannovers nach eigenen Grundsätzen und hob den Stand der Revierförster. Als ihm die Erwirkung des Lieutenants-Ranges für den Revierförster mißlang, wußte er die Beilegung des Oberförstertitels durchzusetzen, womit der Hauptmanns-Rang verbunden war. Die Einführung regelmäßiger Examina ist Burckhardt's Werk. Sein Oberförster sollte aber nicht Verwaltungsbeamter sondern „Macher" sein. Der Forstmeister hatte zu verwalten und zugleich in die Technik einzugreifen; er mußte mit seinem Gehülfsjäger im Dienstbezirke wohnen. Durch Burckhardt erhielt das Personal wesentliche Aufbesserung in den Einnahmen, aber nur geringe Dienstländerei, um den Beamten nicht dem Walde zu entziehen, „der in's Holz gehört."

Der Verstorbene war ein strenger Chef, doch wurde der Unterschied von Clerus major und minor von ihm anders, als im gemeinen Leben, interpretirt. Den tüchtigen Beamten übersah er nirgends; er suchte auch immer zunächst die Ehre seiner Beamten, nicht die seinige. Jeder fühlte sich im Verkehr mit ihm gehoben und geehrt, daher auch die unbegrenzte Hingabe des Personals an den allverehrten Chef. Der nothleidende Forstbeamte klopfte niemals vergeblich an seine Thür. Jeder, einerlei welcher Rangstellung, hatte zu jeder Zeit bei ihm Zutritt; der Anmeldung folgte fast sofort der Einlaß.

Dieser rege Verkehr wäre B. unmöglich gewesen, wenn er nicht die Nacht mit zur Arbeit benutzt hätte. Seine Schlafzeit dauerte im Durchschnitt etwa 3 Stunden. Die verstorbene Gattin fand ihren Mann vielfach noch Morgens 6 Uhr am Schreibtische. Die Frage: „Sitzest Du da schon wieder" oder: „Sitzest Du da noch?" war oft ihr Morgengruß.

Burckhardt's Thätigkeit galt nur dem Dienst und der Wissenschaft. Erholungen oder gar geselliger Verkehr waren ihm völlig gleichgültig, fast unbekannt. „Meine Salons" — sagte er einst scherzend — „stehen jederzeit geöffnet, aber es erscheint kein Gast." Langweilig waren ihm alle Feste und Gelage, selbst die Hoffeste, denen er sich nicht entziehen konnte. Nur im Forstverein blieb er auch bei Tafel animirt, so daß ihm einst der Hofjägermeister von Veltheim aus Braunschweig bei solchem Diner zurief: „Was sind Sie für ein lustiger Bruder?!" „Das bin ich aber nur im Forstverein," erwiderte Burckhardt. Heiterer Sinn und Witz waren diesem großen Manne eigenthümlich. Er horchte auch im Dienst nebenbei gern den Anekdoten und scherzte nicht selten zu großer Erheiterung der Umstehenden. Als der alte Seebach sein Lebensende fühlte und mit Betrübniß von der Rüstung zur Reise in das Jenseits sprach, erwiderte ihm B.: „Sie erhalten keinen Urlaub!" Und dies Wort freute sichtlich den alten Herrn. Burckhardt's dienstliche Richtung war practisch. Er hielt zwar viel von Wissenschaft und vom Wissen, mehr aber vom Können. Die Wissenschaft bedurfte des praktischen Regulators, und sie stand ihm nicht über, sondern unter diesem. Feind jeder Schablone, weil sie den Fortschritt hemmt, schüttelte er möglichst alle Prinzipien ab. Fast hätte man von ihm sagen können: das einzige Princip, dem er huldigte, war die Prinziplosigkeit. Immer verbessern, immer fortschreiten, niemals stillestehen, war sein Grundsatz. Was die Wissenschaft heute als Grundsatz adoptirt, gilt vielleicht schon morgen nicht mehr. Mißtrauisch war er gegen alle Theorie. Mit der Begründung einer Forst-Taxations-Commission und einer durch Einführung des Theodoliten verbesserten Waldvermessung reorganisirte er das gesammte Forsteinrichtungswesen durch Beschränkung der Wirthschafts-Bestimmungen auf die I. Periode, „um dem Besserwissen der Nachwelt nicht vorzugreifen." Die Hauptnutzung wurde besonders entwickelt, daneben lief unabhängig der Zwischennutzungs-Turnus. Der Durchforstung wurde kein Ziel gesteckt, nur hatte sie mäßig zu geschehen. Feind aller fern liegenden Projectenmacherei lag ihm immer die Sorge für das Nächstliegende am Herzen. Sein eigentliches Element war das Forstkulturwesen, das „Säen und Pflanzen", welches er durch eine begeisternde Sprache interpretirte, wie sie noch Keiner vor ihm aus dem Walde in die Säle der Wissenschaft hinein geredet hat. Das haben die Facultäten der Universitäten München und Göttingen durch ihre Ehren-Promotionen anerkannt.

Als B. nach der Erwerbung Hannovers durch Preußen in das Finanz-Ministerium versetzt werden konnte, zog er die Stellung als Dirigent der Forst-Abtheilung zu Hannover vor. Seine Wirksamkeit als Mitglied der dortigen Klosterkammer ist von reichem Segen für die derselben gehörigen Forsten durch Schaffung neuer Wälder, durch einen ausgedehnten und gelungenen Blößen-Anbau begleitet worden. Das Cultur-Revier Niebeck in der Lüneburger Haide von 2540 ha entstand aus Blößen unter Burckhardt's Leitung.

Die Gewerbe-Ausstellung zu Hannover, 1878, gab von dem Kulturzustande der Klosterkammerforsten Zeugniß, aber sie zeigte auch Burckhardt's hohe Befähigung für die technisch vollendete und geschmackvoll-mustergültige Darstellung der Walderzeugnisse auf großen Ausstellungen.[1] Die Jagd war ihm eine angeborene Herzenssache. — Seine letzte Thätigkeit als Mitglied des Königlichen

---

[1] Siehe meine „Forstliche Studienreise", Berlin, Julius Springer, 1879.

Hofjagdamtes war das Arrangement der Kaiserjagd im November 1879, wo er die Ehre hatte, den mit Majestät umkleideten Senior der deutschen Jägerei zum Waidwerk zu geleiten. Die alten Bräuche der guten „werkerfahrenen" Jägerei hielt er als veredelnde Momente der Jagdausübung fest und unantastbar. Die Jagdfanfare mußte klar und in althergebrachtem Ton und Rhytmus erklingen, und manch schönes Jägerlied verdankt Burckhardt's musikalischem Verständniß sein Wiedererstehen aus der Vergessenheit.

In der ganzen deutschen Forstwelt und weit über die Grenzmarken hinaus feierte man Burckhardt's Jubiläum nach fünfzigjährigem Wirken und Walten im Walde und seiner Wissenschaft am 19. November 1878.[1])

Der rothe Adlerorden II. Klasse war die Anerkennung seines Kaisers, der Orden der Wachsamkeit oder vom weißen Falken kam ihm aus dem Lande der classischen Dichter=Heroen — Weimar. Die Universität Göttingen, wo der Jüngling den ersten Aufschwung zu seinen späteren Stellungen im Leben nahm, machte den Jubilar zum Ehren=Doctor der Rechte. Eine von seinen Verehrern begründete Burckhardt=Jubiläumstiftung zum Wohle der Hinterbliebenen von Forstbeamten hat den Betrag von 22,500 Mark erreicht. Seine Beobachtnngen auf seiner 1878er Reise in die Schweiz und in das Salzkammergut, von denen der Verstorbene mir bei meinem letzten Besuche Mittheilungen machte, werden hoffentlich dem Sohne Gelegenheit geben, durch des Vaters Segen sich ein Haus zu bauen in den Herzen der väterlichen Freunde.

Noch im Herbste nach jener Erholungsreise, am 19. November 1878, traf Burckhardt ein Schlaganfall, von dem er wieder genas. Eine Wiederholung am 7. December 1879 führte zur linksseitigen Lähmung und einer selten nur unterbrochenen Bewußtlosigkeit. Im Kreise seiner hinterbliebenen vier Kinder starb Burckhardt am 14. December, und seine irdische Hülle wurde am 17. Dezbr. an der Seite der 1873 ihm vorausgegangenen Gattin auf dem Döhrener Kirchhofe zu Hannover gebettet.

Aus Burckhardts formgewandter eigenartiger Feder sind der deutschen Literatur übereignet: sämmtlich aus dem Verlage von C. Rümpler in Hannover:

1. Säen und Pflanzen, ein Beitrag zur Holzerziehung. 1. Auflage 1854. 4. do. 1876.

2. Hülfstafeln für Forsttaxatoren und zum forstwirthschaftlichen Gebrauche. 1. Abtheilung 1852. 2. Abtheilung 1861. 3. Ausgabe (Metermaaß) 1873.

3. Die forstlichen Verhältnisse des Königreichs Hannover. 1864.

4. „Aus dem Walde", Mittheilungen in zwanglosen Heften, I. Heft 1865; zu diesem Heft als Beilage; „Zur Tagesfrage; die Verkürzung der forstwirthschaftlichen Umtriebszeiten", welche bei Gelegenheit der vom 25. Juni bis 2. Juli 1865 tagenden XXV. Versammlung deutscher Land= und Forstwirthe erschien und das später vielfach bewährte Programm=Thema — höchster Natural= oder höchster Boden=Reinertrag? — klärend behandelte, mit dem Schlußwort: Schlaf weiter, Vater Cotta, es hat noch keine Noth!

---

[1]) Siehe Bernhardt. Forstl. Zeitschrift, Januar 1879, S. 64.

II. Heft 1869, III. Heft 1872, IV. Heft 1873, V. Heft 1874, VI. Heft 1875, VII. Heft 1876, dem Oberlandforstmeister Herrn von Hagen gewidmet; VIII. Heft 1877, IX. Heft 1879, dem Geheimen Oberforstrath Dr. Grebe gewidmet.

Für die Erhaltung der vielen wohl-gepflegten Gemeindewaldungen der jetzigen preußischen Provinz Hannover hat das unter Burckhardts Einfluß entstandene Hannoversche Gesetz über die Verwaltung der Gemeinde-Forsten vom 10. Juli 1859 segensreich gewirkt.

> Gern höret im Walde der Wand'rer das Wehn
> Von Burckhardt's Gedanken.

---

3. Aus der Wirthschaft.

a) Witterungserscheinungen und deren Folgen.

Der Land- und Forstwirth kann Betrachtungen über seine Wirthschaftsbestrebungen immer nur anstellen, wenn er des „Segens von Oben" dabei gedenkt, der von der Baumblüthe ab und den keimenden Pflanzen bis zur Fruchtreife und ihrer Ernte jeden Morgen von Neuem den Menschen mit all' seinem Forschen und Streben zur Selbsterkenntniß eigener Ohnmacht führt.

Wir nennen diesen Einfluß schlechtweg die Witterung und stellen Gesetze auf, begründen sie aus kosmischen Erscheinungen, prophezeien auch mit Hülfe wissenschaftlicher Hülfsmittel und unter Benutzung der elektrischen Fernsprache, welche dem Winde vorauseilt mit der Botschaft seines Kommens über die Oceane fort, — die Witterung der nächsten Zukunft. Immer noch mehr wird die Landwirthschaft diese Witterungsberichte, welche die deutsche Seewarte zu Hamburg unter ihres viel erfahrenen Direktors, Professor Neumayer's, Leitung mit ihren zahlreichen Organen erspäht, zu ihren Zwecken ausbeuten. Wenn's dann hoch kommt, so sind es einige Tage, welche für die Vornahme der Feldbestellung, der Einsaat, oder für die Einleitung der Getreide- oder Heuernte mit Aussicht auf Erfüllung der Erwartungen disponirt werden können — falls nicht das Donnerwort auch hier unerwarteten Einspruch erhebt.[1]

---

[1] Ueber die Conferenzen deutscher Meteorologen bei der 51. u. 52. Versammlung der deutschen Naturforscher und Aerzte zu Cassel und Baden-Baden, siehe Zeitschrift für Forst- und Jagdwesen (Danckelmann), Juli 1879 — von Professor Dr. Müttrich.

Gleichwohl sind zweifelsohne in dem großen Schöpfungsgedanken, dessen „Werde" ja mit jedem Moment immer von Neuem seine That=kraft beweist, auch über die Wiederkehr gewisser Witterungserscheinungen und über die mit ihnen auftretenden und von ihnen abhängigen, sie begleitenden und ihnen nothwendig folgenden meteorischen Momente große Gesetze vorhanden, deren Ergründung die Wissenschaft im Ge=folge des genialen Pfadfinders Heinrich Wilhelm Dove[1]) zum Vor=theil der Wirthschaft, sich gerade in den letzten Jahren mit gesteigerter Kraft angelegen sein läßt.

Die zahlreichen meterologischen Stationen, deren Netz Europa mit seinen Antipoden vereinigt, nehmen auch den Wald jährlich mehr zum Objekt ihres Forschens, um Gesetze zu finden über den Einfluß des Waldes auf klimatische und atmosphärische Erscheinungen, deren Er=kennen das Stadium der Beobachtungen so eben erst zu verlassen be=ginnt, um diese zu Erfahrungen ausreifen zu lassen.

Deshalb muß auch die forstliche Chronik die Witterung mit den von ihr abhängigen Erscheinungen im und am Walde, dem Haupt=faktor lokaler Einwirkungen auf Wind und Wetter, alljährlich fixiren, um in den Wäldern freiwillige Mitarbeiter zu werben.

In einer von Rudolf Röttger im Herbst 1879 erschienenen Broschüre (Mainz bei J. Diemer) unter dem Titel „Die außer=ordentliche Witterung des Jahres 1879, — ihre Ursachen, ihre Fort=dauer in der nächsten Zukunft, Einfluß der Störungen und bewegen=den Ursachen auch auf den menschlichen Organismus, — nach Beob=achtungen seit vorigem Jahre, seit Beginn der Hauptkrisis von R. Röttger", will der Verfasser die eingetretenen Witterungserscheinungen schon im Dezember 1878 vorhergesagt haben, er sieht in „den großen Gewalten des Sonnensystem's die bewegende Kraft", der gegenüber es für ein Partikelchen der Schöpfung keine rückgängige Bewegung giebt. Magnetismus und Elektrizität sind die Urheber der Kräfte, welche der Verfasser in seinem — fast fatalistischem Drange — erkannt zu haben vermeint.

Herr Röttger zählt nun auf Seite 27 in enger Aufeinander=folge eine Reihe der „durch das elektrische Erzittern unserer Erde"

---

[1]) H. W. Dove, geb. 8. Oktbr. 1803 zu Liegnitz, starb am 4. April 1879 zu Berlin.

hervorgerufenen Erscheinungen vom Anfang Dezember 1878 bis Ende August d. Js. auf. Dahin gehören u. A.: das Erdbeben in Schottland am 3. Dezbr., am Aetna am 8., in der Pfalz am 9., am Niederrhein am 11., in Rumänien am 12., — der Orkan von Newyork am 10. und 11., die Eruption des Aetna am 14. Dezbr. 1878, und so fortfahrend in der Darstellung außergewöhnlicher Ereignisse bis zum Bergrutsch bei Caub und Bingerbrück, das gleichzeitige Bersten der Wasserrohre zu Berlin und Frankfurt a. M. (9. Febr.), das Einbrechen der Wasser in die Ossegger Kohlengruben und das Versiegen der Teplitzer Quellen (10. Febr.), das Einbrechen der Wasser in das Wielieczkaer Salzwerk, an demselben Tage die Erdbeben in Bayern und Kaernten (17. Febr.). „Am 18. Febr. schlägt der Neuenburger See in der Schweiz bei ruhigem Wetter Wellen und eine Felspartie rutscht in den Gardasee (Südtirol)." Am 20. Februar furchtbarer Orkan in der Schweiz und Oesterreich. Gewaltige Wassermassen gehen in den Karpathen nieder, welche die Ueberschwemmungen der Weichsel und Theiß, — die Katastrophen von Schwetz und Szegedin — zur Folge haben. — Der schneereiche Winter in Italien, wie seit Menschengedenken ein gleicher nicht erlebt war; Schiffbrüche in den ersten drei Jahreswochen übertreffen die im Vorjahr in gleicher Zeit geschehenen um 72. — Ich übernehme keine Garantie für die von Herrn Röttger in seiner eigenartigen und durch die Wissenschaft nicht anerkannten Methode gegebenen Erklärung tellurischer Erscheinungen. Es war mir nur interessant, den Lesern einen kleinen Theil der aneinander gereiheten in einer Zeit von $^3/_4$ Jahren eingetretenen Thatsachen zur Prüfung mitzutheilen.

An diese völlig abnormen Witterungserscheinungen bis zum September 1879 knüpfen sich nun bis in das Jahr 1880 hinein die Phänomene eines Winters im Westen Deutschlands, Frankreichs, Englands und Italiens an, wie ein ähnlicher mit allen Schrecknissen unvorbereiteter Kältequalen in den Erinnerungen der Bevölkerung kaum besteht.

Ob die Mißernten von 1879 als Wirkungen oder zufällige Folgen jener Erscheinungen zu betrachten sind, ist schwer zu entscheiden.

Die meteorologischen

über

monatlichen Mittel des Luftdrucks, der Wärme und der Nieder=

„Deutschen

Monat pp.	Mittlerer Barometerstand des Monats reduzirt auf 0°.		In Berlin — Pariser Linien	Mittlere Monats= Temperatur
	Höchster	Niedrigster		Höchste
	In Parifer Linien nebst Angabe der Beobachtungsorte.			In Graden nach Réaumur nebst An= gabe der Beob= achtungsorte
Januar	339,54 (Emden)	329,62 (Görlitz)	336,80	+ 0,34 (Cöln)
Februar	333,85 (Emden)	224,68 (Görlitz)	331,30	+ 2,86 (Dieden= hofen)
März	338,55 (Emden)	329,18 (Görlitz)	336,31	+ 4,83 (Aachen)
April	334,60 (Hamburg)	313,74 (Hechingen)	332,57	+ 6,87 (Cöln)
Mai	337,82 (Emden)	328,61 (Görlitz)	335,61	+ 10,31 (Berlin)
Juni	336,36 (Hamburg)	328,53 (Görlitz)	334,95	+ 14,60 (Berlin)
Juli	335,40 (Hamburg)	327,72 (Görlitz)	333,90	+ 13,75 (Berlin)
August	336,68 (Hamburg)	328,42 (Görlitz)	335,24	+ 15,35 (Berlin)
September	338,00 (Hamburg)	329,35 (Darmstadt)	336,40	+ 12,79 (Berlin)
Oktober	338,31 (Hamburg)	329,96 (Görlitz)	335,91	+ 8,18 (Cöln)
November	338,55 (Hamburg)	329,25 (Görlitz)	335,73	+ 3,27 (Aachen)
Dezember	341,38 (Hamburg)	332,67 (Görlitz)	339,16	— 2,33 (Aachen)
Winter	(Die Monate Januar bis März)			+ 1,41 (Aachen)
Frühling	(Die Monate April bis Juni)			+ 6,75 (Cöln)
Sommer	(Die Monate Juli bis September)			+ 14,59 (Berlin)
Herbst	(Die Monate Oktober bis Dezember)			+ 7,94 (Aachen)
Das Jahr 1879.	(Höchstes und niedrigstes Mittel der Regen=Höhe berechnet			

Ergebnisse

die

schläge, zusammengestellt resp. berechnet auf Grund der Berichte des Reichsanzeigers".

Mittlere Monats-Temperatur		Mittlere Regen-Höhe des Monats		
Niedrigste	In Berlin	Höchste	Niedrigste	In Berlin
In Graden nach Reaumur nebst Angabe der Beobachtungsorte	Grade nach Réaumur	In Parifer Linien nebft Angabe der Beobachtungsorte.		Parifer Linien
— 5,47 (Claußen)	— 1,87	53,50 (Clausthal)	7,00 (Landskrone)	30,50
— 2,06 (Claußen)	+ 0,59	69,42 (Großbreitenbach)	11,20 (Regenwalde)	31,38
— 2,55 (Claußen u. Wang)	+ 1,79	37,80 (Wang)	3,97 (Diedenhofen)	22,73
+ 1,95 (Wang)	+ 5,66	43,80 (Crefeld)	8,65 (Landskrone)	25,73
+ 5,97 (Großbreitenbach)	+ 10,31	55,51 (Wang)	6,55 (Berlin)	6,55
+ 10,37 (Clausthal)	+ 14,60	98,02 (Wang)	11,44 (Danzig)	17,60
+ 9,72 (Großbreitenbach)	+ 13,75	72,36 (Großbreitenbach)	23,55 (Conitz)	32,75
+ 11,53 (Wang)	+ 15,35	57,07 (Claußen)	11,76 (Trier)	22,55
+ 9,40 (Großbreitenbach)	+ 12,79	34,47 (Münster)	3,84 (Königsberg)	9,68
+ 3,32 (Wang)	+ 7,36	38,52 (Großbreitenbach)	6,63 (Bromberg)	15,55
— 2,10 (Wang)	+ 1,67	65,34 (Wang)	15,63 (Trier)	26,68
— 6,88 (Diedenhofen)	— 3,45	37,97 (Wang)	5,31 (Putbus)	11,88
— 3,07 (Wang)	— 0,16	46,41 (Clausthal)	10,81 (Bromberg)	28,20
+ 1,82 (Wang)	+ 5,89	61,52 (Wang)	15,75 (Königsberg)	16,62
+ 10,70 (Clausthal)	+ 14,59	50,62 (Großbreitenbach)	20,79 (Landskrone)	21,66
+ 3,60 (Wang)	+ 7,27	45,48 (Wang)	10,87 (Bromberg)	18,03
aus den Monaten)		44,79 (Groß-=101 mm breitenbach)	16,41 (Lands-=37 mm krone)	21,14 = 47,67 mm

Daß aber Italien, Frankreich, England[1]) und Oesterreich-Ungarn seinen Bedarf aus eigener Quelle nicht decken, scheint unzweifelhaft. Deutschland war mit bedeutenden Getreidevorräthen vom Jahre 1878 als Spekulations-Objekten versehen, so daß z. B. in Berlin Spreekähne in großer Menge als Getreide-Speicher gemiethet waren, um die „effektive Waare" nicht zu Boden nehmen zu müssen, gleichwohl dieselbe an Kündigungstagen doch liefern zu können.

Sehr eingehende und regelmäßige Witterungs-Beobachtungsergebnisse erscheinen von der meteorologischen Hauptstation zu Eberswalde als Beilage der Danckelmann'schen Zeitschrift seit dem Juli 1879 monatlich, und zwar liegt dem Juli-Hefte das Heft der Beobachtungsergebnisse vom April u. s. w. bei, welche vom Professor Dr. A. Müttrich herausgegeben werden.

Dieselben enthalten gegenwärtig die Beobachtungen von 14 Stationen in Preußen, Braunschweig und den Reichslanden, deren Verbreitungsbezirk zwischen 48° 25' (Melkerei) und 55° 16' n. Br. (Hadersleben) und zwischen 24° 3½' (Hollerath) und 39° 9' (Kurwien) östl. Länge liegt. Dieselben bewegen sich vertikal zwischen den Meereshöhen von 3 Meter (Schoo) und 773 Meter (Sonnenberg).

Die Beobachtnngen, 2mal täglich angestellt, erstrecken sich auf sämmtliche meteorologische Momente: Luftdruck, Windrichtung, Luft- und Boden-Temperatur, Regen- und Verdunstungs-Höhe in mm. Den Beschluß jedes Heftes macht eine allgemeine Erläuterung der Beobachtungsergebnisse unter Hervorhebung wichtiger auf die Wirthschaft bezüglichen Momente.

Nachstehende Notizen charakterisiren die S. 30 u. 31 angegebenen allgemeinen Erscheinungen und deren Einflüsse auf die Wirthschaft.

Der Monat Januar 1879 trug, nachdem der letzte Tag des Jahres 1878 fast auf allen deutschen Beobachtungsstationen der wärmste des Dezember gewesen, und der 1. Januar im Süden sich mit Gewitter eingeführt hatte, den Charakter des Winters mit 1 bis 2 Grad unter dem durchschnittlichen Mittel des Monates. Im Westen waren 21, im Osten Deutschlands 28 Frosttage. Im Königsberger

---

[1]) Botschaft der Königin beim Parlamentsschluß am 14. August 1879, welche eine Kommission zur Prüfung der Ursachen der Nothlage der Landwirthschaft verheißt.

Bezirk am 3. Januar heftiger Weststurm. Ueberall starker (bis 94 cm hoher) Schneefall. Starke Bewölkung bei stillem Frost. In den Revieren der Bezirke Cassel und Wiesbaden zahlreiche Schnee=, Duft= und Eisbruch=Schäden. Dieselben sind in der unten folgenden Zusammenstellung der an die Preußischen forstlichen Centralstelle berichteten erheblichen Schäden enthalten.

Der Februar war kälter, als in diesem Monat in den Jahren 1876—78 beobachtet. Deutschland hatte 4—11 Regentage, 1 bis 5 Regen= und Schnee=, 3—12 Schnee= und 9 (Trier) bis 23 (Königsberg) Frosttage. Die Schneehöhe betrug in Sonnenberg 104 cm An vielen Waldorten Schneebruch, am 24. und 25. Sturm in Schlesien.

Ueberschwemmungen der Weichsel vom 10. Februar ab; in Frankreich traten die Hochwasser am 24. ein. Die Seine stand 4 m über dem Pariser Normal=Pegel. Bordeaux und Umgegend wurden überfluthet.

Wegen ungeheuren Schneefalles wurde Mitte Februar in Dänemark der Eisenbahnverkehr, wegen Sund=Eises die Seeverbindung mit Norwegen eingestellt. Der für den 19. aus Amerika angesagte Sturm traf aus SW. am 20. ein, richtete in ganz Südfrankreich und der Schweiz große Verheerungen an und erstreckte sich bis Wien. An der französischen Küste strandeten viele Schiffe. Eine gleichzeitig aus N. wehende Kältewelle erreichte Berlin am 22. Februar (— 15⁰ R). Großer Schneefall, der sich am 24. und 25. über West=Deutschland ausdehnte.

Der Kanton Bern hat[1]) durch den Sturm vom 20. auf 21. Febr. in seinen 8500 ha — mit einem Jahresetat von 50,000 cbm — umfassenden Staatswaldbesitz einen Verlust von ca. 12,500 Stämmen mit annähernd 15,000 cbm gehabt, welcher sich durch die Schäden in den Gemeinde= und Privatwaldungen auf ein Gesammtopfer von 175,000 cbm erhöhete.

Der März zeigte nach einem scheinbaren Uebergange zum Frühling bald wieder den voll=winterlichen und windreichen Charakter, und blieb nur wenig hinter dem Februar in Frost= und Schneetagen zu-

---

[1]) Mittheilung des „Bund" vom 10. März 1879.

rück. In Berlin schon am 3. März sehr starker Schneefall. In der Nähe von Görlitz am 10. Gewitter mit starkem Regen. Der Polarstrom brachte erneute Kälte. Die Frosttage waren in Claussen 29, in Königsberg 26, Breslau 25, in Berlin 18, in Hannover 19, in Cöln 8, Aachen 5. Mittl. Barometerstand glich fast genau dem des Februar.

Der erwähnte, das Gewitter vom 10. März begleitende Sturm hatte in der Königl. Oberförsterei Grüssan in der Zeit vom 10. bis 14. März 1300 Festmeter Holz gebrochen. Der dort noch liegende Schnee auf gefrorenem Boden erhöhte den Widerstand der Bestände und verminderte dadurch den Sturmschaden. Vergl. Pos. 37 der unten folgenden Nachweisung.

Der Monat April — wechselvoll wie immer — ließ die Kulturarbeiten nur unter erschwerenden Umständen sich vollziehen.

Viel Regen, häufig Schnee, wechselte mit 2 bis 4 Grad Kälte. Am 18. April trat das Wärme=Maximum in den Osten der Monarchie; Königsberg hatte 7,7° R., am Rhein blieb das Thermometer unter 5° und in Mitteldeutschland unter 2°. Zahlreiche Gewitter, theils mit Hagel verbunden, starker Schnee, bis 82 cm. In den Oberförstereien Carlsberg (Reg.=Bez. Breslau), Regenthin (Reg.=Bez. Frankfurt), am 18. und 19. April Schneesturm. In letzterer 1000 FM. Kiefern=Stangen gebrochen.

Der „wunderschöne" Monat Mai zeigte eine April=Physiognomie. Kälte bis 2 Grad wechselte mit hohen Wärmegraden, bis 15,99° im östlichen Deutschland ansteigend. Der Westen (Cöln nur mit 11,22° R.) blieb zurück. Gewitter waren zahlreich, 4—9 in den verschiedenen Gegenden. Im letzten Drittel entwickelte sich schnell die Vegetation; der Wald ergrünte spärlich, Spätfröste deshalb ungefährlich.

Der Juni war reich an Regen und Gewittern, ungleichmäßig in der Temperatur. Claussen hatte 15 Regentage und 1 Gewitter, in den mittleren Provinzen 15—17 Regentage mit 7—10 Gewittern, Cöln 18 Regentage und 22 Gewitter. Bedeutende Regenhöhen 78,02 P. L. in max., ungünstige Keimung und Entwicklung der Kartoffel in vielen Theilen der Monarchie. Ostpreußen hatte längere Dürre und am 7. einen die Vegetation schwer schädigenden Frost, der jedoch die Eichelblüthe nicht traf. Im Walde günstige Erscheinungen des Wachsthums, aber schwer passirbare Waldwege in lehmigen Böden. Der Fruchtansatz der Laubhölzer nach einer günstige Aussichten gewährenden Blüthe wurde durch Nässe gestört, und ergab sich später auch ein fast totaler Ausfall der Mastfrüchte (s. unten die Samen-Ertragstabellen).

Die Heuernte verspätete sich um 2 bis 3 Wochen gegen die gewöhnliche Zeit und fiel in vielen Gegenden (Stromniederungen) völlig aus.

Der Juli blieb im Mittel fast um einen Grad Wärme hinter dem Juni zurück, veranlaßt durch die häufig wiederkehrenden Gewitter mit Niederschlägen, letztere an $^2/_3$ bis $^3/_4$ sämmtlicher Tage. Temperaturschwankungen von 15° an einem Tage, zwischen 22 und 7°, wurden beobachtet. Berlin hatte am 11. Juli 10,03°, eine Erscheinung, welche seit 30 Jahren nicht vorgekommen ist. In Ostpreußen (Oberförsterei Fritzen) am 25. und 26. Juli NW.-Sturm mit Waldschäden.

Der August zeigte, abweichend von der Regel, eine erheblich höhere Temperatur als der Juli und gestattete, was der Juli versagt, ein ziemlich günstiges Einbringen der Feldfrüchte. Auch ersetzte er den Ausfall an Heu durch den Grummetertrag zum großen Theil. England berichtet von verheerenden, Verkehr hemmenden, Wälder verwüstenden Ueberschwemmungen, in Folge von Gewitter und 30stündigem Regen vom 17. August 1879. Bei einem geringen Schwanken des Barometerstandes wurde die Veränderung im Wetter nur durch bedeutende elektrische Entladungen in Folge hoher Wärme, vielfach über 20° steigend, mit starken (in Conitz bis zu 18 P. L. in 4 Stunden) Niederschlägen verbunden, herbeigeführt. In Kurwien (Ostpreußen) am 16. August Frost — 1°. Die 3 Monate Juni bis August gleichen sich in ihrer Gesammttemperatur zur normalen Sommerwärme aus.

Der September brachte viele heitere warme Tage, ohne erhebliche Regen, welche nur als Gewitter-Regen von kurzer Dauer auftraten, wobei Polar- und Aequatorialströme häufig wechselten. In Schreiberhau (Riesengebirge) am 2. September der erste Frost. In Trier stieg das Thermometer am 6. auf 22°, ein starkes Gewitter

3*

mit Hagel entlud sich mit 15 P. L. Regenfall, der ¹/₂₀ des Jahres=
niederschlages betrug. Oſtpreußen hatte einen regenarmen Monat.

Der Oktober, in welchen die furchtbaren Ueberſchwemmungen
des waldarmen Spaniens fallen (Provinz Murcia), trug in Deutſch=
land den Charakter eines normalen Herbſtmonates, in der erſten
Hälfte mit Wärmeüberſchuß gegen die Normale. Weſtwinde herrſchten,
im NO. Deutſchlands mit vielen, im S. und W. mit wenigen Regen=
tagen (Diedenhofen nur mit einem Regentag) und einzelnen Gewittern.

Am 17. Oktober fiel im Rieſengebirge der erſte Schnee. Hier
und im Thüringer Wald Froſtnächte mit 1 bis 3,3⁰ Kälte am 17.,
ebenſo in Clausthal, wo Mitte Oktober der erſte Schneefall eintrat.
Am 17. in Kurwien — 7,7⁰ R., in Bonn — 3⁰ mit Reif.

Auf der Eifel fiel Spurſchnee in der 2. Hälfte des Monates,
und die Rheiniſche Jägerei rüſtete ſich ſofort zur Jagd auf das ge=
fürchtete Schwarzwild.

Der November brachte in dem erſten Drittel noch mildes
Wetter mit Sprüh= und ſtarkem Regen, um dann einen völlig
winterlichen Charakter anzunehmen, namentlich im Oſten mit ſtarken
barometriſchen Schwankungen und dem faſt allgemeinen Eintritt des
Polar=Stromes. Am 14. und 15. November faſt in ganz Deutſch=
land Schneefall, der im Weſten von Regen abgelöſt wurde. Im
Rieſengebirge (Wang) am 23. November 9,6⁰ Kälte.

Der Dezember 1879 trägt den Charakter des andauernden
ſtrengen Winters, wie er auf den ſeit 1848 beſtehenden Stationen,
mit Ausnahme des Dezember 1870 im Nordoſten Deutſchlands noch
nicht beobachtet wurde. Zum 2. Male in dieſem Jahre wurde die
Schweiz durch einen 24ſtündigen Orkan am 4. und 5. Dezember
nach einem Gewitter getroffen. Die Städte Bern und Neuenburg
und die Cantonalwälder haben wiederum ſchwer gelitten. Unter den
Provinzen Preußens herrſchte die höchſte Kälte in Schleſien, wo ſie
— als betrübende Zugabe zu dem oberſchleſiſchen Nothſtande — das
Mitleid Deutſchlands auf's Höchſte herausforderte. In Ratibor be=
obachtete man bei hohem Schnee am 9. Dezember — 23,3⁰ R., den
tiefſten Stand ſeit 1849. An jenem Tage hatte Königsberg im
Mittel nur — 6,9⁰, Breslau — 18,27⁰ und das hochgelegene Wang
im Rieſengebirge nur — 10,87⁰, Berlin — 12,03⁰ R. Bald nach

diesem Minimum erhebliches Steigen des Thermometers bei Aequato-
rialstrom im Osten des Reichs, dagegen nahm bei O.- und NO.-Winden
die Kälte im Westen zu. Am 16ten in Trier — 10,57° mittlere
Temp. Gegen Ende des Monats trat bei S. und SW. und schnellem
Sinken des Barometers allgemein Thauwetter ein, welches die mit
dem Beginn des Jahres schweren Ueberschwemmungen herbeiführte.
Die „Zwölfnächte" der alten Odin-Anbeter (von Weihnachten bis
zum Feste der heiligen drei Könige), an welche sich mannigfacher
Aberglaube unserer Altvordern knüpft, und von deren Witterungs-
erscheinungen man nach dem alten Volksglauben der Deutschen und
Slaven auf die 12 Monate des nächsten Jahres Wetterprophezeiungen
machte, würden auf ein wechselvolles Jahr schließen lassen. Nach der
strengen Kälte in den ersten der „Zwölfnächte" trat Wärme und
Regen ein. Der Schnee schmolz schnell auf Berg und Thal. Der
Rhein mit seinen Zuflüssen wälzte bereits in den ersten Tagen des
Jahres 1880 mächtige Eismassen bei einem weit über die Ufer
tretenden Hochwasserstande stromabwärts. Außer vielen Rheinufer-
orten werden Aßmannshausen und die schönen Rheinpromenaden von
Bonn durch die einseitig entrindeten weiten Ulmenreihen lange Jahre
von den Ereignissen jener Tage Zeugniß geben, an welchen die Sage
Odin mit seinen Götterschaaren aus Walhalla's Thoren durch die
Welt ziehen läßt, auf schäumenden Rossen oder dem schnaubendem
Eber als Opferthier, welches zugleich der „neugeborenen Sonne"
sinnbildlich unterstellt wurde.

b) **Das Gedeihen der Waldsämereien**

ist durch eine bereits im Druck erschienene[1]) Tabelle aus der Hauptstation forstlichen Versuchswesens zu Eberswalde nachgewiesen. Dasselbe
muß seinen ursächlichen Zusammenhang mit den obigen Witterungserscheinungen herleiten lassen, falls beide mit gleicher Berichtstreue zusammengestellt sind. Von Interesse aber wird es sein, jene der
Centralstelle zugehenden Berichte über die Samenergebnisse aus dem
Walde in Vergleich zu stellen mit den Samenpreisen der deutschen

---

[1]) Ergebniß der Holzsamenernte in Preußen, den Kgl. Regierungen mitgetheilt und in der Zeitschrift von Danckelmann pag. 107 (Februar) abgedruckt.

Samen-Handlungen. Eine große mit jedem Jahre wachsende Konkurrenz sichert vor einseitig oder a priori ohne volle Würdigung des Angebotes der Natur in die Welt gesendeten Preisnotizen. Zur Darstellung eines Durchschnitts-Preises hatte ich um Angabe 5jähriger Preise drei renommirte Samen-Handlungen ersucht. Eine derselben hat meinem Ersuchen nicht entsprochen. Zweien anderen Metz & Co. n Berlin und C. Appel in Darmstadt habe ich für ihre Sendungen zu danken.

Die folgende Tabelle (S. 39) ergiebt die Durchschnittspreise für die in den Jahren 1875—80 alljährlich empfohlenen Waldsämereien, welche den Erntejahren der Weise'schen Statistik 1874/79 entsprechen.

Es wird beabsichtigt für die Folge diese Zusammenstellung aus umfangreicherem Material fortzusetzen und die Resultate mit den unten folgeuden Samen-Ergebnissen aus den Zusammenstellungen der Haupt-Station Eberswalde in Vergleich zu bringen, um festzustellen, ob die notirten Samenpreise sich nach den Jahreskrescenzen entwickeln, oder durch alte Samenbestände früherer Jahre wesentlich beeinflußt werden. Aus der Eberswalder Uebersicht[1]) treten interessante Zahlen für die Eichelmast von 1879 hervor.

Beim Vergleich der Jahre 1878 und 79 ergiebt sich in den mittleren Temperaturen der Vegetationsperiode eine von Osten nach Westen sich vergrößernde Abweichung zwischen beiden Jahren. Dieselbe stellt sich nach den Stationsorten der verschiedenen geographischen Lage, wie folgt:

Ostpreußen	Kurwien	39⁰ 9′	ö. L.	+ 0,1
	Fritzen	38⁰ 13½′	„	— 0,2
Mark Brandenburg	Eberswalde	31⁰ 29½′	„	— 0,5
Westphalen	Lahnhof	25⁰ 54½′	„	— 0,9
Hannover	Schoo	25⁰ 14′	„	— 1,0
Rheinprovinz	Hollerath	24⁰ 3½′	„	— 1,1

Die größte Gleichartigkeit der Temperaturen beider Jahre be-

---

[1]) Ist nachträglich mitgetheilt in der Zeitschr. f. F.- u. J.-Wesen Danckelmann 1880, Februar, pag. 111. Zusammengestellt vom Oberförster Weise.

Holzart.	Durchschnittspreise nach den Notizen der Handlungen					
	1875	1876	1877	1878	1879	1880
	Preise pro Kilogramm in Mark					
Kiefern, Föhren mit Flügel	4,30	4,55	3,60	2,65	2,82	2,43
„ „ ohne Flügel	5,00	5,10	4,00	2,75	3,00	3,65
Fichten, Rothtannen „	1,05	1,39	1,70	2,30	1,34	1,40
Lärchen . . . . . „	1,92	1,87	1,90	2,15	1,82	3,70
Weiß= ob.Edeltannen „	0,52	—	0,45	0,38	0,94	—
Weymuthskiefern . . „	18,00	26,00	10,00	9,00	8,00	9,75
Zirbel=Kiefern . . „	—	—	0,70	0,70	0,55	0,55
Krummholz=Kiefern. „	5,00	4,90	3,80	3,20	3,20	3,40
See=Kiefern . . . . „	0,70	0,80	0,75	0,60	0,65	0,75
Schwarz=Kiefern. . „	2,25	2,85	3,87	4,00	3,37	4,42
Korsische Kiefern. . „	—	—	7,00	6,00	6,00	6,00
Spitz=Ahorn . . . „	0,62	0,87	0,75	0,51	0,54	0,63
gemeiner Ahorn. . „	0,57	1,03	0,64	0,42	0,40	0,78
Birken . . . . . „	0,57	0,51	0,54	0,55	0,47	0,75
Roth=Erlen	1,03	1,40	1,95	1,96	0,95	1,15
Weiß=Erlen	1,34	1,40	2,40	2,20	1,60	1,65
Hainbuchen, Weißbuchen . .	0,44	—	0,82	0,54	0,66	0,53
Weißdorn.	0,62	0,50	0,62	0,55	0,60	0,55
Rothbuchen	0,55	0,53	—	0,32	0,52	—
Eschen.	0,38	0,36	0,39	0,35	0,36	0,50
Ginstern, Besenpfriemen . .	0,65	0,55	0,70	0,75	0,70	0,80
dreispitziger Christusdorn . .	1,10	1,10	1,15	1,30	—	—
Eicheln, gewöhnliche . . .	0,22	—	—	0,25	0,16	0,27
„ amerikanische . . .	—	—	0,90	—	2,00	1,20
Akazien	1,17	0,97	0,90	1,03	0,94	0,90
großblätterige Linden . .	1,55	1,40	1,50	1,37	1,28	1,35
kleinblätterige Linden . . .	1,07	1,22	1,40	1,16	1,13	0,65
Stachelginstern	1,60	1,50	1,60	2,30	2,20	2,00
Ulmen, Rüstern	0,73	0,62	0,70	0,72	0,66	—

wirkte das günstigste, — die größte Differenz derselben das ungünstige Mastresultat.

Die Masterträge der Eiche nahmen demgemäß von Osten nach Westen ab. Die günstigsten Resultate auf 12 ostpreußischen Revieren sind wohl der gleichmäßigen und mit geringen Niederschlägen verbundenen Temperatur dieser Provinz zuzuschreiben.

Herr Oberförster Weise hat das Jahr 1879 in seinen Samenerträgen in Vergleich gebracht mit dem Durchschnitt aus den 5 Jahren 1874—1878. Als dauernde Vergleichsgrößen bezeichnet er die volle Mast mit 100, die halbe mit 50 und die Sprengmast mit 25 und findet aus dem Jahresdurchschnitt der 99 vollen, 382 halben und 1149 Sprengmasten des Jahrfünftes in 595 Revieren — die Durchschnitts-Crescenz eines Revieres aus dem Ansatz von

$$\frac{19,8 \times 100 + 76,4 \times 50 + 229,8 \times 25}{595} = 19,4 \text{ als Prozente}$$

einer Vollmast. Diese 19,4 als Mittelernte = 1,00 gesetzt, ergiebt im Vergleich mit dem 1879er Ergebniß für die Eiche (3 volle, 19 halbe, 145 Sprengmasten aus 590 Revieren) 8,26 % einer Vollmast und 0,43 einer Mittelernte.

Hieraus für jede Holzart die Prozente der Crescenz gegen die Mittelernte aus 1875/78 berechnet, ergiebt für 1879

für Eiche 0,43	für Flatterrüster . . . 0,82
„ Buche 0,12	„ Hainbuche 1,24
„ Bergahorn 0,90	„ Birke 0,89
„ Spitzahorn . . . 0,91	„ Schwarzerle . . . 0,91
„ Esche 0,87	„ Kiefer 0,83
„ Bergrüster 0,66	„ Fichte 0,53

Von Tanne und Lärche liegt die Ermittelung der Durchschnittsernte nicht vor. Beider Erträge sind nirgend als gut, 11 resp. 13 mal mittelmäßig und 36 resp. 94 mal schlecht bezeichnet, so daß viel alter Samen in den Versandt kommen wird. Die Resultate der Ernte-Berichte sind nach den bereits in der Chronik von 1877 beobachteten provinziellen Zonen in nachstehender Tabelle zusammengestellt.

Uebersicht über die Holzsamen=Ernte der wichtigsten Holzarten in Preußen 1879.

Abkürzungen der Spalten je Bezirk: **B** = Berichte liegen vor aus … Revieren; **Zahl der Ober=Förstereien mit Samenertrag:** **g** = gutem, **m** = mittelmäßigem, **s** = schlechtem, **k** = keinem.

Holzart	Preußen, Posen, Pommern					Schlesien					Brandenburg, Sachsen					Hannover					Schleswig-Holstein					Westfalen, Rheinland, Hessen-Nassau					Preußische Monarchie				
	B	g	m	s	k	B	g	m	s	k	B	g	m	s	k	B	g	m	s	k	B	g	m	s	k	B	g	m	s	k	B	g	m	s	k
Eiche	139	3	16	83	37	27			1	26	115		3	31	81	91			18	73	16			3	13	202			9	193	590	3	19	145	423
Buche	74			8	66	23			2	21	82		2	2	78	89			5	84	16		1	13	2	200			5	195	484		3	35	446
Bergahorn	15	2	8	4	1	15		4	8	3	30	1	7	12	10	27	1	6	7	13	11	4	4	1	2	59	6	7	28	18	157	14	36	60	47
Spitzahorn	46	6	19	16	5	14	1	3	8	2	29	1	9	10	9	23	1	2	8	12	2	1			1	35	3	2	17	13	149	11	35	59	44
Esche	53	18	21	12	2	17	5	3	9		34		6	19	9	37		3	20	14	16		3	11	2	67	3	11	24	29	224	32	49	80	63
Bergrüster	10	1		8	1	5	1	1	3		18	1		9	8	19	2	1	1	15	7	1	4	1	1	22	1	5	16		81	4	8	25	44
Flatterrüster	27	2	7	17	1	8		2	4	2	22		6	10	6	14	1	2		11	2	1			1	16		4		12	89	3	17	36	33
Hainbuche	121	29	34	46	12	19	1	8	6	4	74	15	29	14	16	57	12	16	15	14	14	6	5	3		152	23	44	55	30	437	86	136	139	76
Birke	169	17	83	57	12	27	1	14	10	2	100	4	46	39	11	67	6	28	21	12	11	1	7	2	1	132	5	32	66	29	506	34	210	195	67
Schwarzerle	162	6	80	68	8	22	1	8	9	4	82	1	31	40	10	58	2	29	16	11	15	2	6	5	2	97	3	28	45	21	436	15	182	183	56
Kiefer	181	7	75	89	10	33	4	12	12	5	110	4	37	60	9	49		10	27	12	8		1	7		137	2	27	70	38	518	17	162	265	74
Fichte	75	1	14	41	19	26	2	8	11	5	34		6	11	17	71		7	31	33	9	2	7			142	3	21	72	46	357	6	58	173	120
Tanne	1			1		24		7	12	5	12		1	5	6	7			4	3	3			3		24		2	12	10	71		11	36	24
Lärche	17		1	12	4	19		4	9	6	15		1	6	8	31		3	14	14	6			6		91		5	47	39	179		14	94	71

c) **Waldbeschädigungen durch Wind,**

Ordnungs-Nummer	Provinz bezw. Regierungs-Bezirk	Ober-försterei	Der Oberförsterei				Zeit-Angabe über		Richtung und Stärke des Windes
			Flächeninhalt			Ab-nut-zungs-satz	das erste Eintreten der Sturm- 2c. Erschei-nungen	den Höhepunkt der Sturm- 2c. Wirkung	
			Staats-wald	Gemeinde-wald	Zu-sam-men				
			Hektar			fm			
1	Hannover	Riefensbeck	3452	—	3452	11385	26.—27. XII. 1878	—	Schnee-bruch
2	do.	Daffel	3270	1460	4730	7061	do.	—	desgl.
3	do.	Zellerfeld	2666	—	2666	8880	do.	—	desgl.
4	Caffel	Burgjoß	3310	404	3714	6711	23.—26./I. 1879	—	desgl.
5	do.	Friedewald	3939	—	393?	6528	23./I.—6./II. 1879	—	desgl.
6	do.	Niederaula	2781	517	3298	2308	3./II. 1879	—	desgl.

Schnee, Duft und Thiere.

Gebrochene und geworfene Holzmassen				Bemerkungen
Laub-holz	Nadel-holz	Summa	aus-gedrückt in Prozenten des Ab-nutzungs-satzes für den Staats-wald	
fm Derbholz				
—	—	1000	8,8	Die gebrochenen Massen sind nur annähernd geschätzt und ist zu erwarten, daß das Ergebniß der Aufarbeitung durch das der Schätzung überschritten wird.
—	—	1000	14,1	
—	—	2310	26,0	Seit Mitte Dezember waren die 35—50j. Fi-Bestände ungemein mit Schnee belastet, am 23—25. trat bei niedriger Temperatur und trockener Luft lebhafter Wind ein, der die Bestände wesentlich erleichterte, am 26. Nachmittags begann es wieder zu schneen und nun trat bis zum 27. Mittags starker Bruch ein. Die Massen sind superficiell geschätzt.
—	—	4000	59,6	Am 23./I. war eine Schneedecke von 20 bis 30 cm gefallen, dann trat Regen bei nie-driger Temperatur ein, der mit wenigen Unterbrechungen bis zum 26. dauerte, und es entstand eine 1—2 cm starke Eisdecke, und durch deren Druck wurden freistehende Bu in Licht- und Samenschlägen geworfen und die durch den Orkan vom 26./III. 76 gelichteten Kie-Orte vielfach zerbrochen. Die Massen sind geschätzt.
414 (4300 rm Reisig)	236 (2000 rm Reisig)	650 (6300 rm Reisig)	9,9	23. und 24./I. Regen bei Frost und infolge dessen starker Eisüberzug, dann bildete sich bei andauernder Kälte starker Duftanhang. In den ältern und höher gelegenen Bu-Beständen erfolgte Astbruch und Wurf von Stämmen, in den 40—60jähr. Kie- und Bu-Orten nicht unbedeutender Schaftbruch. Die Massen sind geschätzt.
—	75	75 (400 rm Reisig)	3,2	Bis zum 23./I. lag ziemlich hoher Schnee, in der Nacht vom 23./24. entstand Glatteis und Eisanhang bis zu 1 cm Stärke bei Nordwind. Am 3./II. trat leichter Regen, in den höhern Partien geringer Schneefall ein) und es erfolgte geringer Einzelbruch, meist Schaftbruch, bes. an N.-hängen.

Ordnungs-Nummer	Provinz bezw. Regierungs-Bezirk	Ober-försterei	Der Oberförsterei				Zeit-Angabe über		Richtung und Stärke des Windes
			Flächeninhalt			Ab-nut-zungs-satz	das erste Eintreten der Sturm- 2c. Erschei-nungen	den Höhepunkt der Sturm- 2c. Wirkung	
			Staats-wald	Gemeinde-wald	Zu-sam-men				
			Hektar			fm			
7	Cassel	Hersfeld	2955	257	3212	3737	23./I.—4./II. 1879	—	Schnee-bruch
8	do.	Neuenstein	3004	537	3541	3888	3.—7./II. 1879	—	desgl.
9	do.	Lüdersdorf	1890	115	2005	2456	30./I.—5. II. 1879	3.—4 /II. 1879	desgl.
10	do.	Rotenburg-Ost	2003	134	2137	2485	Ende I.—Anfang II. 1879	—	desgl.
11	do.	Rotenburg-West	2002	786	2788	2524	30./I.—6./II. 1879	3.—5./II. 1879	Windbru bei SO. wind un Eisbruc

Gebrochene und geworfene Holzmassen			ausgedrückt in Prozenten des Abnutzungssatzes für den Staatswald	Bemerkungen
Laubholz	Nadelholz	Summa		
fm	Derbholz			
125 (1690 rm Reisig)	175 (900 rm Reisig)	300 (2590 rm Reisig)	8,0	Vom 23.—27./I. Regen bei 0 bis + 2°; am 4./II. Thauwetter. Fi fast nur Astbruch an Ueberständern in hoch gelegenen Bu-Beständen. Bu größtentheils Astbruch von der Nord- und Ostseite, nur wenig Schaftbruch. — Nadelh. fast nur Schaftbruch, bei der Fi nur ganz vereinzelt. Bu namentl. in 56—58jähr. geschlossenen Beständen, Nadelh. in 27jähr., noch nicht durchforsteten und 38jähr. Stangen.
12—1800	800—1200	2—3000	51,4—77,4	Vom 23./I.—2./II. hatte sich Eisanhang gebildet; am 3./II. trat Bruch ein, und zwar in den höchst gelegenen Theilen 380—550 m hoch, namentlich an den Rändern der Wege und der älteren Sturmlücken; meist Einzelbruch, nur wenige Horste in geschlossenen und kräftigen Stangenhölzern.
—	—	2640 (22820 rm Reisig)	107,5	Vom 24./I. ab Eisanhang, 23.—29. O.- u. SO.-Wind. Mehr Einzel- als Nesterbruch und Wurf, bes. an N.-, NO.-, S.- und SO.-Seiten in höheren Lagen (400—460 m hoch) in Mulden mit gutwüchsigem Holz mehr als auf dem Rücken.
—	—	450—500 (550—600 rm Reisig)	18,1—20,1	Vom 23./I. ab Eisanhang mit nachfolgendem Regen.
Rotenburger	Stadtwald	2700 300	106,9	Vom 23./I. ab Eisanhang; 23.—29./I. O.-Wind, 30./I.—6./II. SO.-Wind, dann W.-Wind. Bruch traf namentlich in den höheren Partieen (4—500 m Meereshöhe) in Mulden mit gutwüchsigen Beständen, bes. an den N.- und O.-Seiten die 60—80jähr. Bu und 40jähr. Kie-Stangenhölzer, ältere Bu weniger. Ueberwiegend Einzel- und Schaftbruch, Massenbruch und Wurf nur in Mulden mit aufgeweichtem Boden.

Ordnungs-Nummer	Provinz bezw. Regierungs-Bezirk	Ober-försterei	Der Oberförsterei				Zeit-Angabe über		Richtung und Stärke des Windes
			Flächeninhalt			Ab-nut-zungs-satz	das erste Eintreten der Sturm- 2c. Erschei-nungen	den Höhepunkt der Sturm- 2c. Wirkung	
			Staats-wald	Gemeinde-wald	Zu-sam-men				
			Hektar			fm			
12	Caffel	Rengs-hausen	3050	367	3417	7005	3.—6./II. 1879	—	Eis- und Duftbruch
13	do.	Morschen	3162	186	3348	2887	23./I.—5./II. 1879	—	Schnee-bruch
14	do.	Todenhausen	2475	552	3027	3819	—	—	desgl.
15	do.	Jesberg	2521	919	3440	5683	22./I.—6./II. 1879	—	desgl.
16	do.	Wolfersdorf	3034	393	3426	4263	—	—	desgl.
17	do.	Oberrosphe	3943	237	4180	4656	—	—	desgl.
18	do.	Alten-lotheim	2353	106	2459	6560	23./I.—6./II. 1879	—	desgl.
19	do.	Fritzlar	1688	1797	3485	1640	23.—26./I. 1879	—	desgl.
20	do.	Sand	2636	462	3098	6319	28./I.—4./II. 1879	—	desgl.

Gebrochene und geworfene Holzmassen			ausgedrückt in Prozenten des Abnutzungssatzes für den Staatswald	Bemerkungen
Laubholz	Nadelholz	Summa		
fm Derbholz				
168 (4880 rm Reisig)	320 (640 rm Reisig)	488 (5520 rm Reisig)	6,9	Vom 23/I ab Eishang, der sich durch Duft etc. bei O.-Wind vermehrte. Bruch in O.- und SO.-lagen, besonders in 60—100j. gutwüchsigen Bu und 20—40j. Kie auf den bessern Böden, in letzteren auch theilweise Nesterbruch.
100	1400	1500	51,9	In Kie auf Hochlagen, besonders O.-Hängen Schaft- und Wipfelbruch, weniger Wurf, meist Einzel-, selten Nesterbruch. In Fi nur sehr wenig Einzelbruch. In Laubholz nur Astbruch, vereinzelt Wurf.
—	—	—	—	Masse nicht angegeben.
365	1575	1940	34,2	Namentlich in 30—63j. Kie-Beständen, die schon vom Sturm vom 13./III 76 gelitten haben. In Bu fast nur Astbruch.
—	—	—	—	Masse nicht angegeben.
—	—	—	—	Desgl.
—	—	600	9,1	Bes. in den Distrikten über 400 m Höhe. Meist Astbruch, in höheren Lagen auch Schaft- und Wipfelbruch u. Wurf. Namentl. 80—120j. Bu und 25—35j. Kie, die schon vom Sturm 1876 gelitten hatten. Nur einzelne 70j. Fi sind entwipfelt.
—	—	—	—	Am 23./I. Schneefall ca. 20 cm tief; dann bis zum 26. Regen bei — 6° und infolgedessen starker Eisanhang und Bruch, bes. in Kie.
—	—	—	—	Zu Weihnachten rasches Aufthauen der ersten Schneedecke; dann auf den noch rauhen Boden starker Schneefall u. in d. Nacht v. 23./24. I. Regen bei + 2° u. gegen Morgen plötzliches Sinken der Temperatur auf — 4°. Daher starker Eisanhang. Am 27. wieder + 2°, so daß sich Nebel bilden, die bei wiederholtem Sinken sich als Duft anhängen. Am 3./II. Thauwetter bei S.-Wind, aber am 4./II. wieder Schneefall bei N.-Wind. Bes. in alten bis 110j. Bu starker Wurf. Massen nicht angegeben.

Ordnungs-Nummer	Provinz bezw. Regierungs-Bezirk	Ober-försterei	Der Oberförsterei				Zeit-Angabe über		Richtung und Stärke des Windes
			Flächeninhalt			Ab-nutzungs-satz	das erste Eintreten der Sturm- 2c. Erschei-nungen	den Höhepunkt der Sturm- 2c. Wirkung	
			Staats-wald	Gemeinde-wald	Zu-sam-men				
			Hektar			fm			
21	Caffel	Kirch-ditmold	2648	561	3209	3012	—	—	Schnee-bruch
22	Wiesbaden	Wiesbaden	1500	1471	2971	3602	23.—25./I. 1879	—	desgl.
23	do.	Weilburg (Windhof)	687	3123	3810	1492	24./I.—5. II. 1879	—	Eis- und Schnee-bruch. Einzelbru
24	do.	Hatzfeld	3315	229	3534	8400	24./I.—4./ II. 1879	—	—
25	do.	Montabaur	88	3890	3978	151	—	—	Schnee-bruch
26	do.	Neuhäusel	1202	2589	3791	2559	23./I.	25./I.—5./II.	NW. Eis-bruch
27	do.	Herborn	1388	2157	3545	3454	24./I.	5./II.	windstill vorher S Wind, Ei bruch

Gebrochene und geworfene Holzmaffen			aus= gedrückt in Prozenten des Ab= nutzungs= fatzes für den Staats= wald	Bemerkungen
Laub= holz	Nadel= holz	Summa		
	fm D e r b h o l z			
—	—	700	23,2	
—	—	—	—	23. und 24. nach Schneefall plötzlich Regen; in höheren Lagen ftarker Eisanhang; am 25. gelinder Froft.
—	—	211 (121 rm Reifig)	9,9	23. nach langem Schnee bei O. und Regen, der fofort gefror und bis 1 cm. ftarken Eis= anhang bildete; Temperatur Nachts — 3 bis 4°, Tags + 3—4° mehrere Tage lang. Bruch gering, an einzelnen ftärkeren Laub= bäumen und in den durchlichteten Nadel= holzftangen vom Sturm v. 12./13. III. 1876.
—	Staatswal= dungen Gemeinde= waldungen	3258 Derb= holz 1186 Reif. 196 Derb= holz 114 Reif.	38,8	Vom 24. ab bei leichtem NO.=Wind feiner Regen, und daher eine 2—3 cm ftarke Eis= krufte; dazu am 3. und 4./II. Schnee. Namentlich an NO.=Seiten in höheren Lagen in 60—100jähr. wüchfigen Bu=Orten, und in fchwächern Kiefern=Beftänden mehrfach Stamm=, Wipfel= und Aftbruch, in jün= geren Beftänden Druck. Fi haben wenig gelitten. Schaden bedeutend.
—	90 rm	90 rm. (50 rm. Reifig)	41,7	Einzel=Schaft=, Wipfel= und Aftbruch, ftellen= weife Nefterbruch. Am meiften find die Beftandsränder betroffen. Viel Lärchen.
—	—	(322 rm. Reifig)	—	Aftbruch. Nach einem Schneefall ohne An= hang trat Regen ein, welcher den 23. und 24. Januar anhielt und als Eis auf den Bäumen hängen blieb.
—	255 (429,8 rm.)	255 (429,8 rm.)	7,4	20./I. Froft, am 23. Umfchlag, erft Schnee, dann Regen, welcher fofort feftfror. Dies wiederholte fich bis zum 5. Februar häufig. Am 5. kam das Thauwetter zum energifchen Durchbruch. Während des Eisabfalles trat der Bruch ein. Einzel= und Nefterfchaft= bruch, im Laubholz meift an Wegen und Schneißen, in Kiefern befonders in den am 12./III. 1876 angegriffenen Sturmbeftänden.

4

Ordnungs-Nummer	Provinz bezw. Regierungs-Bezirk	Ober-försterei	Der Oberförsterei				Zeit-Angabe über		Richtung und Stärke des Windes
			Flächeninhalt			Ab-nut-zungs-satz	das erste Eintreten der Sturm- 2c. Erschei-nungen	den Höhepunkt der Sturm- 2c. Wirkung	
			Staats-wald	Gemeinde-wald	Zu-sam-men				
			Hectar			fm			
28	Wiesbaden	Driedorf	898	2300	3198	2736	23./I.	6./II.	Eisbruch S.O.
29	do.	Oberscheld	2793	1165	3958	8778	23./I.	6./II.	Eisbruch S.O.
30	do.	Dillenburg	1929	1412	3341	5642	23./I.	?	Eis-, Du Schnee-bruch Wind?
31	do.	Strupbach	726	3134	3860	4332	22./I.	4./II.	Eis, Du Schnee. Wind?
32	do.	Gladenbach	1051	7011	8062	1629	25./I.	4./II. 6./II. Ende	Eisbruch N.O.
33	do.	Katzenbach	1893	1900	3793	3412 Staats-wald	23./I.	4. u. 5./II.	Eisbruch windstill später E

Gebrochene und geworfene Holzmassen				Bemerkungen.
Laub-holz	Nadel-holz	Summa	aus-gedrückt in Prozenten des Ab-nutzungs-satzes für den Staats-wald	
fm Derbholz				
564 (823 rm Reisig)	1739 (962 rm Reisig)	2303 (1785 rm Reisig)	84,2	Wipfel-, Schaft- und Astbruch. Kiefer und Erle haben am meisten gelitten, weniger die Eiche, am wenigsten Buche. Witterung: abwechselnd Thauwetter und Frost bei Regen und Schnee, vorher Frost bei Ostwind.
—	—	2951 rm 386,7 Hundert Wellen	23,5	Einzelbruch, selten Nesterbruch (Wurzel-, Schaft-, Astbruch), Birke, Erle, Kie haben am meisten gelitten; Buche, Eiche, Fichte, Lärche am wenigsten. Witterung wie ad 33.
—	—	907 (739 rm. Reisig)	16,1	Zuerst Belastung mit Eis, dann Duft, endlich Schnee. Kie hat am meisten gelitten, dann alte Eichen, endlich junge Buchen.
—	—	230 (2800 rm Reisig)	17,3	Der Bruch ist erst eingetreten, als nach Beginn wärmerer Witterung der unten im Thal auftretende Nebel in den höheren Lagen sich als Duft an die schon vorhandene Eiskruste setzte.
—	—	567 rm (5170 rm Reisig)	24,4	Witterung: Auf Schneewetter mit Frost folgte bei feuchten Nebeln eine um den 0-Punkt schwankende Temperatur.
25 Eichen 1240 Buchen 30 Weich-holz	780	2075 (12520 rm Reisig)	60,8	Vor dem 23./I. Schnee mit Frost, 23./I. Thauwetter mit Regen. 24./I, trockener Frost, 27. Januar gelindes Thauwetter; 28. Abds. Frost. 4. Februar Schnee, 5./6. Februar Thauwetter.
Fi 5 Bu 550	400	955 (3690 rm Reisig)	—	Kiefer und Lärche, sehr wenig Fichte. Einzelbruch, Nesterbruch, auch Massenbruch auf Flächen bis zu 0,5 ha. Buche. Neben Einzelbruch kamen Massenbrüche auf Flächen bis zu 2,5 und 10 ha vor.

Ordnungs-Nummer	Provinz bezw. Regierungs-Bezirk	Ober-försterei	Der Oberförsterei				Zeit-Angabe über		Richtung und Stärke des Windes
			Flächeninhalt			Ab-nut-zungs-satz	das erste Eintreten der Sturm= 2c. Erschei-nungen	den Höhepunkt der Sturm= 2c. Wirkung	
			Staats=walb	Gemeinde=walb	Zu-fam-men				
			Hektar			fm			
34	Wiesbaden	Biedenkopf	709	4397	5106	369	23./I.	4.—6./II.	W. Schne und Duf bruch nac den An gaben üb bie Witte rung Eis bruch na dem Be richte
35	do.	Battenfeld	2629	482	3111	6128	23./I.	Ende Ja nuar und Anfang Februar	d. 23./I. 2 dann O.
36	do.	Elbrig=hausen	3071	180	3251	8754	23./I.	7.—10./II.	SO.
37	Liegnitz	Grüssau	—	3419	—	3419	10.—14. III. 1879	—	NW. Wind= bruch i Folge Ge witter= sturmes
38	Frankfurt an der Oder	Regenthin	5954	—	5954	16828	18./19. IV.	—	W. Schne sturm

Des Windbruchschadens in der Schweiz ist bereit.

Gebrochene und geworfene Holzmassen				Bemerkungen
Laub= holz	Nadel= holz	Summa	aus= gedrückt in Prozenten des Ab= nutzungs= satzes für den Staats= wald	
fm Derbholz				
—	—	272 (1466 rm Reisig)	51,6	Einzelbruch an Wipfeln und Aesten. In den Mulden mitunter Nesterbruch.
—	—	2050 rm Derbholz (2600 rm Reisig)	23,4	23./I. Thauwetter mit feinem Regen, dann bei Ostwind Nebel; Wipfel= und Astbruch in den höheren Regionen, in den niedrigern viel Schaftbruch, in Mulden nesterweise, sonst einzeln.
—	—	1479 rm Derbholz 1030 rm Reisig	11,8	Nur Laubholz. Neben Einzelbruch sind Nester und Gassen gebrochen.
—	—	1300	15,5	Der Boden war im Gebirge mit Schnee be= deckt und noch festgefroren, daher nicht größerer Schaden. Am meisten haben die= jenigen Bestände der Beläufe Ullersdorf und Habichtsberg gelitten, welche schon durch frühere Sturmschäden durchbrochen waren. Sonst nur Einzelbruch.
—	1000	1000	5,9	Kiefern=Stangen.

ei den Witterungsberichten Erwähnung geschehen.

Mäuseschaden ist in vielen Theilen Deutschlands in Wald und Feld zu beklagen gewesen. Ueber den Fraß in den Forsten der Oberförsterei Worbis theilt Oberförster Habenicht die interessante Thatsache mit, daß die Buchenknospen an dem aufgearbeiteten Reisig von den Mäusen lieber angenommen wurden, als die Rinde der Buchen-Jungwüchse, und sieht in dem längeren Stehenlassen des Reisigholzes in den Schlägen ein Abwehrmittel gegen Mäusefraß.[1]

Im Schubiner Kreise der Provinz Posen zeigten sich zwischen Bartschin und Lubischin Schwärme von Wanderheuschrecken.[2]

Das Auftreten des Kiefernspinners hat im Merseburger Regierungs-Bezirk, der in den letzten Jahren von dem Kolorado-Käfer lokal heimgesucht wurde, in den Staats-, Kommunal- und Privatforsten auf beiden Elbufern bei Torgau durch Leimringe, Sammeln und leider auch durch Ausrechen der Streu, hoffentlich nur in Privatforsten, Vertilgungsmittel erfordert.[3]

In der Nähe von Zerbst wird von der „Magdeburger Zeitung" vom 8. Juli von bedeutendem Fraß des Spinners berichtet, so daß die Kreisbehörde energische Vertilgung angeordnet hat.

Größere Fraßkalamität in Staatsforsten scheint, wie 1878, auch im verflossenen Jahre abgewendet zu sein. Die abnorme Witterung mag nach dieser Seite hin wohl das Ihrige beigetragen haben.

In einer Buprestiden-Art, buprestis affinis, Fab., ist jungen Eichen in Heister-Stärke in einigen Revieren des Stettiner Regierungs-Bezirkes ein neuer Feind erstanden,[4] ebenso zeigte sich Buprestis bifasciata in Eichen im Elsaß schädlich.[5]

Am 10. Mai[6] ging im Berner Oberland von der „Jungfrau" Morgens 5 Uhr auf der Noththalseite eine Staublawine mit so grausiger Vehemenz über den Stufenstein zu Thal, „daß auf viele Meilen alle Wälder verwüstet wurden." — Alte Ahornstämme, welche

---

[1] Siehe A. Bernhardt, Zeitschrift, März 1879, pag. 159.

[2] D. Reichsanzeiger v. 30. Mai 1879, Nr. 125.

[3] Magdeburger Zeitung vom 24. Januar 1879.

[4] Bericht über denselben vom Prof. Altum. Zeitschr. f. F.- u. J.-Wesen, Januar 1870, pag. 35.

[5] Bericht über denselben vom Prof. Altum. Zeitschr. f. F.- u. J.-Wesen, September 1879, pag. 146.

[6] Bericht im „Oberländer".

seit Menschengedenken ein Schutz gegen Lawinen waren, wurden wie Halme geknickt.

Am 20. November wurde vom Kanton Tessin ein gewaltiger Schneefall berichtet. Der Verkehr unterbrochen. Tausende von Bäumen und Weinstöcken durch Schneemassen und Lawinensturz vom Gotthardt herab erdrückt und gebrochen.

Das Verbeißen durch Wild[1]) in jungen Nadelholz-Kulturen ist mehrseitig durch Anwendung des Steinkohlentheeres (in den Monaten September und November) mit Erfolg bekämpft worden. Im Jahre 1863 lernte ich dieses Mittel in der damals noch dänischen Ober-försterei Bordesholm, mit gutem Rehstande, kennen, woselbst man den Theer bis zu 1 m Höhe an einzelnen Seitenästen der jungen Fichten anstrich. Die heute vom dänischen Forstrath Schröder zu Wedells-borg aus seiner Samendarre empfohlene Weißfichte, pin. alba, galt damals als eine in der Vermischung mit der Rothtanne von Rehen streng gemiedene Pflanze. Junge Eichenlohden lassen sich vielleicht durch Einstecken von mit Theer befleckten Reisigspitzen gegen Reh-verbiß schützen.

Auffallend bleibt bei den Rehen stets die Vorliebe für gepflanzte Stämmchen und ein spontanes Verschonen der Sämlinge, was beson-ders bei den jungen Lärchen hervortritt. Am wehrhaftesten sind stets die aus den natürlichen Besamungen herrorgehenden Jungwüchse, — ein Moment, welches für die natürliche Verjüngung der Nadel-hölzer in Revieren mit starkem Wildstande spricht.

d) Wirthschaftsbetrieb.

Die Verjüngungsfrage der Nadelholzbestände hat der Schlesische Forstverein für seinen Bezirk aus dem Gebiet theoretischer Erwägungen in greifbare Versuchsoperationen zu übertragen durch Annahme zweier von mir gestellter Anträge mit „entschiedener Majorität" be-schlossen.

Es soll fortan dieses Thema in den Vereinsverhandlungen für 10 Jahre ständig bleiben und statistisches Material gesammelt und veröffentlicht werden.

---

[1]) S. Zeitschr. f. Forst- u. Jagdwesen. August 1879, pag. 98 u. 103.

Es soll ferner in einer größeren Zahl schlesischer Reviere neben künstlichen Kulturen in thunlichst benachbarter und gleicher Standörtlichkeit die natürliche Verjüngung zur Durchführung gelangen. [1])

Das Holzgeschäft hat sich im Jahre 1879 überaus träge entwickelt. Werthvolle versandtfähige Nutzhölzer aus hohen Umtrieben fanden ihre Abnehmer, kleinere Sortimente dagegen nur unter Verminderung der Ausgebotspreise.

Der Stand der Holzpreise, welche sich ungefähr in einem 10 bis 15 jährigen Durchschnitt der letztvergangenen Zeit bewegen, wird durch die neue Zollgesetzgebung den großen Vortheil gewinnen, daß eine Ein- und Ausfuhr und eine wenigstens annähernd glaubwürdige Preis-Statistik der Waldprodukte geschaffen wird. Hierdurch wird jene Verleugnung oder Herbeiziehung der Statistik nach dem Belieben dessen, der sie für sich im Verkehre in der Litteratur oder im Landtage anzuwenden wünscht, nicht ferner verzeihlich sein, — und werden Wendungen, wie die des Abgeordneten von Wendt in der Zolldebatte des Reichstages, abwendbar werden. — „Ich bin auf dem Punkte angekommen, daß ich aller Statistik mißtraue —", oder „ich habe allmälig allen Glauben an die Zahlen verloren", wie sich der Abgeordnete Rickert gegen ein motivirtes Urtheil über den Holzzoll sicher stellte. Doch ich komme später hierauf zurück.

Die letzten Monate des Jahres haben mit dem Wiederaufleben der Montanindustrie, durch welches Ereigniß einige früher zweifelhafte Bergwerkspapiere plötzlich reiche Leute gemacht haben, — für den Holzabsatz namentlich kleiner Hölzer, der Aushiebs- oder Durchforstungsmassen neue Bahnen frei gemacht. Einzelne Reviere im Bereiche der Bergwerksdistrikte haben für ihre trockenen oder windgelehnten, abständigen Hölzer große Abschlüsse machen können und sind dadurch der hochnothpeinlichen Lage der letzten 4 Jahre entrückt, im trockenen Holze zu ersticken, jeder Waldpflege entsagen zu müssen, die nicht durch die Mittel eines oft absichtlich weniger straffen Zügels zur Leitung des Forstschutzes spontan sich vollzog, oder in das Gebiet der Läuterungen fiel.

---

[1]) Jahrbuch des schlesischen Forstvereins pro 1878, pag. 73 und 76.

Für das specielle Gebiet des Eichenschälwaldes liegen ebenfalls nur Berichte vor, welche mein Urtheil in der Rundschau begründen, und welche nicht dazu angethan sind, die Fläche des Eichenschälwaldes zu vergrößern auf Kosten der reicher dotirten Wirthschaftsformen des Staates, wenn ich auch mit Bernhardt in der Ansicht übereinstimme, daß es für den Bauern, welcher zu dem kühnen Gedanken an Waldkultur aus dem Brachebetriebe auf 6 bis 9jährigem Roggenland sich emporschwingt, oder welcher die gebrannten oder veraschten Moorflächen einem lange verdienten Ruhme zuführen will, ein Eldorado werden kann, wenn er jene Flächen mit Lohhecken deckt.

Der Wegebau im Walde und zum Walde hat durch die Amtsvorsteher im grüngrauen Dienstgewande seit Einführung der Kreisordnung große Fortschritte gemacht. Die großen Kunstwegebauten in Gebirgsforsten werden schwerlich in so kurzer Zeit einen gleich deutlichen Effekt nachzuweisen vermögen. Dadurch, daß die Handarbeit durch die Pferdekraft unterstützt wird, welche dem Amtsvorsteher vollauf zur Verfügung steht, hat die weitere Verbreitung des Wegehebels eine segensreiche Spur im Land und Wald erzeugt. Ein neues Instrument, welches gleichen Zwecken dient aber erheblich komplicirter und demgemäß auch wirkungsvoller ist, zeigte der Herzoglich Ujester Oberförster Stoetzer zu Sausenberg auf der Ausstellung des land- und forstwirthschaftlichen Vereines zu Oppeln im Sommer 1879. Dasselbe schneidet nach dem System des Nördlingerschen Reihenkultivators mit verstellbaren Schaar=Paaren die Auswürfe der Fahrgeleise ab, wirft den Boden in die Furchen und walzt ihn fest. Die Kraft wird nur zur Ueberwindung des lokalen Widerstandes der kleinen Randflächen der Geleise verbraucht und nicht — wie beim Wegehobel, auf die ganze Schneidefläche desselben übertragen. Eine Combination dieses Geleiseebeners mit dem neuerdings empfohlenen Stein=Ausbau lediglich der Wagen=Spur=Flächen dürfte nicht unangemessen sein. Auch will mir für den Waldwegebau mit Schotter und Kies es nicht unzweckmäßig erscheinen, das System der Dampfwalze zugleich als Motor für den Wegehobel in großen Amtsbezirken (Revieren) zu adoptiren.

Der Weber'sche Wegehobel, gegenwärtig in Deutschland, Oestreich, Rußland, Italien, Belgien und Frankreich, hier unter der

Bezeichnung „Rabot-Chemin ou Rabot-Aplanisseur" patentirt, hat schnell seinen Weg durch die Hauptstaaten Europas planirt, wenn auch — wie der Patentnehmer mir schreibt, mit sehr geringem Gewinn, da die Presse zu viel Geld verschlingt, welche der Einführung voranarbeitet. Es ist mir interessant gewesen, wie derselbe Hobel, welchen ich vor 17 Jahren nach einem in Dänemark gesehenen Instrument konstruirte, für verschiedene pommersche Oberförstereien im Auftrage der Regierung zu Stettin in der Regenwalder Maschinenfabrik und in anderen Schmiedewerkstätten anfertigen ließ, mit eingehender Gebrauchsanweisung versah und auf der Stettiner Gewerbeausstellung 1865 ausstellte, erst durch Patentnahme nnd Preßhülfe die verdiente Anerkennung findet.

Gegenwärtig läßt der Patentnehmer den Hobel nicht mehr allein bei dem Dorfschmied zu Hummel=Radeck, sondern von Maschinenwerkstätten (in Ratibor und Münster) für den allerdings auf 60 Mark gestiegenen Preis, franko nächste Bahnstation, fertigen. Ein völlig verbrauchter Weber'scher Hobel ergab in dem Revier Proskau mit Kieswegen an Materialabnutzung pro Kilometer Wegeplanum etwa 10 Pf., — ein sehr mäßiger Preis.

Die Sägeversuche de 1877/78, welche die Hauptstation des forstlichen Versuchswesens in Preußen eingehend beschäftigt haben,[1] sind bis auf Weiteres wohl zum Abschluß gelangt. Oberförster Weise giebt im Juli=Heft der Zeitschrift für Forst= und Jagdwesen pag. 17 die Normen an, nach denen eine gut arbeitende Säge zu beurtheilen ist und event. vom Verkäufer zu garantiren sein dürfte.

Professor Lorey hat mittelst eines mechanischen Kraftmessers diese Frage von der Unsicherheit der menschlichen Kraftäußerung befreit, bei welcher Gewohnheit, Uebung und persönliche Stärke des Arbeiters wesentlich influiren. Diese Einwirkungen können nur durch die große Zahl von Versuchen ausgeglichen werden.

Den Weise'schen Resultaten gegenüber und vielleicht auch als Beweis, wie die Gewöhnung an die von Jugend auf gebrauchte Säge die Versuche beeinflußt, — ein Vergleichs=Beispiel aus meinen Proskauer Sägeversuchen in einer Gesammtschnittfläche von 15,32 □m mit

---

[1] Es sind nach Oberförster Weise im Ganzen 3500 Schnitte gemacht.

225 Schnitten zwischen der gerühmten Dittmar'schen Stiftbauchsäge mit M=Zähnen und der ortsüblichen geraden Stiftblattsäge mit Wolfs= zähnen (△), beide von Gußstahl, für Kiefern von 18—40 cm Dm.:

Erstere ergab pro □m 1928 dopp. Sägezüge, in 31,33 Minuten (1 Doppelzug = 0,975 Sekunden).

Letztere ergab pro □m 950 dopp. Sägezüge in 14,22 Minuten (1 Doppelzug = 0,901 Sekunden).

Für die Dittmar'sche Bauchsäge, welche ich als Geschenk ausbot, unter der Bedingung des Gebrauches, fand ich unter 200 Holz= hauern keinen Abnehmer. Herr Weise wird diese Erscheinung wahr= scheinlich durch die zufällig geringe Qualität dieses — von mir jedoch als Mustersäge, zur Prämiirung fleißiger Holzhauer von Gebr. Dittmar=Heilbronn bezogenen Exemplares erklären.

Die zu garantirende mittelmäßige Schnittfähigkeit der Sägen wünscht Herr Weise nach folgenden für die Kiefer angegebenen Leistungen zu bemessen, welche ich auszugsweise hier nur für die Sägeproben in der Durchschnittsstärke von 40 cm angebe:

A. Eine gute Säge soll pro Minute eine Fläche von 0,0560 □m

„ mittelmäßige „ „ „ „ „ 0,0420 □m

durchschneiden oder:

B. eine gute Säge soll einen Kiefernstamm von 40 cm Stärke in 135 Sekunden, eine mittelmäßige denselben in 180 Sekunden durchschneiden.

Hiernach würden meine Versuche für das gewählte Stärkesortiment von 40 cm ergeben zum Vergleich mit A.

für die Dittmar'sche Bauchsäge = 0,0319 □m

für die Schlesische gerade Wolfszahnsäge = 0,0700 □m

und zum Vergleich mit B. 249 und resp. 110 Sekunden.

Hieraus ergiebt sich, daß die Bauchsäge unter der Mittel= mäßigkeit zurückbleibt durch Mehr=Zeitaufwand von (249—180) = 69 Sekunden, und die Geradsäge die Charakteristik „gut" über= steigt um (135—110) = 25 Sekunden Ersparniß.

Die Differenz beider beträgt 139 Sekunden, während Weise's Differenz zwischen „Gut" und „Mittelmäßig" nur 45 Sekunden Arbeitsdauer ergiebt.

Der Sieg der Geradsäge mit Wolfszahnung, von welcher auch

Professor Lorey gute Resultate bei mechanischer Arbeitsleistung fand, hat sich bei dem werthvollsten Handelsmaterial, der oberschlesischen Kiefer, eklatant herausgestellt.

Ebenso wichtig wie die Säge ist beim Holzhauereibetriebe die Axt, deren verbesserte Form wir in der amerikanischen Axt erblicken, wie solche der hessische Oberförster Stockhausen nach eingehender Prüfung empfiehlt.[1] Ich habe durch die dort angegebene Firma „Larrabée & Co. in Mainz" zwei Aexte à 5 Mark bezogen und kann mich dem Urtheil des Berichterstatters nach der im Walde vorgenommenen Prüfung voll anschließen. Die einzige Schwierigkeit liegt in dem Ersatz der bei der Arbeit zerbrochenen Stiele (Helme), deren überaus praktische Form für den gewöhnlichen Holzhauer schwer herzustellen ist. Ich füge noch hinzu, daß das „tendenziöse Spänehauen" (Borggreve) durch Anwendung der amerikanischen Axt dem Holzhauer am leichtesten abzugewöhnen ist, indem dieselbe ohne besondere Mühe des Arbeiters den niedrigsten Kerb (Einhieb) gestattet.

Für den Holzwerbungsbetrieb sei zweier Stocksprengmittel erwähnt.[2]

1) Das Bigorit, von Bjorkman zu Stockholm erfunden, bestehend aus 5—20 Theilen Zucker oder Melasse, 25—30 Theilen Salpetersäure und 50 bis 75 Theilen Schwefelsäure. Dieser Mischung (Nitrolin genannt) zu 25 bis 50 Theilen, werden hinzugesetzt: 15—35 Theile salpetersaures Kali und 15 bis 35 Theile Cellulose; 2) das cotton powder (Sprengwolle) in London fabrizirt, gefahrlos, weil nur durch besonderen Zünder explodirend.

Zur Dauererhöhung der — bei gesteigerter Wegepflege im Interesse der verpflichteten Gemeinden in größeren Massen gebrauchten Baumpfähle, wie der Stangen bei dem sich steigernden Hopfenbau Deutschlands, — sei ein „halb versteinerndes" Mittel empfohlen:[3]

Einstellen des Fußes der Pfähle (voll-waldtrocken) in Kalkwasser 3—4 Tage; sodann werden die wieder getrockneten Stammtheile mit Eisen-Vitriol angestrichen und an der Luft getrocknet.

Die Holzwerbungskosten konnten 1879 bei der großen Menge Arbeitsuchender erheblich herabgesetzt werden. Meistens ist dieses wohl nur geschehen unter Beibehaltung der tarifmäßigen Schlägerlöhne durch

---

1) Allg. Forst- und Jagd-Zeit., März 1879, pag. 116.
2) S. Central-Blatt für d. g. Forstwesen, Novbr. 1878, pag. 559.
3) Deutsche landwirthsch. Presse, 1878, Nr. 88.

Verminderung der Rückerlöhne. Es ist in der Praxis überaus schwierig, Zeitlöhne auf ein geringeres Maaß zu reduciren, und vollzieht sich eine erforderliche Abminderung zweckmäßiger nur durch geringere Akkordsätze, weil hierin die Möglichkeit nicht ausgeschlossen ist, daß erhöheter Fleiß und emsigere Nutzung des Tages den Arbeiter in seinem Gesammtverdienst nicht schmälert.

Zur Reinigung der Stämme von Flechten, Moosen und Insekten-Eiern empfiehlt Professor Altum die von Petzold in Chemnitz erfundene Stahl-Drahtbürste in Danckelmann's Zeitschrift.[1]

Die Stocksäge — als stete Begleiterin des Forstmannes — scheint nach den in Proskau effektuirten Bestellungen vermehrte Anwendung zu finden.

e) Jagd.

Was die Jagd des verflossenen Jahres eingetragen, können wir im Allgemeinen aus den Nachweisen der preußischen Hofjagden, auf denen zum großen Theil Deutschlands Kaiser im Greisenalter noch reiche Strecken lieferte, entnehmen. Die Hofjagden wurden in verschiedenen Provinzen abgehalten. Ihre Resultate sind in folgender Nachweisung aus den Mittheilungen im Deutschen Reichsanzeiger zusammengestellt (S. 62 u. 63).

Seine Majestät der Deutsche Kaiser, auch als Waidmann der Siegreiche, erlegte auf den Hofjagden im Herbst 1879: 5 Hirsche, 10 Stück Rothwild, 37 Damm-Schaufler, 58 Stück Dammwild, 71 Sauen und einen Dachs, im Ganzen 182 Stück. Möge noch manche gute Strecke von dem Jagdschirm des hohen Monarchen gebreitet werden!

Die Preußische Parforce-Jagd feierte bereits am 8. Februar 1878 ihr 50jähriges Jubiläum vom Jagdschloß Grunewald[2] aus, von wo ab seit 1828 an jenem Tage die 273ste Jagd geritten wurde, seit dem Bestehen derselben am Hofe der Brandenburgischen Kurfürsten und Preußischen Könige die 1383ste.

---

[1] Dezember 1879, S. 396.

[2] Das Jagdschloß Grunewald wurde gebauet vom Kurfürsten Joachim 1542, vom Kurfürsten Johann Georg erweitert und mit einer Kapelle versehen. Unter dem Großen Kurfürsten und dessen Sohne, dem ersten Könige von Preußen erhielt das Schloß seine höhere jagdliche Bedeutung.

Nachweisung[1]) der Resultate der Hof= und Hofjagdamts=Jagden

Nr.	Datum	Ort	Art der Jagd	Nutz Hirsche	Rothwild
			A. Auf Hofjagden 1878/79.		
1	b. 8. u. 9. 11. 78.	Fürstenwald und Feld=mark Linden b. Ohlau	1 Feld= und 8 Waldtreiben	—	—
2	b. 15./11. 78.	Saupark bei Springe	2 abgestellte Suchen mit Findermeute auf Sauen	9	8
3	b. 22./11. 78.	Feldmarken Uetz, Paretz und Falkenrode bei Potsdam	3 Feldtreiben	—	—
4	b. 28. u. 29. 11. 78	Colbitz=Letzlinger Haide	3 Lappjagden auf Roth= und Damm=wild und 1 abgestellte Suche mit Findermeute auf Sauen	7	24
5	b. 7./12. 78.	Hammer=Königs=Wusterhausen	2 Lappjagden auf Roth= und Damm=wild	3	7
6	b. 11./12.	in der Göhrde	1 abgestelltes Treiben auf Rothwild und 1 abgestellte Suche mit Findermeute auf Sauen	35	59
7	b. 4./1. 79.	im Grunewalde	1 Lappjagen auf Dammwild	—	—
8	b. 9./1. 79.	Feldjagdgehege Nr. 2 bei bei Berlin (Britz, Buckow, Ziethen ꝛc.)	2 Vorstehtreiben		
			Summa auf Hofjagden 1878/79	54	98
			B. Auf Hofjagdamts=Jagden, auf der Pürsche und Suche, kleine Treib= und Uebungsjagden, in der Administration und durch Fang (1878/79)		
9	—	—	—	57	96
			Total=Summe Winter 1878/79	111	194
			C. Auf Hofjagden im Herbst 1879		
1	7. u. 8./11. 79.	Colbitz=LetzlingerHaide	2 abgestellte Lappjagen auf Roth= und Dammwild, 1 Suche mit der Finder=meute auf Sauen	8	17
2	15./11. 79.	in der Göhrde	1 eingestelltes Jagen auf Rothwild und 1 Suche m. d. Findermeute auf Sauen	32	45
3	22./11. 79.	Königs=Wusterhausen	1 eingestelltes Jagen mit Kammern und doppeltem Lauf auf Dammwild und Sauen u. 1 bo. mit lichtem Zeug	—	—
4	27./11. 79.	Saupark bei Springe	2 Suchen mit Findermeute auf Sauen	3	7
5	12./12. 79.	Grunewald am Stern	1 mit dunklem Zeuge eingestelltes Jagen auf Dammwild		
			Summa auf Hofjagden Herbst 1879	43	69
			D. Hofjagdamts=Jagden im Herbst 1879.		
6	—	Feldmarken von Was=mannsdorf, Britz, Buckow und Ziethen	4 Kessel= und 2 Vorlegetreiben	—	—
			Total=Summe Herbst 1879	43	69

[1]) Aus den Einzelberichten des Deutschen Reichsanzeigers.

bes Königlich-Preußischen Hofes pro 1878/79 und Herbst 1879.

	bares Wild								Raubzeug						Verschiedenes (Hunde, Katzen 2c.)	
Schaufler	Damwild	Rehe	Schwarzwild	Trappen	Fasanen	Hasen	Gänse, Enten u. Schnepfen	Rebhühner	Füchse	Dächse	Marder	Iltisse	Wiesel	Raubvögel	Verschiedenes (Hunde, Katzen 2c.)	Im Ganzen
—	—	16	—	—	319	445	—	5	—	—	—	—	—	3	—	788
—	—	1	111	—	—	—	—	—	—	—	—	—	—	—	—	129
—	446	—	—	—	—	273	—	—	—	—	—	—	—	—	—	273
110	125	—	146	—	—	—	—	—	—	—	—	—	—	—	—	733
63	—	—	9	—	—	—	—	—	—	—	—	—	—	—	—	207
—	84	1	141	—	—	—	—	—	—	—	—	—	—	—	—	236
17	—	—	—	—	—	—	—	—	—	—	—	—	—	—	—	101
—	—	—	—	—	—	643	—	—	—	—	—	—	—	—	—	643
190	655	18	407	—	319	1861	—	5	—	—	—	—	—	3	—	3110
140	248	195	70	12	256	2150	218	2181	123	—	44	107	192	721	1406	8216
330	903	213	477	12	575	3511	218	2186	123	—	44	107	192	724	1406	11326
126	304	—	149	—	—	—	—	—	—	—	—	—	—	—	—	604
—	—	2	123	—	—	—	—	—	—	—	—	—	—	—	—	203
47	139	—	99	—	—	—	—	—	—	2	—	—	—	—	—	287
—	—	1	142	—	—	—	—	—	—	—	—	—	—	—	—	153
50	288	—	—	—	—	—	—	—	—	—	—	—	—	—	—	338
223	731	3	513	—	—	1	—	—	—	2	—	—	—	—	—	1585
—	—	—	—	—	—	348	—	—	—	—	—	—	—	—	—	348
223	731	3	513	—	—	349	—	—	—	—	—	—	—	—	—	1933

Die Betheiligung der Preußischen Bevölkerung an der Jagdausübung in den Jahren 1878 und 79 ergiebt sich nach den amtlichen Ausweisen im Deutschen Reichsanzeiger aus nachstehender Zusammenstellung:

| Laufende Nr. | Verwaltungs-Bezirk | Zahl der ausgegebenen Jagd-Scheine | | | | | | Gesammt-Fläche des Bezirtes | Auf 100 ha entfallen Jagdscheine | | Auf einen Jagdschein entfällt Fläche ha | |
| | | gegen Bezahlung Stück | | unentgeltlich Stück | | im Ganzen Stück | | Hectar | | | | |
		1877/77	1878/79	77/78	78/79	1877/78	1877/78		77/78	78/79	77/78	78/79
1	Regier.-Bezirk Danzig	1796	1928	223	249	2091	2177					
2	" Marienwerder	3448	3489	431	411	3879	3900					
	Provinz Westpreußen	5244	5417	654	660	5898	6077	2548411	2,31	2,38	432	419
3	Regier.-Bezirk Königsberg	4651	5294	362	376	5013	5670					
4	" Gumbinnen	3451	3866	286	330	3737	4196					
	Provinz Ostpreußen	8112	9160	648	706	8750	9866	3697586	2,36	2,66	422	375
5	Regier.-Bezirk Stettin	3279	3528	213	246	3492	3774					
6	" Cöslin	2728	2826	142	155	2870	2981					
7	" Stralsund	1128	1227	108	113	1236	1340					
	Provinz Pommern	7135	7581	463	514	7598	8095	3012229	2,52	2,68	396	372
8	Regier.-Bezirk Posen	4925	5299	192	197	5117	5496					
9	" Bromberg	2759	3030	176	146	2935	3176					
	Provinz Posen	7648	8329	368	343	8052	8672	2895181	2,78	2,99	359	334
10	Landdrostei-Bezirk Hannover	1939	1971	—	—	1939	1973					
11	" Hildesheim	2306	2340	—	—	2306	2340					
12	" Lüneburg	3001	3007	—	—	3001	3007					
13	" Stade	1969	1933	—	—	1969	1933					
14	" Osnabrück	2451	2284	—	—	2451	2284					
15	" Aurich	1548	1638	14	24	1562	1662					
	Provinz Hannover	13214	13173	14	26	13228	13199	3828466	3,45	3,44	289	290
16	Regier.-Bezirk Sigmaringen	322	325	92	82	414	407					
	Hohenzollernsche Lande	322	325	92	82	414	407	114207	3,62	3,56	276	281

Nr.	Bezeichnung										
17	Regierungs-Bezirk Potsdam	6529	6954	400	393	6929	7347				
18	„ „ Frankfurt	7121	7432	346	367	7467	7799				
19	Polizei-Präsidialbezirk Berlin	1569	1917	3	3	1572	1920				
	Provinz Brandenburg	15219	16303	749	763	15968	17066	4,00	4,27	249	234
20	Regierungs-Bezirk Breslau	7102	7081	302	282	7404	7363				
21	„ „ Liegnitz	6224	6551	164	169	6388	6720				
22	„ „ Oppeln	4298	4434	312	293	4610	4727				
	Provinz Schlesien	17624	18066	778	744	18402	18810	4,56	4,66	218	214
23	Regier.-Bezirk Cassel	3362	3245	443	437	3805	3682				
24	„ „ Wiesbaden	4000	3910	363	391	4363	4301				
	Provinz Hessen-Nassau	7362	7155	806	828	8168	7983	5,21	5,09	191	196
25	Regier.-Bezirk Schleswig	10168	10578	125	147	10293	10725				
	Provinz Schleswig-Holstein	10168	10578	125	147	10293	10725	5,62	5,86	176	170
26	Regier.-Bezirk Münster	6134	6180	20	21	6154	6201				
27	„ „ Minden	2735	2653	90	101	2825	2754				
28	„ „ Arnsberg	6367	6354	149	142	6516	6496				
	Provinz Westfalen	15236	15187	259	264	15495	15451	7,67	7,64	130	131
29	Regier.-Bezirk Magdeburg	7506	7786	194	175	7700	7961				
30	„ „ Merseburg	8441	8886	130	127	8571	9013				
31	„ „ Erfurt	2803	2890	87	73	2890	2963				
	Provinz Sachsen	18750	19562	411	375	19161	19937	7,59	7,89	131	127
32	Regier.-Bezirk Coblenz	3808	3878	181	162	3989	4040				
33	„ „ Düsseldorf	7010	7256	80	74	7090	7330				
34	„ „ Cöln	3743	3958	70	75	3813	4033				
35	„ „ Trier	3063	3049	280	304	3343	3353				
36	„ „ Aachen	3182	3254	52	61	3234	3315				
	Rheinprovinz	20806	21395	663	676	21469	22071	7,95	8,18	125	122
37	In der ganzen Monarchie ·	152231		6128		158359		4,39	4,56	227	219
	anno 1877/78 ·	146866		6030		152896					
	mithin Zunahme 1878/79	5365		98		5463					

Ein Vergleich der ausgegebenen bezahlten Jagdscheine der Jahre
1874—75 mit 143864
1875—76 mit 143416
1876—77 mit 147916
1877—78 mit 146866
1878—79 mit 152896

ergiebt nur für die vorige Jagdperiode, welche in dieses Jahr hinüber= reicht, eine gegen die übrigen Jahre des Zeitabschnittes besonders her= vortretende Vermehrung der Jagdliebhaber.

Die in der neuen 1879/80er Vorlage des Jagd=Gesetzes vor= gesehene Erhöhung des Preises für einen Jagdschein auf 20 Mark wird jener Zahlen=Reihe voraussichtlich keine ferner steigende Tendenz verleihen.

Die umstehende Tabelle ist nach der Frequenz der Jäger (Jagd= Freunde) steigend angelegt. In der Provinz Westpreußen ist ihre Zahl am Geringsten, in der Rheinprovinz culminirt dieselbe.

Schlesien zeigt mit seiner Jägerei, in welcher noch der alte Jäger= brauch vielfache Pflege findet, den Durchschnitt der Jagdscheininhaber für die Gesammt=Monarchie.

Das bedeutendste Steigen vom Jahr 1878 auf 1879 zeigt die Zahl der Jagdfreunde in der Stadt Berlin von 1569 auf 1917 Jagdscheine (= 22 Proc.), deren Jagdausübungsbezirke sich, durch die Strahlen der Schienenstraßen vermittelt, auf die ganze Provinz Brandenburg und darüber hinaus ausdehnen.

Soweit Nachrichten vorliegen, sind 1879 Seuchen unter den Wildständen in Deutschland nicht vorgekommen. Der feuchte Sommer erzeugte reiche Aesung und stets nasse Suhlen für das Rothwild, so daß auch der Wildschaden für die angrenzenden Ge= treide=Felder nicht erheblich war.

Im Schooße des schlesischen Forstvereines wurde die sehr inter= essante Frage: „Ist die Farbe der Edelhirschgeweihe eine Folge mechanischer Vorgänge, tellurischer Einwirkungen oder organischer Pro= zesse?" vom Dr. Cogho behandelt.[1]

---

[1] Jahrbuch des schlesischen Forstvereines de 1878, pag. 192, welches den Cogho'schen Vortrag gesondert enthält, erläutert durch farbige Lithographien.

Der Vortrag desselben enthält aus der Litteratur reiches hypo=
thetisches Material aller Autoren unter den älteren und neueren
Jägern und Forschern. Cogho leugnet, daß die Holzart, an welcher
das Geweih gefegt wurde, farbengebend wirke, ferner die Einwirkung
der Luft und des Sonnenlichtes auf die Geweihfärbung. Als wesent=
lichste Quelle der letzteren wird die Ernährung von Dr. Cogho
angenommen, welcher in dieser Anschauung mit D. a. d. Winkell,
v. Dombrowski[1]) und anderen Jägern sowie mit dem Physiologen
A. A. Berthold übereinstimmt, für dieselbe aber eigene Beobachtungen
geltend macht. Der dunkelste Farbenton entwickelt sich, wie Dr. Cogho
behauptet erst im Dezember, während die Färbung schon 3 bis 8 Tage
nach dem Fegen des Bastes beginne.

Berthold hat in seinen Beiträgen zur Anatomie bereits 1831
auf das beim Abfegen des Bastes nicht abfallende ca. 0,72 mm starke
Periosteum hingewiesen, welches verknöchert die Blutreste in den
feinsten Gefäßen jener Beinhaut verdickt zurückhält und die braune
Farbe erzeugt.

Einen eigenthümlichen Beweis für dieses farberfüllte Periosteum
liefert eine im Jahre 1864 aus dem Bette der Rega in Pommern
aufgefischte mir gehörige Rothhirschstange von 92 cm Höhe und 21 cm
Umfang an der Geweih=Basis. Die Stange war — wahrscheinlich
von Wilddieben auf der Flucht, vom Schädel geschlagen, von welchem
noch ein Theil an der Stange, theils scharf getrennt, theils abge=
brochen, sich befindet. Das glänzend dunkelbraune Periosteum löset
sich jetzt nach und nach in einer Stärke von ca. 1 mm vom Geweih=
körper ab, welcher in einer aschgrauen Färbung blosgelegt wird.

Die von Rud. Alb. Kölliker,[2]) einer hohen Autorität für
mikroskopische Anatomie, benannten „Haversischen Kanäle" sind die
Organe der Leitung der sich in der Geweihmasse befindlichen und erst
allmälig im Periosteum verdichtenden und austrocknenden Blutreste.

Dr. Cogho hat für diesen erst nach der Befreiung vom Bast
unter dem Einfluß des Lichtes sich im Geweihkörper vollziehenden
Färbeprozeß durch mikroskopische Untersuchungen an verschiedenen in

---

[1]) Die Jägerschule, 1806. Bd. I, S. 71.
[2]) Die normale Resorption des Knochengewebes, 1873, S. 60.

der Entwickelung zeitlich genau fixirten Roth-Hirschstangen werthvolle Beläge geliefert. Sein Schlußsatz lautet:

„Je günstiger die durch tellurische Einflüsse bedingten Ernährungs- und Gesundheits-Verhältnisse sind, desto stärker ist der Zustuß von Säften zur Bildung des Geweihes und der verbleibende Ueberschuß zur Färbung desselben."

Ueber die chemische Zusammensetzung der Geweihe hat Dr. H. Weiske zu Proskau, Dirigent der dortigen thierphysiologischen Versuchsstation, im Jahr 1878 eine beachtenswerthe Arbeit[1]) bekannt gemacht. Dieselbe wurde veranlaßt durch Zweifel, ob der Rothhirsch mit seiner Aesung die Menge von phosphorsaurem Kalk aufnehme, welche für starke Geweihe und die sonstige Zunahme im Knochengerüst ausreiche.

Dieses hat sich als zutreffend bestätigt, so zwar, daß schon bei Resorption der Hälfte des im Futter aufgenommenen Kalkes und der Phosphorsäure ein Hirsch von 150 kg für die Erzeugung eines Geweihes von 5 kg hinlänglich ausgerüstet erscheint.[2])

Dr. Weiske führt hierbei an, (als Ergänzung für die obige Cogho'sche Arbeit) als Unterschied zwischen Rothhirsch- und Rehgeweihsubstanz, daß Stücke des ersteren, in Wasser gewöhnlicher Temperatur gelegt, dasselbe nach einiger Zeit intensiv roth färben. Das Rehgehörn zeigt diese Wirkung nicht.

Die Ergebnisse der niederen Jagd sind 1879 in den sonst bevorzugten Distrikten erheblich unter dem Durchschnitt geblieben, eine Folge der ungünstigen Witterung, welche den ersten Satz der Hasen im Frühling stark verminderte. Die Feldhühner kamen schlecht aus dem Winter, und litten während und nach der Brutzeit schwer durch Kälte und Nässe.

Das Schwarzwild, welches, seit Goethe's berühmtem Briefe an seinen Landesherrn — Ernst August von Sachsen-Weimar — über die Sauen immer von Neuem eine Rolle zu spielen berufen ist, welche ihm häufig den Charakter nicht eines waidmännisch zu behandelnden Jagdthieres, sondern eines zu vertilgenden Raub-Thieres vindicirt,

---

[1]) Versuchsstationen, Bd. 20, pag. 30.

[2]) S. Forstl. Bl. Mai 1879. Dr. R. Hornberger u. Borggreve, über forstlich beachtenswerthe Arbeiten ꝛc., pag. 156.

was seit mehreren Jahren die gesetzgebenden Körperschaften Preußens durch-Verdikte — ergo deleantur! wiederholt haben, hat durch die rührige zünftige und zunftlose Jägerei, welche sich zu diesem Pseudo-waidwerk zusammenfindet, von den zahlreichen „Neuen" unterstützt, mannigfache Verfolgung erfahren.

Oberforstmeister Grunert berichtet[1]) über die im Regierungs-Bezirk Trier abgehaltenen 4tägigen gemeinschaftlichen Dezemberjagden der Königlichen und Kommunal-Beamten mit auf Sauen eingejagten Hunden, welche in der Umgegend von Wittlich 28 Stück Schwarz-wild, darunter eine tragende Bache mit 11 Frischlingen lieferten.

Dr. Borggreve macht daselbst[1]) aus den 1878er Dezember-Jagden im Regierungsbezirk Cöln Mittheilung über die „Vertilgung" von 22 Stück Schwarzwild im Kottenforst und einem „totalen Ab-schuß bis auf minimale Reste" der in jenem Bezirk und den an-stoßenden Theilen der Bezirke Aachen und Coblenz noch vorhandenen Schweine. Im Laufe des Sommers 1878 waren im linksrheinischen Theile vom Regierungsbezirke Coblenz 173 Stücke Schwarzwild, auf dem rechtsseitigen 3 Stück, darunter 96 Stücke vom Forstpersonal erlegt worden.

Nach amtlicher Mittheilung sind im Kreise Ahrweiler, Regierungs-Bezirk Coblenz, in der Zeit vom 1. Oktober 1878 bis 31. März 1879: 10 starke Sauen, 9 Ueberläufer, 16 Frischlinge, Summa 35 Stück; vom 1. April 1879 bis 1. Oktober 1879: 3 starke Sauen, 2 Ueberläufer, 9 Frischlinge geschossen und zum Empfang der Schießprämien angemeldet.

Eine ungefähr gleiche Zahl — wird als nicht kontrolirt — vom Kreislandrath Herrn von Groote angegegeben.

In der Zeit vom 1. Oktober 1879 bis Anfang Februar 1880 sind nach der Mittheilung ortskundiger Jäger 40 Stück Schwarz-wild — davon in dem Kommunal-Reviere Sinzig, 20 Kilometer süd-lich vom Kottenforst, 11 Stück — gestreckt worden.

Die „Vertilgungsmaßregeln" des Schwarzwildes sind demnach in beiden Regierungs-Bezirken, Cöln und Coblenz, als erfolgreiche zu bezeichnen.

---

[1]) Forstl. Bl. April 1879, pag. 125 und December 1879 pag. 386, wo 1877/8 313 Stück, 1878/9 185 Stück Schwarzwild als erlegt und gefangen (27 resp. 2 Stück) nachgewiesen worden.

Die Oberförsterei Kottenforst hat im Jahr 1879 25 Stück Schwarzwild geliefert, darunter 2 Stück 2—3 j. Schweine (1 K. 112 kg, 1 B. 66 kg), 11 Ueberläufer mit durchschnittlich 44 kg, darunter 3 K., 3 B., 12 Frischlinge mit durchschnittlich 21 kg Gewicht, davon 9 K. 3 B.

Im Regierungs-Bezirk Oppeln hat sich das Schwarzwild in größerer Menge als früher gezeigt, auch sind im Reg.-Bez. Düsseldorf mehrere vergebliche Saujagden veranlaßt worden.

Von „hohem Gewichte" dreier im Revier Osterode am 17. und 28. November 1878 erlegten groben Sauen 145,5—123,5 und 106 kg mit dem Aufbruch berichtet der „Waidmann" in Nr. 10 (XI. Bd.).

Auch aus dem Spessart berichtet Baron Steiger von guten Resultaten auf Schwarzwild (Waidmann Nr. 2).

Zur Erhaltuug der Jagd durch Verfolgung der Raubthiere regen Mittheilungen aus dem Jahre 1879 ganz besonders an. Dasselbe Blatt theilt im Band X (1878/79) Nr. 21 mit, daß eine Füchsin 12 Junge geworfen[1]) hat. Der Oberförster Ziche zu Amandhof bei Poln. Krawarn (Oberschlesien) hat zu Drentkau bei Grünberg in Schlesien eine Füchsin mit 10 und 2 Füchsinnen mit je 9 Jungen tragend, erlegt.

Als Seltenheiten sind einzelne Fälle von 13 Jungen bei Füchsen, aus den Jahren 1847[2]) und von 12 Jungen aus dem Jahre 1863[3]) nach Berichten des Waidmann beobachtet. Die Jagdbücher haben bis jetzt dieser Zahlen auch nicht einmal als Ausnahmen Erwähnung gethan.

Von Wölfen ist aus den Reichslanden und Luxemburg, hier von einem Rudel von 8 Stück, von denen am 23. Oktober 1879 5 Wölfe[4]) erlegt wurden, berichtet worden.

Aus Meklenburg macht B. von Laffert Mittheilung über die die Jagdresultate[5])

---

[1]) Zu Burgteheide in Holstein.
[2]) Domaine Sachsendorf im Oderbruch.
[3]) Revier Strehla in Sachsen.
[4]) In den Waldungen von Bimer und Olingen im Canton Grevenmacher.
[5]) Waidmann Nr. 8, XI.

1877/78 nützliches Wild 1236 Stück,

    schädliches „ 1383 „

1878/79 nützliches „ 2446 „

    schädliches „ 2788 „

welche dadurch bemerkenswerth sind, daß sich die Zahl des erlegten Wildes fast verdoppelt hat.

Zur Erhaltung des Elchwildes in Schweden geht der Reichstag damit um, die Jagdzeit auf einen Monat, Mitte August bis September, zu beschränken. Jetzt dauert die Jagdzeit vom 11. August bis 30. September,[1]) in Preußen bekanntlich vom 1. September bis ult. November.

Ueber die früher viel umstrittene jetzt aber allgemein anerkannte August=Brunft der Rehe werden hier und da begründete Ausnahmen bekannt.[2]) In dem hiesigen „Kottenforst" wurde am 15. November eine etwa 14 Tage vorher eingegangene tragende Ricke gefunden. Beim Aufbruch stellte Förster Frommhold zu Röttgen das Vorhandensein von zwei vollständig fast zum Setzen reifen — gefleckten — Rehkitzchen fest, welche, da er dieselben nicht sofort mit nach Hause nahm, am andern Morgen von Sauen angenommen waren. Die Brunft mußte demnach Ende Dezember 1878 oder in den ersten besonders warmen Tagen des Januar 1879 geschehen sein.

Se. Hoheit der Herzog von Coburg hat für die Ueberführung des Steinbockes von den Jagdgehegen des Königs von Italien nach seinen Jagdgebieten in den Thyroler Alpen Sorge getragen, um nach dem Vorbilde des großen Waidmannes, des Königs Victor Emanuel, welcher in den Savoyischen Alpen seit 1848 einen Stand von 6—800 Steinböcken durch Pflege und Schutz erzogen hat, auch in den gleich günstigen Standorten Thyrols dieses für den Jäger begehrenswerthe Wild der Schneeregion wieder heimisch zu machen.[3])

Der die Veredelung des Jagdhundes anstrebende Verein „Nimrod" zu Oppeln hielt am 29. August auf der Feldmark Sczepanowitz bei Oppeln eine nach englischem Muster eingerichtete Preissuche für

[1]) Waidmann Nr. 6, XI.

[2]) Waidmann XI. Bd. Nr. 16. R. v. Meyerinck über Rehfütterung, desgl. XI. Bd. Nr. 15, Seite 104. D. Dudy.

[3]) A. Goedde im Waidmann Bd. XI. Nr. 4, Seite 24.

Hühnerhunde ab.[1]) Dieselbe erfolgte in 3 Abtheilungen a) als Ver=eins=Suche für Hunde im Besitze von Mitgliedern, b) als Er=munterungs=Suche, offen für alle Hunde auch im Besitze von Nichtmitgliedern, c) Verkaufs=Suche, offen für verkäufliche Hühner=hunde. Wir kommen im Abschnitt „Vereinsleben" auf den „Nimrod" und seine guten Tendenzen zurück.

Auch bei Hannover wird 1880 von einem gewählten Preis=richter=Collegien eine Prüfungs=Suche für Hühnerhunde auf einem mit böhmischen Hühnern besetzten Reviere stattfinden.[2])

Zur Pflege der Wildbahn ist des erweiterten Anbaues der peren=nirender Lupine (lupinus polyphyllos) in Schlesien Erwähnung zu thun. Es wird sich empfehlen, diese überaus dankbare und vom Wilde als Heu sehr gern angenommene Pflanze auf Waldblößen (Gestellen) oder auch in den Kahlschlag=Nadelholz=Kulturen, welche unter Wildverbiß leiden, auf dem Pflugbalken als Schutzpflanze aus=zusäen und gleichzeitig abgetragene Forstgärten zur Samengewinnung zu benutzen.

Diese Pflanze läßt sich im Herbst und Frühling säen und leicht aus dichten Saatstreifen verpflanzen, trägt nach einer Abernntung zu Heu — im Vorsommer (Juni) — noch Samen im Herbst. Ihr Samenertrag ist sehr reich. Das Körnergewicht beträgt nach meinen Ermittelungen 54 Körner pro Gramm (54,000 pro kg); 200 Körner (= rot. 4 Gramm) genügen als Aussaat pro □m, 400 Gramm pro Ar, wovon ich 6,231 kg geerntet habe.

f. Fischerei.

Der Fischereibetrieb und die Fischzucht haben in den letzten Jahren in den Kreisen von Liebhabern und bei Männern der Wissenschaft eine diesem volkswirthschaftlich überaus wichtigem Zweige der Landes=kultur entsprechende Pflege gefunden. Die preußischen Forstakademien haben die Fischzucht in ihren Lehrplan aufgenommen. Die Professoren Dr. Altum in Eberswalde und Dr. Metzger zu Münden bekunden in practischer wie literarischer Beziehung ihr besonderes Interesse zur

---

[1]) „Der Alte im Walde" im Waidmann, Bd. XI. Nr. 3, Seite 16.
[2]) „Hund" Nr. 4 vom 22. Januar 1880.

Sache. Das Ministerium für Landwirthschaft unterstützt und hebt diese Quelle zur Förderung der Volkswohlfahrt mit bedeutenden Mitteln und durch Unterhaltung von Muster=Fischzuchtanstalten. Die hervorragendste in der Literatur bekannte Autorität auf dem Gebiete der Fischkunde und Fischzucht, Herr Max von dem Borne auf Berneuchen bei Cüstrin ist nach brieflicher Mittheilung gegenwärtig mit einer statistischen Arbeit beschäftigt, in welcher das „sehr reiche, aber sehr verzettelte nnd bisher wenig geschätzte Material im Gebiete der Fischerei" gesammelt werden und auf einer ichthyologischen Karte zur Darstellung gelangen soll. Diese wird zunächst auf der 1880 bevorstehenden internationalen Fischerei=Ausstellung zu Berlin bekannt werden. Möge die gesammte „grüne Farbe", worauf Herr von dem Borne großen Werth legt, der Sache ein lebhaftes Interesse entgegen bringen, wie der „Fischer Werth darauf legt, sich den Forstmann zum Freunde zu machen." Oeffnet doch das Wasser im Walde bei weiser Oekonomie und entsprechendem Schutze noch ein weites Gebiet für Fischzucht und Fischerei, welche mit Jagd und Sport von Alters her eine innige Verwandtschaft hatten. Die alten französischen Forst= leute führten den gemeinsamen Titel Conservateur (brigadier) des forêts — et des eaux. — Die deutsche Jägerei theilt gewiß gern diese Aufgaben mit den fränkischen Fachgenossen im eigenen und im Interesse der Hebung ihres Wirthschafts=Objektes. Eine pflegliche Wasserökonomie im Walde, gepaart mit der Belebung durch Fische, erhöht unzweifelhaft die Reize des jägerischen Berufes, regt direkt zur Hebung des Waldertrages durch weise Benutzung des Wassers in kleinen und größeren Becken und Rinnsalen an und trägt zur Wald= verschönerung nicht unwesentlich bei.

Auf den Staatsdomänen ist hier und da, vielleicht veranlaßt durch die hohen aus gesteigerten Fischpreisen herbeigeführten Erträge von Fisch=Wassern, viel zur Vermehrung dieses Volks=Nahrungsmittels, dessen Bedürfniß namentlich die Fastengesetze der katholischen Kirche steigern, beigetragen.

Einer unserer bedeutendsten Teich = Fischereiverständigen, der preußische Oberamtmann Berger, Pächter der Domaine Cottbus= Peitz, ist leider in den ersten Tagen des Jahres 1880 gestorben. Es mag erlaubt sein, den für die Chronik von befreundeter Hand in der Stunde, wo Berger's Todes=Nachricht auf den Schreibtisch gelegt wurde, bestimmten Brief auszüglich als statistisches Material mitzutheilen.[1])

„Die Domaine Cottbus=Peitz umfaßt circa 1530 ha, darunter etwa 1377 ha Teiche (76 an der Zahl). Einige kleine Teiche und verschiedene Flächen in den größeren und größten können nicht unter Wasser gesetzt werden. Es sind eben an bespannbarer Fläche wohl gegen 1275 ha. Der Ober=Amtmann Berger zahlte gegen 18000 Thlr. Pacht, d. h. für die eigentliche Domaine 17500 Thlr. und für einige Nebensachen auch einige hundert Thlr. Auf der Wasserfläche von circa 1250 ha wurden vom p. Berger circa 2000 Centner Karpfen producirt. Die Abwachsteiche, welche zusammen etwa 800 ha repräsentiren, producirten also pro ha und Jahr pr. pr. 2½ Centner Karpfen. Außerdem sind jährlich zum Verkauf gekommen 200 bis 300 Centner Hechte, Schleie, Karauschen und eine mir unbekannte Masse Kleinfische (Barsche und Weißfische). Jedenfalls war dieses letzte kein unerheblicher Einnahmeposten. Landwirthschaftlich sind von Berger die Teiche nicht benutzt. In den ersten Jahren seiner Pacht sind einige Teiche aus Mangel an Besatz im Sommer gebrachet und später auch einige Flächen landwirthschaftlich bestellt worden. In den letzten 8—9 Jahren ist dies nicht mehr vorgekommen. Berger hielt in den Abwachsteichen Winterbrache, besetzte die Teiche im Frühjahr und fischte im Herbst ab.

Die Jagdnutzung auf den Teichen lieferte viel Raubzug: Adler, große Moosreiher, Habichte 2c., jährlich mehrere Fischottern, hauptsächlich Enten und kleine Schnepfen, erstere wohl im Durchschnitt der Jahre 7—800 Stück pro Jahr, letztere ungezählt, aber auch jährlich mehrere hundert 2c. 2c."

Nach Mittheilungen in der deutschen Fischereizeitung beträgt das Reineinkommen der ca. 6000 ha umfassenden Fischwasser auf der Fürstl. Schwarzenbergischen Domaine Wittingau in Böhmen 60 Mark pro ha.

---

[1]) Diese Mittheilung verdanke ich dem Herrn Regierungsrath P. Wulsten zu Cassel, welcher sich früher von Frankfurt a. O. aus als braver Jäger an dem Schutz der Fischerei in Peitz mit Erfolg betheiligte.

Legt man den eben mitgetheilten Erträgen die Preise zu Grunde, wie diese gegenwärtig am Rhein gezahlt werden, von 20 Pf. bis 1,20 Pf. pro Pfd. diverser Fische, so repräsentirt der Ertrag jener Domaine Werthe, neben welchen auch hohe landwirthschaftliche Erträge gar nicht nennenswerth erscheinen.

Einen enormen Aufschwung hat in den letzten Jahren die künstliche Fischzucht durch die Wirksamkeit des „deutschen Fischerei-Vereins" in Berlin genommen, dessen Vorsitzender, Herr von Behr-Schmoldow durch Schrift und Vortrag einer hervorragende und überaus erfolgreiche Thätigkeit entwickelt. Die Wirkungen dieses Vereins werden durch practische Fischereigesetze,[1]) durch das Interesse der landwirthschaftlichen Vereine und durch die große Verbreitung der Mitglieder des ersteren zum Heile der deutschen Fischerei in Vollzug gesetzt und in ihren Folgen sichtlich gefördert.

Die Nordamerikanischen Freistaaten zeigen auf diesen Gebieten ein nachahmenswerthes Vorgehen. Möge unser Vaterland nicht säumen, auf diesem Wege den Antipoden nachzueifern!

In Amerika wurde 1873 ein hervorragender Gelehrter Prof. Baird als General-Commissar der Vereinigten Staaten für das gesammte Fischereiwesen angestellt und mit reichen Mitteln ausgestattet. Zur Erreichung des Zweckes „Massenproduktion zu billigsten Preisen" sind in sämmtlichen Staaten Fisch-Zuchtanstalten durch Baird in's Leben gerufen, und waren in 5 Jahren bereits allein 23 Millionen junger Lachse in die Gewässer der Union mit reichem Erfolge ausgesetzt. Für dieses Geschäft war jeder Besitzer eines Fischwassers durch die bequeme Erwerbsart der Fischbrut als Mitarbeiter gewonnen. Man holt in Blechkannen von der nächstgelegenen Anstalt die Brut ab und setzt sie ohne Gefahr des Transportes überall aus, wo sich Gelegenheit bietet.

Der deutsche Fischerei-Verein unter dem Protectorat Sr. Kaiserlichen und Königlichen Hoheit des Kronprinzen des Deutschen Reiches und von Preußen, zu dessen etwa 1000 Mitgliedern deutsche regierende Fürsten und 48 deutsche Ministerien und Regierungen zählen, hat hat jetzt bereits in ganz Deutschland Fischbrutanstalten in's Leben

---

[1]) Für Preußen Gesetz vom 30. Mai 1874.

gernfen. Alljährlich seit seinem Bestehen hat der Verein in zahlreichen deutschen Gewässern mehrere Millionen Fischbrut ausgesetzt. Die Beobachtung der deutschen Küstenfischerei hat bereits erfreuliche Erfolge in der Zahl der Lachse und ihrem Durchschnittsgewicht von 14 auf 17 Pfd ergeben..

Laut Cirkular No. 5 pro 1879, von dem Verein als zwanglose Druckschrift an seine Mitglieder versendet, sind im Jahre 1878/9 ausgebrütet und dann als Fischbrut in den deutschen Gewässern auf 117 Stellen ausgesetzt worden:

			Stück Fischbrut		Stück
1. Lachseier	ausgelegt	=	1.900.072	ausgesetzt	1.544.192
2. Californische Lachse	„	=	162.266	„	118.540
3. Coregonen { Madü-Maränen Blaufelchen Schnäpel }	„	=	548.300		340.165
4. Aeschen	„	=	351.000	„	221.450
			2.961.638		2.223.347

Es sind demnach 738,291 oder 25% Eier nicht zur Entwickelung gelangt, theils in Folge des Transportes unter ungünstigen Witterungsverhältnissen, in einem Falle auch durch „ruchlose Absperrung der Wasserleitung zu Königsberg i. Pr.", wodurch in 2 Nächten 130,000 Lachse getödtet wurden, theils in Folge von Epidemien oder ungeübter Befruchtungs-Vornahme.

Nach Mittheilungen des Herrn Behr-Schmoldow im Club der Landwirthe zu Berlin am 16. December 1879 haben die letzten Transporte der Californischen Lachseier nur 2 bis 3% Verlust ergeben. Die Maränen des pommerschen Madü-See's gedeihen trefflich in den See'n Oberbayerns. Die Organisation des deutschen Fischereiverein's sei gegenwärtig auf Arbeitstheilung gerichtet. Die zahlreichen Localvereine sorgen für die Localfische, Karpfen, Aale, Forellen, während die Centralstelle in Berlin sich der Vermehrung der Wanderfische (Edelfische) vorzugsweise zuwende. Die frühere sehr schwierige Versendung der Karpfen habe günstigere Resultate ergeben, von 25 rationell eingerichteten Sendungen seien 18 geglückt. Der Preis für 1000 Karpfeneier stelle sich auf eine Mark.

Die Brut (montée) des Aales wird besonders aus der Bretagne und Normandie nach Deutschland importirt.

Der Schluß des Jahres zeigt außer der Zunahme von Fischereigenossenschaften, der Einrichtung von Laichschonrevieren in den verschiedenen Landestheilen nach allen Seiten neben dem Schutz der Fische auch geistige Arbeit in den Reihen aller Gebildeten und begründet die günstigsten Aussichten in die Zukunft dieses volkswirthschaftlichen Betriebszweiges.

Wie auch die höchsten Kreise das Interesse für Fischzucht theilen, geht aus einem Geschenke unseres Kaisers hervor, mit welchem der hohe Herr kürzlich einen Wunsch des Sultans erfüllte. Dasselbe bestand in Maränen-Fischbrut, aus Berneuchen und Seeforellen-Eiern, aus Hüningen bezogen, nebst den nöthigen Brutapparaten.[1])

Das im Fischereibetriebe weit gediehene Japan wird die Fischerei-Ausstellung in Berlin im Frühjahre 1880 reich beschicken.

Der in Fischen vorkommende Bandwurm (ligula himplicissima) ist vom Prof. Dr. Landois zu Münster in einer Versammlung der dortigen zoologischen Section als für Menschen unschädlich erklärt worden, da derselbe erst im Magen der ihn mit dem bewohnten Fische verzehrenden Wasservögel zur Reife komme und fortpflanzungsfähig werde. Die Bandwurm-Eier gelangen aus dem Vogelmagen in's Wasser und beginnen, von Fischen verzehrt, ihren ferneren Entwickelungsgang.

---

4. Gesetzgebung in Bezug auf die Waldungen.

Am Schlusse der Allerhöchsten Thronrede am 12. Februar 1879 richtete der deutsche Kaiser folgende trostreiche und den Frieden verbürgende denkwürdige Worte an den versammelten Reichstag:

„Die durch den Berliner Vertrag bekräftigten friedlichen Beziehungen der auswärtigen Mächte zu Deutschland und unter ein-

---

[1]) Ein sehr zweckmäßiger Brutapparat wird nach den Angaben des Professors von la Valette St. George zu Bonn in der Porzellanfabrik zu Poppelsdorf gefertigt. Preis 10 Mark.

ander zu fördern, soll auch ferner die Aufgabe sein und bleiben, in deren Dienst Ich die große Macht, welche Deutschland durch seine Einigung gewonnen hat, verwenden will, soweit sie in meine Hand gelegt ist. Wenn mir Gott die Erfüllung dieser Aufgabe gewährt, so will Ich mit dem dankbaren Gefühl, daß meine Regierung bisher eine reich gesegnete sei, auch auf die schweren Erfahrungen des letzten Jahres zurückblicken."

Unter der segensreichen Nachwirkung dieses kaiserlichen Wortes, welches mehr im Munde führt, als jenes „l'empire c'est la paix" auf dem gefallenen einst von Europa als modernes Delphi umlauschten Throne, — ist Deutschland in eine neue Phase seiner Rechtspflege eingetreten. Die Rechtskraft der neuen Justiz=Organisations=Gesetze mit ihrem zahlreichen Zubehör, u. a. dem Gerichtskosten=Gesetz,[1]) der Gebühren=Ordnungen der Gerichtsvollzieher,[2]) der Zeugen= und Sach=verständigen,[3]) der Rechtsanwälte,[4]) ferner der Rechtsanwaltsordnung vom 1. Juli 1878[5]) hat mit dem 1. Oktober 1879 begonnen. Selten hat der Fleiß der gesetzgeberischen Faktoren sich in Schaffung neuer Ordnungen derartig bethätigt wie in der Periode, welche mit dem Jahre 1879 schließt. Auch die Forst= und die Polizei=Ver=waltung, welche durch die Stellung der Mehrzahl der preußischen Revier=Verwalter als Guts= und Amtsvorsteher solidarische Wichtig=keit gewonnen haben, sind mannigfach durch Gesetze bereichert, welche für das Wohlsein der ländlichen und Wald=Bevölkerung gute Keime in sich tragen. Ich weise nur hin auf das Gesetz vom 17. Juli 1878 (R.=G.=Bl. S. 109), welches, unter weiterer Abänderung der Ge=werbeordnung vom 21. April 1869, die Befugnisse der gewerblichen Arbeiter, Gesellen, Lehrlinge und Fabrikarbeiter regelt, Beschäftigung von Kindern in den Fabriken beschränkt und Führung der Arbeits=bücher und Arbeitskarten anordnet; sowie auf das Gesetz vom 23. Juli 1879 (R.=G.=Bl. S. 267), welches die Verhältnisse der Privat=Kranken=Anstalten, den Brantwein=Ausschank — jene verhäng=

---

1) Vom 18. Juni 1878. R.=G.=Bl. S. 141.
2) Vom 24. Juni 1878. S. 166.
3) Vom 30. Juni 1878. S. 173, für die Forstbeamten wichtig § 14.
4) Vom 7. Juli 1879. S. 176.
5) R=G.=Bl. 1878. S. 177.

nißvolle Quelle eines großen Theiles aller Verbrechen und Vergehen des platten Landes — den Gastwirthschafts-Betrieb und das Geschäft der Pfandleiher behandelt.

Durch Allerhöchsten Erlaß vom 7. August 1878[1]) wurde für Preußen die anderweite Ordnung der Geschäftskreise mehrerer Ministerien angeordnet, wodurch

1) die Verwaltung der Domainen und Forsten auf das neue „Ministerium für Landwirthschaft, Domainen und Forsten" überging,

2) ein besonderes Ministerium „für Handel und Gewerbe",

3) ein besonderes Ministerium „für öffentliche Arbeiten" gebildet wurde.

Zugleich ist durch Allerhöchsten Erlaß vom 14. Oktober 1878[2]) genehmigt, daß das technische Unterrichtswesen, soweit dasselbe zur Zeit mit der Handels- und Gewerbe-Verwaltung verbunden war, mit Ausnahme der Navigations-Schulen, an das Ministerium der geistlichen, Unterrichts- und Medicinal-Angelegenheiten übergehe.

Das Gesetz vom 13. März 1879 betrifft die angegebenen Ressortverhältnisse der verschiedenen Ministerien und ordnet namentlich das Inkrafttreten der Zuständigkeit des „Ministeriums für Landwirthschaft, Domainen und Forsten" mit dem am 1. April 1879 beginnenden neuen Etatsjahre an.[3]) Hierdurch sind den 70%, bereits von dem landwirthschaftlichen Ministerium ressortirenden Waldareales (hiervon 16 pCt. Gemeinde- und 54 pCt. Privat-Waldungen) die fiskalischen Forsten mit 30 pCt. der Gesammt-Waldfläche hinzugetreten.[4]) Die Forstakademien sind in dem Ressort dieses Ministeriums verblieben. Der Berliner Thiergarten, ein park-gärtnerisch behandelter Waldkomplex[5]) mit vielen Erinnerungen an die Preußische Ge-

---

[1]) Gesetz-Sammlung 1878 Nr. 6, S. 25.
[2]) Daselbst S. 26.
[3]) Gesetz-Sammlung 1879, S. 123.
[4]) Bericht über Preußens landwirthschaftliche Verwaltung in den Jahren 1875, 76, 77. Berlin bei Wiegandt, Hempel & Parey.
[5]) Nach den Ermitelungen des städtischen Garten-Direktors Maechtig repräsentiren die Bäume und Gehölze sowie die Bänke und Zier-Einrichtungen ein Vermögen von 2,179,864 Mk. Die Bäume sind von 9 cm aufwärts im Holzwerth geschätzt. Der Reingewinn pro 1879 betrug 47,500 Mark.

schichte bildet für das Finanzministerium den Rest der einstigen Forstverwaltung.

Die Autorität des Staatsrechts-Lehrers Dr. R. Gneist hat sich in einem besonderen Werke[1]) kritisch dahin ausgesprochen, daß die vorgedachten Ressortveränderungen nicht den Beschlüssen des Landtages zu unterbreiten, sondern als ein Recht der Krone nach allen Präcedenz-Fällen der konstitutionellen Staaten zu erachten seien. Der Herrscher Preußens hat diese Befugniß nicht für sich beansprucht und die Zustimmung des Landtages zu den Allerhöchsten Erlassen als konstitutionelles Erforderniß erachtet.

Als höchste Rechts-Instanz wurde für das deutsche Reich im 9. Jahre seines Bestehens das Reichsgericht mit dem Sitze in Leipzig von allen Bundesstaaten anerkannt und hierin die sicherste Gewähr gleichartiger Rechtspflege geschaffen, welcher in nicht ferner Zeit durch ein einheitliches deutsches Gesetzbuch auch Rechtseinheit — ein deutsches Recht — folgen wird. Auch in seinen ferneren territorialen Ausgestaltungen wird das Recht fortan endgültig stets nach gleichen Normen gehandhabt werden.

Durch Allerhöchste Verordnung vom 26. September 1879, R.=G.=Bl. S. 287, wird dem Reichsgericht die Gerichtsbarkeit letzter Instanz in den bürgerlichen Rechtsstreitigkeiten, welche in Preußen in erster Instanz zur Zuständigkeit der General-Kommissionen und der diese vertretenden Spruchkollegien gehören, übertragen. Ein Gleiches geschieht für die Fürstenthümer Schwarzburg=Sondershausen und Rudolstadt in Betreff der laut Staats-Vertrag von Preußischen Behörden geleiteten Gemeinheitstheilungen (Servitut=Ablösungen), ferner für die durch gleichartige Verträge mit Preußen vereinigten Bundesstaaten, Großherzogthum Sachsen=Weimar, die Herzogthümer Meiningen und Anhalt, Fürstenthümer Waldeck und Pyrmont und Schaumburg=Lippe.[2])

Das Reichskanzleramt führt vom 15. Dezember 1879 ab den Namen „Reichsamt des Innern", und der Vorstand dieser Behörde den Titel „Staatssekretair des Innern."[3])

---

[1]) Gesetz und Budget, konstitutionelle Streitfragen der Gegenwart von Prof. Dr. Rudolf Gneist.

[2]) Nr. 33 R=G.=Bl. 1879. S. 287 flgb.

[3]) Nr. 37 R.=G.=Bl. 1879. S. 321.

Für die der Haubergordnung vom 6. December 1834 unterworfen gewesenen Grundstücke im Kreise Siegen von 34000 ha Wald wurde eine neue Haubergordnung durch Gesetz vom 17. März 1879[1]) erlassen. Als Zweck der Haubergwirthschaft giebt der § 11 an: Die „Erziehung von Niederwald, vornehmlich von Eichenschälwald, mit welcher nach dem periodischen Abtriebe ein einmaliger Getreidebau verbunden wird, falls nicht die Genossenschaft von dem Getreidebau ganz oder theilweise abzusehen beschließt."

Der Schöffenrath kann für einzelne Grundstücke die Veränderung des Wirthschafts-Betriebes genehmigen.

Ein Betriebsplan liegt demselben zu Grunde. Ein Hütungsplan, welcher jedoch Schweine und Ziegen ausschließt, wird jährlich aufgestellt. Für Rindviehweide ist eine 6-jährige — für Schaafe eine 4-jährige Schonzeit im § 13 der H.=O. bestimmt, welche sich für neue Culturen auf 8 resp. 6 Jahre erhöhen, nach Ermessen des Haubergvorstandes oder auf Antrag des Forstsachverständigen durch den Landrath noch weiter ausgedehnt werden kann.

Die neue Haubergordnung wird eine Norm bilden für ähnliche Genossenschaften im Kreise Altenkirchen und im Dill-Kreise, — in der Rheinprovinz.

Der Entwurf eines preußischen Feld= und Forstpolizei-Gesetzes, dem Landtage bereits 1877/8 vorgelegt, fand Annahme des Herrenhauses, jedoch nicht die Erledigung im Hause der Abgeordneten. In der 4. Sitzung des Abg.=Hauses am 4. November 1879 wurde bei der ersten Lesung das Gesetz einer Commission von 21 Mitgliedern überwiesen und bei der 2. Berathung in der 25. und 26. Sitzung am 15. und 16. December 1879 an jene Commission zurückgewiesen (Antrag Reichensperger=Olpe). — Selten hat ein Gesetzentwurf — vielfach aus Unkenntniß der Motive und der vorhandenen einschläglichen Gesetzgebung so viel Staub verschiedenen Gemenges aufgewirbelt in den Reihen der Abgeordneten sowohl, wie in einzelnen Schichten der Bevölkerung — der gelehrten und ungelehrten — namentlich aber in der Presse, hier vorzugsweise veranlaßt durch den s. g. Beeren= und Pilze=Paragraphen, — und vielfach illustrirt auf

---

[1]) Gesetz-Sammlung 1879. S. 228.

dem Hintergrunde des „deutschen Waldes — als Eigenthum der Nation". Prof. Dr. Borggreve ließ deshalb eine besonders werthvolle Schrift als Commentar zur Geschichte der Gesetzesvorlage und zur Klärung der Sachlage am Schluß des Jahres 1879 erscheinen.[1]

Das Gesetz, betr. die Uebergangsbestimmungen zur deutschen Civilprozeßordnung und deutschen Strafprozeßordnung vom 31. März 1879 regulirt das Verfahren bei dem Inkrafttreten der für das deutsche Reich erlassenen Gerichts=Verfassungsgesetze und des Forstdiebstahlsgesetzes vom 15. April 1878 (im § 35), welche Gesetzmaterien sämmtlich am 1. October 1879 in Kraft getreten sind. Das letztere wird seine wohlthätigen Folgen für die Sicherheit des Waldes nicht verfehlen.

Auch Sachsen=Coburg Gotha hat durch Landtagsbeschluß ein an das preußische Forstdiebstahlsgesetz sich im Wesentlichen anschließendes Gesetz über Feld= und Forstvergehen erhalten. Statistisch interessant ist, daß in dem gothaischen Bezirk Zelle auf 6 — in Ohrdruff auf 9 Köpfe ein Forstdiebstahl entfällt, während in dem benachbart belegenen rudolstädtischen Bezirke Oberweißbach nur auf 36, im Justiz=Amtsbezirk Eisenach auf 27 Köpfe der Bevölkerung ein Forstdiebstahl kommt. Das Verhältniß vom Zeller Bezirk, 1 Holzdiebstahl auf 6 Köpfe der Bevölkerung, findet sich auch in einigen Bezirken Oberschlesiens, des jetzt viel bemitleideten und dadurch momentan beglückten Landes.

Die im Jahre 1861 zwischen Preußen und Großh. Hessen geschlossene Uebereinkunft wegen Verhütung der Forst=, Feld=, Jagd= und Fischereifrevel ist durch gegenseitige Ministerial=Erklärungen vom 18. 1. und 12. 4. 1879 aufgehoben worden.[2]

Das Forststrafwesen in Württemberg hat durch die neuen Reichs=justiz=Gesetze eine Wendung erfahren, welche man seit Jahrzehnten

---

[1] Das neue Feld= und Forst=Polizeigesetz ist inzwischen mit der Rechtskraft vom 1. Juli 1880 angenommen, und wird hiermit, wie der Herr Minister Dr. Lucius in der 25. Sitzung des Abg.=H. vom 25. December 1879 anführte, die Beseitigung von 250 älteren Gesetzen und provinziellen Verordnungen herbeigeführt. S. v. Bülow & Sterneberg. Das Feld= und Forstpolizei=Gesetz vom 1. April 1880. Berlin 1880. Julius Springer.

[2] S. Ges.=Sammlung für die K. Preuß. Staaten. 1880. S. 540.

herbeigewünscht hat. Die Forstgerichtsbarkeit wurde bisher durch die Forstbehörde geübt auf Grund einer seit 1614 bestehenden Forstordnung[1]). Dieses incarnirte Forstbußwesen hat denn auch nnr unter den größten Schwierigkeiten und Verzögerungen zu dem nunmehr gültigen „Forstpolizeigesetz" vom 8. September 1879[2]) gelangen lassen, welches mit dem 1. October 1879 in Kraft getreten ist.

In Lippe-Detmold ist ein neues Forstdiebstahlsgesetz nach dem Muster des preußischen Forst-Diebstahls-Gesetzes emanirt.

Für Bayern sind die Vorschriften des Forstgesetzes vom 28. März 1852 revidirt und in der Reichsstrafproceßordnung in Kraft gesetzt worden.[3])

Baden[4]) hat durch sein Gesetz vom 25. Februar 1869 betr. „das Forststrafrecht und Forststrafverfahren" sich wesentlich an das preußische Forstdiebstahls-Gesetz angeschlossen und hiermit sein bisheriges seit dem 1. September 1834 bestehendes Verfahren aufgegeben. Die Rechtskraft trat mit dem Gerichtsverfassungsgesetz ein. Jenes ist zugleich Forstpolizeigesetz und enthält Straf-Bestimmungen gegen Weidefrevel, unbefugtes Bauen in Waldesnähe feuerpolizeiliche Uebertretungen, Beeren- und Pilze-Sammeln gegen das Verbot des Waldeigenthümers, endlich gegen unerlaubte Ausstockung, Abholzung, Zerstörung oder Gefährdung eines Waldes, (Geldstrafe bis 1500 Mk.)

Von Interesse ist noch die Verwerfung (mit 27 gegen 17 Stimmen) des vom Kammerdirector Griepenkerl in der Braunschweigischen Landesversammlung am 17. December 1878 motivirten Antrages auf Vorlage eines die bestehende durch Forsthoheitsrechte beschränkte Waldrodungsbefugniß modificirenden Gesetzes für das Herzogthum, (mit 31% Bewaldung). Die Versammlung erklärte sich hiermit für Beibehaltung des Waldes auch auf Gebieten, wo voraussichtlich der landwirthschaftliche Ertrag den forstwirthschaftlichen übertreffen würde.[5])

---

1) S. Forstl. Blätter März 1879. S. 88.
2) S. Forstl. Blätter November 1879. S. 342.
3) S. Zeitschrift der deutschen Forstbeamten vom 15. November 1879.
4) Forstwissenschaftl. Centralblatt, Heft 12, 1879. S. 641.
5) Forstl. Blätter Aug.-Sept. 1879. S. 252 flgd.

6*

In der Centralversammlung des landwirthschaftlichem Vereines in Bayern am 6. Oktober 1879 zu München referirt Hofrath Dr. Simmerl über das Thema: „Welche Anforderungen macht ein neues Forstgesetz an die Landwirthschaft?" Strengere gesetzliche Bestimmungen nach den ungünstigen Erfolgen des Forstgesetzes von 1852 bezeichnete Redner als durchaus erforderlich. Seine Resolutionen, mit Einstimmigkeit angenommen, lauteten:[1])

I. Im Wege der Gesetzgebung soll

1) Der Einfluß des Staates auf alle Privatwaldungen ausgedehnt werden, auf Nichtschutzwaldungen nur insofern, daß die Kultur des Waldbodens gesichert bleibt.

2) In Schutzwaldungen soll der Einfluß des Staates sich auch auf die Art der Benutzung ausdehnen.

3) Die Ausscheidung der Schutzwaldungen soll vom Staat einer sachverständigen Kommission übertragen werden, die nach dem Maßstabe der allgemeinen Bedeutung des Waldes auch die wirthschaftlichen Beschränkungen und Bestimmungen festsetzt.

4) In derselben Weise sollen auch später in dringenden Fällen Waldungen als Schutzwaldungen erklärt werden können.

5) Die Wirksamkeit des Gesetzes, welches den in den Punkten 1 bis 4 bezeichneten Grundsätzen Rechnung trägt, soll durch Vermehrung des Forstpersonals, Organisation der Forstpolizei und und des Strafvollzuges gesichert werden.

6) Die Bestimmung im Artikel 30, Ziffer 2 des Forstgesetzes, soll auf die Besitzer aller belasteten Waldungen ausgedehnt werden.

7) Die Weide in den Waldungen soll unablösbar sein.

8) Zur Ablösung der Alpenweide im Wege freien Uebereinkommens sollen der Staatsregierung stets Mittel zur Verfügung gestellt werden.

II. Auf dem Wege der Gesetzgebung soll der Staat auf die Erhaltung der Privatwaldungen und den intensiven Betrieb derselben durch Unterstützung und Hebung der genossenschaftlichen und Vereinsthätigkeit, durch die Mitwirkung und Beihülfe seiner Forstbeamten fördernd einwirken.

---

[1]) Allgem. Zeitung vom 6. Oktober 1879.

Auf die Beschlüsse der Versammlung deutscher Forstmänner zu Wiesbaden über die Frage der Bevormundung der Privatwaldungen komme ich unten zurück.

Bei Gelegenheit der Etatsberathung in der 19. Sitzung des preußischen Abgeordneten-Hauses erregte das Einnahme-Kapitel aus „. . . . dem Verkaufe von Domainen- und Forstgrundstücken" Wald-konservations-Aeußerungen und Wünsche nach Waldvermehrung bei einzelnen Abgeordneten (Meyer-Arnswalde, v. Hülsen, Dr. Miquel), welche Seitens der Forstverwaltung stets gern gehört werden und ihr zu Gunsten der Oedlandsaufforstungen erneute Unterstützungen schaffen. Für letztere soll zunächst die Provinz Schleswig-Holstein in planmäßigen Bewaldungsbetrieb seitens des Staates genommen werden. Der Abgeordnete Dr. Windthorst wünschte, daß nach dem Vorgange der Hannoverschen Provinzial-Verwaltung, an der Aufforstung von Oedland sich auch andere Provinzen allgemeiner thätig erweisen möchten.

In der Sitzung des Preuß. Landes-Oeconomie-Collegium's vom 22. Januar 1879 wurde der Gedanke ausgesprochen, einen Oedlands-Aufforstungs-Fonds aus den dem Staate zufallenden Erbstands-geldern zu bilden.

In Vorstehendem sind gleichartige Bestrebungen der verschiedensten deutschen Stämme zu Gunsten der Waldvermehrung erkennbar.

Zur Durchführung der zwischen Preußen und anderen deutschen Staaten durch Vertrag festgesetzten Maßregeln zur Hebung der Fischerei ist nach dem Muster des preußischen Fischerei-Gesetzes vom 30. Mai 1874 ein ähnliches Gesetz für Oldenburg angenommen. Dasselbe erstreckt sich auf die Küsten- und Binnen-Fischerei in allen öffentlichen Gewässern und versteht unter diesen die zum Herzogthum gehörigen Küsten der Nordsee, sowie die öffentlichen Gewässer des Staates, der Gemeinden und Genossenschaften.[1]

Eine Vorlage des preußischen Abgeordneten-Hauses vom 5. Februar 1879 betreffend eine Abänderung des Fischerei-Gesetzes vom 30. Mai 1874 gelangte kurz vor Jahresschluß an das Herrenhaus, welches jene Abänderungen genehmigte. Es betrifft a. das Verbot der Angelfischerei in den Strömen 2c. im Gebiet des früheren französischen

---

[1] Mitth. der Weserzeitung vom 14. Februar 1879.

Rechtes, b. die Berechtigung zur Ausstellung von Erlaubnißscheinen, c. Bestimmung zur Erhaltung des Fischbestandes, d. die Befugniß des Fischereiberechtigten, bestimmte Feinde der Fische unter den Thieren zu fangen oder (ohne Schießgewehr) zu tödten, e. die Unschädlichmachung der Turbinen für die Fischbestände.

Ein Gesetzentwurf, betr. den Schutz nützlicher Vögel erlebte am 3. April 1879 im deutschen Reichstage seine 2. Lesung und schließlich nach einem Antrage des Grafen Stollberg (Rastenburg) Ueberweisung des unerledigten Restes an eine Commission von 21 Mitgliedern. Bis zum Schluß der Session 1879 ist die Erledigung dieser gesetzlichen Materie nicht eingetreten.

In der 19. Sitzung des Preuß. Abg. Hauses wurde auf Anfrage des Abg. Kropp vom Ministertische aus die Verzögerung der Vorlage des allseitig im Lande herbeigesehnten neuen Jagd-Gesetzes durch die noch offene Frage erklärt, ob man die Jagdordnung an die bestehende Behörden-Organisation oder an die geplante Modification derselben anschließen solle. In der folgenden Sitzung befand sich bereits unter den vom Präsidium angemeldeten Vorlagen der Gesetzentwurf, betr. die Organisation der allgemeinen Landesverwaltung. Hierdurch ist also die baldige Einbringung der eben gedachten Vorlage wie auch der Wegeordnung zu erwarten, deren Entwurf nach der Erklärung des Herrn Ministers für öffentliche Arbeiten in der 30. Sitzung des Abg.-Hauses (Interpellation des Abg. Grafen von Wintzingerode) durch ähnliche Organisationsgesetze beeinflußt ist, wie das Jagdgesetz.

In Bezug auf Einfuhr und Verkauf von ausländischem Wildpret in der Schweiz während der geschlossenen Jagdzeit hat unter dem 14. März 1879 der Schweizer Bundesrath folgende Verordnung erlassen, welche für den Jagdschutz in Deutschland nicht unwichtig erscheint.[1]

Art 1. Der amtliche Nachweis über den Ursprung von fremdem Wildpret muß auf Verlangen durch Vorlage der Zollquittung erbracht werden, welche während zehn Tagen nach dem Tage ihrer Ausstellung durch die eidgenössige Zollstätte Beweiskraft hat.

---

[1] Mittheilungen des „Bund" Bern, vom 15. März.

Das Verlangen kann an Jedermann, der mit Wildpret Handel treibt, gestellt werden.

Die Sendungen von Wild im Innern der Schweiz während der geschlossenen Jagdzeit müssen entweder von der Zollquittung oder von einem andern auf Grund der Zollquittung ausgestellten amtlichen Ausweis darüber, daß das Wild an dem und dem Tage vorschrifts= gemäß eingeführt wurde, begleitet werden.

Art. 2. Das eidg. Handels= und Landwirthschaftsdepartement ist ermächtigt, wenn es von ihm nöthig erachtet wird, die beim Zoll= amt vorzunehmende Plombirung[1] alles Haarwildes gegen Entrich= tung der reglementarischen Taxen vorzuschreiben.

Art 3. Das eidg. Zoll=Departement und die kantonalen Polizei= behörden werden mit den nöthigen Vorkehrungen für Vollziehung der gegenwärtigen Verordnung beauftragt.

Für die Reichslande wird eine Revision der noch gültigen französischen jagdpolizeilichen Bestimmungen vielseitig gewünscht.[2]

5. Tarif- und Zoll-Gesetzgebung.

Eine weitgreifendere Bewegung riefen die im deutschen Reichs= tage 1879 behandelten und schließlich im Sinne der Reichsregierung mit geringen Modifikationen zur Annahme gelangten Zoll=Gesetze in allen Schichten der Gesellschaft, insbesondere der Handelswelt hervor. Selten hat eine staatliche Verwaltungsfrage eine derartige Theilnahme gefunden. Die prinzipielle Frage, „ob Schutzzoll oder Freihandel", ist in der Presse und in Versammlungen, hier vom Verständniß dort von Gefühlsregungen getragen, mannigfach diskutirt worden.

Zur Charakteristik der Situation für die uns berührende Holz= Zollfrage mögen nachstehende Auszüge der Tagespresse dienen:

1. Die Augsburger allgemeine Zeitung theilt in Nr. 44 vom 13. Februar 1879 die Petition schlesischer Waldbesitzer mit:

„An Zustimmungserklärungen von Interessenten = Kreisen zum Wirthschafts= programm des Reichskanzlers ist eine neue zu constatiren. In Breslau fand am 8. Februar eine zahlreich besuchte Versammlung schlesischer Forstinteressenten statt, um über die Frage zu berathen, wie der Entwerthung der inländischen Wald=

---

[1] Eine höchst praktische Methode zur Recognition des Versandwildes.
[2] Forstl. Blätter, März 1879. S. 94.

probukte. abzuhelfen sei. Der Forstmeister Elias hatte das Referat übernommen und führte an der Hand authentischen Materials die Schädigungen auf, welche durch Eisenbahntarif-Disparitäten dem inländischen Produzenten zugefügt werden. An das Referat schloß sich eine ziemlich lebhafte Debatte an. Die Versammlung beschloß einstimmig dem Zollprogramm des Herrn Reichskanzlers beizutreten. Ueber die Höhe der für ausländische Hölzer zu fordernden Zollsätze gingen die Ansichten weit auseinander. Auf den Vorschlag des Grafen zu Stolberg-Kreppelhof einigte man sich über die folgenden Forderungen, die als das Minimum dessen bezeichnet wurden, was gefordert werden müsse: 1. Es sollen durch gesetzliche Regelung der deutschen Eisenbahntarife diejenigen Tarif-Ungleichheiten beseitigt werden, durch welche ausländischem Holz eine Bevorzugung vor inländischem Holz gewährt wird. 2. Es sollen Eingangsabgaben erhoben werden: bei Nutzholz, das auf dem Landweg eingeführt wird: a) roh unbearbeitet 0,04 Mark pro Centner; b) behauen und Schnittwaare 0,08 Mark pro Centner. Bei Nutzholz das auf dem Seeweg oder sonst auf Schiffen eingeführt wird: a) roh unbearbeitet 0,50 Mark pro Festmeter; b) behauen und Schnittwaare 1,00 Mark pro Festmeter. 3. Bei Holz, das auf Flößen ein= und durchgeführt wird, ohne Unterschied, ob bearbeitet oder nicht, 0,25 Mark pro Festmeter. Es wurde beschlossen, Petitionen in diesem Sinn an den Reichskanzler und an den Reichstag zu richten und eine Kommission mit Abfassung derselben beauftragt."

Am 26. Februar 1879[1]) richtete eine Anzahl sächsischer Sägewerksbesitzer eine Adresse an den Fürsten-Reichskanzler, dahin gehend:

> a) von Einführung eines Eingangszolles auf weiche (Nadelholz=) Rundhölzer abzusehen,
>
> b) dagegen Ganz= und Halb=Holzfabrikate mit einem Zoll von mindestens 1 Mark resp. 0,5 Mark pro Centner zu belegen.

2. Eine Mittheilung der Cölnischen Zeitung d. d. Nürnberg, 18. Februar:

„Der Vorstand des Holzhändlervereins hat heute an ein hohes Reichskanzleramt die ergebene Bitte gerichtet — „von der beabsichtigten Einführung eines Eingangszolles auf rohes und bearbeitetes Nutzholz Abstand nehmen zu wollen". In der Begründung heißt es: „Deutschland führt wie die meisten Kulturländer seit Jahren mehr Nutzholz ein als aus; nach den offiziellen Angaben betrug im Jahre 1877 die Einfuhr $67\frac{1}{2}$ Millionen Centner, wogegen die Ausfuhr sich nur auf 23 Millionen Centner belief, es hatte mithin einen etwa $44\frac{1}{2}$ Millionen größeren Verbrauch, als seine eigene Produktion betrug. Rechnet man zu diesen offiziellen Zahlen die Einfuhr von rohem Nutzholz auf Nebenwegen längs der ganzen österreichischen Grenze nach deutschen Sägewerken, die wie ein Gürtel an dieser Grenze gelegen sind, so dürfte sich die Gesammteinfuhr noch bedeutend

---

[1]) Handelsblatt für Walderzeugnisse vom 15. März 1879.

höher stellen. . . . Ein Eingangszoll auf dasselbe würde in erster Linie sämmtliche Sägewerke, die zu ihrem Betrieb auf außerdeutsches Holz angewiesen sind,
und die zum großen Theil' dasselbe in verarbeitetem Zustande wieder ausführen,
brach legen, viele Millionen in diesen Werken angelegtes Kapital gingen dadurch
dem Nationalwohlstand verloren, Tausende von Arbeitern würden brodlos. In
zweiter Linie vernichtet ein Eingangszoll den deutschen Zwischenhandel, der, wie
aus den erwähnten Zahlen, die wegen des mangelnden Interesses der Angabe
nicht den ganzen Verkehr repräsentiren, einen großen Theil des importirten Holzes
wieder in's Ausland sendet, welcher Verkehr bei Einführung eines Eingangszolles
selbstverständlich aufhören, resp. auf andere Wege geleitet würde. . . . Durch die
von hoher Stelle beabsichtigte gänzliche Beseitigung der Differentialtarife bei den
Eisenbahnen wird deutsches Nutzholz ohnehin einen Schutz genießen, der nebst
der bekannten besseren Qualität als genügend zu erachten ist."

Diese Eingabe des Holzhändlervereins vom 18. Februar 1879,
abgedruckt im „Handelsblatt für Walderzeugnisse" Nr. 16 vom
22. Februar 1879 ist unterzeichnet von Ludwig Gebhardt und
Genossen.

3. Eine Aeußerung des Berliner Tageblattes Nr. 90 vom
22. Februar 1879:

Geradezu spaßhaft ist es, wie die Interessenpolitik, die nach der Meinung
der Schutzzöllner auf allen wirthschaftlichen Gebieten jetzt zur Durchführung
kommen muß, sich bei der Verschiedenartigkeit der Interessen bisweilen in die
Sackgasse verrennt. Wir haben neulich die Forderungen schlesischer Forstbesitzer
mitgetheilt. Abgesehen von der Abschaffung aller Differentialtarife zu Gunsten
ausländischen Holzes verlangen dieselben eine genau angegebene Eingangsabgabe für Nutzholz, Floßholz, Eichenrinde und anderweite Holzarten. Dagegen petitioniren jetzt die süddeutschen Holzhändler beim Reichskanzleramte
wie beim Reichstage darum, daß von jeder Eingangsabgabe auf Nutzholz aller
Art Abstand genommen werden möge, weil dadurch der gesammte Holzhandel
schwer geschädigt werden würde. Ein derartiger Eingangszoll, führen sie aus,
würde sämmtliche Sägewerke, die zu ihrem Betrieb auf außerdeutsches Holz angewiesen sind, und die zum großen Theil dasselbe in verarbeitetem Zustande
wieder ausführen, brach legen, viele Millionen in diesen Werken angelegtes
Kapital gingen dadurch dem Nationalwohlstand verloren, Tausende von Arbeitern
würden brodlos werden und das ohnehin bereits in Ueberfluß vorhandene Proletariat
vermehren. Ferner würde ein solcher Eingangszoll den gesammten deutschen
Zwischenhandel vernichten, der einen großen Theil des eingeführten Holzes wieder
in's Ausland sende. Wenn man nun in dritter Linie auch noch die Stimmen
der gesammten deutschen Industrie sammeln könnte, welche die tausendfältige
Verarbeitung des rohen Holzstoffes betreibt, so würde man — vom
Interessenstandpunkte aus ist das gar nicht nicht anders denkbar — abermals
einen gewaltigen Protest gegen jeden Eingangszoll auf Holz zu registriren haben.

Die Forderungen der verschiedenen Interessenten stehen sich also schnurstracks entgegen, und es ist gar nicht abzusehen, wie die Regierung anders als durch einen ganz willkürlichen Akt hier entscheiden könnte, sobald sie sich einmal entschließt, die natürliche Bewegung der in voller Freiheit spielenden Beziehungen zu hemmen oder zu unterdrücken.

Der landwirthschaftliche Verein in Bayern hat durch sein General-Komité nicht allein für Beseitigung der Differentialtarife, sondern auch für die Schaffung der Reichszölle auf Getreide, Vieh und Holz, erfolgreich gewirkt[1]).

Am 7. April 1879 wurde dem deutschen Reichstage der Entwurf des Gesetzes, betreffend den Zolltarif des deutschen Zollgebietes vorgelegt, welcher an die Stelle des Vereinszolltarifs vom 1. October 1870 und des Gesetzes vom 7. Juli 1873 zu treten bestimmt war.

In seiner 53. Sitzung am 26. Mai 1879 gelangte der Reichstag zu der Verhandlung über den Tarif für Holz, dessen schließliche Annahme nach heftigen Debatten durch das Reichsgesetz, betr. den Zolltarif des deutschen Zollgebietes und den Ertrag der Zölle und der Tabackssteuer vom 15. Juli 1879. (R.-G.-Bl. S. 207) publicirt wurde, und welcher die Zölle für Holz ꝛc. unter No. 13 (litt. a bis f in Kraft seit dem 1. October 1879, und litt. g bis h in Kraft vom 1. Januar 1880 ab) aufführt, wie folgt:

Benennung der Gegenstände	Maßstab der Verzollung	Zollsatz Mark.
Nr. 13. Holz und andere vegetabilische (und animalische) Schnitzstoffe, sowie Waaren daraus:		
a. Brennholz, Reisig, auch Besen von Reisig, Holzkohlen; Korkholz, auch in Platten und Scheiben; Lohkuchen (ausgelaugte Lohe als Brennmaterial); vegetabilische und animalische Schnitzstoffe, nicht besonders benannt		frei
b. Holzborke und Gerberlohe	100 Kilogramm	0,50
c. Bau- und Nutzholz:		
1. roh oder blos mit der Axt vorgearbeitet . .	100 Kilogramm oder 1 fm	0,10 0,60

---

[1]) Allgemeine Zeitung vom 6. Oktober 1879.

Benennung der Gegenstände	Maßstab der Verzollung	Zollsatz Mark.
2. gesägt oder auf anderem Wege vorgearbeitet oder zerkleinert; Faßdauben und ähnliche Säg= oder Schnittwaaren, auch ungeschälte Korbwei= den und Reifenstäbe	100 Kilogramm oder 1 fm	0,25 1,50
d. grobe, rohe, ungefärbte Böttcher=, Drechsler=, Tisch= ler= und blos gehobelte Holzwaaren und Wagner= arbeiten, mit Ausnahme der Möbel von Hartholz und der fournirten Möbel; geschälte Korbweiden; grobe Korbflechterwaaren, weder gefärbt, gebeizt, lackirt, polirt noch gefirnißt 2c. 2c.	100 Kilogramm	3,00
e. Holz in geschnittenen Fourniren; unverleimte, un= gebeizte Parquetbodentheile	desgl.	6,00
f. hölzerne Möbel und Möbelbestandtheile, nicht unter d und g begriffen, auch in einzelnen Theilen in Ver= bindung mit unedlen Metallen, lohgarem Leder, Glas, Steinen (mit Ausnahme der Edel= und Halb= edelsteine) mit Steinzeug, Fayence oder Porzellan; andere Tischler=, Drechsler= und Böttcherwaaren, Wagnerarbeiten und grobe Korbflechterwaaren, welche gefärbt, gebeizt, lackirt, polirt, gefirnißt oder auch in einzelnen Theilen mit den vorbenannten Materi= alien verarbeitet sind, verleimte, auch fournirte Par= quetbodentheile, uneingelegt; grobe Korkwaaren (Strei= fen, Würfel= und Rindenspunde); grobes, ungefärb= tes Spielzeug 2c.	desgl.	10,00
g. feine Holzwaaren (mit ausgelegter oder Schnitzarbeit) feine Korbflechterwaaren, Korkstopfen, Korksohlen, Korkschnitzereien, sowie überhaupt alle unter d, e, f, und h nicht begriffenen Waaren aus vegetabilischen (oder animalischen Schnitzstoffen 2c. 2c. 2c. Holzbronce	desgl.	30,00
h. gepolsterte Möbel aller Art:		
1. ohne Ueberzug	desgl.	30,00
2. mit Ueberzug	desgl.	40,00

Zweifellos wird uns dieses Zollgesetz Eines eintragen, was ich schon oben als das stete Streben Bernhards schilderte: — sichere statistische Grundlagen für die Bewegung des Holzhandels in Deutsch=

land und seinen Import= und Exportgebieten, und im Anschluß hieran — eine deutsche Forststatistik mit Angaben aus Quellen, welche eine höhere Gewähr bilden, als diese die bisherigen Ermittelungen boten, welche die Litteratur bis jetzt mit sehr verschiedenen Resultaten in ihren Spalten verzeichnet hat.

Schon vor der Annahme der neuen Zoll=Gesetze war auf Grund des Gesetzes betr. die vorläufige Einführung von Aenderungen des Zolltarifs vom 30. Mai 1879 (R.=G.=Bl. S. 149) ein Eingangszoll auf Roheisen aller Art ꝛc. mit 1 Mark pro 100 kg in Hebung gesetzt. Ein gleiches geschah durch Bekanntmachung vom 7. Juli 1879 (R.=G.=Bl. Seite 163) in Bezug auf Taback und Cigarren mit 85 resp. 180 bis 270 Mark für 100 kg, eine Erhöhung, welche sich sofort im Consum des rauchenden Waldarbeiters mit täglich 2 bis 4 Pfg. geltend machte.

Durch das Reichs=Gesetz vom 4. Juli 1879. (R.=G.=Bl. S. 165) — in Kraft seit dem 16. October 1879. (R.=G.=Bl. S. 281) — wurde die Verfassung und Verwaltung der Reichslande Elsaß= Lothringen anderweit geregelt. An Stelle des Reichskanzler=Amtes und des Ober=Präsidium's trat ein Statthalter und ein Ministerium mit einem verantwortlichen Staatssekretair an dessen Spitze und meh= reren Unterstaatssecretairen und Ministerial=Räthen, welche der Kaiser unter Gegenzeichnung des Statthalters ernennt. Ein Staatsrath unter dem Vorsitz des Statthalters und der aus 58 Mitglieder be= stehende Landausschuß (in geheimer Abstimmung auf 3 Jahre gewählt) vervollständigen die durch die Gesetze vom 25. Juni 1873 und 2. Mai 1877 eingeführte Reichsverfassung für Elsaß=Lothringen. Den Zeitpunkt des Inkrafttretens der Gesetze bestimmt der deutsche Kaiser. Die Allerhöchste Verordnung vom 23. Juli 1879 (R.=G.=Bl. S. 282) überträgt auf den Statthalter eine Reihe landesherrlicher Befugnisse, darunter auch die Genehmigung von Verträgen, durch welche Holzberechtigungen in Staatsforsten gegen Abtretung von Wald= grundstücken abgelöst werden.

In der ersten Sitzungsperiode des reorganisirten[1]) Königlich Preußischen Landes=Oekonomie=Kollegiums 1879 wurde vom Ober=

---

[1]) S. Chronik de 1878 S. 34.

forstmeister Danckelmann Bericht erstattet[1]) über die „Grundzüge eines Gesetzes, betreffend die Erhaltung, Umbildung und Neubildung von Gemeinschafts=Waldungen".

Diese Grundzüge waren den Provinzial = Behörden zur Begutachtung vorgelegt. Sämmtliche Instanzen hatten die Nützlichkeit, theilweise (im Westen der Monarchie) die Nothwendigkeit der gesetzlichen Regelung dieser Materie anerkannt. Dieselbe soll sich erstrecken 1. auf Erhaltung von Gemeinschafts=Waldungen durch gesetzliche Beschränkung der Naturaltheilung; 2. auf wirthschaftliche Regelung derselben durch Umbildung zu Forstgenossenschaften; 3. auf Wiedervereinigung getheilter ehemaliger Gemeinschafts = Waldungen (Theil=Waldungen) zu Forstgenossenschaften. Unter wesentlicher Modifizirung des Waldschutzgesetzes vom 6. Juli 1875, welches, wie schon angeführt, zu den erstrebten Zielen im erwünschten Umfange bisher nicht geführt hat, sollen nachstehende Formen der Genossenschaftsbildung gesetzlich vorgesehen werden: a) Eigenthums=, b) Wirthschafts=, c) Uebergangs= (allmäliger Uebergang aus b nach a), — d) Aufsichts=, (Schutz=), e) Betriebsverwaltungs= und f) Wege und sonstige Genossenschaften zu gemeinschaftlicher Herstellung, Unterhaltung und Benutzung einzelner dem Wirthschaftszwecke dienender Einrichtungen. In der nächsten Landtagssession dürfte dieser Gesetz=Entwurf unter den Vorlagen sich finden. Die interessanten Anträge der Forsttechniker in der Sitzungsperiode des Landes=Oekonomie=Kollegiums im Januar 1880 werden der nächstjährigen Chronik vorbehalten.

---

6. Aus der Verwaltung.

In Betreff der Befähigung für den höheren Verwaltungsdienst in Preußen wurde das Gesetz vom 11. März 1879 (G. S. S. 160) durch ein staatsministerielles Regulativ ergänzt, welches in Nr. 127 des deutschen Reichsanzeigers 2c. vom 3. Juni 1879 publizirt worden ist.

An Stelle der die Ausbildung für den preußischen Försterdienst regelnden Vorschriften in dem Regulativ vom 8. Januar 1873 ist

---

[1]) Besonderer Abdruck in den Drucksachen des Landes=Oekonomie=Kollegiums pro 1879.

zur Sicherung entsprechender Ausbildung der Anwärter und zur Herstellung mannigfach fehlender Uebereinstimmung mit der neueren Militär-Gesetzgebung das Regulativ vom 15. Februar 1879 erlassen, dessen wichtigste Bestimmungen sind: a) die Verschärfung der Bedingungen für den Eintritt in die Forstlehre (§ 2 l. c.), b) die Beschränkung in der freien Wahl des Lehrherrn (§ 3), c) die Anmeldung der Lehrlinge bei der Inspektion der Jäger und Schützen durch die Kgl. Forst-Inspektions-Beamten (§ 7), d) die Abgrenzung zwischen den Versorgungsklassen A. I. und A. II. nach den Prüfungs-Prädikaten mindestens „genügend" und beziehungsweise „ziemlich genügend", e) die Aufhebung des Zwanges der Forstversorgungs-Berechtigten zur Annahme anderer als der Staatsförster-Stellen (§ 30) und a. m.

Eine sehr zweckmäßige Verbesserung dürfte in der Ausführung dieses Regulativ's dadurch herbeizuführen sein, daß die Jäger-Prüfung nicht im ersten, sondern im dritten oder vierten Dienstjahre der Jäger und Schützen stattfände. Die jungen Jäger des ersten Jahrganges haben sehr wenig Zeit zum Repetiren des in der Forstlehre aufgenommenen Lernstoffes, da der praktische Dienst und die „Instruktion" eine große Menge kriegstechnischer Gegenstände zu bewältigen zwingt. Ist die Jäger-Prüfung vorüber, und hat der geübte Jäger des zweiten und dritten Jahres wirklich Zeit zum Studiren, so ist es nur Sache besonders strebsamer Naturen, sich weiter zu bilden, als es vielleicht der von Offizieren oder Oberjägern, selten von Oberförster-Kandidaten (Reserve-Offizieren) ertheilte forstliche Unterricht dringend verlangt.

Ist dieses Examen aber noch in Sicht, dann verstärkt sich in der Zeit, wo der gedrückte, auch bei den bisherigen Prüfungen wohl erkennbare Rekruten-Stand verlassen ist, und der Jäger des zweiten und dritten Jahrganges schon auf jene ominöse Klasse des eo ipso „dummen" Rekruten mit einer gewissen Befriedigung und gewonnenen militärischen Ruhe hinabschaut, — der Trieb zur wissenschaftlichen Arbeit. Ich müßte sehr irren, wenn die Forst-Verwaltung wie die Armee in dieser Anordnung nicht günstige Erfolge erzielte.

Für die Verbesserung der wirthschaftlichen Lage der Verwaltungs- und Schutzbeamten, denen — vielfach als ein unter keinen Umständen abwehrbares Uebel — die Bewirthschaftung von Dienstländereien obliegt, wird die Wiederaufnahme eines von mir im Jahre 1875 gestellten, eingehend begründeten und mit sehr großer Majorität angenommenen Antrages auf Gewährung staatlicher Darlehne zur Vornahme von Entwässerungen und event. Bewässerungen auf meliorations=fähigen und bedürftigen Ländereien wirken[1]). Die Forst=Beamten sollten nach Art der in dieser Weise seit vielen Jahren in ihrem Streben für Landes= melioration unterstützten preußischen Domainenpächter mit den erforder= lichen Mitteln versehen werden, welche sie in Zinshöhe der Staats= schuldscheine zu verzinsen und mit $1/2 \%$ zu amortisiren hätten. Zur Verwirklichung dieses Planes würden sich die „Landeskultur=Renten= banken" ebenfalls empfehlen, deren Wiedereröffnung resp. Eröffnung in Kreisen der Volksvertretung wohl nicht mehr zweifelhaft ist[6]).

Das Bauwesen im Ressort der Forstverwaltung ist in Preußen durch verschiedene ausführliche Verordnungen reformirt: betreffend die Kompetenzen der einzelnen Behörden, Decentralisation unter Ueber= weisung limitirter etatsmäßiger Baufonds an die Provinzial=Behörden und Beschränkung der Einreichung der Kosten = Anschläge an das Ministerium auf bestimmte Neubauten, Anordnungen über die Bau= Ausführung, die Behandlung der Superinventarien, und Einführung detailirter Jahres=Revisionen sämmtlicher Baulichkeiten auf allen Forst= Etablissements u. a. m. Cirkular=Verfügung vom 30. Januar 1879[2]).

Eine Baukosten= u. Unfall=Statistik der letzten zehn Jahre ist durch Ver= fügung vom 20. Februar 1879 angeordnet und unter dem 29. März 1879 spezieller interpretirt[3]). Ausländische Hölzer dürfen ohne Genehmigung nicht verwendet werden. Verfügung vom 31. Mai 1879[4]).

Allgemeine Gesichtspunkte werden für die Bauten auf Domainen unter event. Einbeziehung auch der Forst = Etablissements nnter'm 28. Juni 1879[5]) angegeben für die Vereinfachung der Bauten, Be= seitigung des Luxus= und des Monumental= und Schön=Baues, dafür

---

[1]) Jahrbuch des Schles. Forstvereins, 1875, S. 21 — 26. Die drainage= bedürftigen Flächen in Preußischen Revieren berechnete ich auf 4000 ha mit einem Kostensatz à 120 M. = 480,000 M. Auch für kleine bäuerliche Wirthschaften vorbildlich und auch deshalb erstrebenswerth! [2]) Vergl. Jahrbuch der Preuß. Forst= und Jagdgesetzgebung und Verwaltung, herausgeg. v. B. Danckelmann, redigirt von O. Mundt. Band XI, Heft 1, S. 47 ic. [3]) Das. S. 53 u. 54. [4]) Das. S. 55. [5]) Dasselbe Jahrbuch Band XI, Heft 2, S. 161. [6]) P. S. Wie die Zeitungen mittheilen, ist die staatliche Gewährung durch Vermittelung der See= handlung bereits beschlossene Sache.

größeste Sparsamkeit bei zweckmäßiger und praktischer Wahrnehmung der wirthschaftlichen Interessen angeordnet. Es wird der Bau mit Lehmpatzen, Kalksandziegeln und in Holzfachwerk in entsprechenden Modifikationen empfohlen.

Die Beseitigung der Verwendung von Holz aus dem laufenden Wadel ist nur angedeutet — für Balkendecken S. 164 b. c. Eine prinzipielle Einführung „bauwürdigen", trockenen, mindestens einen Sommer hindurch beschlagen aufbewahrten Holzes dürfte in erster Linie vorzuschreiben sein, ebenso für Viehställe besondere Ventilations-Vorrichtungen für Beseitigung des Stalldunstes zur Gesunderhaltung der Balkendecke und des auf den Stallböden aufbewahrten Futters.

Für Abstellung des Hausschwammes, welches Uebel in zahlreichen Forsthäusern, namentlich den mitten im Walde gelegenen, den Staatskassen schon große finanzielle Verluste zugefügt hat, wird das dem Dr. H. Zerener patentirte Antimerulion mit Erfolg angewendet.

Der Magdeburger Anzeiger theilt am 15. September 1878 eingehende Versuche mit, welche der Major und Ingenieur vom Platz Kleseker und der Bauinspektor E. Fritze mit Eichen-, Kiefern- und Tannen-Holz angestellt haben. Es hat sich ergeben, daß ein Anstrich mit 1 kg halb mit Wasser verdünnten Antimerulion's 8 qm Holzwerk gegen Schwamm schützt. Möchte das Urtheil inappellabel sein!

Ueber die Feuergefährlichkeit der Bedachung einzeln stehender Etablissements oder getrennt errichteter Ortschaften besteht noch keine absolut sichere Statistik. Die lediglich Entzündbarkeit des Dachdeckmaterials steht nicht in gleichem Verhältniß mit dem Risiko der Feuersgefahr. Ein Jahres-Referat über die Ergebnisse einer Versicherungs-Gesellschaft, welches mir jüngst vor Augen kam, hält es erforderlich, besonders hervorzuheben, daß „mehr Häuser" mit leichter Bedachung durch Brand zerstört seien, als solche mit schwererem Dache. Auch die Eisenkonstruktion hat bei den Feuerversicherungs-Gesellschaften erheblich an Werthschätzung im Verhältniß zum Holze bei Dachverbänden verloren.

In dieser Beziehung würde die Verstaatlichung des Versicherungswesens mehr statistische Klarheit schaffen. In den Privat Feuer-Versicherungs-Gesellschaften herrschte bis vor gar nicht langer Zeit eine gewisse Geheimnißkrämerei der Risiko's vielleicht auch deshalb, weil die positive Sicherheit, welche nur wahre Zahlen geben, fehlte. Siehe unten Vereinswesen.

Meine in Breslau 1878 und in Oppeln 1879 bei Gelegenheit größerer land= und forstwirthschaftlicher Versammlungen angestellten öffentlichen Versuche mit den Brennbarkeits= und Zerstörungs=Graden imprägnirter und nicht imprägnirter Schindeln aus Fichtenholz verschieden hergestellt durch Spalten und Sägen, und die daraus hervorgegangenen Zeitungsberichte haben bei mir eine große Zahl von Anfragen veranlaßt und auch wohl hier und da eine geringere Besorgniß der Amtsvorsteher bei Ertheilung von Schindel=Dachreparatur=Konsensen hervorgerufen. Anderweite Arbeiten haben mich bisher an der Veröffentlichung der Resultate verhindert. Der vielfach unter ihren Erzeugungs=Werth herabgegangenen Fichte hoher Umtriebe wird durch das wirthschaftlich werthvolle Schindeldach[1]) vermehrte Nachfrage zurückerobert werden, und dem schlechten Dachziegel = Fabrikat eine bessernde Konkurrenz erwachsen.

Am 1. Juli 1879 ist bereits sub Nr. 6659 eine feuersichere und wasserdichte Holz=Bedachungs=Methode von B. Lohse zu Niederau, vom 23. Februar 1879 ab, für das deutsche Reich patentirt worden.

Ein Modell des Häusler'schen Holz=Cementdaches ist der Hoflieferantin Frau M. v. Schmeling, Inhaberin der Häusler'schen Firma zu Hirschberg in Schlesien, durch die silberne Medaille für landwirthschaftliche Leistungen bei Gelegenheit der Seiler=Ausstellung zu Berlin im Juni 1879 durch den Herrn Minister für Landwirthschaft 2c. prämiirt worden (Siehe Patente unter Statistik).

Weise Sorge für Wasser=Erhaltung und Benutzung anstatt der früher wissenschaftlich betriebenen Abführung hat auch bei den großen Meliorationen, Deich= und Canal=Anlagen entsprechende Berücksichtigung gefunden.

Für die Ströme und ihre Fluthen werden fortan nicht mehr Beschleunigung und die Vertiefung der Profile im alleinigen Interesse der Schifffahrt, sondern zugleich die Hebung land= und forstwirthschaftlicher Werthe volle Erwägung finden.

Das Gesetz, betreffend die Bildung von Wassergenossenschaften vom 1. April 1879 für Preußen — erläutert vom Geh. Justizrath

---

[1]) Ausfuhr aus Schweden 1877 = 522,030 Kub.=Fuß Schindeln.

7

Freiherrn von **Bülow** und dem Geh. Regierungsrath E. Fastenau[1]), welche Herren als Regierungs-Commissare bei der Gesetzberathung im Landtage thätig waren, bildet für die statutarische Regelung derartiger heilbringender Genossenschaften die wünschenswerthen Grundlagen.

Die Moor- und Haide-Melioration findet in Preußen allseitig kultur-technische Fürsorge. Die aus höheren Verwaltungsbeamten, Moorspecialisten, Land- und Forstwirthen zusammengesetzte, 1876 gegründete Central-Moor-Commission legt ihre Berathungen und durch gemeinsame Reisen erworbenen Erfahrungen in gedruckten Protokollen[2]) nieder, welche nach vielen Seiten anregend und belehrend wirken. Der persönliche Verkehr der Commission mit den Lokalbeamten der verschiedenen Moorgebiete wirkt befruchtend auf die Thätigkeit derselben. Das besondere Interesse der Central-Moor-Commission haben bisher in Anspruch genommen: die Cultur des „hohen Been" im Reg.-Bez. Aachen, verschiedene Moore in der Provinz Hannover und der links-emsische Canalbau zum Anschluß an das Holländische Canalnetz, der Schiffahrts-Canal Oste-Schwinge bei Stade und die Verbindung der Hunte-Ems-Canäle mit dem Großherzogthum Oldenburg, die Haaler Niederung in Schleswig, das Canalproject Cammin-Treptow-Colberg in Pommern und die Moore bei Labiau im Reg.-Bez. Königsberg.

Forstliche Culturversuche im Bremerhaven in der Oberförsterei Kuhstedt, bei Papenburg und an anderen Orten sind auf Eichen- und Nadelholzanbau gerichtet, welchen ich speciell in meiner „Studienreise durch Moor und Haide" S. 21 flgd., geschildert habe. Auch die Korbweidenzucht hat sich auf Mooren günstig eingeführt. Das Culturverfahren des Oberförsters **Brünings** ist von demselben bei der Beschreibung des Augustendorfer Moores (Revier Kuhstedt) in **Burckhard's** „Aus dem Walde" dargestellt.[3])

Die Moorversuchsstation zu Bremen, eröffnet am 1. April 1877,

---

1) Berlin 1879 bei Wiegandt, Hempel & Parey.

2) Gedruckt bei Kayßler & Co. Berlin, Druckerei der „Post", „Protokolle der 10. Sitzung in Berlin am 31. März, 1. und 2. April und der 11. Sitzung in Bremen vom 13.—18. Juni 1879". Die letzte Sitzung fand vom 9. Dezember 1879 ab zu Berlin statt.

3) Heft IX S. 106 flgd.

hilft Licht und Leben verbreiten durch vielseitige Versuche auf dem lange von der Wissenschaft stiefmütterlich behandelten schwarzen Kinde der Muttererde. Versuche mit Aetzkalk an Stelle der bisherigen Brennkultur, ferner mit Stadtmist unter Anwendung eines besonderen Systems der Städtereinigung, sodann mit Kali-Stickstoffdünger, Phosphaten und den gerade für Moorboden günstigen schwerlöslichen Phosphoriten (zurückgegangener Phosphorsäure) beschäftigen die Station.[1]) Der Etat derselben pro 1879/80 beziffert sich auf 24,150 Mark, darunter Gehälter 14,950 Mark, für sachliche Ausgaben 3,400 Mark für Versuche und Reisekosten 5,500 Mark, für statistische Arbeiten 300 Mark.

Das moderne Drahtseil hat auch im Moore zum Torftransport Anwendung gefunden. Dr. K. Birnbaum sagt darüber „was die Canäle den norddeutschen Mooren sind, das können die Drahtseilbahnen denen in Süd- und Mitteldeutschland und in Oesterreich werden". Im Gebirge fördert das Seil seine Lasten über Strom- und Fluß-Betten und von unzugänglichen Höhen in die durch Handel belebten und von Schienensträngen aufgeschlossenen Thäler. Prof. Dr. Breitenlohner zu Wien ist auf diesem Gebiete ein strebsamer Förderer. Ueber Moorstatistik siehe folgenden Abschnitt.

Das erwartete Jagdgesetz für Preußen wird voraussichtlich das System des Wild-Schadenersatzes wieder in die Gesetzgebung zurückführen. Für die dann nothwendig werdenden Schadentaxen dürfte ein von Herrn Neuhaus-Selchow am 13. Januar 1880 im Club der Landwirthe zu Berlin gehaltener Vortrag nicht uninteressant sein, welcher eine Modification der Erntestatistik zur Erhöhung ihrer Sicherheit anstrebt und allseitigen Beifall fand. Herr Neuhaus hat nämlich festgestellt, daß bei unseren Getreidearten, sofern sie nur normal ausgebildet sind, gleichviel auf welcher Bodengüte, auch nach der Blüthe gelagert, das Verhältniß der Körner zum Stroh constant ist, fast genau wie $\frac{1}{3}$ zu $\frac{2}{3}$. Abgesehen von der Anwendung dieses Erfahrungssatzes auf die Erntestatistik, scheint in diesem Gesetz eine Möglichkeit geboten, die Wildschäden durch alleiniges Wiegen des durch Wild beschädigten und nach der Reife separat gedroschenen Strohes nach

---

[1]) Vortrag des Director's Dr. Fleischer im Club der Landwirthe zu Berlin am 9. December 1879.

jenem Verhältniß in seinem Körnerverlust festzustellen. Eine bestimmte Instruktion für Wildschadentaxen wird zweifellos erforderlich sein, um eines Theils den Beschädigten nicht der Willkür eines Taxators Preis zu geben, anderen Theils auch den Jagdbesitzer gegen oft genug unbegründete Forderungen sicher zu stellen.

Zum Schluß will ich noch eines „Eingesandt" in der Kreuz-Zeitung vom Januar 1880 erwähnen, welches dem Stoßseufzer Worte giebt: „möchte doch die amtliche Correspondenz der Behörden wieder portofrei erfolgen!" Der Schreiber jenes „Eingesandt" kennt scheinbar das Geschäftsleben genau und hat seinen Wunsch hinlänglich motivirt. Ich will nur aus der Praxis der Forstverwaltung hinzufügen, daß durch synthetischen Aufbau des Portocontirungs-Verlaufes bei den betheiligten Instanzen — ohne Rücksicht etwaiger Contirung der Porti's Seitens der Postämter — für je 1000 Journalnummern, also eine Durchschnitts-Revier-Verwaltung der alten Provinzen Preußens 61 Stunden in kleinen Minutenthätigkeiten verwendet resp. zersplittert werden. Welche Menge vorlorener Zeit allein für die 685 Oberförstereien Preußens, in denen sicher mehr als 30000 Stunden einer Ermittelung zugewendet werden müssen, welche durch die bisherigen jahrelangen Proben zu einer Pauschal-Fixation für die einzelnen Dienststellen wohl hinlänglich Sicherheit geschafft hat! Ich zweifle nicht, daß der deutsche Reichstag auf Antrag des siegreichen Begründers des Welt-Post-vereins für diese Arbeit der Beamten ein baldiges „satis" votiren wird.

---

7. Das Patentwesen

hat in Deutschland und in Oesterreich-Ungarn, wenn auch nicht wie in Amerika, wo die Zahl genommener Patente bis zum Jahre 1874 bereits weit über 220,000 hinausging, doch einen bedeutenden Umfang, speciell auch für land- und forstwirthschaftliche und Jagd-Fabrikate gewonnen.

Die letzte Nummer am Schluß von 1879 nach den Einzelberichten des deutschen Reichsanzeigers bezifferte einen für uns wichtigen Gegenstand (Verschlußvorrichtung für Hundehalsbänder und Maulkörbe) mit No. 8799. Einige für das Forstwesen wichtige deutsche neue Patente will ich aufführen:

No. des Patents.	Gegenstand.	Patent-Inhaber.

a. für Holzbearbeitung 2c.

6157	Verstellbarer Holzbohrer.	F. Horst, Wanne.
6236	Combinirte Bohr=, Säge= und Fräsemaschine für Handbetrieb.	H. Ehrhardt, Düsseldorf.
6246	Neuerung in der Fabrikation von Holztapeten.	Gebr. Lübeck, Ansbach.
6266	Bogensäge mit Schnurspannung.	F. Kraus, Frankenthal.
6408	Neuerungen an Holzpflaster für Straßen.	C. Rabitz, Berlin.
6440	Brettbesäumungs= und Lattenschneidemaschine.	C. F. Stöckert & Co., Landsberg a/W.
6491	Eisenbahnoberbau aus einer Combination von Holz und Eisen.	C. Thomas, Dresden.
6748	Wippsäge für Handbetrieb.	H. Friedrich, Leipzig.
6756	Baumsäge=Maschine.	J. C. Schulte, Essen.
6862	Weidenruthen=Schäl=Maschine.	M. Schneider, Ingenieur, Carvin in Frankreich.
7372	Horizontalsäge.	A. Knor, Glasgow.
7717	Lohkuchen=Presse.	A. Keller, Prüm i. d. Eifel.
7946	Revolvirende Lohkuchen=Maschine.	H. Schneider, Oberstein.
7856	Bandsägen=Schränkapparat.	B. Raimann, Freiburg i. Baden.
7864 8728	Verfahren und dessen Erweiterung zur Extraction des Tannin.	P. Gondolo, Paris, Vertreter: F. Schulz, Berlin, Französischestr. 16.
8179	Neuerung an Handsägen mit Sprungfedern.	G. Schott, Marburg.
8529	Rindenschälmaschine für Holzklötze.	F. F. Angermeier, Ravensberg. Württemberg.
8538	Wippsäge für Handbetrieb.	Botte & Anschütz, Mehlis b. Gotha.
8581	Zange zum Ausreißen von Wurzeln aus der Erde.	J. Botera, Wilster in Holstein.

Unter Nr. 211,970 ist in Amerika eine Schindelschneidemaschine für W. Chopin, in Manistree am 21. December 1878 patentirt.

No. des Patents.	Gegenstand.	Patent-Inhaber.

b. für Forstschutz.

| 6146 | Maschine zur Anfertigung von Mäusepillen. | B. Enders, Peterswaldau, Schlesien. |
| 7333 | Ratten= und Mäusefallen. | B. Haase, Berlin. |

c. für Jagd-Ausübung.

6916	Hinterlader=Stahlpatronen für Zielübungen.	F. Reichel, München.
6989	Sitzstock.	R. Sieber, Zeitz.
7130	Rotirende Patronentasche.	J. L. B. Massip, Bordeaux.
7142	Neuerung an Hinterladern.	F. Feist, Förster, Sommerschenburg bei Wefensleben.
7183	Markirhahn an Jagdgewehren.	J. F. Timpe, Berlin.
7276	Verstellbarer Kolben an Jagd= gewehren.	B. Glöckner, Tschirndorf, Schlesien.
7935	Hinterladergewehre mit Gehäus= patronen.	P. Oberhammer, München.
8016	Zusammengeklobtes Geschoß für Jagdgewehre.	R. F. Asmis, Berlin.
8322	Neuerungen a. Hinterladergewehren	Sauer & Sohn, Suhl.
8519	do.	A. Leue, Berlin,
8636	Neuerung am Visir von Scheiben= büchsen.	A. Plonsky, Lippehne.
8786	Doppelflinten mit eingesetzten Büchs= läufen zur Benutzung für den Büchsenschuß ohne Aenderung der Visirlinie für den Schrotschuß.	B. Beermann, Münster.

Als für den Jäger interessant ist noch zu nennen:

7070	Pfeifenkopf mit Rost.	A. Heutel, Berlin.
7262	Pfeife, bei welcher der Taback von unten nach oben brennt.	Gebr. Silbermann. Hausen bei Lichtenfels.
7312	Metallene Stiefelsohle.	M. G. Mitter, Ingenieur, Berlin.

No. des Patents.	Gegenstand.	Patent-Inhaber

d. für Fischzucht.

8640	System der Insekten-Kultur für die Zwecke der Fischzucht.	J. A. J. Vignier, Paris, Vertreter: F. E. Thode & Knopp, Dresden.

8. Statistik.

Die bodenwirthschaftliche Statistik für Deutschland, mit einziger Ausnahme von Lippe-Detmold, hat durch die im Jahre 1878 begonnene landwirthschaftliche Anbau- und Ernte-Statistik, die letztere 1879 fortgesetzt[1]) einen erheblichen Aufschwung genommen.

Der Plan dieser Ermittelungen ist im 1. Heft der „Forstlichen Blätter" de 1879 in einem ausführlichen Aufsatz vom Oberförster Saalborn entwickelt, kritisch beleuchtet und durch Vorschläge für die gleichzeitigen forstlichen Erhebungen erweitert, jedoch ohne Einfluß auf die Erhebungen geblieben. Diese sind durch die Gemeinde-Behörden, in den östlichen Provinzen Preußens unter Leitung und Kontrolle der Amtsvorsteher, ausgeführt worden. Die landwirthschaftlichen Vereine haben vielfach mitgewirkt. Für die Anbau-Statistik ist eine periodische Wiederholung (für Jahrfünfte) in Aussicht genommen.

Siebenzehn im statistischen Amte gefertigte Karten veranschaulichen die Resultate von 1878, von denen drei Karten den Prozentsatz der Forsten, Wiesen und Aecker bildlich darstellen.

Bernhardt hat einen Abänderungs-Plan für die immer noch mit verschiedenen und deshalb unsicheren Zahlen figurirende deutsche Forststatistik — im Anschluß an die „Arbeiten der Kommission von 1874 für die Forststatistik im deutschen Reiche" in den ersten drei Heften seiner 1879 gegründeten „Forstlichen Zeitschrift" entworfen. Seite 62 l. c. schreibt Bernhardt: „Die Organisation der Forststatistik im deutschen Reiche bildet ein vitales Interesse der

---

[1]) Statistische Monatsschrift, November 1878 und Januar 1879, definitive Ergebnisse im Dezember-Heft 1879. Die Ergebnisse der 1879 er Erntestatistik sollen in der 1880 er Chronik folgen.

deutschen Forstwirthschaft." Bleiben wir hinter den forststatistischen Anstrengungen unserer Nachbarländer zurück, — „dann geben wir auf dem forstwirthschaftlichen Gebiete unsere frühere geistige Macht= stellung freiwillig auf." Die in Deutschland erscheinenden Forst= und Jagdkalender, namentlich der von Judeich redigirte, liefern die Haupt=Grundlagen der Forststatistik im Areal, in den Besitzverhält= nissen und der Material=Abnutzung der einzelnen Bundesstaaten, von von Jahr zu Jahr berichtigt. Aus diesen Angaben, welche ich nach den in der Tages=Literatur enthaltenen neuesten statistischen Mitthei= lungen ergänzt und berichtigt habe, ist die auf Seite 106/7 nachfolgende statistische Nachweisnng zusammengestellt, welche sich nach Jahrfünften in der Chronik wiederholen kann[1]).

Als Beihülfen für Aufforstung unkultivirter Ländereien[2]) waren in Preußen im Jahre 1876 — 146,500 M. und 1877/78 — 186,625 M. verausgabt. Die Verwendung der letzten Jahre ist mir nicht bekannt geworden. Der Etat pro 1879/80 ist für Forstkulturen um 130,000 M. gegen das Vorjahr verstärkt worden. Die Oedländereien betragen nach den desfallsigen statistischen Ermittelungen de 1878[3])

in Preußen	106,364 ha; rot.	19 ☐ Meilen.
hierzu Aecker und Weideland mit und unter 1,17 M. pro ha Grundsteuer=Rein=Ertrag .	2,433,017 ha rot.	429 ☐ Meilen.
Nach den Gutachten der Bezirks= Regierungen sind im Landeskul= tur=Interesse nach aufzuforsten	674,905 ha rot.	119 ☐ Meilen.
	Sa. 3,214,286 ha	= 566 ☐ Meilen.

Diese Zahl würde ungefähr diejenige Größe beziffern, welche in Wald umgewandelt, dem Staate Preußen einen Zuwachs von rot. 9% der Gesammtbewaldung verschafft. Aber allein die erste und letzte

---

[1]) Für etwaige Berichtigungen der in der Nachweisung enthaltenen Zahlen würde ich den einzelnen Forstdirektionen oder statistischen Aemtern zu besonderem Danke mich verpflichtet halten.

[2]) Für Aufforstung von Oedländereien in den gebirgigen Theilen der Reg.= Bez. Trier, Coblenz, Wiesbaden Arnsberg, Erfurt (Eichsfeld), Hannover (Kreis Meppen), Schleswig (mit 3% Wald).

[3]) Drucksachen des Abgeordnetenhauses Nr. 134 und Forstl. Zeitschrift, Bernhardt, März 1879, S. 185.

Zahl von zusammen 138 ☐ Meilen bildet schon eine Flächen-Ziffer, mit deren Bewaldung unser Volk in einem Viertel-Jahrhundert eine achtungswerthe Aufgabe lösen würde. Im preußischen Staatshaus- haltsetat müßten alsdann jährlich 1,5 Millionen M. für Aufforstungen in den nächsten 25 Jahren eingestellt werden, 50 M. pro ha als Kulturkostensatz angenommen. Es dürfte kein bereiter Fonds im Staate eine so sichere und heilsame Anlage finden, wie die Ver- größerung des Waldes in Deutschland gegenüber den Verwüstungen, welche andere europäische Staaten und das vor einem Jahrhundert für unerschöpflich gehaltene Amerika an ihrem Walde erlitten haben. Planmäßiges Vorgehen jedoch und vorsichtige Auswahl der aufzu- forstenden Blößen behufs zweckmäßiger Vertheilung des Waldes, endlich die thunlichste Erzielung einer mindestens gleichen Bodenrente, wie solche die Flächen in bisheriger Benutzung (z. B. Haide-Flächen, welche vielfach dem „Oedland" subsumirt werden,) eingetragen haben, bilden in diesem Streben die erwägenswerthen Gesichtspunkte.

Welchen Antheil die Fläche der Moorgebiete an der Gesammt- bodenfläche haben, ist durch genaue statistische Erhebungen noch nicht festgestellt. Für die alten Provinzen Preußens giebt Meitzen nach- stehende Procente: für Pommern 10,2 — Brandenburg 8,7 — Po- sen 7,0 — Preußen 4,4 — Westphalen 4,3 — Sachsen 3,3 — Schle- sien 2,2 — Rheinprovinz 1,7 Procente der Gesammtoberfläche. Einzelne Kreise z. B. Heydekrug in Ostpreußen haben bis 30,6% Torfmoore; die Provinz Hannover hat 17 bis 18% (120 bis 130 ☐ Meilen)[1]. Allein im Flußgebiete der Aller im Landdrostei- Bezirk Lüneburg führt Reg. Assessor von Ellerts 153 einzelne Moore auf.

Oldenburg hat 20 ☐ Meilen Torf, mithin 17% der Landes- fläche. Das südliche Bayern hat etwa 20 ☐ Meilen Torfmoore. Nach Hausding[2] betragen die Moore in Württemberg und Baden 5$\frac{1}{4}$, in Oesterreich 7 ☐ Meilen, so daß Süddeutschland und Oester- reich zusammen 32$\frac{1}{4}$ ☐ Meilen Moore enthalten — welche Zahlen

[1] Lehrbuch der rationellen Praxis der Landw.-Gewerbe von Dr. K. Birnbaum. 11. Theil. Die Torf-Industrie und die Moorkultur. Braunschweig bei F. Vieweg. 1880. S. 33.

[2] Landw. Jahrbücher 1878. Heft 4 und 5.

Statistische Nachweisung¹) der bis zum Jahre 1879 bekannt gewordenen Waldflächen Deutschlands, ihr Verhältniß zur Gesammtfläche, zur Bevölkerungsziffer und ihr Abnutzungssatz, alphabetisch geordnet.

Nummer	Name des Bundes-Staates	Größe in ha	Größe der vorhandenen Waldungen				Wald in % des Gesammtareals	Einwohnerzahl(²)	Auf den Kopf der Bevölkg. kommt Wald ha	Abnutzungssatz an Derbholz in den Staatswaldungen	
		ha	Staatswald ha	Gemeinde- ꝛc. Wald ha	Privatwald ha	Zusammen ha				im Ganzen fm	pro ha fm
1	Anhalt	234735	23251	—	24530	47781	20,3	213565	0,22	40817	**1,75**
2	Baden	1508385	87928	259679	178086	525693	34,8	1507179	0,34	1406676	4,94
3	Bayern	7586349	922288	388048	1274786	2585122	34,0	5022390	0,51	2899449	3,08
4	Braunschweig	369043	80736	21777	11619	114132	30,9	327493	0,34	357595	4,42
5	Bremen	25506	—	—	167	167	**0,6**	142200	**0,001**	—	—
6	Elsaß-Lothringen	1451174	151118	199635	ca. 95620	446373	30,7	1531804	0,29	413371	2,73
7	Hamburg	40978	671	—	215	886	2,1	388618	0,002	2210	3,14
8	Hessen	767802	67972	90155	82770	240897	31,3	884318	0,27	303136	**4,45**
9	Lippe-Detmold	118875	1427	4441	27991	33859	20,0	112452	0,30	3049	2,13
10	Lübeck	28771	2859	617	308	3784	13,3	56912	0,06	8200	2,86
11	Mecklenburg-Schwerin	1330375	105206	14163	46082	165451	12,4	553785	0,29	291879	2,77
12	〃 -Strelitz	292950	43648	ca. 32519 (Gem.+Priv.)		ca. 76167	26,0	95673	**0,79**	94795	2,17
13	Oldenburg	639960	20454	ca. 24343 (Gem.+Priv.)		ca. 44797	7,0	319314	0,14	40266	3,93
14	Preußen	34750902	2632719	1225347	4472298	8330364	23,9	25742404	0,32*	6626709	2,51
15	Reuß ältere Linie	31639	—	276	11325	11601	36,6	46985	0,24	—	—
16	Reuß jüngere Linie	82925	—	1151	31636	32787	39,5	92375	0,35	—	—
17	Sachsen	1499294	168551	ca. 31000	ca. 223000	422551	28,1	2760586	0,15	748200	4,43
18	〃 -Altenburg	132151	6046	2364	29560	37970	28,7	145844	0,26	22439	3,71
19	〃 -Coburg-Gotha	196774	37211	21453 (Gem.+Priv.)		58664	29,8	182599	0,32	150288	3,28
20	〃 -Meiningen	246841	41107	32330	30270	103707	**42,0**	194494	0,53	144717	3,52
21	〃 -Weimar-Eisenach	359324	43485	13556	33825	90866	25,2	292933	0,31	128265	2,94
22	Schaumburg-Lippe	44300	—	ca. 4608	8682	13290	30,0	33133	0,40	—	—
23	Schwarzburg-Rudolstadt	94213	18899	19456 (Gem.+Priv.)		37755	40,0	76676	0,48	54785	2,89
24	〃 -Sondershausen	86211	16774	4631	3818	25223	29,2	67480	0,37	?	—
25	Waldeck und Pyrmont	113510	27872	10999	4203	43074	37,9	54743	0,78	?	—
26	Württemberg	1950369	190805	204669	195932	591406	30,3	1881505	0,31	729512	3,82
	Deutschland	53982856	4690427	9393940		14084367	26,0	42727360	0,329		

Anhalt. Unter Kolonne 6 sind 24,457 ha herzogl. Hofforsten, 73 ha Hof-Jagd-Amts-Forsten; ob Gemeindewald vorhanden, nicht angegeben. In herzogl. Hofforsten außerhalb Anhalts: 10,404 ha in Preußen, 10,202 ha in Ungarn. **Baden.** Unter Kol. 6 sind 5055 ha großherzogl. Hofwaldungen; unter Kol. 11 und 12 Abnutzungssatz der Gemeinde- und Körperschaftswaldungen mit angegeben; diese betragen mit der Staatsforstanstalt zusammen 347,807 ha. — **Bayern.** Hierzu kommen noch 18,372 ha Staatsforsten auf k. k. österr. Gebiete im Herzogthum Salzburg, welche jedoch nur bei Aufstellung der Zahlen unter Kol. 11 u. 12 berücksichtigt sind. Bayern hat also im Ganzen Staatswald: 940,660 ha, hierbei gehört ferner ein Theil der in der Anmerkung bei Hessen angegebenen 3958 ha herzogl. Kommunalforsten, den Judeich jedoch nicht angiebt. Dieser mußte daher unberücksichtigt bleiben; ob die 1167 ha gräfl. Gräflich-Forsten (Hessen) unter Kol. 6 berücksichtigt, ist bei Judeich nicht angegeben. Der Abnutzungssatz aus Steuern ist im umgerechnet, (1 Steren 0,77 fm). Gräflich-Lostringen. Unter Kol. 3 sind 17,264 ha ungetheilte Forsten, und unter Kol. 11 und 12 deren Abnutzungssatz mit inbegriffen. — **Hamburg.** Abnutzungssatz nach Schreiber nicht an-gegeben, daher bort nicht berücksichtigt; in Schreiber-Böhm's Kalender 1880 finden sich außerdem 4024 ha gräfl. Erbach'sche Forsten, zu denen noch 1167 ha in Bayern und noch 6553 ha in Württemberg gehören; ob diese unter Kol. 6 an gehöriger Stelle berücksichtigt, kann nicht angegeben werden. Lippe-Detmold. Unter Kol. 6 sind 16,686 ha fürstl. Hausfideikommiß-Forsten; ob die 806 bei Schaumburg-Lippe angegebenen ha fürstl. Hausforsten hier berücksichtigt sind, ist unbestimmt. Der Abnutzungssatz aus Judeich's Böhm's rm-Angaben im im umgerechnet (1 rm ca. 0,77 fm). **Mecklenburg-Schwerin.** Unter Kol. 5 Kommunalforsten, soweit bei Judeich angegeben; unter Kol. 6 sind 11,999 ha großherzogl. Hauswaldungen berechnet (1 rm. ca. 0,77 fm). **Mecklenburg-Strelitz.** Kol. 5, 6 und 7 (bei Judeich fehlend) berechnet aus Marone's Angabe, daß Mecklenburg-Strelitz in 26°/₀ seines Areals bewaldet sei; unter Kol. 5 und 6 sind 1248 ha großherzogl. Kabinetsforsten und 1908 ha Forsten des Jagd-Departements (nach Judeich) der Abnutzungssatz aus den Eingelangaben der Judeich zusammengestellt. — **Oldenburg.** Unter Kol. 5, 6 und 7 (bei Judeich fehlend) berechnet aus Marone Angabe, daß Oldenburg in 7°/₀ seines Gesammtareals bewaldet sei, woraus sich 44,797 ha, und nach Abzug der Staatsforsten (diese noch Judeich) die Gemeinde- ꝛc. Forsten ergeben. — Unter Kol. 11 und 12 Abnutzungssatz der Staatsforsten in den Fürstenthümern Lübeck und Birkenfeld — der des Herzogth. Oldenburg fehlte — nach den Einzel-angaben bei Judeich zusammengestellt, resp. berechnet (1 rm. ca. 0,77 fm); die Fläche der genannten Staatswaldungen beträgt 10,224 ha. — **Preußen.** Im Judeich's Kalender unvollständig, daher der Abwandlung von Golf in Dankelmann's Zeitschrift 1880 Heft 1, pag. 15 entnommen. Ob die 10,404 ha arbalkinischer Hofforsten, die betreffenden Theilkolonnen der 3958 ha hessischer Kommunalforsten resp. der 594 ha Schwarzburg-Rudolstädter Domanialwaldungen und die 8486 ha Coburg-Gothaer Domanialwaldungen unter Kol. 6 berücksichtigt sind, ist nicht angegeben. Der Abnutzungssatz ist Schreiber und Böhm's Kalender pro 1879 entnommen. **Reuß ältere Linie.** Unter Kol. 6 sind 4411 ha fürstl. Fideikommißforsten. **Reuß jüngere Linie.** Unter Kol. 6 sind 16,370 ha Forsten des Fürstenhauses. **Sachsen.** Die Zahlen unter Kol. 5 sind noch Judeich's eigener Angabe umfasser. **Sachsen-Altenburg.** Unter Kol. 6 sind 10,710 ha Domänen-Fideikommißforsten. **Sachsen-Coburg-Gotha.** Außerdem hat Sachsen-Coburg-Gotha 8486 ha Staatswald im Preußischen Kreise Schmalkalden, welche unter Kol. 8 und 10 nicht berücksichtigt werden. Im Ganzen hat das Herzogth. also Staatswald 45,697 ha, welche der Zahl in Kol. 12 zu Grunde liegen. **Sachsen-Meiningen.** Die Zahlen unter Nr. 20 — bei Judeich zum Theil fehlend — sind Schreiber und Böhm's Kalender 1880 entnommen. Unter Kol. 6 sind 590 ha Forsten auswärtiger Staaten. **Schaumburg-Lippe.** Nach Marone ist Schaumburg-Lippe zu 30°/₀ seines Areals be-waldet, woraus sich die Gesammtwaldfläche, und nach Abzug der Privatforsten (diese noch Judeich) die Kommunalforsten mit 4608 ha ergeben. Unter Kol. 6 sind 8036 ha fürstl. Hausforsten. Außerdem hat das Fürstenthum 806 ha fürstl. Hausforsten in Lippe-Detmold. **Schwarzburg-Rudolstadt** hat außerdem 594 ha Domanialwald in Schwarzburg-Sondershausen und in Preußen, so daß der Abnutzungssatz entsprechende Fläche 18,893 ha beträgt. **Schwarzburg-Sondershausen.** Ob die Theilquote der 594 ha Schwarzburg-Rudolstädter Domanialwaldungen unter Kol. 6 berücksichtigt ist, nicht angegeben. **Württem-berg.** Die Angaben unter Kol. 4—7 aus Golf's Abwandlung in Dankelmann's Zeitschrift 1880, Heft 1, pag. 15. Ob in Kol. 6 die 6553 ha hessischer Forsten berücksichtigt sind, bleibt ungewiß. Der Abnutzungssatz: laut Etat der kgl. Württ. Staatsforsten pro 1879—80.

---

¹) nach Judeich's Forst- und Jagd-Kalender 1879, sofern nicht andere Quellen angegeben.
²) die Einwohnerzahl nach dem Stand vom 1. Dezember 1875.

schon wegen ihres geringen Umfanges auf Genauigkeit nicht schließen lassen.

Die eingehenden Quellenstudien, welche durch die Central=Moor=commission hervorgerufen worden, dürften in Kürze zu einer umfassen=dne Moorstatistik für Deutschland führen. In den Protokollen de 1879 ist eine solche für die Moore der Landdrostei=Bezirke Hannover 15 Oertlichkeiten mit 53,191 ha (= 9,2%) der Gesammtflächen und Osnabrück mit 100,734 ha in 71 Moorflächen und dem Regierungs=bezirk Cöslin mit ca. 54,495 ha (3,6%) in 142 getrennten Moorflächen, welche großen Theiles ausgetorft und als Wiesehütung, Acker, hier und da auch als Wald benutzt werden.

Auf den Holzanbau in Privat= und Gemeindewäldern hinzuwirken durch Bereitstellung guten Pflanzenmaterials zum Selbstkostenpreise läßt sich die preußische Staatsforstverwaltung angelegen sein. Es sind 1878 an Pflanzen abgegeben worden: 33,791 Hunderte Laubholz, 437,558 Nadelholz, Sa. 471,349 Hunderte, wovon auf Hannover allein 121,632, auf die Mark Brandenburg 108,404 Hunderte, da=gegen auf Schleswig nur 3,440 Hunderte entfallen.[1] Hier wird der schleswiger Haidekultur=Verein ein erfolgreiches Feld der Wirk=samkeit finden, sobald er sich der jetzt nach den Mittheilungen des Herrn Landwirthschaftsministers in der 19. Sitzung des Preuß. Abg.=Hauses am 5. December 1879 nahe bevorstehenden staatlichen Aufforstungs=thätigkeit — mit seinen geistigen und materiellen Mitteln anschließt.

Vorbildlich und zur Nacheiferung für waldarme Gegenden ist die Thätigkeit des seit 2 Jahren bestehenden Aufforstungs= und Ver=schönerungs=Vereins in Brünn zu erwähnen, welcher bereits 306 Mitglieder zählt und im Jahre 1878 52,920 Pflanzen in den Um=gebungen von Brünn (Kuhberg) ausgepflanzt hat.[2] 1879 sind 90,532 Nadelhölzer und 1894 Laubhölzer aus 9 verschiedenen Holzarten in's Freie verpflanzt.[3]

Auch die Prämiirung freiwilliger verdienstlicher Cultur=Leistungen von Klein=Grundbesitzern, welche ohne gesetzliche Nöthigung

---

[1] Reichs=Anz. No. 88. 1879.

[2] Centr.=Bl. für d. ges. Forstwesen. 1879, Heft 4. S. 218.

[3] Daselbst Heft 8—9. S. 479.

Waldblößen, Oedungen ꝛc. aufforsten, hat der Forst-Verein für Oesterreich mit Erfolg angewendet. Von 66 Bewerbern im Jahre 1879 konnten 27 Kleinwirthe mit Preisen von 8, 6 und 4 Dukaten bedacht werden.[1])

Die Landesforstinspection in Oesterreich, welche die communale und privat-waldbauliche Thätigkeit mit Rath und That unterstützen, wirken segensreich für die staatswaldarmen Kronländer und vermitteln die Vereinsthätigkeit mit den Maßnahmen der Verwaltungsbehörden zum Heile des Waldes.

Durch staatliche Unterstützungen (Lieferung von Pflanzen und Saatantheilen) hat **Baden** seit dem Jahre 1875 seine Oedlandaufforstungen in Händen der Privaten erheblich gefördert.

Die Fortschritte der Aufforstungen in den **Landes**, den Dünen-Gebieten der Gascogne (seit 1780 begonnen durch **Brémontier**) weisen gegenwärtig die Aufforstung, vorzugsweise mit Seestrands-kiefern, auf 85,000 ha nach. Leider sind in den Jahren 1865—70 10,000 ha. dieser Wälder vom Feuer zerstört worden, in Folge welcher Verluste ein geordneter Feuerwachtdienst alsbald organisirt werden soll.[2])

Aus dem umfassenden Bericht des Herrn Ministers für Landwirthschaft über Preußens landwirthschaftliche Verwaltung in dem Trienium 1875—77[3]) sei hier nur Folgendes mitgetheilt.

Die Calamitäten durch die Reblaus, den Coloradokäfer und die Wanderheuschrecke (letztere 1877 in 45 Kreisen) sind mit Erfolg bekämpft.

Auf Grund des Gesetzes vom 5. Juli 1875 betr. die Schutzwaldungen und Waldgenossenschaften sind etwa 30 Provocationsfälle auf Anordnung von Schutzmaßregeln, und eben so viele auf Bildung von Waldgenossenschaften zu registriren gewesen. Die letzteren haben den erhofften Erfolg trotz in Aussicht gestellter Staatshülfe nicht gehabt, da sich die Mehrzahl der Betheiligten für die Genossenschaft nicht bereit finden ließ.

---

[1]) Centr.-Bl. für d. gef. Forstwesen Heft 3. S. 163.

[2]) Abhandlung vom Prof. Exner. Central-Bl. f. d. g. Forstwesen. 1879. Heft 7. S. 356.

[3]) Erschien bei Wiegandt Hempel & Parey. Berlin. 1878.

Man beklagt jetzt schon in Kreisen der Praxis und der Wissenschaft, daß jenes Gesetz die Expropriation nicht in den Bereich seiner Bestimmungen einbegreift.

Die Forstdiebstahlsstatistik ergiebt[1]) an Untersuchungen wegen Holzdiebstahles vor **preußischen** Gerichtshöfen, welche 58—59 und 54% sämmtlicher Untersuchungen der Jahre 1875—76—77 resp. ausmachten:

im Jahre 1875 im Appellations-		vor den übrigen	
Gerichtsbez. Cöln	37,248	Gerichtshöfen	426,818
1876 do.	38,624	do.	383,451
1877 do.	42,687	do.	395,696

Fällen.

Das preußische landwirthschaftliche Ministerium hatte noch kurz vor Schluß des Jahres 1878 auf Wunsch des Ministers für Handel, Gewerbe 2c. die Bezirksregierungen beauftragt, Nachweisungen der außerhalb der Staatsforsten zur Lohkultur benutzten Flächen und deren jährliche Production an **Gerberrinde** (Eichen-Spiegel und Altholz) und **Fichtenrinde** aufzustellen. Diese Nachweisungen haben[2]) ergeben in den Landestheilen ostwärts der Elbe

	ha	Spiegel- in Centnern	Alt-	Fichten-Rinde
Ostpreußen	—	—	—	6
Westpreußen	2,0	—	250	—
Brandenburg . . .	354,00	1.850	1.875	—
Pommern	?	12.000	18.000	—
Posen	1516,00	10.739	7.768	—
Schlesien	—	165.000	28.000	7.258
		189.589	55.839	7.264

Sachsen, Hannover, Schleswig:

	ha	Spiegel-	Alt-	Fichten-Rinde
Sachsen	? ca. 5.000	7.302	12.000	4.250
Schleswig . . .	3.340	11.451	23.308	22
Hannover		15.103	66.000	3.931
		33.856	101.308	8.203

---

[1]) Bernhardt, Forstl. Zeitschr. Februar 1879. S. 116.
[2]) Deutsche Gerberzeitung No. 84 vom 19. October 1879.

Der Westen:

	ha	Spiegel-	Alt-	Fichten-Rinde
		in Centnern		
Westfalen	40.000	154.000	9.250	—
Hessen-Nassau . . .	34.036,9	74.000	8.336	—
Rheinland . . .	189.270	512.053	36.806	—
	263.307	740.053	65.392	—

Hohenzollern:

	—	6.458	4.494	—
Preußen	275.000	1.069.556	216.087	15.467
Staatsforsten laut Nach-weis von 1878 . .	25.667,6	98.777	48.371	8.855
Zusammen etwa	300.000	1.168.333	264.458	24.322
			1.457.113	

Der Bedarf der deutschen Gerberei beträgt etwa	7.000.000
Defizit . .	5.831.667.

Die inländische Production soll sich jedoch nach den ferneren Ausführungen des Gerberzeitung auf über 5 Millionen Centner Rinde belaufen, so daß diese Berichte der Bezirks-Regierungen auf unrichtigen Angaben beruhen müßten, wenn jene Zeitung aus autentischen Quellen schöpft. Wie sehr auf diesem Gebiete eine genaue Statistik Noth thut, wird aus den hier hervortretenden Contrasten klar. Die neuen Zoll-Gesetze werden das Mittel bieten, wenigstens den Import an fremden Rinden und Gerbsurrogaten zu fixiren, und wird das Jahr 1880 eine günstigere Gelegenheit bieten, auf diesen Gegenstand der Statistik zurückzukommen.[1]

Ueber die Preise der Rinden seit 1877, welche auch bei den eifrigsten Vertheidigern des Schälwaldes die Bedenken einer für die Zukunft wenig rentablen Betriebsart nicht völlig unterdrücken lassen,

---

[1] Inzwischen hat das Ministerium für Handel und Gewerbe eine neue Enquete zur Erforschung des Gesammtbedarfs der Gerberlohe in den einzelnen Landestheilen und des Verbrauches pro 1879 an a. inländischer b. außerdeutscher Lohe mit Angabe des Bezugsortes veranlaßt. Bonner Zeitung vom 22. Januar 1880.

sind in jener Enquete Daten eingegangen, welche zum Theil weit unter den in forstlichen Journalen oder bei dem statistischen Geplänkel im Hause der Abgeordneten verlautbarten Preissätzen zurückbleiben, z. B. „In Ostfriesland 1872 —   6 Mark pro Ctr. loco Gerberei.

1877 —   13 „   „   „   „   „

1878 — 6--8 „   „   „   „   „

Hannover. Preise durch Einfuhr ausländischer Lohe gedrückt. Beste ungar. Lohe wird nordwärts von Kary (?) zu 6,50, in Bremen zu 5 Mark ausgeboten — unbegrenzte Massen sind jederzeit zu haben — kein Risiko der Gerber wegen Witterung — größte Bequemlichkeit. — In 5 Oberförstereien mußte Rindenverkauf ausgesetzt werden. Preis 1875 Spiegel pro Ctr. 5,12, 1878 4,24.

Aachen. Malmedy, St. Vith sind auf belgische Lohe angewiesen, da sie nur die Eisenbahnlinie Pepinster=Gonoy haben.

Preise (Waldpreis)

	der inländ. Lohe	der franz., belg., reichsländ. Lohe
1872	6.00	7.30
1875	7.00	8.80
1878	6.00	7.00

Ungar. Lohe in Düren abges. franco Bahnhof 7.80. Soll sich nicht zu Sohlleder eignen.

Cassel. 1875 kostete Spiegelrinde durchschnittlich 4,82 pro Ctr., 1878 = 3,91. (!)

Die Regierung schreibt das Sinken ausdrücklich dem Import ausländischer Rinden zu. 1876 begann in Eschwege der Import ungar. Rinde mit 2000 Ctr., 1877 21,000 Ctr., 1878 23—24.000 Ctr. (Gesammtverbrauch in Eschwege 60,000 Ctr.) Ungar. Lohe loco Eschwege 6—7 Mark."

„Eine angemessene Preissteigerung wird erst dann wieder eintreten, wenn der Einfuhr von Lohrinden sowohl, als des fertigen Leders durch entsprechend veränderte Zoll= und Frachttarife Beschränkungen auferlegt würden. Nur in diesem Falle dürfte es sich auch empfehlen, der Erweiterung der einheimischen Lohkultur wieder eine erhöhte Aufmerksamkeit zuzuwenden.

Cöln. Preis seit 1872 fortwährend gesunken von 7,20 auf 5,00 (1878). Im Siebengebirge 2 Schläge unverkauft.

Wiesbaden. Preisrückgang gegen 1876 20 pCt. 23 Schläge (2500 Ctr.) sind nicht zur Nutzung gelangt.

Arnsberg. Siegen. 1876 = 9,50, 1878 = 6,50 Mark.

9. Aus dem Versuchswesen.

Daß die noch nicht voll erprobten chemischen Gerbesurrogate mit jener großen Zahl pflanzlicher Gerbestoffquellen, unter denen Kastanienholz-Extract, ferner die nach England importirte Vagatea spicata[1]) und neuerdings die Algarobilla (Samenhülse einer amerikanischen Mimose, des balsamocarpum, früher als Samenkapsel der Prosopis pallida genannt) gerühmt wird[2]), und hinter welchen die Eichenglanzrinde in ihrem Tannin-Gehalt um 16 bis 55% zurückbleibt, gegenwärtig eine große Bewegung unter den Gerbern selbst wie im Kreise der Forstwirthe und Holzhändler hervorgerufen haben, ist bei der wissenschaftlichen Theilnahme an dieser wichtigen Frage erklärlich.

Die ersten Monate des Jahres 1880 haben eine größere Zahl von Artikeln gebracht, welche unter den Waldwirthen einen abwartenden Standpunkt, eine Neigung zum Ueberhalt auf den Schälwaldflächen und zur Vornahme von Läuterungen behufs Vereinzelung harter Mischhölzer anstatt ihrer völligen Beseitigung unterstützen,[3]) um eventuell ohne zu große Opfer in andere Betriebsformen übergehen

---

[1]) Deutsche Gerberzeitung 15. Februar 1880 No. 13.

[2]) Centr.-Blatt für das gesammte Forstw. 1879. S. 160.

[3]) a. Central-Blatt für den deutschen Handel No. 8. 22. Februar 1880.

b. Artikel der Kölnischen Zeitung vom 26. Januar 1880, No. 27, welche in der D. Gerberzeitung abgedruckt und bekämpft wird.

c. Der Ledermarkt — No. 13 (1880) welcher die chemische Gerbung empfiehlt und insbesondere die günstigen Vergleichsversuche zwischen lohgarem und Heinzerling'schem mineralgarem Sohl- und Kalb-Leder aus der Gerberei von J. Reuß, Aschaffenburg, mittheilt. Das lohgare Leder nimmt hiernach am leichtesten Wasser auf, das Heinzerling'sche erst nach 16 Stunden 6,50% und selbst nach 4 Tagen nur 200%. Die Geschmeidigkeit, Widerstandsfähigkeit gegen Druck und Zerreißen, der Festigkeits-Coefficient läßt das mineralgare Leder für Maschinen-Treibriemen vortheilhafter erscheinen, als das lohgare. In Deutschland verarbeiten jetzt 8 Gerbereien das Heinzerling'sche Leder. Vergl. S. 6 dieses Heftes der Chronik.

zu können. Untersuchungen über Einwirkungen des Ueberhalts in Schälwäldern an der Rinden-Erzeugung und ihres Gerbstoffgehaltes möchten deshalb fortznsetzen sein. —

Der Badische Oberförster Schmitt theilt aus eingehenden Versuchen mit, daß 40—50 fm Ueberhalt pro ha auf kräftigem Boden den Reinertrag des Schälwaldes nicht schmälere und den Besitzern die Gewinnung ihres benöthigten Nutz- und Schirrholzes gewähre[1]).

Ueber den Heizwerth der Gerberlohe, welcher in den Rheinischen Städten zur Entzündung der Kohlen in den Oefen vielfach verwendet wird, hat Ingenieur Seitz in der „Allg. Techniker-Zeitung" das Wärme-Produktions-Vermögen der Lohkuchen zum Buchenholz gleich 0,82 : 1 nachgewiesen. Kostet 1 Centner Buchenholz 1,7 M., so ist 1 Centner Lohkuchen werth 1,6 M.

Der Verkaufspreis in Bonn schwankte im Winter 1879/80 zwischen 1,46 und 1,9 M. pro Centner (= 146 Stück Lohkuchen), so daß dieses Fabrikat den von Seitz angegebenen Werth von 1,6 M. im Mittel erreicht.

Bei dem vielfach in den letzten Jahrzehnten zurückgegangenen Anbau der Buche und ihrem Verdrängtwerden durch „höher nutzbares" Nadelholz ist es interessant, wie in einzelnen Oertlichkeiten gerade das Vorhandensein von Buchenstarkholz dazu veranlaßt, diese Holzart in thunlichst vollkommenen Formen überall da anzubauen, wo der Standort ihr günstig ist, und dem kommenden Jahrhundert es zu überlassen, die Ernte möglichst hoch zu verwerthen. In meiner Studien-Reise de 1878 führte ich die günstigen Resultate der Buchenausnutzung in dem Königlichen Sächsischen Reviere Olbernhau an mit einer Nutzholzausbeute von 48,8% zu Gunsten einer Buchenstarkholz verarbeitenden Bevölkerung. In ähnlicher Weise sind mir im vorigen Jahre reich mit Buchenholz ausgestattete Hausindustrien im Mährisch-Schlesischen Vereinsgebiete bekannt geworden.

Endlich lasse ich S. 116/7 eine interessante Nachweisung folgen über die Buchenausnutzung de 1870—79 in der Preußischen Oberförsterei Hambach bei Jülich auf 48% Nutzholz[2]), welche ich Herrn Ober-

---

[1]) F. Baur Forstwissensch. Centralblatt 1880. Heft 1, S. 28.

[2]) Revierfläche = 1661 hà, Buche prävalirt, im Hochwalde von der Eiche mannigfach begleitet, auf frischem Diluviallehm und erreicht in 110 Jahren

förster Liehr verdanke, und welche zugleich eine Entwickelung des 10 jährigen Preisganges darstellt. Die Rundholzabschnitte ·werden zwischen 3 und 20 m Länge und 25—75 m im Alter von 80 bis 150 (durchschn. 110) Jahren ausgehalten, und meistens von Kleinhändlern gekauft und zu Land = Bauholz, Bohlen und Brettern für Schreiner, Drechsler, Stellmacher und Böttcher verarbeitet.

Das nach Ausnutzung von Raummeter = Nutz = Scheiten I. und II. Klasse (Stengelholz) zu Bauholz aufbereitete Holz hat aus den 10 Jahren 1870—79 betragen:

pro fm Kloben . . . = 8,88 M. (incl. 0,97 M. Werbungskosten),

= = Knüppel I. . = 8,27 = (= 0,83 = =),

= = Knüppel II. = 7,40 = (= 0,83 = =).

(von Aesten)

Die Delegirten des Vereines deutscher forstlicher Ver= suchs=Anstalten tagten unter Oberforstmeister Danckelmann's Vorsitz zu Berlin am 16. und 17. April und zu Wiesbaden am 19. September. Der Chef der Preußischen Forstverwaltung, Ober= landforstmeister v. Hagen, begrüßte dieselben am 16. April zu Berlin; und bei dem Thema 4 und 5 der Tages=Ordnung wohnte der Herr Minister Dr. Friedenthal nebst dem Geheimen Regierungsrath Dr. Thiel der Verhandlung bei und betheiligte sich an der Debatte.

Tages=Ordnung der Frühlings=Versammlung:

1. Bericht über die in Ausführung der Stuttgarter Beschlüsse durch Preußen erfolgte Bearbeitung der Kiefern=Ertrags=Untersuchungen zu Ertrags=Tafeln[1]).

2. Beschlußfassung über einen Antrag der Geschäftsleitung:

„Die Preußische Versuchs = Anstalt wolle sich in Ausführung des § 18 des Arbeits=Planes der Aufstellung von Holz=Ertrags=Tafeln und deren Veröffentlichung im Namen des Vereines unterziehen."

Dieser Antrag wird in obiger Fassung abgelehnt, jedoch in der folgenden angenommen.

„Die Preußische Versuchs=Anstalt übernimmt in Ausführung des § 18 des Arbeits=Planes für die Aufstellung von Ertrags=Tafeln im Auftrage des Vereins die Verarbeitung des für die Kiefer vorliegenden aus 388

---

durchschnittlich 33 bis 36 m Höhe. Netto=Einnahme des Revieres: 41 M. pro ha und Jahr.

[1]) Siehe Zeitschrift für Forst= und Jagdwesen (Danckelmann), Sept. 1879, S. 189 und November 1879, S. 317.

Im Jahre	Einschlag an kontrolfähigem Buchen=Derbholz überhaupt Festmeter	davon Nutzholz %	**Vom Nutzholze** in runden Abschnitten I. Kl. (v. +2 fm. Inhalt.) Festmeter	pro fm. M.	Pf.	überhaupt zum Preise von M.	Pf.	in runden Abschnitten II. Kl. (v. 1,5 bis 2 fm.) Festmeter	pro fm. M.	Pf.	überhaupt zum Preise von M.	Pf.	in runden Abschnitten III. Kl. (v. 1 bis 1,5 fm.) Festmeter	pro fm. M.	Pf.	überhaupt zum Preise von M.	Pf.	in runden Abschnitten IV. Kl. (v. 0,5 bis 1 fm.) Festmeter	pro fm. M.	Pf.	überhaupt zum Preise von M.	Pf.
1870	1621	755	47	165	16	22	2676	30	141	13	87	1955	67	201	9	07	1823	07	217	7	47	1620	9
1871	1470	610	41	111	21	89	2429	79	97	17	10	1658	70	150	13	85	2077	50	174	11	22	1952	2
1872	1492	926	62	420	22	50	9450	—	203	17	50	3552	50	149	14	17	2111	33	116	12	50	1450	—
1873	1197	679	57	272	31	67	8614	24	132	23	33	3079	56	150	20	—	3000	—	91	18	33	1668	03
1874	827	318	38	14	30	73	430	22	33	25	35	836	55	89	22	05	1962	45	124	16	81	2084	4
1875	1414	638	45	153	32	58	4984	74	86	25	88	2225	68	161	20	80	3348	80	165	15	88	2620	2
1876	2440	1407	58	299	21	36	6386	64	186	15	14	2816	04	265	12	66	3354	90	497	8	69	4318	9
1877	1060	463	44	170	19	62	3335	40	82	14	20	1164	40	82	10	91	894	62	96	9	20	883	2
1878	1661	660	40	57	21	28	1212	96	63	17	79	1120	77	155	13	78	2135	90	304	9	72	2954	8
1879	1836	708	39	110	20	01	2201	10	65	18	66	1212	90	149	14	28	2127	72	290	11	53	3343	7
Summa in 10 Jahren	15018	7164	48	1771	23 56 im Durchschn.		41721	39	1088	18 04 im Durchschn.		19622	77	1551	14 71 im Durchschn.		22816	29	2074	11 04 im Durchschn.		22896	6

Bestandes = Aufnahmen gewonnenen Materials und veröffentlicht die Resultate. In der Vorrede zu dem betr. Werke ist hervorzuheben, daß die Verantwortung für die Methode und die Resultate der Verarbeitung lediglich von dem Bearbeiter zu übernehmen sei."

3. Berathung über die von der Badischen Versuchs-Anstalt gestellten Anträge:

    a) betr. Abänderungen des Arbeits=Planes über die Aufstellung von Holz= Ertrags=Tafeln;

    b) beabsichtigt, das Kahlhiebsverfahren nicht mehr als Regel hinzustellen.

4. Bericht über die zwischen den Professoren Ebermayer und Müttrich vereinbarte Instruktion zu den Beobachtungen der für forstliche Zwecke errichteten meteorologischen Stationen in Deutschland; derselbe fand mit geringer Vervollständigung Genehmigung der Versammlung. Die eingehende Debatte führte, namentlich auf Antrag des Kammerrath Horn aus Braunschweig, zum Beschlusse:

    a) die Einrichtung von Regenmesser=Stationen im und in größerer Entfernung vom Walde auf Freiland;

	wurden verkauft																				Bemerkungen.
	in runden Ab=schnitten v. Kl. (v. — und bis 0,5 fm.)					in Klaftern I. Kl.					in Klaftern II. Kl.					in Summa					
Festmeter	pro fm.		überhaupt		Festmeter	pro fm.		überhaupt		Festmeter	pro fm.		überhaupt		Festmeter	überhaupt		pro fm.		
	z. Preise von M.	Pf.	M.	Pf.		z. Preise von M.	Pf.	M.	Pf.		z. Preise von M.	Pf.	M.	Pf.		zum Preise von M.	Pf.	M.	Pf.	
28	6	67	186	76	—	—	—	—	—	3	7	30	21	90	755	8284	69	10	97	Darunt. sind an Werbgskost. enthalt.: überh. f. 755 fm 406,82 M. b. p. fm 0,54 M.
70	10	47	732	90	7	11	57	80	99	1	8	57	8	57	610	8940	73	14	66	= = 610 = 364,74 = = = = 0,60 =
82	12	50	400	—	6	10	71	64	26	—	—	—	—	—	926	17028	09	18	39	= = 926 = 548,26 = = = = 0,59 =
31	19	17	594	27	3	13	29	39	87	—	—	—	—	—	679	16995	97	25	03	= = 679 = 394,10 = = = = 0,58 =
51	14	48	738	48	—	—	—	—	—	7	11	79	82	53	318	6134	67	19	29	= = 318 = 184,20 = = = = 0,58 =
69	13	90	959	10	4	12	61	50	44	—	—	—	—	—	638	14188	96	22	24	= = 638 = 414,37 = = = = 0,65 =
151	07	91	1194	41	9	12	69	114	21	—	—	—	—	—	1407	18185	13	12	92	= 1407 = 909,80 = = = = 0,65 =
19	10	53	200	07	8	12	40	99	20	6	22	50	135	—	463	6711	89	14	50	= = 463 = 283,80 = = = = 0,61 =
63	10	37	653	31	6	13	84	83	04	12	11	17	134	04	660	8294	90	12	57	= = 660 = 459,20 = = = = 0,70 =
81	11	94	967	14	2	22	39	44	78	11	11	30	124	30	708	10021	64	14	15	= = 708 = 487,40 = = = = 0,69 =
595	11	14	6626	44	45	12	82	576	79	40	12	66	506	34	7164	114786	67	16	02	überh. f. 7164 fm 4452,65 M. b. p. fm 0,62 M.
	im Durchschn.					im Durchschn.					im Durchschn.					im Durchschn.				

b) Psychrometer = Stationen am Eingang und Ausgang von Waldungen zur Erforschung des Einflusses des Waldes auf den Feuchtigkeitsgehalt der durchströmenden Luft;

c) phänologische Stationen außer den forstlich=meteorologischen Stationen — in Erwägung zu nehmen.

5. Wurde von Bayern die Einrichtung von 2—3, Baden von 1—2, Sachsen von einer forstlich=meteorologischen Station angemeldet.

6. Professor v. Baur stellt seinen Bericht über den Festgehalt der Holz=raum=Maaße nach dem Vereinsuntersuchen noch im laufenden Jahr in Aussicht.

7. Die Geschäftsleitung gab über die Lage der Vereins = Arbeiten bis zum 1. Januar 1879 eine Uebersicht. Es sind ausgeführt:

a) 1041 Erhebungen für Aufstellung von Ertrags=Tafeln in Fichte, Buche, Erle, Birke, Kiefer, Fichte, Tanne u. a. Holzarten, in Baden, Bayern, Braunschweig, Preußen, Sachsen, Württemberg;

b) 107 Durchforstungs-, c) 77 Streu-, d) 69 Kultur - Versuchsflächen angelegt und

e) 30,156 Formzahlen ermittelt.

8. Die nächste Arbeit soll der Aufstellung von Fichten-Ertrags-Tafeln gelten.

Vom 18—21. April wurden die Reviere Biesenthal bei Ebers-walde, Falkenberg, Reg.-Bez. Merseburg und Langenberg bei Dresden von den Vereinsdelegirten besucht.

Bei der Herbst - Versammlung zu Wiesbaden am 19. September 1879 fehlte der Vertreter der Versuchs-Anstalt der Thüringischen Staaten, so daß nur sechs stimmberechtigte Mitglieder anwesend waren.

Oberforstmeister Danckelmann leitete die Sitzung und vertheilte an die Mitglieder das vom Professor v. Baur bearbeite Vereins-werk „Untersuchung über den Festgehalt und das Gewicht des Schichtholzes und der Rinde".[1]

Die Tages-Ordnung lautete:

1. Berathung über die vom Professor Schuberg gestellten Anträge auf Abänderung des Arbeits - Planes für Aufstellung von Ertrags-Tafeln. Dieselben werden nach längerer Debatte abgelehnt und wird Aufrechterhaltung der bisherigen Fassung des Arbeits-Planes beschlossen.

2. Bericht über die Anzahl und Lage der forstlich-meteorologischen Stationen, welche in Baden, Bayern, Sachsen, den Thüringischen Staaten und Württemberg errichtet werden sollen. Die Lage derselben wurde von Bayern, Braunschweig und Sachsen bestimmt angegeben, die übrigen Vereins - Staaten waren noch nicht festen Entschlusses.

Ueber die Kosten, welche für Vervielfältigung der Schuberg'schen Anträge und fortan im Allgemeinen für die Vereins-Interessen einer Anstalt erwachsen, — wurde das Verfahren gleicher Repartition durch die Geschäftsleitung allseitig angenommen.

Die nächste Konferenz wird vor der allgemeinen Forstversammlung im Jahre 1880 zu Wildbad zusammentreten.

Ueber das forstliche Versuchswesen erschienen die „Mittheilungen" Oesterreichs unter Redaktion von Dr. A. v. Seckendorff im Jahre 1879 in zwei Heften des II. Bandes, welche in opulenter Ausstattung (bei

---

[1] Augsburg 1879. Schmid'sche Verlagsbuchhandlung (A. Manz).

C. Gerold's Sohn in Wien) eine Reihe interessanter Resultate, meistens spontaner geistiger Arbeit einzelner Forstmänner und Naturforscher, darbieten. Es ist hierdurch der wissenschaftlichen Forschung freie Bahn gemacht. Weitangelegte nur von zahlreichen Arbeitern zu bewältigende Versuchsreihen in den Wäldern Oesterreichs lassen sich auf diesem Wege freilich nicht durchführen. Zehn verschiedene Arbeiten von acht Autoren füllen die 247 Seiten des Bandes in 4°.

---

10. Das forstliche Unterrichts- und Bildungs-Wesen.

Die Frequenz der Lehranstalten, an welchen die Forstwissenschaft in deutscher Sprache vorgetragen wird, ergiebt nach der mir gütigst ertheilten Auskunft der Direktoren oder mir sonst befreundeter Professoren nachstehende tabellarische Zusammenstellung der Forstlehrinstitute und ihrer Studentenzahl vom Sommer 1879 und Wintersemester 1879/80 für Deutschland, Oesterreich und die Schweiz.

Bezeichnung der Lehrstätte, sowie Angabe des Semesters	Anzahl der Studirenden					Bemerkungen.
	Deutsche		Aus-länder	Summa		
	Landes-angehörige	sonstige Deutsche		Som-mer Semester 1879	Win-ter Semester 1879/80	
A. Deutschland.						
I. Universitäten. cf. Bemerkung bei: III. Hohenheim.						
München, S.-S. 79	68	31[1]	12[2]	111	—	Die Summenzahl b. in Deutschland inscribirten Forststudenten und Academikern betrug:
= W.-S. 79/80	77	40		—	117	
Gießen, S.-S. 79 . . .	18	—	1	19	—	S.-S. 1879 = 608,
= W.-S. 79/80	19	2[3]	(Holland) 1	—	22	W.-S. 1879/80 = 581.
		Sa. I. . . .		130	139	
II. Polytechnika.						
Carlsruhe, S.-S. 79				30	—	
= W.-S. 79/80	20	7	7	—	27	
		Sa. II. . . .				

[1] Hiervon aus Baden 1, Braunschweig 4, Elsaß-Lothringen 2, Oldenburg 1, Preußen 6, Württemberg 16, während auf der Akademie des Landes (cf. Hohenheim) nur 14 Württemberger gleichzeitig studiren, welche Zahl im Winter-Semester 79/80 sich auf 9 verminderte. Um diese Zahl (9) haben die Nicht-Bayern in München zugenommen.

[2] Hiervon sind aus Luxemburg 3, Norwegen 4, Oesterreich-Ungarn 3 Rußland 1, Schweiz 1.

[3] 1 Preuße, 1 Waldecker.

Bezeichnung der Lehrstätte, sowie Angabe des Semesters	Anzahl der Studirenden					Bemerkungen
	Deutsche		Ausländer	Summa		
	Landesangehörige	sonstige Deutsche		Sommer Semester 1879	Winter Semester 1879/80	

III. Isolirte Akademieen und Fachlehranstalten.

Bezeichnung der Lehrstätte, sowie Angabe des Semesters	Landesangehörige	sonstige Deutsche	Ausländer	Sommer 1879	Winter 1879/80	Bemerkungen
Eberswalde, S.=S. 79	85	7	6	98	—	
= W.=S. 79/80	69	6	8		83[4]	
Münden, S.=S. 79	86	20	—	106	—	
= W.=S. 79/80	60	11	—		71	
Tharand, S.=S. 79	25[5]	9[6]	44[7]	78	—	
= W.=S. 79/80	46[8]	22[9]	53[10]		121	
Hohenhenheim, S.=S. 79	14	3	3	20	—	Die Zahl von Forstleuten, welche in Tübingen jurist. Stub. treiben, ist mir nicht bekannt geworb. cf. Supplemente zur A. F.= u. J.= Zeitg. XI, 1 (Loreh).
= W.=S. 79/80	9	4	2		15	
Aschaffenburg, S.=S. 79	94		3	97	—	
= W.=S. 79/80	70		3		73	
Eisenach, S.=S. 79	5	42	2	49	—	
= W.=S. 79/80	4	43	5		52	
Sa. III.				448	415	

IV. Landwirthschaftliche Akademieen und Universitätsinstitute, auf denen forstliche Kollegien gelesen worden.

Bezeichnung der Lehrstätte, sowie Angabe des Semesters	Landesangehörige	sonstige Deutsche	Ausländer	Sommer 1879	Winter 1879/80	Bemerkungen
Halle, S.=S. 79		9	1	10	—	
= W.=S. 79/80		8	3		11	
Proskau, S.=S. 79		17	7	24	—	Gesammtzahl der Stub. 62.
= W.=S. 79/80		20	7		27	= 51.
Poppelsdorf, S.=S. 79	30	7	4	41	—	
= W.=S. 79 80	29	7	6		42	
Sa. IV.				75	80	Ausländer hörten forstliche Vorlesungen im S.=S. 79: 80 Stub., im W.=S. 79/80: 85 Studenten.

B. Oesterreich.

Bezeichnung der Lehrstätte, sowie Angabe des Semesters	Landesangehörige	sonstige Deutsche	Ausländer	Sommer 1879	Winter 1879/80	Bemerkungen
Bodenkulturhochschule zu Wien, S.=S. 79	—	—	—	274	—	Centralblatt 1879 S. 530. = 1880 = 45.
W.=S. 79/80	—	—	—		317	133 Aufnahme = Bewerber sind in den beib. Terminen am 15. Octbr. 78/79 zurückgewiesen.
Lehranstalt zu Weißwasser[11]), S.=S. 79	—	—	—	86	—	
W.=S. 79/80	—	—	—		86	
Desgl. zu Eulenberg[11]), S.=S. 79	—	—	—	44	—	Hiervo 2 anb. Oesterreicher sonst nur Mähr.=Schlesier.
W.=S. 79 80	—	—	—		44	
Sa.				404	447	

C. Schweiz.

Bezeichnung der Lehrstätte, sowie Angabe des Semesters	Landesangehörige	sonstige Deutsche	Ausländer	Sommer 1879	Winter 1879/80	Bemerkungen
Polytechnikum zu Zürich, S.=S. 79	53	—	1	54	—	
= = W.=S. 79/80	46	—	1		47	
Sa.						

---

[4]) Hiervon 58 Civileleven, 10 Reit = Feldjäger für den preußischen Staatsdienst, die übrigen Studenten bereiten sich theils auf die Verwaltung eigener Waldgüter, theils auf den Kommunaldienst vor. Die Nicht = Preußen sind aus Gotha 1, Mecklenburg 3, Reuß j. L. 1, Rudolstadt 1; die Ausländer aus Holland 3, Böhmen 1, Rußland 3, Schweden 1.

[5]) 18 Staatsdienst-Aspiranten, 7 ohne Anspruch auf Staatsdienst.

[6]) 5 Preußen, 3 aus Reuß j. L., 1 Bayer.

[7]) 34 aus Oesterr.=Ungarn, 3 Russ. Ostj.=Prov., 2 Polen, 1 Holländer, 1 Franzose, 1 Portugiese, 2 Norweg

[8]) 33 Staatsdienst-Aspiranten, 13 ohne Anspruch auf Staatsdienst.

[9]) 14 Preußen, 4 aus Reuß j. L., 2 aus Altenburg, 1 aus Bayern, 1 aus Mecklenburg.

[10]) 42 aus Oesterr.=Ungarn, 1 aus Schweden, sonst wie ad 7.

[11]) Beide Anstalten werden von dem böhm. resp. mährisch-schlesischen Forst=Schul=Vereine unterhalte

Die isolirten landwirthschaftlichen Akademieen finden in schneller Aufeinanderfolge ihr Ende. Nachdem vor vier Jahren die Akademie Eldena allerdings an Zuhörer-Mangel ihre Aufhebung erlebt, steht die letzte isolirte landwirthschaftliche Akademie Preußens—Proskau— vor ihrer Auflösung, und zwar keineswegs veranlaßt durch Mangel an Studirenden, deren Zahl in dem Momente, wo die entscheidende Behörde die Verlegung der Akademie nach Berlin und Breslau in Erwägung nahm, noch die Durchschnittsfrequenz überschritt.

Hohenheim, die letzte deutsche Akademie, an welcher die gesammte Boden-Wirthschaft gleichmäßig vertreten ist, „kämpft um's Dasein". Man zieht bereits die finanziellen Register, um den Todtenmarsch zu intoniren.

Nach dem Württembergischen Hauptfinanzetat für 1. April 1879 bis 31. März 1881 ergiebt sich als Jahresetat:

a) für die Universität Tübingen 615,000 M. bei 1000 Studirenden,
b) für die Akademie Hohenheim 113,723 M. =   80   =
c) für das Polytechnikum   230,268 M. = 440   =
d) für die Baugewerksschule   127,380 M. = 620   =

Hiernach berechnet man in Württemberg:

bei a) 600 M. für einen Studenten,
 = b) 1420 M.   =   =   =
 = c) 520 M.   =   =   =
 = d) 200 M.   =   =   =

Nach Abzug der Ausländer kostet dem Staate ein in Hohenheim Studirender 2 bis 3000 M.[1])

Es ist wohl nicht zu billigen, daß man für die Stätten der Wissenschaft nur den Effect in Rechnung stellt, welcher sich durch Division der Zuhörerzahl in den Gesammtaufwand des Staates für die Anstalt ergiebt. Das »nutrimentum spiritus«, welches sich verkörpert in der Gesammtheit der Lehrstätte durch Lehrer und Lernende, bildet eine imponderable Größe, welche häufig durch einen einzigen Forscher einen viel höheren Werth — auch direct für den Staat und die Wissenschaft — gerade in dem unmittelbaren Contact mit den Lehrobjecten — darstellt, als jener Gesammtdividendus beträgt. Die

---

[1]) Allg. F.= u. J.=Zeitung. Juni 1879 S. 212.

Lehre von der freien Forschung in unserem forstlichen Gebiete glaube ich — ist nicht auf Universitäten geboren, so viel auch gegenwärtig die Professoren-Welt für den Anschluß an die geheiligten Stätten der universitas literarum sich erwärmt und kämpft. Wie es einst Dr. Borggreve auf der Mühlhausener Versammlung der deutschen Forstmänner aussprach, so wird auch heute noch die Frage — ob Universität oder isolirte Akademie — ihre Entscheidung meist in den Kreisen und dem persönlichen Interesse der Professoren zu Gunsten des Universitätsunterrichtes finden.

Ueber die Wiener Hochschule für Bodencultur berichtet man — von nicht besonders erfreulichen Erscheinungen. Professoren und Studenten stehen in zwei Lagern gegenüber. Ein Theil der Lehrer will die Hochschule mit der Wiener Universität vereinigt wissen. Die Universität refüsirt derartigen Anschluß. Ein Professor der Hochschule meint, [1] diese Anstalt sei weder Hochschule, da sie nicht mit der Universität vereinigt sei, und kaum 10% der Hörer das volle Abiturienten-Examen bestanden hätten, noch Fachschule in ihrer Isolirung vom Walde. Von den ca. 300 Hörern und darunter 250 Forst-Studenten sollen kaum 50 bis 60 Berufsforstwirthe sein. — Die Situation in Wien spricht demnach nicht für das „Hochschulwesen" neben der Universität.

Die Kammer der Württembergischeu Abgeordneten faßte in der Sitzung am 22. Januar 1879 mit großer Majorität den Beschluß: „die Kgl. Regierung zu ersuchen, die Frage der Verlegung der forstwirthschaftlichen Lehranstalt Hohenheim nach Tübingen in Erwägung zu ziehen und sie zu bitten, spätestens bei Vorlegung des nächsten Etats den Ständen eine Darlegung der einschlagenden Verhältnisse zu geben, sowie

an Stelle des landwirthschaftlichen Theiles der Akademie eine landwirthschaftliche Mittelschule zu errichten."

Völlig entgegengesetzt lautet der einstimmige Beschluß der Kammer der Standesherren vom 7. Februar c. a.:

---

[1] S. Prof. Dr. M. Wilkens, der Hochschul-Unterricht für Land- und Forstwirthe im Hinblick auf die Frage der Einverleibung der Wiener Hochschule für Bodenkultur in die Wiener Universität. 36 S. Wien. Faesy u. Frick. (1 M.)

„jenen von der Kammer der Abgeordneten gefaßten Beschlüssen die Zustimmung zu versagen."

In der Tagesliteratur spielt sich nun ungefähr das gleiche Bild ab, wie es bei der Reorganisation des forstlichen Unterrichtswesens in Bayern fast 2 Jahre früher sich entrollte. Für die Universität kämpfte hier in erster Reihe ein höherer Staats=Beamter, dort Professor Dr. Lorey, welcher erst vor 2 Semestern den Universitätslehrstuhl in Gießen[1]) mit dem an der Akademie Hohenheim vertauschte und nun, gestützt „auf das einheitliche Urtheil aller Fachleute in Württemberg", für die Verlegung des forstlichen Unterrichtes an die Universität Tübingen in der Journal=Presse eifrig bemüht ist.[2])

Durch ein Verhandlungsthema[3]) des Württembergischen Forstvereins am 17. Juni in Backnang wurde auch dessen Stellung zur Unterrichtsfrage erforscht. Die dort gefaßte Resolution sprach sich dahin aus, daß durch das bereits geforderte Maturitätsexamen an sich die Vereinigung des gesammten forstlichen Unterrichtes mit der Landesuniversität geboten sei.

Der durch die Universität München[4]) ernstlich gefährdete forstliche Unterricht in Württemberg mache die Ueberführung der Forstakademie Hohenheim nach Tübingen „dringend nothwendig".

In der Studiengemeinschaft der Forststudenten mit den Landwirthen, welche als Grund der Verlegung des Forst=Studiums von Hohenheim nach Tübingen auch geltend gemacht wird, vermag ich, abgesehen von der leider auch auf den Universitäten nicht geforderten Maturität für die letzteren, die vielfach hervorgehobenen Nachtheile nicht zu erblicken. Der weniger gebildete Landwirth wird durch den Umgang mit den Forstwirthen gehoben, er wächst mit seinem höheren

---

[1]) Für die a. a. Professur an dieser Universität wurde als Nachfolger Dr. Lorey's, der Fürstlich Hatzfeldt'sche Forstmeister H. Stoetzer früher zu Schoenstein a. d. Sieg, berufen, welchem die obere Leitung der Forsten des Fürsten v. Hatzfeldt — sicherlich zum Vortheil seiner Lehrthätigkeit — verblieben ist.

[2]) Allg. Forst= und J.=Zeitung. April 1879, S. 140 und Supplemente ders. XI., 1. S. 28.

[3]) Forstwissensch. Centralblatt 1879, S. 593.

[4]) Vergl. die obige Zusammenstellung, nach welcher in München 16, in Hohenheim 14 Württemberger studiren.

Zwecke. Der Docent muß seinen Vortrag nach den Gesetzen wissen=
schaftlicher Redeweise einrichten, ob er den Lehrstuhl einer Universität,
Akademie, eines Polytechnicums, oder einer durch Wien gegenwärtig
vertretenen Hochschule mit Studenten sehr verschiedener Vorbildung
betritt. Bei spannenden Vorträgen bemüht sich der weniger gebildete
Hörer eifrig, seine Lücken auszufüllen, oder — er wird bald unter
den „Fehlenden erblickt". Letzteres ist allerdings dann sehr unangenehm
für den Professor, wenn das ganze Collegium nur wenige Zuhörer hat.

Für die Forstleute aber lege ich — event. unter Verzicht auf
die Vertiefung der Zoologie — einen hohen Werth auf das Studium
eines der Hauptfächer der Landwirthschaft, (specielle Ackerbaulehre und
Wiesenbau), weil der Forstbeamte, namentlich der künftige Privat= oder
Communal=Verwalter, gegenwärtig in vielfache Beziehnngen zum
Schwesterbetriebe tritt — als Bewirthschafter seines Dienstlandes oder
Berather ihm untergebener Beamten, als Leiter des Waldwiesenbaues,
als Taxator oder Beirath in Wildschaden=Ermittelungen und ganz
hervorragend als Amtsvorsteher in Preußen. Diese meine Ansicht
wird u. a. durch das Prüfungsreglement der Aspiranten für den
Sächsischen Verwaltungs=Dienst bestätigt, welches die Prüfung in der
Landwirthschaft und im Wiesenbau einschließt, und demgemäß auch den
Unterricht versorgt.

Für die Akademie Tharand wurden durch Ministerial=Rescript
vom 30. Juni 1879 einige „nicht unwesentliche Abänderungen" des
„Allgemeinen Planes", d. h. der gesammten statutarischen, gesetzlichen
und Lehr=Einrichtungen für die Akademie, ihrer Lehrer und Studiren=
den getroffen.[1]

Trotz der großen Anstrengungen der Schlesischen Landwirthe, die
Akademie Proskau sich zu erhalten, hat doch schließlich ein Con-
ferenzbeschluß der Professoren und demgemäß eine Eingabe an den
Herrn Ressort=Minister den Entschluß desselben gezeigt, Seiner
Majestät dem Könige die Aufhebung der Akademie am 1. April 1881
zu empfehlen.

In Berlin wird sodann die neue Hochschule für Bodenkultur
eröffnet werden. Man vermuthet, daß in Proskau für die Interessen

---

[1] Tharander Forstl. Jahrbuch. 29. Band. 4. Heft. S. 313.

der Forstverwaltung entweder durch Errichtung einer Forstlehrlings=
schule oder eines Waisenhauses für Forstbeamten=Söhne, welche ihre
Ernährer im Dienste am Walde verloren haben, eine Stätte frei
werden wird. Außer der Försterlehrlingsschule zu Groß=Schönebeck[1])
ist bis heute noch keine ähnliche Einrichtung in's Leben gerufen wor=
den. Die Ansichten über die Zweckmäßigkeit derartiger Anstalten
werden in Vereinen mannigfach geäußert und finden — wenigstens
für Preußen — ihre Fürsprecher wie ihre Gegner. Die nach dem
Regulativ vom 15. Februar 1879 angeordnete Beschränkung in der
Wahl der Lehrherren (1. Seite 94) und die im §. 3 l. c. vorge=
sehene Einrichtung von besonders geeigneten Lehroberförstereien, welche
jährlich bekannt gemacht werden sollen, bietet für die Ausbildung der
preußischen Försteraspiranten sichere Gewähr.

Der günstigste Gesichtspunkt, welchen ich den Förster=Lehrlings=
schulen abgewinne, ist die Unterstützung der Forstbeamten selbst, oder
deren Wittwen, welchen dadurch die Erziehung ihrer Söhne erleichtert
wird. Insofern möchte ich das für Proskau geplante Unternehmen
einer militairisch einzurichtenden Erziehungsanstalt für Forstbeamten=
Waisen als segenbringend begrüßen.

Ein Antrag des Director Themann, welcher auf der Tages=
ordnung der VIII. Versammlung deutscher Forstmänner zu Wiesbaden
stand, die Versammlung wolle erklären:

„Die Errichtung einer forstlichen Mittelschule in Preußen
ist zweckmäßig",

mußte in Abwesenheit des Antragstellers vertagt werden. Vielleicht
erscheint der Antrag von Neuem auf der nächsten Versammlung.
Wenn derselbe neben dem Bildungs=Ziele einjährigen Militair=Dienstes
in weiterer Ausgestaltung die Ausbildung von Forstverwaltern für den
Privat= und Communaldienst (die Verwalter von ca. 70% der Ge=
sammtwald=Fläche) anstrebt, wird er gewiß eine bedeutende Unter=
stützung finden.

Am 1. October d. Js. wurde der bisherige Oberförster, Pro=
fessor Dr. Borggreve zu Bonn, als Director der Forst=Akademie
Münden, unter Ernennung zum Oberforstmeister, berufen auf jenen

---

[1]) Chronik 1878, S. 45.

Lehrstuhl, den A. Bernhardt nur wenig länger als ein Semester mit einer Frequenz von 106 Studirenden hindurch innegehabt hatte. Zum Nachfolger im Dr. Borggreve's Lehr-Amte und der Verwaltung der Oberförsterei Kottenforst wurde ich von Proskau berufen.

Für die in den preußischen Staatsforst-Dienst eintretenden Abiturienten hat Oberforstmeister Danckelmann zu Eberswalde einen consultativen Plan für Beginn und Eintheilung der einzelnen Abschnitte der verschiedenen Carrieren (a. Civil-, b. Feldjäger, c. Fußjäger) je nach dem Abgange von der Schule zu Ostern oder Michaelis entworfen, welcher die mannigfachen Zweifel der Aspiranten und ihrer Väter zu beseitigen bestimmt ist und von Eberswalde auf Wunsch versendet wird.

---

11. Das Vereinswesen.

A) Mit fachwissenschaftlichen Zwecken.

Die deutschen Forstmänner tagten vom 14.—18. September in Wiesbaden.[1] Mit Beginn des Jahres 1880 erschien der Bericht über die VIII. Versammlung bei J. Springer, Berlin, 194 Seiten. Die Zahl der Theilnehmer betrug 371, darunter 211 Preußen, 39 Bayern, 36 Hessen, 19 Reichsländer, 15 Badenser, 13 Württemberger, 12 Sachsen, 12 Braunschweiger, 13 sonstige Deutsche, 1 Süd-Amerikaner (Dresden VII. Versammlung 250, Eisenach VI. 420, Bamberg V. 407.) Oberforstmeister Danckelmann—Eberswalde wurde zum ersten, Oberforstmeister Tilmann—Wiesbaden zum 2. Präsidenten durch Acclamation gewählt.

Das forstpolitische Thema dieser Versammlung lautete: 1) Wie weit soll sich der Einfluß des Staates auf die Bewirthschaftung der Privatwaldungen erstrecken?

---

[1] Forstw. Centralblatt 1880, S. 49. Centralblatt f. d. ges. F.-W. 1879, S. 571 das. S. 619. Forstl. Zeitschr. 1879, S. 359. Zeitschr. f. F.- u. J.-W. 1879, S. 62 das. S. 295. Allg. F.- u. J.-Zeitung 1880, S. 31. Abhandl. von Borggreve, Forstl. Blätter 1880, S. 13, über Thema 1.

Das Referat des Forstmeister Frh. v. Raesfeldt ist in dem forstwissen-schaftlichen Centralblatt abgedruckt. Der daran geknüpfte Antrag nebst Resolutionen lagen bereits der VII. Versammlung zu Dresden vor, wurden jedoch dort ver-tagt.[1]) Nach Recapitulirung aller Momente durch den Referenten und einem scharf gegliederten Correferat des Oberforstmeister Danckelmann faßten beide Referenten eine Reihe von Resolutionen ab, welche die Versammlung am 2. Sitzungstage annahm, obwohl — wie der Referent der „forstlichen Blätter"[2]) meint — außer den Vätern der nun geeinten Anträge wohl Niemand recht wußte, „worin sie mit der Erstgeburt differirte oder ihr gleich sah." Die Frage der Bevormun-dung der Privat-Meldungen, um die es sich handelt, ist auch für den einzelnen Eigenthümer oft unbegreiflich und von der Gesammtheit der Bürger schwer zu verstehen, wenn man namentlich, wie ein Redner der Versammlung,[3]) die „natio-nale Arbeit", welche der Wald liefert, (sonst wohl Arbeitsrente der Waldproducte genannt) gegen den Effect der freien Verfügung den Privaten durch staatliche Hülfe schützen zu müssen glaubt. Man muß eben von der wissenschaftlichen und geschichtlich begründeten Wahrheit der Einflüsse des Waldes auf das Wohlsein der Nationen volle Ueberzeugung haben, um ohne Bedenken für die Expropriation von Forstparzellen behufs zwangsweiser Herstellung von Forstgenossenschaften oder für Bildung von Schutzwaldungen sich zu erklären. Nach den vereinigten Resolutionen soll die staatliche Beschränkung des Privatwald-Eigenthumes nur gerechtfertigt und geboten sein, wenn und insoweit es das öffentliche Interesse erfordert. Sie erfolgt im Wege des Gesetzes und soll sich erstrecken 1) auf Schutzwaldungen, 2) auf Gemeinschaftswaldungen. Für beide Kategorien, ihre Bildung und zu beschrän-kende Naturaltheilung werden eingehende gesetzliche Modalitäten vorgeschlagen. Hiervon habe ich auf Seite 93 bereits der Genossenschaftswaldungen und Forst-genossenschaften Erwähnung gethan, über welche Herr Danckelmann im Preu-ßischen Landes-Oeconomie-Collegium referirte.

Die Resolution will die zwangsweise Bildung derselben von der Zustimmung von 1/3 der Zahl der Betheiligten abhängig machen, deren Grundstücke jedoch mehr als die Hälfte des Grundsteuer-Reinertrages darstellen. Für den Fall, daß diese Mehrheiten nicht zu Stande kommen, steht den Communal-Verbänden und dem Staate das Recht der Enteignung rücksichtlich der Grundstücke zu, deren Eigen-thümer der Genossenschaftsbildung widerstreben. Die Bildung der verschiedenen Kategorien des consolidirten Waldeigenthumes solle von besonderen Waldschutz-behörden, mit Forsttechnikern als Mitgliedern, geschehen; — Straf-Gesetze sollen die Durchführung sicher stellen, und staatliche Behörden diese überwachen.

Das zweite Thema der Tagesordnung lautet:

„Ist es zweckmäßig, der wirthschaftlichen Eintheilung in Gebirgsforsten

---

[1]) Bericht der VII. Versammlung der deutsch. Forstm. Dresden 1870.
[2]) November-Heft 1879, S. 351 flgd.
[3]) Oberförster Ney-Schirmeck im Elsaß, S. 64. Bericht über die VIII. Versammlung.

die Projectirung eines den Wald in allen seinen Theilen aufschließenden Weg-
Netzes vorausgehen zu lassen, und in welcher Weise ist bei der Projectirung und
Festlegung des Wegnetzes zu verfahren?"

Als Referent fungirte der auf dem Gebiete des Wegebaues als
Specialist bekannte Forstmeister Kaiser aus Cassel, — als Corre-
ferent Geheimer Rath Dr. Grebe = Eisenach. Letzterer schlug nach
eingehender Discussion, an welcher sich u. a. der Lehrer des Wegebaues an der Akademie Eberswalde Oberförster Runnebaum, betheiligte, mehrere Resolutionen vor, welche die Annahme der Versammlung fanden.

Nach denselben empfiehlt es sich, „systematisch bearbeitete Wege-
netze thunlichst der Waldtheilung und Betriebsregulirung in neu einzurichtenden Gebirgsforsten zu Grunde zu legen und die hierzu nothwendigen typographischen, nivellistischen und Vermessungs-Arbeiten
sowohl, wie die Betriebs-Regulirungs-Arbeiten selbst, unter steter
Mitwirkung der Local-Verwaltung ganz oder theilweise durch
Taxations-Commissionen ausführen zu lassen, an deren Spitze im
Interesse der Arbeit selbst, wie zur Ausbildung tüchtiger Hülfs-
Arbeiter geometrisch und forsttechnisch erfahrene und geübte Commissäre
stehen." Die weiteren Resolutionen waren nur Specialisirungen des
obigen Hauptsatzes. Nach dieser 136 Seiten des „Berichtes" füllen-
den Absolvirung der 2 ersten Themata wurde wegen Zeitmangels
das 3. Thema über die Zukunft der Buchenhochwaldwirthschaft auf
Wunsch des Referenten für die IX. Versammlung reservirt.

Ein Antrag des Forstmeister Knorr=Münden fand demnächst
einstimmige Annahme, daß die Drucksachen der Versammlungen der
D. F. auf Antrag Einzelner durch die Geschäftsführung per Post
schon vor der Versammlung versendet werden, um die Theilnehmer
schon vorher zu den einzelnen etwa gedruckt vorliegenden Resolutionen
Stellung nehmen zu lassen und um sich vorher über die zu besuchen-
den Wälder besser instruiren zu können, als es bisher möglich war.
Vor und nach den Verhandlungen wurden Excursionen gemacht in
die Oberförsterei a. Wiesbaden, b. in die Reviere Königstein und
Homburg, c. zum „Niederwald", dessen Höhe das National=Denkmal
des deutschen Volkes schmücken wird und in seiner Ausführung schon
weit vorgeschritten ist, in der Oberförsterei Lorch gelegen, und d) in

den Frankfurter Stadtwald.[1]) Im Jahre 1880 werden die deutschen Forstmänner in Wildbad tagen. Die sonstigen Nachrichten der Forstvereine lasse ich in tabellarischer Form folgen, um bei möglichster Raumersparniß schnelle Uebersicht über die Thätigkeit der einzelnen Vereine zu gewinnen, bezw. über die Journal-Literatur, in welcher Berichte und Referate sich befinden. S. Seite 130—133.

Der schweizerische Forstverein tagte 1879 in Neuchâtel und wird seine Versammlung im Jahre 1880 zu Schaffhausen halten.

Andere mit dem Forstwesen verwandte Vereine haben 1879 getagt; Referate sind in nachstehenden forstlichen Journalen enthalten:

a. den Holzhandel betreffend:

1. Der Wald-Industrie-Verein in Oesterreich — in Liquidation mit einem Verlust-Saldo von 2,721,643 Gulden de 1877. Gen.-Versammlung vom 12. December 1878, genehmigte mit einem Stande von 14% der Actien-Werthe den Verkauf an die Firma Liebig & Co. in Wien für 700,000 Gulden. G. Hempels Centralblatt, Heft 1, S. 55; Heft 2, S. 118; Heft 6, S. 345; Heft 11, S. 587.

2. Eine Holzhändler-Versammlung in Salzburg schließt sich (am 11. April 1879) dem neu gegründeten österreichischen Holzhändler-Verein an. (Große Gefahr für den salzburger Holzhandel durch die deutschen Holzzölle soll durch Herabsetzung der Tarifsätze der Elisabeth-Westbahn durch Beseitigung der „Spediteur-Wirthschaft" abgewendet werden). Centralblatt Heft 5, S. 290.

3. Unter Vorsitz des G.-Dom.-Inspector J. Wesselÿ tagte am 23. und 24. April 1879 der II. österreichisch-ungarische Holzhändler-Tag, besucht von Delegirten der betheiligten Ministerien, mehrerer Handelskammern, Bahnen und Forstvereine. Gründung des österreichisch-ungarischen Vereines der Holzhändler und Holzindustriellen durch Statuten-Annahme. Zum Präsidenten wurde J. Ritter, Pfeiffer und Hochwalden gewählt. (Streben nach einheitlichen Tarifsätzen und den Kohlen gleiche Transportbegünstigungen für Brennholz, Beseitigung der Refactien. Verein ist gegen Zölle auf Rohproducte. Regierung möge die Gefahren durch die deutschen Holzzölle beseitigen). C.-Bl. Juni 1879, S. 342.

4. Der bayersche Holzhändler-Tag verhandelte am 27. August zu München über die von seinem Ausschuß L. Gebhardt und Gen. (1. S. 88 dieser Chronik) an Reichskanzler und Reichstag gerichteten Eingaben gegen die Holz-Eingangszölle. 20 dissentirende schutzzöllnerische Mitglieder schieden aus dem Verein aus. Central-Blatt, Heft 10, S. 534.

5. Versammlung der Lohinteressenten in Budapest will die Zerreichen-Rinde wegen zu geringen Gerbstoff-Gehaltes vom Handel ausschließen. Central-Blatt, Heft 3, S. 173.

---

[1]) Einzelne Referate in dem Versammlungs-Bericht, S. 172 — 189. Berlin, Julius Springer.

Chronologischer Nachweis der Thätigkeit der Forstvereine und verwandter Gesellschaften.

A. Deutsche Vereine.

1. Nr.	2. Zeit der Vereinsversammlung.	3. Ort der Vereinsversammlung.	4. Bezeichnung der Versammlung.	5. Präsident.	6. Behandelte Themata von allgemein. Interesse.	7. Referenten.	8. Ort der nächsten Versammlung.	9. Quellenangaben.
1.	27. — 29. Mai.	Bad Elster.	25. Vers. des sächs. Forstvereins.	Geh. Ober-forstrath Judeich.	1. Entwurf des Waldwegenetzes und dessen Durchführung unter besond. Berücksichtig. der sächs. Verhältnisse. 2. Verkauf v. Stämmen ob. Klötzen in Fichten-Revieren? 3. Wänderungen b. sächsischen Forststrafgesetzes?	1. Oberforst. Schulze-Steinbach. 2. Oberforstl. Littmann. 3. Forstinsp. v. Cotta.	Döbeln (5. bis 7. Juli 1880).	Zeitschr. f. F.- u. J.-W. 1880, S. 163 u. Centralblatt für d. gef. Forstwesen. 1879, S. 344.
2.	16. u. 27. Juni.	Backnang.	4. Vers. d. württembergischen Forstvereins.	Forstrath v. Nördlinger.	1. Aufforstung groß. Windwurfflächen in Nadelwaldkomplexen (Fi. u. Ta.)? 2. Stellung d. Vereines z. b. forstl. Unterrichtsfr. (Hohenheim oder Tübingen? cf. S. 123 der Chronik "F.-Unterricht").	1. Revisfr. Haag-Untermeisfach. 2. Revierfr. Magenau-Schwann.	Ravensburg (erst i. Jahre 1881, da im nächst. häusl. b.allg.bischöfl. Versammlg. in Süddeutschland tagen soll).	Forstw.-Centralblatt 1879, S. 593, forstl. Bl. 1879, S. 327. Allg. F.- u. J.-Ztg. 1879, S. 400.
3.	20. — 22. Juni.	Elbing.	8. Vers. d. preußisch. Forstvereins f. d. gef. Prov. Preußen.	Oberforstm. Müller.	Insekten=Schaden und Vertilgung; Mäusefraß. Rodeversuche mit Maschinenkraft. Aufforstung der Brücher (Anbau der Fiche).	Forstmeister Schliemann. Obf. Siewert. Obf. Schulze, Forstmeister Goullon.	Osterode in Ostpreuß. am 14. Juni 1880.	Bericht vom Geschäftsf. des Vereins Obf. Reber zu Leipen bei Pesche, (Mehlau?).
4.	4. 5. Juli.	Greves-mühlen.	7. Vers. d. Vereins Mecklenburgischer Forstleute.	Oberforst-rath Passow.	Mäusefraß im Winter 1878/79. Kommt der Douglasfichte ein Platz in unseren Forsten zu? Ueberhandnehmen von Hylesinus piniperda u. minor. Eichenschälwald-Anlagen.	John Broth-Stein-Flottbek. Forstauditor v. Wickede-Zapel. Rothgerber Bef. Rommerich.	Güstrow 1880.	Zeitschr. für F.- und Jagdw. Wes. 1880, S. 164.

Nr.	Zeit	Ort	Versammlung	Vorsitzender	Verhandlungsgegenstände	Berichterstatter	Nächster Ort	Quelle
5.	7. Juli.	Berlin.	7. Vers. d. Württ. Forstvereins.	Oberfrstm. v. Maſſow zu Potsdam.	Waldſchutzgeſetz, Aufforſtung der Oedländereien u. Bildung von Waldgenoſſenſchaften (mit dem Princip der Enteignung). Reſtung der Eiche.	Landrath v. Quaſt-Raveseben. Obf. Lange-Friedrichseuß.	Drieſen.	Zeitſchr. f. F.- u. J.-W. 1879, S. 185.
6.	11.—13. Juli.	Ansbach.	2. Band.-Verſ. der mittelſt. Forſtwirth.	Forſtmſtr. Freiherr v. Beßmann.	Excurſionen.	—	Eichſtädt.	Forſtw. Centralblatt 1880, S. 125.
7.	28. u. 29. Juli.	Schlettſtadt.	6. Verſ. d. Elſ.-Lothringen'ſchen Forſtvereins.	Landfrſtm. Mayer.	Beſchaffung des Forſtſchutzperſonals für Gemeindewaldungen. Unterbau von Eichen- und Kiefernbeſtänden mit Rückſicht auf die Verhältniſſe von Elſaß-Lothringen.	Forſtmeiſter v. Weißenſtein. Oberförſter Reßmann.	1880 Saabburg, 1881 Straßburg.	Frſtw. Centrlbl. 1880, S. 247. Allg. F.- u. J.-Ztg. 1879, S. 445. Centrbl. f. b. gef. F.-W. 80, S. 38. Zſſchr. f. F.- u. J.-W. 79, S. 319.
8.	18.—20. Auguſt.	Landeck.	37. Verſ. des ſchleſ. Forſtvereins.	Oberfrſtm. Trammitz.	Waldbeſchädigungen. — Verminderung der Kulturkoſten. — Kultur des Bergahorns im ſchleſ. Gebirge. Mittel zur Hebung des Holzabſatzes. Urſprung u. Fortbildung d. deutſch. Jagdkunſt- oder Weidmannsſprache. Excurſionen.	Forſtmſtr. v. Kujawa. Forſtmſtr. Guſe.	Liegnitz.	Allg. F.- u. J.- 1879, S. 402. Centralblatt f. das gef. F.-W. 1879, S. 623. Zeitſchr. f. F.- u. J.-W. 1879, S. 142. Daſ. S. 304.
	26. u. 27. Auguſt.	Seeshaupt a. Starnbergerſee.	1. Band.-Verſ. oberbayeriſch. Forſtwirth.	—	Kultur	Oberförſtr. Cogho.	Bruck, Forſtamt Friedberg.	—
9.	31. Aug. u. 2. Septbr.	Stockach.	Verſ. des Badiſchen F.-Ver.	—	Forſtſchutz = Verhältniſſe der Eiche.	—	—	Frſtw. Centrlbl. 1880, S. 59.
10.	—	—	F.-Verein f. d. Grßh. Heſſen.	—	Trat mit Rückſicht auf die allg. deutſche Forſtverſ. in Wiesbaden 1879 nicht zuſammen.	—	—	Zeitſchr. f. F.- u. J.-W. 1879, S. 143.

9*

[1] Enthält Stenogramme der Verhandlungen, Statiſtik des Vereins und ſeiner Vereinsthätigkeit, Bericht der Excurſion in den Bezirk „Grunauer Wüſten" der Stadt Elbing, Wildbieß-Affairen und Morde 1869 und 1873 in dem Revier Leipen. Wegehobel für 18,5—21 M. fr. Bahnhof Lapiau zu haben.

B. Oesterreich-Ungarische Vereine.

1. Nr.	2. Zeit der Vereinsversammlung.	3. Ort der Vereinsversammlung.	4. Bezeichnung der Versammlung.	5. Präsident.	6. Behandelte Themata von allgemein. Interesse.	7. Referenten.	8. Ort der nächsten Versammlung.	9. Quellenangaben.
1.	9. März.	Brünn.	Brünner Aufforstungs- u. Berschönerungs-Berein.	Hofrath Ritter d'Elvert.	Rechenschaftsbericht über die Thätigkeit des Vereines.	Vereinsstr. Korzistka.	—	Centralbl. für b. gef. F.-B. 1879, S.218.
	14.—16. März.	Wien.	Oesterreich. Forstcongreß.	Fürst Colloredo-Mannsfeld.	1. Steuernachlässe für Wälder bei Unglücksfällen, in Ausführung des § 6 des Grundsteuergesetzes vom 24. Mai 1869. 2. Regierungsvorlage, betreffend die Einführung eines neuen Forstgesetzes.	1. Obstlm. Schmidl, Deleg. des böhmisch. Forstver. 2. Forstm. v. Obereigner, Deleg. b. steiermärkisch. Forstver.	Wien, Frühjahr 1880.	Centralbl. für b. gef. F.-B. 1879, S.269 u. allg. F.- u. J.-Ztg. 1879, S. 287.
			—	—		—	—	
				—			—	
2.	9.—11. Juni.	Stuhlweißenburg.	Kongreß ungarisch. Forstm.	Graf Siaray.	1. Die geeignetsten Arten von Forstbenutzung für das ungarische Alföld (Niederland). 2. Das Weiden in Eichenwäldern, welche bloß z. Eichel- u. Knoppernsammeln benutzt werden. 3. Gerbrindenschälwirthschaft.	Forstver.	—	Centralbl. für b. gef. F.-B. 1879, S.395.
		—	—	—		—	—	
		—	—	—		—	—	

3. 14.—15. Juli.	Freiwalbau.	Jahresverf. b. mähr.-schlesisch. Forstver.	Graf Szapary.	1. u. 2. Verschiedene Mittheilungen üb. Kulturwesen (Oberelschen-Anbau) und Insekten (Tannenwickler). 3. Exkursionsbericht aus b. Revieren Sandsdorf und Rothwasser. 4. Forstl. Betriebsmaßnahmen zur Beseitigung der zunehmenden Entwerthung der Brennholzerzeugung. 5. Der österr. Holzerport ben bschg. Zoll-Reformen u. b. Eisenbahn-Tarifwesen gegenüber. 6. Wirksamkeit und event. Bildung der Jagdschutzvereine.	—	—	Centralbl. für b. gef. F.-B. 1879, S. 395.
4. 20.—22. Juli.	Oberhollabrunn.	8. Mitgliedervers. b. Manhartsberger Forstvereines.	Prälat J. Bech.	Aufforstung d. Manhartsberges, Erweiterung des Vereins zu einem "niederösterr. Landesforstverein".	4. Obfrstm. Wichtig. 5. Dbf. u. Forstmstr. Müller. 6. Baron v. Gudenau.	1880 Stadt Zwettl.	Centralbl. für b. gef. F.-B. 1880, S. 33.
5. 4.—5. August.	Steyr.	22. Jahresverf. des oberösterr. Forstver.	Graf Friedr. Dürckheim-Montmartin.	1. Ablösung von Forstservituten in Oberösterreich. 2. Forstgeseß-Entwurf. 3. Wirthschaftsführung in b. Bauernwaldungen. 4. Holzablaßverhältnisse. 5. Wildschäden durch Rehe und Hasen.	1. Forstmstr. Meier. 2. k.k. Forstm. Forster. 3. k.k. Fst.-R. Bondrad. 4. Forstbir. Donnes. 5. Forstinsp. Grabner.	Meyer 1880.	Centralbl. für b. gef. F.-B. 1879, S. 521. Daf. S. 573. Daf. S. 630.
6. 4.—7. August.	Starkenbach.	31. Gemeindforst. b. böhmisch. Forstver.	S. b. Fürst S. v. Schwarzenberg. General-Inspektor a. D. Wessely.	(Ist mir leider nicht bekannt geworden)[1].	—	—	Centralbl. für b. gef. F.-B. 1880, S. 37.
7. 7.—11. Septbr.	St. Peter u. Fiume.	Bamberof. b. österr. Reichsforstb. in Gemeinsch. m. b. train-küstenl. u.b. croatisch-slavonischen Forstverein.		Karstbeschäftigung.	—	—	Centralbl. für b. gef. F.-B. 1879, S. 621.

[1]) Vertheilte 1878 ca. 4,6 Millionen Forstpflanzen u. 494 kg blü. Sämereien an Gemeinden u. Klein-Waldbef. (Ctrbl. 1879, S. 179 Aug. Septbr.)

b. Jagdliche Interessen förderten eine große Zahl von Vereinen in vielen größeren Staaten, von denen ich hervorhebe:

6. Die IV. Versammlung des Allg. deutschen Jagdschutzvereines zu Breslau am 28. März 1879. 2204 Mitglieder. Vertheilte Prämien 1877 — 5730 M. 1878 — 7329 Mark; derselbe hat in Dresden Domicil und Corporationsrechte. (Bericht der deutsch. landw. Presse u. Baur, Forstw. Centr.-Bl. 1879, H. 4, S. 255.)

7. Gleiche Principien wie der obengenannte, zum Theil im engen Anschluß an diesen, wirken zahlreiche Provinzial- oder Bezirks-Jagdschutzvereine, der Rheinische Jagdschutzverein, der Oppelner Jagdschutzverein, der Jagd- und Wildschutz-Verein zu Danzig (vertheilte an Prämien 610 M. Central-Blatt, Heft 2, S. 114) u. a.

8. Für Rußland wirkt in gleichem Sinne die „k. russ. Gesellschaft für Wildpflege und regelrechten Jagdbetrieb." Dritte Jahres-Sitzung vom 14—26. März 1879. (Vergiftung der Wölfe durch mit Strycheimpillen unter der Haut belegte getödtete Katzen, welche letzteren von anderen Thieren nicht angenommen werden; 1879 bis August 38 Wölfe todt gemeldet. Jagdreiten mit Jagdhunden exercirt. Beschaffung guter Gewehre und Einrichtung eigener Pulverläden. (Central-Blatt f. d. g. Forstwesen-Ang., September 1879, S. 476.)

9. In London ist die Kynologische Gesellschaft mit einem Kapital von 150,000 Francs zur Züchtung und Dressur von Vorstehhunden gegründet. Verkaufspreise von 1 Jahr alten dressirten Hunden bis 1250 Francs. Central-Blatt, November 1879, S. 582.

c. Die Zwecke der Fischerei förderten außer dem deutschen Fischerei-Verein (Gen.-Vers. am 31. März 1879 — Central-Blatt f. d. Forstw., Juni 1879, S. 345) zahlreiche Zweigvereine zu Frankfurt a. M., Potsdam 2c., für Oesterreich der Schlesische und der Brünner Fischzuchtverein, der Jagd- und Fischerei-Schutzverein für den Jankreis, der österr. Fischerklub, welcher für die Gesetzgebungsarbeiten berathend zugezogen wurde; (Central-Blatt f. d. g. Forstw., Heft 7, S. 404), der Linzer Fischerklub u. a.

10. Dem Club der Land- und Forstwirthe zu Wien sind mit gleichen Tendenzen speciell für Forstwirthe „Forstliche Zusammenkünfte" zu Wien hinzugetreten, in welchen sich die heimischen und durchreisenden Forstmänner jeden Samstag von 7—10 Uhr Abends in der Dorotheenstraße 1 zu sachlichen Unterhaltungen (Vorträgen 2c.) versammeln. Für manchen deutschen Forstmann vielleicht eine angenehme Gelegenheit, seine Reisezwecke durch persönliche Bekanntschaft zu fördern.

11. Der Verein gegen das Moorbrennen zu Bremen hielt im Juni seine Jahres-Versammlung ab. (Bericht der Beamten der Moor-Versuchsstation, Mittheilungen über den Canalbau in Oldenburg, Verordnungen der preußischen Behörden zur Abstellung zur Beschränkung oder zum Schutz gegen Moorbrände. Forstl. Blätter, November 1879, S. 356). Präsident ist Herr v. Borries auf Eckendorf bei Bielefeld, Geschäftsführer Herr A. Lammers — Bremen.

B. Genossenschaftliche Unternehmungen.

Der preußische Beamten=Verein, Lebensversicherung auf Gegenseitigkeit, dessen die vorjährige Chronik (Seite 53) eingehend erwähnt, wurde von Einem seiner Stifter, Forstmeister Schimmelpfennig zu Magdeburg, bei Gelegenheit der Versammlung der deutschen Forstmänner zu Wiesbaden von Neuem besonders den jüngeren Beamten empfohlen, welche sehr geringe Prämien zu zahlen haben. Der Verein zählte 1879 3000 Mitglieder, mit einer Versicherungs=summe von 11 Millionen Mark. Die Verwaltung durch Ehren=Aemter eröffnet für die Dividenden günstigere Chancen, als die mit kostspieligem Verwaltungs=Apparat versehenen Anstalten.

Aus Meklenburg wird mir mitgetheilt, daß zum 1. September 1880 ein auf Gegenseitigkeit gegründeter Feuerversicherungs=Verein von Forstbeamten und Kirchendienern bis jetzt mit 250 Mitgliedern in's Leben treten wird. Ein alter Pommern=Spruch — „Schwarzröcke und Grünröcke halten gute Freundschaft" — bewährt sich hier.

Das preußische Staatsministerium ventilirt nach einem an den deutschen Bundesrath im October 1879 gerichteten Schreiben eingehend die Frage der Verstaatlichung des Versicherungswesens und hat zur Beleuchtung des gesammten Planes die erforderlichen statistischen Erhebungen veranlaßt, welche bald bekannt werden dürften. Die große Bedeutung, welche allein die Brandversicherung in Deutschland hat, geht aus nachstehenden wenigen Zahlen für 1876 hervor, welche ich dem „Landwirth" vom 1. December 1878 Nr. 88 entnahm.

A. Versicherte Objecte in Deutschland   64704 Millionen Mk.
(Davon kommen 54,6% auf Preußen).

  I. Bei Gegenseitigkeitsanstalten:

a) öffentlichen waren für	29593	= =
b) privaten = =	6014	= =

  II. Bei Actiengesellschaften waren für   35111   = =
Werthe versichert.

B. Die Schäden betrugen für } bei I.   283,3 = =
  die 10 Jahre 1867—76 } = II.   226,5 = =

Summa: 509,8 Millionen Mk.

C. Die Prämien betrugen bei I.a 1,84⁰/₀₀

=   =   I.b 1,57⁰/₀₀

=   =   II.   1,97⁰/₀₀

C. Die Prämien betrugen bei I.a $1,84^0/_{00}$

=   =   I.b $1,57^0/_{00}$

=   =   II. $1,97^0/_{00}$

Aus ferneren Angaben geht hervor, daß die deutschen „Feuer=Versicherungsgesellschaften auf Actien" in den 10 Jahren 1867/76 an den vereinnahmten Prämien 58⁰/₀ für Schadenvergütigungen und 31⁰/₀ auf Provisionen, Verwaltungskosten, Tantiemen ꝛc. verwenden konnten. Der Rest von 11⁰/₀ entfiel auf Dividenden.

Wendet man das erstere ⁰/₀ für Schäden auf den ad C. II. genannten Prämiensatz an, so ergiebt sich, daß für die Schadendeckung nur (58×1,97) = 1,14⁰/₀ an Prämien=Antheilen erforderlich gewesen sein würden.

Die Feuer=Vers.=Statistik der Staats=Feuerversicherungs=anstalt Badens pro 1876 — 1377 968 870 Mark Versicherungs=werthe, 1 055 675 Mark Brandentschädigung für 483 Brandfälle (37 durch Blitzschlag) — hat als Umlage festgestellt zur Deckung der Brandentschädigung und Verwaltungskosten ꝛc. auf je 100 Mark Versicherungssumme in 1380 Gemeinden 8 Pf., in 108 Gemeinden 11 Pf., in 61 Gemeinden 13 Pf., in 34 Gemeinden 16 Pf.,[1] mithin Prämien von 0,8 bis 1,6⁰/₀₀ und im Durchschnitt der sämmtlichen Umlagen = 0,85⁰/₀₀. Erscheinungen, wie diejenige des „Zersetzungs=Prozesses der Lippe'schen Brandkasse",[2] welche durch die Verhandlungen des Lippe'schen Landtages in der Sitzung vom 6. December 1879 zu Detmold zu Tage traten, können nur zur Vorsicht in der Schätzung der Versicherungswerthe ermahnen, aber auch daran erinnern, daß nur größere geographische Bezirke sich zu Brandversicherungsvereinen zusammenthun dürfen mit Aussicht auf günstige Situation der Ver=sicherten, oder — daß kleinere Bezirke als Filial=Verbände größerer Mutter=Gesellschaften funtioniren unter dem Schutze des Reserve=Fonds der letzteren und des mit der Ausdehnung des Gesellschaftsgebietes, meistens in gleichem Verhältniß sich meliorirenden Gesammtrisicos.

Als ich im Jahre 1873 mit der mir vom damaligen Wirkl. Geh. Ober=Finanz=Rath Eytelwein zugänglich gemachten einzigen Brand = Statistik der Forstdienst = Gebäude in Preußen

---

[1] Amtl. Ausweis in Nr. 239. Reichs=Anz. 1879.

[2] S. Allg. Versicherungs=Presse Nr. 8 v. 22. Februar 1880.

pro 1863—72 den ersten Plan zur Gründung eines Brandversicherungs-
vereines für die Schlesischen Forst-Beamten entwarf,[1]) ergab sich für
diese Provinz ein jährlicher Immobiliar-Brandverlust von 12,48 Mark
für ein Kgl. Oberförster- und 16,08 für ein Förster-Etablissement.
Auf Brandschadenherstellungen entfielen jährlich 9% der ganzen Bau-
summe. Ich schloß zunächst aus diesen Immobiliar-Brandverlusten
auf gleiche Schäden an Mobiliar, (für letztere eine zu hohe Annahme,)
und fand die für Mobiliar-Versicherung erforderliche Prämie trotzdem nur

0,9%/oo für Oberförster,

2,6%/oo „ Förster, Forstaufseher 2c.,

2,2%/oo „ beide Beamtenklassen.

Nach dem Ergebniß der durch Versicherungs-Gesellschaften ver-
güteten Brand-Schäden würde eine Prämie von nur 0,03%/oo zur
Deckung genügt haben, während durchschnittlich 3,4 Mark pro Mille
gezahlt war, bis zur Höhe von 10%/oo ansteigend.

Nach meinen speciellen Ermittelungen schlug ich im Jahre 1873
als den die Schäden sicher deckenden Prämien-Betrag für den Vereinsbezirk 1%/oo vor,[2]) welcher Satz damals gegenüber den exorbitanten
Prämien der versicherten Beamten von Manchem in der Versammlung
als zu niedrig gegriffen erachtet wurde.

Heute hat — was damals eine provinzielle Statistik ergab —
die für den ganzen Staat aufgestellte Ermittelung bestätigt.

In den letzten 8 Jahren hat sich durch das statistisch geschärfte
Urtheil des Publikums und die Concurrenz der verschiedenen Gesellschaften
selbst eine erhebliche Verminderung der Prämien, namentlich bei Ver-
sicherungen für längere Dauer, herausgebildet. Zahlreiche Filial-
Verbände, namentlich für Landwirthe, sind von großen Gesellschaften —
durch Rückvergütung — nicht unerheblicher Prämien-Antheile an jene
Verbände und durch sehr günstige Prämien veranlaßt, in's Leben
gerufen. Von diesen Beneficien hatten die deutschen Forst-Beamten
mit ihren überaus günstigen Risico's, trotzdem von den Versicherungs-
Gesellschaften gefürchtet und deshalb vielfach mit ihren Anträgen auf
Versicherung ihres Mobiliars zurückgewiesen, bis vor sehr kurzer Zeit
keinen Vortheil. Erst dadurch, daß alljährlich die Versicherungssache

---

[1]) S. Schlesisches Forstvereins-Jahrbuch pro 1873, S. 88—99.
[2]) S. 93, Jahrbuch des Schles. Forstvereins de 1873.

auf der Tagesordnung des Schlesischen Forstvereines stand, und die statistischen Mittheilungen durch Zeitungsberichte aus den Vereinsverhandlungen in's Publikum drangen, fing man an in den Kreisen der Versicherungsbeamten den Grünrock in seiner stillen Waldclause den günstigeren Risico's zuzuzählen. Man wies die einsamen Förster nicht mehr zurück, was früher principiell von einigen Gesellschaften geschah, sondern man nahm sie auf längere Jahre zu Prämien an, 30 bis 40% niedriger als einige Jahre früher. Die Zahl der versicherten Beamten ist seit 1873 nicht unerheblich gestiegen. Zwei Drittel der Schlesischen Beamten jedoch sind in Erwartung des eigenen Versicherungsverbandes bis heute noch unversichert. Von 398 sind nur 140 Beamte versichert, das ungünstigste Verhältniß im ganzen Staate, an welches sich zunächst mit 60% Unversicherter R.-B. Wiesbaden anreiht.

Das Circularschreiben Seiner Excellenz des Herrn Oberlandforstmeisters v. Hagen an die Königlich Preußischen Oberförster vom 12. December 1879 wird für alle Zeiten ein hervorragendes Blatt in dem Ruhmeskranze desselben bilden. Es wird durch dasselbe nach vollständiger statistischer Klärung aller einschlagenden Verhältnisse die Gründung des „Mobiliar-Brand-Vereines für Forstbeamte" aus dem Gebiet der Wünsche in die nunmehr leicht vollendete Wirklichkeit übertragen — freilich unter aufopfernder Thätigkeit des Begründers, wofür ihm die preußischen Forstfamilien aller Gauen des großen Vaterlandes immer dankbar sein werden.

Die Statuten mit der statistischen Anlage sind oder werden alsbald durch alle forstlichen Journale verbreitet werden, so.daß ich in der Chronik nur zu verzeichnen brauche, daß Ende März für das Jahr 1880 bereits beigetreten sind 11 Millionen Mark Versicherungssumme. Auf den erforderlichen Garantie-Fonds waren 90,000 Mark gezeichnet. Die Prämie wird vorläufig 1‰ betragen.

---

12. Ausstellungen.

Auf der ersten internationalen Ausstellung im bedeutendsten Handelsplatz des fünften Welttheils, zu Sidney — im Jahre 1879 — hat auch Deutschlands Gewerbefleiß nach dem Ausspruch des deutschen

Commissars, Professors Reulaux, manche Siege errungen, welche
vielleicht zum Theil der scharfen Kritik desselben Mannes, welche er
über die vaterländischen Objekte der 1876er Ausstellung zu Philadelphia
mit dem geflügelten Worte „billig und schlecht" aussprach, zu ver=
danken sind.

Die Verarbeitung deutscher Hölzer, namentlich die Specialität
gebogener Möbel aus Buchenholz, hatte in Australien schon Absatz=
quellen sich eröffnet. Aus Mährisch=Schlesien fand diese Möbelbranche
schon vor der Ausstellung starken Versandt.

Möge die gegenwärtige und die sich daran schließende internationale
Ausstellung des Jahres 1880 in Melbourne, der größten Stadt
Australiens, dem deutschen Fleiß neue lohnende Bahnen ebenen!

Auf der Gewerbe=Ausstellung zu Berlin nahm — direct durch die
werthvollen, sauber und genau geschnittenen Hölzer des In= und Aus=
landes, — indirect durch die reiche Darstellung der Zimmereinrichtungen,
eleganter Parquets, ferner der Bilderrahmen=Fabrikation aus vergoldetem,
geschnitztem und der in Form von Cellulose verarbeiteten, jetzt beliebten
„elfenbeinartigen Kunsterzeugnisse" die Production unseres Waldes Theil
an dem großartigen Gelingen dieses Unternehmens, vielleicht des ersten,
welches erhebliche Ueberschüsse aufzuweisen hat, und dessen Begründer
diese zur nachhaltigen Hebung des Gewerbfleißes durch Unterstützung
des geistigen Strebens der Jugend für alle Zukunft zum großen Theile
zu verwenden beschlossen haben.

Mehr hervorragend aus dem Rahmen des Gewerblichen war der
Wald mit seinen Erzeugnissen auf der Gewerbe=Ausstellung für das
Harzgebiet zu Wernigeroge vertreten.[1]) Wenn auch immerhin seine
weltverschönernde Eigenschaft, wie meistens auf den Ausstellungen, den
speculativen Effect des Ausstellers überragt, so gehörte für das dem
deutschen Forst= und Bergmanne eine zweite Heimath bildende idyllische
Harz=Gebirge im Herzen Deutschlands so recht eigentlich Alles hierher,
was das „wachsende Erz" und die „grünenden Tannen" in ihrem
nachbarlichen Wirken gewerblich erzeugen, und was die letzteren in
ihrem schattigen Innern bergen. Auch der Waidmann und Wild=
pfleger ist hier hervorragend thätig gewesen, um den romantischen
Schmuck und die Producte des Gewerbefleißes zu kleiden.

---

[1]) Danckelmann, Zeitschrift, September 1879, S. 183.

Der land= und forstwirthschaftliche Verein zu Oppeln hatte am 17. und 18. Juni bei Gelegenheit einer großen Thierschau eine Aus= stellung für Land= und Forstwirthschaft und Gartenbau veranstaltet, welche den zwar engbegrenzten aber waldreichen Vereinsbezirk nach seinem bodenwirthschaftlichen Wirken aber in reichstem Maaße zur Anschauung brachte. Die nahe Akademie Proskau hatte aus ihren Schätzen wesentlich zu dem Gelingen beigetragen.

Der mährisch=schlesische Forstverein verband mit seiner General= Versammlung in dem lieblichen Freywaldau vom 13. bis 16. Juli eine namentlich die Fichten= und Buchen=Ausnutzung im Vereinsbezirke darstellende Ausstellung. Die Lindewieser vielseitige Hausindustrie übernimmt hier die Verwerthung des Buchenholzes, namentlich in starken Dimensionen, zu guten Preisen und zum Heile der Gebirgsbewohner.

Die ungarischen Walderzeugnisse ꝛc. fanden in einer großen Verschiedenheit der Zwecke aber doch als Beweise großen Fleißes der Forstmänner aus hoher Aristokratie und Beamtenkreisen eine instruc= tive Ausstellung zu Stuhlweißenburg. Vom Riesen=Stamm des Hoch= waldes bis zur Korbweide, deren Industrieerzeugnisse vorzugsweise durch die k. k. Strafanstalten dargestellt werden, war die Reihe der forstlichen Cultur=Ziele reich ausgestattet.[1]

Das Jahr 1880 wird uns durch die schon oben erwähnte Fischerei= Ausstellung zu Berlin und die Gewerbe=Ausstellung für Rheinland und Westfalen zu Düsseldorf Gelegenheit geben, der nächsten Chronik interessante Daten einzufügen.

Bei Gelegenheit der VIII. Versammlung deutscher Forstmänner zu Wiesbaden waren zahlreiche Meß= und Wegebau=Instrumente, Numerir= und Keim=Apparate, Fisch=Brut= und Transport=Geräthe ꝛc., ferner Karten und Abschätzungswerke in großer Zahl, endlich statistische und administrative Schriften für den Regierungsbezirk Wiesbaden ausgestellt.

Der schlesische Forstverein verband wie gewöhnlich auch mit seiner XXXVII. General=Versammlung zu Landeck am 18.—20. August eine von dem Forstmarschall Oberförster Dr, Cogho arrangirte Aus= stellung interessanter, forstlicher und jagdlicher Objecte.

---

[1] Central=Blatt f. d. g. Forstwesen. Juli 1879, S. 390.

Auf der Landes-Gewerbeausstellung in Offenbach a. M. war die Forstwirthschaft durch Aussteller aus dem Walde durch die Samenhandlung und Klenganstalt von H. Keller & Sohn zu Darmstadt und diejenige von T. Appel daselbst, erstere durch Ausstellung von Coniferen-Zapfen und Samen in ca. 100 Species,[1]) endlich durch den maschinellen Betrieb der Holz-Ver- und Bearbeitung vertreten. Forstmeister Urich (Büdingen) hatte seine Zündnadel-Sprengschraube mit Spreng-Belagstücken ausgestellt.

Einer interessanten Neuerung — der an der Akademie Bonn-Poppelsdorf durch Theilnahme und Subvention des „landwirthschaftlichen Vereines für Rheinpreußen" errichteten Maschinen-Prüfungsanstalt — muß Erwähnung geschehen. Herr Ingenieur Dr. Giesler, Lehrer an der Akademie, hat einen Kraftmesser construirt, welcher den Betriebsaufwand und die Arbeitsleistung der Maschinen genau beurtheilen läßt, so daß die Erwerber ausgestellter hier geprüfter Maschinen gegen Täuschungen thunlichst sicher gestellt sind.

Am 17. März eröffnete der Verein „Ornis" in Berlin die Ausstellung von Sing- und Schmuckvögeln aller Welttheile, — angeblich hervorgegangen aus Zucht, Pflege und Handel — und hoffentlich nicht vorzugsweise aus Fang.

Auf Veranlassung des Vereines „zur Veredelung der Hunderassen" zu Hannover, zu dessen Ehrenmitglied der verstorbene Forstdirector Burckhardt durch ein künstlerisch ausgeführtes Diplom Ende Dezember 1878 erwählt war, trat im Mai die große internationale Ausstellung von Hunden zu Hannover in's Leben, in welcher unter mehr als 1000 Hunden auch die verschiedenen Jagdhund-Rassen zahlreiche Vertreter fanden. Ein Congreß, welcher zugleich in Hannover tagte, wurde von den verschiedenen Vereinen gleicher Tendenz u. a., Hector zu Berlin, Nimrod zu Oppeln, durch Delegirte beschickt und von hervorragenden Hunde-Freunden und Sachverständigen des In- und Auslandes besucht. Eine Hauptaufgabe der Prämiirungs-Commission für die verschiedenen Rassen war es zunächst, die Principien auf- und klarzustellen, (die „Points" zu bezeichnen), nach denen die Beurtheilung

---

[1]) Central-Blatt f. d. g. Forstwesen. November 1879, S. 577.

der verschiedenen Hunderassen geschah und künftig mit erforderlichen Modificationen geschehen dürfte.

Bei Gelegenheit der October-Feste zu München war mit der Ausstellung von Pferden und Rindvieh auch eine internationale Hunde-Ausstellung verbunden.

Zu den Ausstellungen müssen gegenwärtig die nach dem Vorgange der Engländer von dem deutschen Hühnerhund-Prüfungs-Club angeregten und von Vereinen veranlaßten Preissuchen gerechnet werden.

Auf der bereits Seite 71 erwähnten „ersten großen schlesischen Preissuche" des Vereines Nimrod waren sehr gute Hunde erschienen. Den ersten und zweiten Preis errangen Hühnerhunde, im Besitz eines Försters und Oberförsters. Dem Professor Dr. Metzdorf zu Proskau, dem zeitigen Secretair des Vereins, gebührt das Verdienst der Gründung des zu Oppeln gegenwärtig unter dem Präsidium des Oberforstmeisters Wächter aus 91 Mitgliedern bestehenden Vereines, welcher für den 8. Mai 1880 eine „zweite schlesische Preissuche" ausgeschrieben hat. — Hier ist für die Jünger der grünen Farbe abermals Gelegenheit zu zeigen, daß sie auch jagdlich „vom Leder" sind und ihren Hühnerhund zu züchten und abzuführen verstehen. Die proponirte „von Tiele-Winkler-Suche", für welche der Träger jenes Namens die Ehrenpreise stiftete, wird unter den schlesischen Magnaten gewiß Nachfolge finden. Der Verein wirkt auch mit seinem Vereins-Vermögen und durch die Einsätze auf die reiche Concurrenz dieser Preissuchen durch Nichtmitglieder hin. Wie auf die Veredelung des deutschen Pferdes die Wettrennen von unberechenbarem Vortheile gewesen sind, so wird auch der deutsche und englische Hühnerhund durch die Preissuchen wieder zur Blutreinheit zurückgeführt werden.

Der kaiserliche Jagdverein zu Moskau hat im Januar 1878 eine Ausstellung veranstaltet, auf welcher außer 315 Hunden aller zur Jagd gebrauchten Rassen 37 Jagdpferde aus 7 verschiedenen werthvollen Stämmen erschienen waren. Besonders interessant war die Wolfshetze, in welcher für Koppeln von 2 bis 3 Hunden je ein Wolf losgelassen und von diesen gepackt wurde.[1] Das Auftreten

---

[1] Bericht aus einem russischen Journal „Natur und Jagd" von Guse im Central-Blatt f. d. g. Forstwesen. Juli 1879, S. 394.

von Wölfen an Deutschlands Westgrenze (auch im Cölner Reg.-Bez.
spürten sich im Januar und Februar 2 Wölfe) läßt die locale Züchtung
von Wolfshunden wünschenswerth erscheinen.

Wie aus den Berichten über die Resultate der an den landwirth=
schaftlichen Akademien Proskau und Poppelsdorf abgehaltene Molkerei=
Curse für Groß= und Klein=Wirthe und Wirthinnen, und die mit
jenen stets verbundene Ausstellung der neuesten Molkerei=Geräthe,
hervorgeht, ist aus diesen und der sich daran knüpfenden Literatur
für den kleineren Landwirth (Forstbeamten) eine höhere Ausnutzung
seiner Milch directe Folge geworden. Für die Landwirthschaft treiben=
den Beamten hebe ich diese Resultate besonders hervor, welche im
Interesse der Mehrung ihrer Einnahmen aus der Landwirthschaft häufig
zweckmäßiger handelten, hier bessernde Hand anzulegen, als sich auf
der Bahn der Unzufriedenheit mit dem gewählten Berufe und meist
nicht erfüllbaren Petitionen, um einen Theil ihres Lebens= und
Schaffensmuthes zu bringen.

Die am 20. März eröffnete Molkerei=Ausstellung in Berlin zählte
bei 1308 Ausstellern u. a. 1265 Gegenstände der eigentlichen Milch=
wirthschaft, 614 — der maschinellen und Hülfsgewerbe, und zeigte
durch ihren Umfang allein schon die Wichtigkeit und Entwickelungs=
fähigkeit dieses wirthschaftlichen Zweiges der Bodencultur.

---

13. Literatur.

Die forstliche Literatur erhält ihre Nachweise in Fortsetzungen
durch 2 Fachzeitschriften, 1) der Zeitschrift für Forst= und Jagdwesen
von B. Danckelmann,[1] in welcher sich die diesjährige „Uebersicht
über die forstlich beachtenswerthe Literatur" für das zweite Halbjahr
1879 im Anschluß an die Literatur=Uebersicht im X. Bande S. 617
befindet, und 2) im Tharander forstl. Jahrbuch von Dr. F. Judeich,
dessen 29. Band, Heft 3 und 4 auf Seite 169 bis 258 die Literatur,
jedoch erst von 1877, mit kurzen kritischen Artikeln[2] versehen, enthält,

---

[1] December=Heft 1879, S. 386, flgd. Enthält aber auch eine große Zahl
1878er Erscheinungen.

[2] „von Judeich und Kunze".

während das Danckelmann'sche Repertorium nur die genauen Titel der Bücher, ihren Preis und bei einzelnen Erscheinungen den Inhalt in 2 bis 3 Zeilen oder eine kurze Bemerkung, z. B. „recht empfehlens= werth", „eine wichtige Arbeit", „ist ein streng wissenschaftliches Werk" u. a., angiebt. Der Herr Herausgeber der Zeitschrift will aber hierdurch zweifellos keine Kritik üben, da sonst die Bücher ohne derartige Be= merkungen leicht in dem Urtheil der Leser herabgesetzt werden könnten, was zweifellos bei vielen literarischen Erscheinungen ohne Bemerkungen die Absicht des Verfassers nicht sein dürfte. Die „Uebersicht" ist unter 23 Kapiteln vorgetragen, von denen die ersten 9 die grundlegenden und Hülfsfächer, von Cap. 10 bis 19 das Forst= und Jagdwesen, von 20 bis 23 die Zeit= uud Vereins=Schriften und Kalender ent= halten, im Uebrigen aber in der Characteristik der einzelnen Werke im Wortlaute dem Hinrich'schen[1] Verzeichniß der Bücher, Land= karten ꝛc. folgen.

Im Anschluß an die in der 1878er Chronik gewählte Eintheilung lasse ich die Zahlen folgen, in denen sich die selbständigen Schriften unserer Haupt= und Hülfswissenschaften, mit Einschluß der neuen Auflagen in Klammern, darstellen:

1. Allgemeine Forstwirthschaftslehre . . . . —
2. Forst= und Jagd=Geschichte — Quellenwerke — . . 12
3. Forstliche Statistik 4
4. Forstliches Unterrichtswesen 2
5. Nationalökonomie, Forstpolitik und forstliche Gesetzgebung 23 (2)
6. Forst= und Amtsverwaltungskunde, Holzhandel und Tarifwesen 3
7. Forsteinrichtungslehre 2 (2)
8. Waldwerthrechnung und forstliche Reinertragsrechnung 1

Latus . . . 47 (4)

---

[1] Erscheint nach Materien geordnet alle Halbjahre (Jan.—Juni u. Juli—Decbr.) und enthält jede literarische Erscheinung des Buchhandels, nebst einer wissen= schaftlichen Uebersicht. Für die gesammte deutsche Literatur giebt dieselbe pro 1878: 13,912, pro 1879: 14,179 Werke an, davon für Forst= und Jagd=Wissen= schaft 118 resp. 103 Werke, für Haus= und Landwirthschaft, Gartenbau 386 resp. 421, für Naturwissenschaften 793 resp. 841. Für unsere Hülfswissenschaften ist dem= nach ein Steigen, für die Forstwirthschaft ein Fallen in der literarischen Thätigkeit zu constatiren.

Hiervon sind 69 lediglich forstwissenschaftliche Werke (ad Nr. 2 bis 13, 15—17 und 26) einschließlich der nationalöconomischen Erscheinungen.

Die forstlichen Blätter von Grunert und Borggreve liefern monatlich reichhaltige Bücher-Anzeigen mit eingehender Recension; im Jahre 1879 erschienen 34 derartiger Referate. Als besonders interessante Neuerung müssen die Berichte von Dr. Borggreve und Dr. Hornberger „über forstlich beachtenswerthe Arbeiten auf dem Gebiete der Naturwissenschaften" bezeichnet werden, welche unter dem Abschnitt der „Mittheilungen" in den „forstlichen Blättern" erscheinen und uns in gedrängter Form über neue wissenschaftliche Arbeiten orientiren, deren Autoren den großen forstlichen Leserkreisen sonst unbekannt bleiben würden.

Als vielseitige Quelle litterarischer Nachweise erwähne ich das „litterarische Centralblatt" für Deutschland von Professor Dr. Zarncke, (Verlag von E. Avenarius in Leipzig), welches wöchentlich erscheint, alle neuen Werke aufführt, einen großen Theil kritisch bespricht, den Inhalt der Zeitschriften-Litteratur kurz angiebt, über die Personalia der Bildungs-Anstalten Mittheilung macht und die Verlesungsverzeichnisse aller Hochschulen bringt.

Eine fleißige Revüe über die Erscheinungen der Forstwissenschaft und verwandten Fächer im weitesten Sinne hält Professor Gustav Hempel zu Wien in seinem „Centralblatt für das gesammte Forstwesen". In einem 8 bis 10 Bogenseiten umfassenden Abschnitt giebt er monatlich „litterarische Berichte" über den Büchermarkt, bespricht die Haupterscheinungen des Forstwesens, unter „Diversa" verwandte Fachschriften und unter „Journal-Revüe" die Inhaltsverzeichnisse sämmtlicher Zeit- und Vereinsschriften, Jahresberichte und Vereinsverhandlungen. Hieran schließt sich regelmäßig ein Abschnitt über „neueste Erscheinungen der Litteratur"

Diese letztere liefert in ihrer Reichhaltigkeit des Stoffes und in der Zahl der Arbeiter auch im verflossenen Jahre den Beweis, daß der Schwerpunkt unserer wissenschaftlichen Entwickelung und der sichtbare Fortschritt im wirthschaftlichen Gebiete sich wesentlich in den Fachjournalen bewegt. Ihre Herausgeber stehen fast ausnahmslos auf der Zinne mit weitem Ausblick auf die Thätigkeit im Walde und in der Studirstube, und bilden den Kern, an welchen die flüssigen Massen geistigen Schaffens in den verschiedendsten Crystallformen anschießen.

Ueber die Veränderung in den Forst-Journalen habe ich in der Biographie Bernhardts bereits erwähnt, daß die von diesem am 1. Januar 1879 in Münden gegründete Zeitschrift nur in 6 Monats-heften erschienen ist. Vom 1. Juli ab erschien anstatt der bis dahin in zwanglosen Heften herausgegebenen Zeitschrift für Forst- und Jagdwesen nach einem Uebereinkommen zwischen dem Verleger beider

Blätter Herrn F. Springer, in Firma Julius Springer, und dem Herausgeber der letzteren, Oberforstmeisters Danckelmann, diese letztere in Monatsheften.

Das früher mit der älteren „Zeitschrift" verbundene „Jahrbuch der Preußischen Forst= und Jagd=Gesetzgebung und Verwaltung" wird von Oberforstmeister Danckelmann unter Redaktion des Akademie=Sekretair's D. Mundt in Quartalheften selbständig herausgegeben und allen Forstverwaltungen Preußens als Inventarienstück über=wiesen. Die Abonnenten der Zeitschrift sind zum Bezuge des Jahr=buches nicht verpflichtet.

Als Folge der früheren Baur'schen „Monatschrift" erschien mit Jahresbeginn 1879, von der neu = erschaffenen staats=wirthschaftlichen Fakultät der Universität München inaugurirt, das „Forstwissenschaftliche Centralblatt" von Professor Dr. Franz v. Baur, welcher dem Rufe an die Universität von Hohenheim gefolgt war. Die Forst= und Jagd=Zeitung war bereits vor der Uebersiedelung ihres früheren Herausgebers, Professors Dr. G. Heyer, nach München an die beiden jetzigen Herausgeber Professor Dr. Lehr zu Karlsruhe und Professor Dr. Lorey zu Hohenheim übergegangen.

Die Akademie Münden ist jetzt in den von ihrem Direktor, Oberforstmeister Dr. Borggreve, und Oberforstmeister a. D. Gru=nert herausgegebenen „forstlichen Blättern" vertreten, so daß die deutschen und österreichischen forstlichen Hochschulen auch in littera=rischer Beziehung im edelsten Wettkampfe um die Palme wissen=schaftlicher und wirthschaftlicher Wahrheit gerüstet dastehen.

Möchte durch die von Dr. Borggreve noch im Januar=Heft 1879 (S. 18) ausgesprochene Idee der Subventionirung der forstlichen Journale — durch Halten derselben Seitens der Preußischen Forst=inspektionen oder Oberförstereien — wie in Bayern durch die Forst=ämter — die Arbeit der Geister und Federn auch zu einer allge=meineren Aufnahme im deutschen Walde führen!

Nicht allein der „alte Herr", der dem Strome der sich ewig bewegenden Wissenschaft schon mitleidigen Lächelns vom Ufer aus zusieht und hier und da einzelnen kleinen Strudelstellen, die „schon alle einmal da gewesen," vorübergehende Aufmerksamkeit schenkt, soll dadurch noch einmal wieder neue Anregung finden, wenn er auch die Journale bei den Miscellen zu lesen beginnt; — auch für die zahlreich sich auf den Revieren aufhaltenden und beschäftigten jungen Forstleute sollte die Anregung nicht fehlen, eine müßige Stunde des Abends dem Fortschritte und der Erinnerung an die ernste Studienzeit zu widmen.

Druckfehler-Berichtigung.

Auf Seite 6, Z. 18 v. o. statt: 5 bis 6 ließ: 15 bis 16 und mehr.
- » » 11, » 3 v. u. statt: derem ließ: deren.
- » » 12, » 1 v. o. statt: Lohn ließ: Lohe.
- » » 12, » 6 v. u. statt: Riter ließ: Ritter.

Druck von A. Haack in Berlin, NW. Dorotheenstr. 55.